王学义　周炎炎　王晟哲　著

# 气候灾害频发区域农村气候贫困人口迁移问题研究

国家社会科学基金项目（项目编号：12BRK020）

西南财经大学出版社

中国·成都

图书在版编目(CIP)数据

气候灾害频发区域农村气候贫困人口迁移问题研究/王学义,周炎炎,
王晟哲著.—成都:西南财经大学出版社,2024.5
ISBN 978-7-5504-6065-2

Ⅰ.①气… Ⅱ.①王…②周…③王… Ⅲ.①气象灾害—农村—贫困
人口—人口迁移—研究 Ⅳ.①P429

中国国家版本馆 CIP 数据核字(2024)第 029716 号

## 气候灾害频发区域农村气候贫困人口迁移问题研究

QIHOU ZAIHAI PINFA QUYU NONGCUN QIHOU PINKUN RENKOU QIANYI WENTI YANJIU

王学义　周炎炎　王晟哲　著

责任编辑:林　伶
责任校对:李　琼
封面设计:墨创文化
责任印制:朱曼丽

| | |
|---|---|
| 出版发行 | 西南财经大学出版社(四川省成都市光华村街 55 号) |
| 网　　址 | http://cbs.swufe.edu.cn |
| 电子邮件 | bookcj@swufe.edu.cn |
| 邮政编码 | 610074 |
| 电　　话 | 028-87353785 |
| 照　　排 | 四川胜翔数码印务设计有限公司 |
| 印　　刷 | 四川五洲彩印有限责任公司 |
| 成品尺寸 | 170 mm×240 mm |
| 印　　张 | 20.625 |
| 字　　数 | 447 千字 |
| 版　　次 | 2024 年 5 月第 1 版 |
| 印　　次 | 2024 年 5 月第 1 次印刷 |
| 书　　号 | ISBN 978-7-5504-6065-2 |
| 定　　价 | 88.00 元 |

# 写在前面的话

在这个人类共同居住的地球上，气候变化加剧已经成为常态。温室气体浓度的上升导致了全球温度升高、极端气候事件增多、海平面上升，以及生态系统平衡被打破等一系列环境问题。这些问题对人类的生产和生活产生了深远的影响，粮食安全以及人口健康等问题接踵而至。受气候变化加剧影响，许多人的生存与发展空间被挤压，通过移民来改善气候贫困状况成为不少国家或地区的选择。

在我国，尤其是在气候灾害频发的农村地区，当地居民曾长期面临因灾致贫、贫困加剧的问题，异地搬迁成为解决当地气候贫困人口问题的重要途径之一。然而，这种搬迁常常面临着许多困境和挑战，需要政府、企业和社会的广泛介入和积极应对。不仅需要解决为什么要搬迁以及如何搬迁的问题，还需要解决搬迁后居民的社会融入、稳定就业、教育资源优化配置、健康与社会保障，以及配套合适的居住房屋等一系列问题。虽然学界已经对该议题进行了一些研究并取得了一定进展，但仍有许多问题有待深入探讨和总结。例如，如何理解气候灾害频发区域下农村气候贫困人口的发生机制、迁移动力和途径，以及农村贫困人口迁移的社会适应性和迁移稳定性及其影响因素等。而这些问题也是即将付梓的新著《气候灾害频发区域农村贫困人口迁移问题研究》的重要关切。

本书以对川、滇、黔、粤（含乌蒙山区）农村相关区域进行广泛深入调查为基础，重点研究了我国气候灾害频发区域农村气候贫困人口迁移这一重要问题。通过对气候灾害损失的时间演变和空间特征进行刻画，探寻气候灾害损失的区域特征和经济社会影响。在此基础上，建立了气候灾害频发程度、生态脆弱程度和农村贫困程度的叠加关系模型，通过实证分析揭示了气候灾害频发区域农村贫困效应及农村气候贫困的发生机制。研究结果表明，农村气候贫困人口迁移是一种必要且合理的选择，也是一种有效的精准移民扶贫模式，有助于贫困人口摆脱"贫困陷阱"、重建生活生计与生存发展环境。总体看，研究以实地调查和问题导向为基础，以实证分析为支撑，提出了一系列政策建议，为解决农村气候贫困问题提供了有价值的参考。

本书致力于研究气候灾害频发区域农村贫困人口迁移问题，力求深入探讨气候灾害与贫困之间的关联性，一定程度上丰富了人口迁移理论内容。通过揭示气候变化对农村贫困人口迁移的影响机制，拓展了灾害社会学和人口地理学的理论边界，开阔了深入理解人类与资源、环境、经济相互作用的研究视野。同时，本书通过深化气候变化对人口迁移的影响认知，有望促进资源合理配置，优化灾害应对措施，提升贫困地区的抗灾能力，引导人口有序迁移，从而为乡村振兴和区域可持续发展做出贡献。

本书通过农村气候贫困人口迁移的客观叙事，立体展现了一幅从脱贫攻坚、精准扶贫到实现全面小康这一历史过程的生动画卷。本书重视用数据说话，问卷调查样本量较大，广泛涉及云南东川、延津和富宁，贵州花溪、咸宁、纳雍、大方和百里杜鹃管理区，四川北川县和都江堰市，广东江门和台山，以及涵盖云、贵、川部分地区的乌蒙山区9个县（包括叙永、古蔺县、马边县、沐川县、桐梓县、屏山县、习水县、赤水市、七星关区），有效问卷达到4 315份。因而，本书从一定意义上讲具有"史料"特点和价值。

本书属于国家社会科学基金项目成果。课题组成员皆由西南财经大学博士研究生、博士和拥有高级职称人员构成。王学义教授承担本书总体研究框架设计、研究提纲和部分内容撰写任务，并全面负责书稿总纂、修改、定稿工作。具体分工是：王学义教授、王晟哲副教授撰写第一章和第十章；王晟哲副教授撰写第二章；曾永明副教授、王晟哲副教授撰写第三章；王学义教授、曾永明副教授、王晟哲副教授撰写第四章；周炎炎教授撰写第五章、第六章；周炎炎教授、谭政副研究员撰写第七章；王学义教授、熊升银副教授撰写第八章；周炎炎教授、王晟哲副教授撰写第九章。

时值本书出版之际，研究团队谨向西南财经大学社会发展研究院、四川省人口与发展数据实验室领导和同仁，以及西南财经大学出版社曾召友先生、林伶女士，致以崇高的敬意和由衷的感谢，是他们的关心和支持使我们的研究和出版工作得以顺利进行。此外，本书研究不足之处在所难免，敬希读者朋友们批评指正，以推动研究不断走向深入、达到新的高度。

2023 年 10 月于西南财经大学光华园

# 摘要

2021年2月25日，中华民族的历史翻开崭新篇章。当天在北京召开的全国脱贫攻坚总结表彰大会上，习近平总书记庄严宣告：我国脱贫攻坚战取得了全面胜利。在脱贫攻坚战的过程中，面对人类历史上规模空前、力度最强的脱贫攻坚战，中国不断探索独特经验，采取创新举措，保障扶贫开发的精准性，为脱贫攻坚战取得胜利奠定基础。其中，气候灾害频发地区的农村气候贫困人口的扶贫、脱贫问题是脱贫攻坚战的一块"硬骨头"。本书将研究区域锁定为气候灾害频发区域，重点是川、滇、黔、粤（含乌蒙山区）的农村地区，将人群锁定为气候灾害频发区域中的农村气候贫困人口，以气候灾害频发区域中受气候自然灾害影响而陷入贫困的农村气候贫困人口迁移为研究对象。研究目的在于揭示气候灾害频发区域中的农村气候贫困现象及气候贫困人口迁移的发生机制，调查分析农村气候贫困人口迁移的意愿、社会适应性及迁移稳定性，并对他们迁移的社会适应性、迁移稳定性的影响因素以及易地扶贫搬迁政策实施效果进行理论模型构建和实证分析，揭示其机理和内在规律。同时，本书对我国气候贫困人口迁移当时的演变、政策、机制和地方探索进行了总结，以期对各级政府避免返贫问题、巩固扶贫成果提供一些思路指导。书中所指贫困地区及贫困人口均描述为全面脱贫前的现象。气候灾害属于自然灾害范畴，但因其是本书的研究重点，故本书将其单独列出。

本书在对川、滇、黔、粤（含乌蒙山区）的农村相关区域进行广泛深入调查的基础上，着重探讨了我国气候灾害频发区域受气候灾害影响而陷入贫困的农村气候贫困人口的迁移这一重大人口问题。通过综合运用人口学、社会学、人口地理学、统计学等相关理论和方法，对大量经验性调查资料进行了梳理和统计分析，进而比较全面地反映了气候灾害频发区域的农村贫困与移民状况及政策效果（含农村气候贫困移民的迁移意愿、社会适应性、迁移稳定性以及政府实施易地扶贫搬迁政策的满意度测评等）。据此提出若干可供选择的途径和政策建议。总结解决这一地域分布广、数量多的农村气候贫困人口群体的扶贫、脱贫问题的经验与教训，对指导各级政府避免返贫问题、巩固扶贫成果具有重要的理论意义和实践价值。

本书对我国气候灾害损失的时间演变和空间特征进行了刻画，发现西部地区是我国气候灾害损失分布的主要区域。本书建立了气候灾害频发程度、生态脆弱程度、农村贫困程度三者的叠加关系模型，实证分析了气候灾害频发区域的农村贫困效应或农村气候贫困的发生机制，揭示了农村气候贫困人口迁移的必要性和迁移逻辑；以川、滇、黔、粤（含乌蒙山区）四省尚未迁移人口为样本，调查分析了农村气候贫困人口受灾和生计情况，以及迁移认知、迁移感受、期望支持、迁移意向等迁移意愿的总体情况；比较了不同区域农村气候贫困人口迁移的意愿，发现不同人口特征者、不同生计情况者、不同受灾情况者的迁移行动意向、迁移方式意向总体存在差异；以川、滇、黔三省已经迁移人口为样本，概括描述农村气候贫困迁移人口在基本生活、生计发展、人际交往、心理适应、政策工作评价、发展意愿等方面的社会适应状况，分析农村气候贫困迁移人口在生计发展、基本生活、人际交往、心理适应等方面的社会适应差异性特征。同时，本书对农村气候贫困人口迁移的社会适应性、迁移稳定性进行了实证研究，以乌蒙山区为例，实证研究了农村气候贫困人口易地扶贫搬迁政策实施效果，并以凉山彝族自治州（以下简称"凉山州"）金阳县气候贫困人口迁移为个案，总结了金阳县气候贫困人口迁移的经验模式，进而从一般意义上提炼了现行气候贫困人口迁移的经验。

本书揭示了微观区域气候贫困及气候移民的发生机制，提出农村气候贫困人口易地扶贫搬迁是农户、农村、政府的一种合理选择和理性行为，也是走出"贫困陷阱"、重建生活生计与生存发展环境的一种有效的精准移民扶贫模式。本书发现，许多被调查者对国家相关迁移工作及其工作目的的认知度不高，但绝大多数被调查者对因灾迁移的必要性有所认同，关心未来因可能搬迁而涉及的相关事项；农村气候贫困人口搬迁行动意向较高，"外迁集中安置"是被调查者选择的主要迁移方式；被调查者对未来可能进行的迁移向政府表达的诸多意愿或诉求将影响其迁移行动决策，政府必须予以高度重视；不同情况者的迁移行动意向和迁移方式意向总体来说存在显著差异（个别并不显著）。本书发现，农村气候贫困人口迁移的总体社会适应程度为中等偏上，多数人基本能够适应迁移后的生计发展、基本生活和人际交往状况，但非常适应的人数比例很小，心理适应程度为中等偏下。这说明社会适应度有待大幅提升。从农村气候贫困人口迁移稳定性看，迁移政策的透明公开满意度、住房来源、迁移方式认同度、与亲戚关系随时间变化、与当地人际交往适应度、与社区工作人员关系、住房类型、亲戚帮助、搬迁类型、人际交往等不同程度地影响搬迁年限或迁移稳定性。农村气候贫困人口易地扶贫搬迁政策实施效果总体较好，越是深度贫困地区，其搬迁群众对易地扶贫搬迁实施效果评价越高。政策实施效果受到多种因素的影响，政府要从经济条件、基础设施、公共服务等方面为保障易地扶贫搬迁效果提供配套政策和相关支持。本书还发现，农村气候贫困人口迁移需要从细化落实土地管理和规划、整合筹措资金、关注住房建设环节、积极开展政策引导和工作宣传来保障迁移成效。农户间搬迁补助差距较大、不同渠道和平台的贷款利息差别较大、土地调整存在一定困难、已建户整改难度较大、搬迁户发展致富难、相关配套不足等，是当时农村气候贫困人口迁移存在的普遍问题。

本书以实地调查和分析为依据，以问题导向为研究着眼点，以实证为立论基础，在此基础上提出若干政策建议。建议主要包括：加强农村气候贫困人口迁移意愿引导，促进迁移意愿向迁移行动转变；改善农村气候贫困人口迁移社会适应条件，确保"稳得住""能致富"；政府需要发挥主导作用，坚持搬迁与促进迁移人群社会适应和发展两手抓，以就业和增收为核心，制定好相关产业发展配套政策，着力提高农村气候贫困人口迁移的社会适应能力和后续可持续发展能力；将农村气候贫困人口迁移纳入乡村振兴、精准扶贫战略，推动农村气候贫困人口迁移与产业融合、农旅融合发展相结合，以产业融合、农旅融合为发展方式，重点推动迁入地现代农业集成发展和培育田园综合体，形成有力的产业支撑体系和综合性信息化服务平台，改善迁入地及迁移人口生活生计和发展的经济社会条件，提升其经济、社会文化、公共服务、心理等方面的社会适应能力，实现其与迁入地经济社会的共融发展，进而从迁入地移民转变为迁入地永久性居民；推动农村气候贫困人口外迁集中安置与新型城镇化建设相结合，形成行政村内就近城镇化社区、移民新村安置社区、小城镇或工业园区安置社区和乡村旅游社区等，以迁入地的新型城镇化建设提高农村气候贫困人口迁移的社会适应水平，使迁移人口成为实现乡村振兴、城镇发展的新市民；以易地扶贫搬迁为基本模式，保障农村气候贫困人口迁移的效果；以集中连片特困地区农村气候贫困人口的迁移为重点，推动精准搬迁扶贫工作；创新投融资平台建设，优化发行农村气候贫困人口扶贫搬迁专项债券，拓展多品种扶贫债券的需求空间；同时，推动农村气候贫困人口迁移的制度化、法制化，如制定、颁布广义上的国家扶贫法或扶贫条例，或者狭义上的扶贫搬迁法或扶贫搬迁条例。

**关键词：**气候灾害频发区域；农村；气候贫困人口；迁移

# 目录

第一章　引论 / 1

    第一节　研究背景与研究意义 / 1

    第二节　理论解释与内容框架 / 6

    第三节　研究方法与数据来源 / 23

    第四节　创新与不足 / 25

第二章　文献回顾 / 27

    第一节　气候贫困与空间贫困研究 / 27

    第二节　气候贫困人口迁移的原因和影响因素 / 32

    第三节　气候贫困人口迁移差异性分析 / 36

    第四节　人口迁移的社会适应性研究 / 39

    第五节　易地扶贫搬迁研究 / 48

    第六节　本章小结 / 51

第三章　气候灾害及其经济社会影响的时空特征 / 53

    第一节　我国气候灾害损失的时间演变 / 53

    第二节　气候灾害分布空间自相关分析 / 56

    第三节　省际气候灾害损失类型的分布特征 / 63

    第四节　省际气候灾害受灾人口、死亡人口及直接经济损失的分布
        特征 / 70

    第五节　本章小结 / 75

第四章　气候灾害频发区域农村贫困效应及农村气候移民

　　事实 / 77

　　第一节　气候灾害频发区域农村贫困效应宏观描述 / 77

　　第二节　气候灾害频发区域农村贫困效应实证 / 81

　　第三节　农村气候贫困人口易地扶贫搬迁事实 / 92

　　第四节　本章小结 / 97

第五章　农村气候贫困人口迁移意愿调查

　　——以川、滇、黔、粤（含乌蒙山区）为例 / 98

　　第一节　调查设计和样本概况 / 98

　　第二节　农村气候贫困人口受灾和生计情况 / 101

　　第三节　农村气候贫困人口迁移意愿的总体情况 / 105

　　第四节　不同区域农村气候贫困人口迁移意愿情况 / 110

　　第五节　农村气候贫困人口迁移意愿的差异性分析 / 128

　　第六节　农村气候贫困人口迁移意愿及其差异性的整体分析 / 143

　　第七节　本章小结 / 147

第六章　农村气候贫困人口迁移社会适应性调查

　　——以滇、黔、川为例 / 148

　　第一节　调查设计 / 148

　　第二节　农村气候贫困人口迁移社会适应性的基本状况 / 153

　　第三节　农村气候贫困人口的迁移感受 / 169

　　第四节　农村气候贫困人口迁移社会适应性差异特征 / 174

　　第五节　结论性认识 / 196

　　第六节　本章小结 / 200

第七章　农村气候贫困人口迁移社会适应性、迁移稳定性

　　　　实证 / 202

　　第一节　迁移社会适应性实证 / 202

　　第二节　迁移稳定性实证 / 224

　　第三节　本章小结 / 232

第八章　农村气候贫困人口易地扶贫搬迁政策实施效果 / 233

　　第一节　基于乌蒙山区 9 个贫困县（区、市）的实证 / 233

　　第二节　基于乌蒙山区四川古蔺县个案的实证 / 244

　　第三节　主要结论和政策建议 / 253

　　第四节　本章小结 / 256

第九章　农村气候贫困人口迁移演变、政策、规划部署和

　　　　地方探索 / 258

　　第一节　气候贫困人口迁移的历史演变 / 258

　　第二节　当时气候贫困人口迁移的相关政策、规划部署 / 261

　　第三节　地方探索——以四川省凉山州金阳县为例 / 267

　　第四节　现行农村气候贫困人口迁移的经验教训 / 273

　　第五节　本章小结 / 275

第十章　主要结论、政策建议及展望 / 277

　　第一节　主要结论 / 277

　　第二节　政策建议 / 282

　　第三节　后移民时代展望 / 290

参考文献 / 292

附录：调查问卷 / 306

# 第一章 引论

## 第一节 研究背景与研究意义

### 一、研究背景

随着全球气候变化的加剧，以气候灾害为典型特征的自然灾害不断破坏人类生活环境，尤其是通过加剧农作物和农业生产脆弱性，产生大量气候、自然灾害农村贫困现象，形成规模庞大的气候贫困人口。应该说，全球气候变化将带来难以估量的损失、使人类付出巨大代价的观念，已为世界所广泛接受并成为学者们广泛关注和研究的全球性环境问题，迫使人类做出种种应对决策，其中避灾移民决策和移民行为就是应对气候变化所带来的破坏性影响的一种积极回应。

我国是面临全球气候、自然灾害（如干旱、洪涝、台风、暴雨、泥石流和滑坡、雪灾、低温冷冻等）种类较多且受危害严重的国家。统计数据表明[①]，新中国成立以来至1958年，我国自然灾害（以受灾面积来表示，下同）尚处于低位波动上升状态，而之后则连续3年遭受严重的自然灾害。这以后自然灾害虽然有所下降，但1949—1966年，自然灾害年均仍然达到了41 208.67万亩（1亩≈666.67平方米，下同）（1967—1969年数据缺失而未纳入统计）。而20世纪70—90年代的情况更加严重，自然灾害年均竟然达到了64 500.442万亩。2000年以来，我国减灾防灾治理力度不断加大，自然灾害整体呈下降趋势，然而截止到2015年年底，我国自然灾害年均仍达到了59 288.86万亩。1949—2015年（除了其中三年缺失的数据），我国自然灾害年均高达56 646.7万亩。联合国国际减灾战略（United Nations International Strategy for Disaster Reduction，UNISDR）报告表明，2015年是我国自1971年以来自然灾害受灾面积

---

[①] 数据源自中国农业部种植业管理司历史自然灾害数据库。

最小的年份，但是我国仍属于该年度全球发生自然灾害最多的5个国家之一，并且居于首位①。

国家减灾委员会办公室等发布的《"十二五"时期中国的减灾行动》② 显示，"十二五"时期，我国各类自然灾害多发频发，主要特点为灾害影响范围广、灾害区域特征明显、季风气候影响显著、洪涝和地震灾害损失重等，平均每年的受灾人次达到3.1亿人次（累计15亿人次以上），因灾死亡失踪1 500余人以及900多万人次紧急转移安置，近70万间房屋倒塌，农作物受灾面积2 700多万公顷，直接经济损失达到3 800多亿元（累计1.9万亿元以上）。

进入"十三五"时期，国家进一步加大了减灾防灾的力度，损失有所降低，但绝对数依然很大。根据国家减灾委员会办公室等发布的2016年自然灾害报告③，我国气候、自然灾害以洪涝、台风、风雹和地质灾害为主，同时也不同程度发生诸如旱灾、地震、低温冷冻、雪灾和森林火灾等灾害。受各类气候、自然灾害影响，全国受灾人次达到约1.9亿人次。具体情况是：1 432人死亡、274人失踪、1 608人住院治疗、910.1万人次紧急转移安置、353.8万人次需紧急生活救助；有52.1万间房屋倒塌，不同程度损坏房屋达到334万间；农作物受灾面积达2 622万公顷，其中绝收面积达290万公顷；直接经济损失达到5 032.9亿元。虽然因灾死亡失踪人口、直接经济损失分别增加了11个百分点和31个百分点，但由于应对措施得力，受灾人口、倒塌房屋数量分别减少了39个百分点和24个百分点。《2016年社会服务发展统计公报》显示，国家减灾委员会办公室、民政部在2016年共启动国家救灾应急响应22次，累计下拨中央自然灾害生活补助资金79.1亿元到各受灾省份。再以2020年为例，经国家应急管理部会同工业和信息化部、自然资源部等单位会商核定，2020年，在主汛期南方地区遭遇1998年以来最重汛情，全年各种自然灾害共造成1.38亿人次受灾，因灾死亡失踪591人（与近5年均值相比，2020年全国因灾死亡失踪人数下降43%），紧急转移安置589.1万人次，房屋倒塌10万间，严重损坏30.3万间，一般损坏145.7万间。农作物受灾面积1 995.8万公顷，其中绝收面积271万公顷；直接经济损失3 701.5亿元。"十三五"时期，全国平均每年的受灾人口达到1.49亿人次（累计7亿人次以上），因灾死

① 王晟哲. 中国自然灾害的空间特征研究 [J]. 中国人口科学, 2016 (6)：68-77, 127.

② "十二五"时期中国的减灾行动 [EB/OL]. http://www.ndrcc.org.cn/tzgg/12281.jhtml.

③ 2016 年全国自然灾害基本情况 [EB/OL]. http://www.ndrcc.org.cn/zqtj/7214.jhtml.

亡和失踪1 500余人，农作物受灾面积2 095万公顷，直接经济损失达到3 500多亿元（累计接近1.8万亿元，比"十二五"时期减少0.1万亿元）。进入"十四五"时期，尽管受灾及损失整体状况有所缓解，但绝多数依然较严重（见表1-1）。

表1-1 "十二五""十三五"时期及"十四五"最初2年
中国气候（自然）灾害及损失状况

| 指标 | "十二五"时期 | | | | "十三五"时期 | | | | "十四五"时期最初两年 | |
|---|---|---|---|---|---|---|---|---|---|---|
| | 总计 | 均值 | 最大值 | 最小值 | 总计 | 均值 | 最大值 | 最小值 | 2021年 | 2022年 |
| 农作物受灾面积/千公顷 | 135 443 | 27 089 | 32 471 | 21 770 | 104 728 | 20 946 | 26 221 | 18 478 | 11 739 | 12 072 |
| 农作物绝收面积/千公顷 | 13 885 | 2 777 | 3 844 | 1 826 | 12 822 | 2 564 | 2 902 | 1 827 | 1 633 | 1 352 |
| 旱灾受灾面积/千公顷 | 62 626 | 12 525 | 16 304 | 9 340 | 40 378 | 8 076 | 9 875 | 5 081 | 3 426 | 6 090 |
| 旱灾绝收面积/千公顷 | 5 826 | 1 165 | 1 505 | 374 | 4 511 | 902 | 1 114 | 705 | 464 | 612 |
| 洪涝、地质灾害和台风受灾面积/千公顷 | 45 621 | 9 124 | 11 427 | 7 222 | 43 311 | 8 662 | 11 060 | 5 809 | 5 207 | 3 576 |
| 洪涝、地质灾害和台风绝收面积/千公顷 | 5 615 | 1 123 | 1 829 | 841 | 6 197 | 1 239 | 1 498 | 766 | 918 | 505 |
| 风雹灾害受灾面积/千公顷 | 15 621 | 3 124 | 3 387 | 2 781 | 12 577 | 2 515 | 2 908 | 2 228 | 2 712 | 1 528 |
| 风雹灾害绝收面积/千公顷 | 1 695 | 339 | 458 | 213 | 1 153 | 231 | 291 | 171 | 206 | 175 |
| 低温冷冻和雪灾受灾面积/千公顷 | 11 418 | 2 284 | 4 447 | 900 | 8 460 | 1 692 | 3 413 | 525 | 379 | 871 |
| 低温冷冻和雪灾绝收面积/千公顷 | 739 | 148 | 211 | 37 | 961 | 192 | 456 | 36 | 44 | 59 |
| 自然灾害受灾人口/万人次 | 154 504 | 30 901 | 43 290 | 18 620 | 74 502 | 14 900 | 18 912 | 13 554 | 10 731 | 11 268 |
| 自然灾害受灾死亡人口/人 | 7 613 | 1 523 | 2 284 | 967 | 4 774 | 955 | 1 706 | 589 | 867 | 554 |
| 自然灾害直接经济损失/亿元 | 19 168 | 3 834 | 5 808 | 2 704 | 17 669 | 3 534 | 5 033 | 2 645 | 3 340 | 2 387 |

资料来源：国家统计局官网数据库。

气候、自然灾害总是呈现一定的空间特征并与贫困紧密联系，特别是对处于生态脆弱区的无数农村人口来说，因难以抵挡自然灾害袭击而陷入致贫或返贫境地——中国的贫困问题尤其是农村贫困人口问题，与气候异常及其所引发的气候、自然灾害存在高度相关性。受灾受损比较严重的省份，在我国主要分布于中西部农村地区生态脆弱区，这恰恰与现有 592 个国家扶贫开发工作重点县所涉及的省份大体一致。这些受灾省份，它们绝大多数存在气候条件恶劣、生态环境脆弱的双重心特点，加之基础设施建设和交通滞后，经济、文化、教育、卫生水平落后等，使贫困人口生存发展受阻及抗风险能力极差，从而导致较为严重的贫困效应（见表 1-2）。应该说，气候灾害频发、空间贫困现象严重成为这些地区致贫返贫的主要根源①。这阻碍了我国全面决胜小康社会、稳定减贫脱贫目标的实现。

**表 1-2　我国生态脆弱区、自然灾害与贫困县空间分布关系**

| 生态脆弱区空间分布 | 自然灾害类型 | 区域分布（自然灾害集中区域） | 自然灾害风险 | 国家级贫困县（2015 年） |
|---|---|---|---|---|
| 北方干旱半干旱区、南方丘陵区、西南山地区、青藏高原区及东部沿海水陆交接地带为主要分布带 | 主要自然灾害包括旱灾、洪涝、山体滑坡、泥石流和台风、风雹灾害、低温冷冻和雪灾等 | 主要包括：河北、山西、内蒙古、吉林、黑龙江、安徽、江西、河南、湖北、湖南、广西、海南、重庆、四川、贵州、云南、陕西、甘肃、西藏、青海、宁夏、新疆等 | 2016 年国务院扶贫办摸底调查显示，在全国现有农村 7 000 多万贫困农民中，其因自然灾害致贫比例高达 20% | 592 个。其中西部 375 个（其中民族八省区 232 个）；中部 217 个。西部占全国 63.34%；中部占 36.66% |

注：国家级贫困县中未列入西藏。参见王晟哲. 中国自然灾害的空间特征 [J]. 中国人口科学，2016（6）：68-77，127.

尤其是少数民族八省区②，基本上属于高原山区、喀斯特地貌区、沙漠荒漠地区，自然灾害更易频繁发生，生存环境恶劣、经济发展条件很差，农村自然灾害空间贫困问题突出。虽然我国不断加大对民族省份的扶贫攻坚力度，农村贫困人口不断减少，贫困发生率不断降低，但绝对数依然不小，是我国深度贫困的集中地带。进入脱贫攻坚的 2016 年，民族八省区仍有 1 411 万农村贫困人口，占全国的比重达到 32.50%；农村贫困发生率逐年下降，但依然高达 9.40%，比全国高出 4.9 个百分点（见表 1-3）。

---

① 王晟哲. 中国自然灾害的空间特征研究 [J]. 中国人口科学，2016（6）：68-77，127.

② 少数民族八省区包括内蒙古自治区、宁夏回族自治区、新疆维吾尔自治区、西藏自治区和广西壮族自治区五大少数民族自治区，以及少数民族分布集中的贵州、云南和青海。

表 1-3  2010—2016 年全国少数民族八省区贫困人口和贫困发生率

| | 贫困标准/元 | 贫困人口 | | | 贫困发生率 | | |
|---|---|---|---|---|---|---|---|
| | | 民族八省区/万人 | 全国/万人 | 八省区全国占比/% | 民族八省区/% | 全国/% | 八省区比全国高出/% |
| 2010 年 | 2 300 | 5 040 | 16 567 | 30.4 | 34.1 | 17.2 | 16.9 |
| 2011 年 | 2 536 | 3 917 | 12 238 | 32 | 26.5 | 12.7 | 13.8 |
| 2012 年 | 2 625 | 3 121 | 9 899 | 31.5 | 20.8 | 10.2 | 10.6 |
| 2013 年 | 2 736 | 2 562 | 8 249 | 31.1 | 17.1 | 8.5 | 8.6 |
| 2014 年 | 2 800 | 2 205 | 7 017 | 31.4 | 14.7 | 7.2 | 7.5 |
| 2015 年 | 2 855 | 1 813 | 5 575 | 32.5 | 12.1 | 5.7 | 6.4 |
| 2016 年 | 2 952 | 1 411 | 4 335 | 32.5 | 9.4 | 4.5 | 4.9 |

注：数据来源于国家民族委员会少数民族地区贫困监测数据；贫困发生率是以贫困人口除以总人口的百分比。

虽然过去长期"输血式"就地扶贫对反贫、减贫具有一定成效，但事实证明这是难以从根本上奏效的，甚而出现越扶越贫之现象。原因在于，贫困存在的气候、自然灾害和经济社会脆弱性基础难以彻底消除。因此，有针对性地对空间上处于生态环境差、经济脆弱性强、气候灾害频发的区域，实施生态移民或气候移民、尤其是易地扶贫搬迁，既是精准扶贫的要求，也是夺取扶贫攻坚全面胜利的重要路径。事实上，《全国"十三五"易地扶贫搬迁规划》已经明确提出，着力解决居住在"一方水土养不起一方人"地区的贫困人口脱贫问题，就需要基于气候、自然灾害空间特征[①]和经济社会条件，实施易地扶贫搬迁。这也足以说明，解决农村气候贫困人口问题以及促进农村气候贫困人口迁移所具有的必要性和重要意义[②]。2020 年，如期高质量完成了"十三五"易地扶贫搬迁建设任务，960 多万搬迁群众全部脱贫。

## 二、研究意义

我国的贫困空间是一个复杂系统，涉及气候、自然资源、生态环境以及交通、基础设施、教育、医疗卫生等经济社会条件，在贫困地区、特别是农村贫

---

① 包括《国家主体功能区规划》中的禁止开发区或限制开发区，地质灾害频发区域，深山石山、边远高寒、荒漠化和水土流失严重，且水土、光热条件难以满足日常生活生产需要，不具备基本发展条件的地区。

② 王晟哲. 中国自然灾害的空间特征研究 [J]. 中国人口科学，2016（6）：68-77，127.

困地区的生态环境脆弱性、经济社会脆弱性、贫困人口或贫困农户（家庭）脆弱性表象的背后，存在着起决定作用的气候诱因。如何应对气候变化、实施气候灾害频发区域中的农村气候贫困人口迁移，这既是一个现实问题，也是一个重大的理论问题。农村气候贫困及农村气候贫困人口迁移的发生机制是什么？实施迁移所涉的一系列重大问题，诸如迁移意愿、迁移的社会适应性及迁移政策实施效果，它们与诸多因素交织在一起所构成的迁移万象和迁移图景，往往给我们带来不尽的困惑。迁移意愿、迁移的社会适应性及迁移政策实施效果本身受到哪些因素的影响？迁移意愿与迁移行为、迁移和安置方式、公共服务、公共政策等之间关系怎样？究竟采取怎样的政策措施才能促进农村气候贫困人口迁移？诸如此类问题，不仅需要我们从现实上厘清，更需要我们从理论路径、技术方法等方面给出科学合理的回答、验证。因此，本书所具有的理论意义应是显著的。

## 第二节　理论解释与内容框架

### 一、核心范畴界定

（一）自然灾害、气候灾害及气候灾害频发区域

1. 自然灾害。它是指给人类生存带来危害或损害人类生活环境的自然现象。在我国国土空间内，有如下常见的自然灾害：其一，包括干旱、高温、洪涝、台风、冰雹、暴雪、寒潮、沙尘暴等气象灾害；其二，包括火山、地震、山体崩塌、滑坡、泥石流等地质灾害；其三，包括风暴潮、海啸等海洋灾害；其四，包括森林草原火灾和重大生物灾害等。当然，自然灾害类型划分也存在差异，由国家科委、国家计委、国家经贸委联合成立的"自然灾害综合研究组"将自然灾害划分为七大类，包括：气象灾害、海洋灾害、洪水灾害、地质灾害、地震灾害、农作物生物灾害、森林生物灾害和森林火灾。作为地理环境演化过程中的异常事件，自然灾害成为阻碍人类社会发展的最重要的自然因素之一，抵御和防止自然灾害早已是人类的共同目标。

2. 气候灾害。它是指气候原因引起的自然灾害，一般指气候反常对人类生活和生产所造成的灾害。作为主要自然灾害之一，气候灾害主要包括干旱灾害、洪涝灾害、风灾（台风、狂风、风暴潮）、冰雹、暴雪等，以及由此引起的土地沙漠化、沙尘暴、盐碱化、山体滑坡、泥石流、农作物生物灾害等。气候灾害还包括气象次生、衍生灾害，其是指由气象因素引起的山体滑坡、泥石流、风暴潮、森林火灾、酸雨、空气污染等灾害。在中国，亚洲热带风暴、台

风（多发于中国沿海城市区域）、干旱、高温、雷暴、山洪、泥石流（多发于南方地区）、沙尘暴（多发于中国北方地区）等，所造成的灾害影响或损失非常大。可以说，中国是世界上气候灾害频繁发生、灾害种类较为齐全，并造成严重危害的少数国家之一。目前我国常见的气候灾害有20余种（见表1-4）。

表1-4 我国常见的气候灾害及其特征与影响

| 类型 | 特征与影响 |
| --- | --- |
| 暴雨 | 山洪暴发、河水泛滥、城市积水 |
| 雨涝 | 内涝、渍水 |
| 干旱 | 农业、林业、牧业受旱灾影响，城市、农村缺水，土地荒漠化 |
| 干热风 | 干旱风、焚风 |
| 高温、热浪 | 酷暑高温，人体疾病、灼伤，作物逼熟 |
| 热带气旋 | 狂风、暴雨、洪水 |
| 冷害 | 强降温和低气温造成作物、牲畜、果树受害 |
| 冻害 | 霜冻，作物、牲畜冻害，水管、油管冻坏 |
| 冻雨 | 电线、树枝、路面结冰 |
| 结冰 | 河面、湖面、海面封冻，雨雪后路面结冰 |
| 雪害 | 暴风雪、积雪 |
| 雹害 | 毁坏庄稼、破坏房屋 |
| 风害 | 树倒、房倒、翻车、翻船 |
| 龙卷风 | 局部地区毁灭性灾害 |
| 雷电 | 雷击伤亡 |
| 酸雨 | 对作物生长发育不利，引发粮食霉变等 |
| 浓雾 | 人体疾病、交通受阻 |
| 低空风切变 | 引发（飞机）航空失事 |
| 沙尘暴 | 农业减产、大气污染、表土流失 |

资料来源：https://max.book118.com/html/2015/0920/25828631.shtm；http://www.baike.com/wiki/%E6%B0%94%E8%B1%A1%E7%81%BE%E5%AE%B3。

3. 气候灾害频发区域。气候灾害频发区域，顾名思义就是气候灾害多发地带。从地理空间上看，我国气候灾害频发区域主要分布在曾经的三大贫困地带：第一个为东部地区的"孤岛贫困带"，涵盖东北边境、山东、河南一带的革命老区；第二个为腾冲—爱辉线贫困带，该贫困带是中国主要的贫困地区所在区域，多数都是高原和高山地区；第三个为西部沙漠和高原苦寒地区。在这三个贫困带当中，除了第一个"孤岛贫困带"，另外两个贫困带基本都是极端气候带，生活在极端气候带的贫困人口占总人口的80%左右。这反映出一个鲜明的特点，气候灾害频发区域、生态环境脆弱地带、贫困地区（主要是农村）在我国具有较高的地理空间分布上的一致性的耦合叠加性，气候因素、生态环境各要素相互作用强烈，人们抗干扰能力弱，最终形成所谓"空间贫困陷阱"。在耦合叠加区域，大约有74%的人口生活在贫困县内，占总贫困人口的80%以上。例如，2015年我国贫困地区62.1%的行政村经历了自然灾害，主要以旱灾、水灾、植物病虫害为主，分别占27.6%、15.5%和6.5%，只有37.9%的行政村没有遭遇自然灾害①。

这里需要指出的是，有学者提出气候灾害频发的标准是什么或者什么情况才叫气候灾害频发的话题。对于这一有趣的话题，课题组查阅国内若干资料，发现大量文献使用"气候灾害频发"概念，但并没有发现有资料或文献给出"气候灾害频发"的标准。因此，气候灾害频发的"频发"可能是一个定性的模糊概念或相对概念，抑或是约定俗成概念，大致是指在一定时期内或一定历史时期内发生的次数较多或发生的频率较高，却很难给出什么是"频发"的标准。但我们有理由相信，专家通过深入研究，利用大数据和模型技术方法在未来也许会给出"频发"的标准。

（二）气候贫困、农村气候贫困人口迁移

1. 气候贫困。"气候贫困"或"气候贫穷"（climate poverty）这一概念，于2007年在印度巴厘岛举行的联合国气候变化大会上，由国际扶贫组织乐施会首次提出②，其基本含义是指全球气候变化带来的影响及产生的灾害所导致的贫穷或使得贫穷加剧的现象。在此基础上，气候贫困被中国著名经济学家、清华大学教授胡鞍钢定义为"基本生存环境的贫困"③。他认为气候贫困是在全球气候变化不断加剧的情况下，自然灾害频繁发生，自然条件更加恶劣，以及人们基本生活、生产条件遭到破坏，所形成人们基本生存权利被剥夺的贫困现象。由此，气候贫困人口也就是指处于气候贫困境地中的贫困人群。由于气候变化的影响后果主要发生在生态脆弱、自然条件恶劣的农村区域，因而农村气候贫困人口成为气候贫困的主体人群④。与气候贫困相关的一个概念，叫

① 国家统计局住户调查办公室. 2016 中国农村贫困监测报告 ［M］. 北京：中国统计出版社，2016.

② 聚焦 2007 联合国气候变化大会 ［EB/OL］. http://env.people.com.cn/GB/8220/112301/index.html.

③ 胡鞍钢. 亟须关注气候贫困人口 ［N］. 21 世纪经济报道，2009-06-10.

④ 王学义，罗小华. 农村气候贫困人口迁移：一个初步的研究框架 ［J］. 人口学刊，2014，36（3）：63-70.

"空间贫困"，其是由气候变化、生态环境、地理资源禀赋等所造成的贫困现象。在一定意义上也可以与气候贫困互换互指。

2. 农村气候贫困人口迁移。理解农村气候贫困人口迁移概念，首先需要知道什么叫人口迁移。对人口迁移（population migration）的理解，通常涉及人口居住地由迁出地到迁入地的永久性或长期性的改变。一般而言，人口迁移就是指人口在两个地区之间的空间移动。这也是联合国《多种语言人口学辞典》给出的定义，即"人口在两个地区之间的地理流动或者空间流动，这种流动通常会涉及永久性居住地由迁出地到迁入地的变化。这种迁移被称为永久性迁移，它不同于其他形式的、不涉及永久性居住地变化的人口移动"。由此可以明确，农村气候贫困人口迁移，就是受气候变化、自然灾害、地理资源禀赋等交互影响所致贫困的农村人口发生的迁移行为。迁移机理可以解释为，全球气候变暖并随着气候变化趋势进一步加剧或延伸，致使"渐变缓发性气候风险"与"极端突变灾害性气候风险"多发，并和生态脆弱区、贫困地区相叠加，共同催生了我国的气候贫困尤其是农村气候贫困，在气候风险加剧迫使下农村气候贫困人口更有向气候移民演变的发展态势①。

这里需要补充交代的是，本书在使用"气候贫困人口"概念时，其是指受气候变化、自然灾害、地理资源禀赋等交互影响所形成的贫困人口，而衡量标准依然采用我国通常采用的贫困线标准。不同的国家的贫困线标准差异较大。世界银行的贫困线标准也分低贫困线、发展贫困线和高贫困线标准。2015年10月世界银行公布的国际贫困线（低贫困线）标准为每人每天1.9美元，而我国的贫困线标准以2011年的人均年收入2 300元为不变基准，不定期动态调整，2015年为人均年收入2 800元，2016年为人均年收入2 952元、2017年为人均年收入2 952元、2 018年为人均年收入2 995元、2019年为人均年收入3 218元。

（三）易地扶贫搬迁

"易地扶贫搬迁"是我国在长期扶贫实践中提出的一个概念，《全国"十三五"易地扶贫搬迁规划》给出了它的特定含义：易地扶贫搬迁主要是在政府主导下，本着群众自愿参与原则，将居住在"一方水土养不起一方人"的自然条件恶劣地区的贫困人口搬迁到生存与发展条件较好的地方，从根本上改善其基础设施、交通、医疗卫生、文化教育等生产生活条件，实现脱贫致富的

① 刘长松. 我国气候贫困问题的现状、成因与对策 [J]. 环境经济研究，2019，4（4）：148-162.

一种扶贫方式。迁出区域主要是指已建档立卡的贫困人口相对集中的农村贫困地区（这类地区往往自然条件严酷，生存环境恶劣，发展条件严重欠缺等）①。可见，易地扶贫搬迁概念与国外所讲的环境移民或生态移民或气候移民类似，其共同的特点都是指因气候等自然灾害频发、生态环境恶化影响而产生的迁移行为，但易地扶贫搬迁概念更强调了易地搬迁与解决气候贫困问题或生态环境贫困问题的联系，强调了确保气候灾害频发、生态环境恶化区域农村贫困地区人口搬得出、稳得住、能致富的政策目标。

## 二、理论解释

### （一）环境移民的理论解释

环境移民理论是研究环境因素与人口迁移之间关系的一种理论。对于这种关系或者环境因素对人口迁移的影响，学者们的看法并不完全一致：一是认为环境因素可以影响移民，不过，它只是影响移民的因素之一；二是认为环境因素能够直接引发移民现象，但其作用存在最小化和最大化这两极情况。环境移民概念源于世界观察研究所学者莱斯特·布朗（Lester R. Brown）在 20 世纪 70 年代提出的"环境难民"概念，随后"环境移民"概念被联合国环境署等国际机构所采纳使用，并被国际移民组织（IOM）统一定义为"不可抗拒的突发性或渐进性的环境因素，使得其生活或生存条件受到不利影响，从而被迫或自愿离开居住地的个体或群体。这种迁移行为或是暂时性的，或是永久的，迁移目的地或是国内或是境外"②。生态环境或气候因素诱发的自愿或非自愿移民，包括了灾害、环境事故、生态破坏、环境恶化、基础设施修建等引发的土地征用等情形导致的人口迁移，分为环境移民、生态移民、气候（灾害）移民和工程移民等移民类型。虽然环境移民、生态移民、气候（灾害）移民等在提法上不同，但从理论内涵上看，它们都大同小异。例如，环境移民也往往

---

① 具体符合搬迁条件的有以下四种情况：①深山石山、边远高寒、荒漠化和水土流失严重，且水土、光热条件难以满足日常生活生产需要，不具备基本发展条件的地区；②国家主体功能区规划中的禁止开发区或限制开发区；③交通、水利、电力、通信等基础设施，以及教育、医疗卫生等基本公共服务设施十分薄弱，工程措施解决难度大、建设和运行成本高的地区；④地方病严重、地质灾害频发，以及其他确需实施易地扶贫搬迁的地区。满足上述四种条件之一即可划定为迁出范围。

② LACZKO F, AGLIAZAM C. Introduction and Overview：L；nhancing the Knowledge Base [A]. Migration, Environment and Climate Change：Assessing the Lvidence [C]. Geneva：IOM, International Organization for Migration, 2009：7-40.

指气候移民或生态移民，气候移民或生态移民也往往指环境移民等。但从逻辑上讲，它们存在交叉重叠、包容和被包容关系。环境移民涵盖气候移民、生态移民等，气候移民、生态移民等是环境移民的有机组成部分。

生态移民是指以生态保护为首要目的的人口迁移行为。生态移民理论是在美国植物学家考尔斯于1900年第一次将群落迁移概念引入生态学分析的基础上产生的，并经过多年的发展，最终成为西方学者解释移民现象的一种重要且成熟的理论。在我国，虽然直到1993年才有学者正式提出这一概念并予以研究①，但该理论研究发展迅速且极富中国特色，这一概念从多个维度阐释了生态移民发生机制和原因、动因、目的等②。具体包括：①从经济行为加以解释，认为生态移民是因生态环境恶化所导致的一种自发经济行为。②从扶贫行为加以解释，认为生态移民属扶贫移民类型，强调其所具有的扶贫性质。③从生态保护行为加以解释，认为生态移民的原因主要在于生态环境恶化，迁移活动可改善和保护生态环境。④从综合行为加以解释，认为生态移民就是从改善和保护生态环境、发展经济、消除贫困等出发，推动人口、资源、环境和经济社会协调发展，促进生态脆弱地区人口进行搬迁的行为。在国内学者的研究中，生态移民模式较早受到关注，大部分学者认为，生态移民开发模式和生态移民安置模式是现阶段我国生态移民两大主要研究模式。近年来，对安置政策、迁入地接受政策、生态补偿政策、资金投入机制、生态移民权益保护、生态移民效果评价等方面的研究，成为生态移民理论研究的重要领域。

气候移民是指短期或长期气候变化的影响引发的人口迁移，它的对象是受气候风险影响制约的个体或人群，以及与他们密切相关的各种社会经济活动。在气候移民理论视野中，气候移民既指由"渐变缓发性气候风险"所造成的永久性人口迁移及经济社会系统重建，又涵盖"极端突变灾害性气候灾害"所导致的人口迁移，也涉及气候工程性的非自愿性气候移民（为减缓气候变化对人类生存生活造成胁迫性、破坏性等不利影响而实施），以及气候变化直接、间接导致的如泥石流、滑坡等其他风险造成的迁移和重建活动。具体而言，气候变化主要从四个方面影响人类的迁移行为：①极端天气和气候灾害摧毁房屋等人居环境，导致受灾地区需要短期或长期的人员转移和再安置。②持

---

① 刘小强，王立群. 国内生态移民研究文献评述 [J]. 生态经济，2008 (1).

② 王志章，孙晗霖，张国栋. 生态移民的理论与实践创新：宁夏的经验 [J]. 山东大学学报（哲学社会科学版），2020 (4)：50-63.

续增温及干旱影响农业产出、降低生计水平和引发清洁用水的利用，导致人们被迫离开家园另谋生路。③海平面上升使得沿海地区变得不再适于人类居住，需要人类永久性迁移。④气候变化影响到生态系统服务，人们对自然资源的获取和争夺有可能引发社会冲突和人口流动。按不同标准来讲，气候移民可以被划分为不同类型①：①自愿性气候移民和非自愿性气候移民（划分标准为迁移意愿）；②永久性气候移民和暂时性气候移民（划分标准为迁移时限长短）；③国际气候移民和国内气候移民（划分标准为移民迁移的空间区域和距离远近）；④直接性气候移民和间接性气候移民（划分标准为气候变化导致气候移民的不同致因）；⑤政府主导性气候移民与民间自发性气候移民（划分标准为实施气候移民的主导力量）；⑥大规模整体性气候移民和零散局部性气候移民（划分标准为人口数量的多少和不同迁移主体）。诸如此类，不一而足。就所面临的问题而言，气候移民首要面对的是如何应对、解决生活生计和居住问题，之后还存在着迁移的社会适应性、稳定性问题等。从一定意义上讲，气候移民的实质是要通过迁移活动规避气候灾害风险，以解决人类遭遇的逐渐恶化的环境问题和发展难题，协调人地关系或人与自然之间的关系。

总体而言，环境（生态、气候）移民理论，主要以"压力阈值"模型和"地点效用"理论、"价值预期"模型和环境经济理论、感知风险理论和社会脆弱性理论等来解释和揭示人口迁移发生机制或原因②。其一，"压力阈值"模型和"地点效用"理论的着眼点在于强调迁出区的"推力"与迁往区的"拉力"。其二，"价值预期"模型的着眼点在于强调未来居住地可能实现的迁移目标。其三，环境经济理论的着眼点在于比较迁移前后的预期收益和迁移成本。其四，感知风险理论的着眼点在于强调人们在遭遇灾害时对灾害的风险感知与否及感知程度大小是决定迁移与否的重要影响因素。其五，社会脆弱性理论的着眼点在于强调全球变暖或环境因素本身不一定导致移民，但它可以降低社会承受力，尤其是降低应对气候或自然灾害能力较弱的贫穷地区社会的承受力（即提高了社会脆弱性），因而贫困地区居民往往只能是忍受或被迫移民。总之，每个移民的驱动力、路径、目标等各有不同，但可以肯定的是，移民行为是为了获得更好的利益，包括"经济资本积累"或"个人资本投资回报"（基于对个人或家庭的需要或愿望），即迁移决定是某种或某些理性选择的结果。

---

① 陈绍军，曹志杰. 气候移民的概念与类型探析 [J]. 中国人口·资源与环境，2012（6）：164-169.

② 郑艳. 环境移民：概念辨析、理论基础及政策含义 [A]. 中国人口·资源与环境，2014（4）.

无论是环境移民，还是气候移民、生态移民等，它们相互交织，在本质上都是在全球环境和气候变化大背景下，人地关系或典型的人类-生态复合系统变动引发的人口、资源环境、经济社会等可持续发展问题。我国学者研究环境移民主要集中在西部农村地区，其共同点是气候移民、生态移民政策与实践往往承担了生态保护、发展、减贫等多种任务。

（二）农村气候贫困向气候移民转变的理论解释

农村气候贫困向气候移民转变，涉及的理论问题实际上就是解释农村气候贫困向气候移民转变的发生机制。在全球气候变暖持续发酵下，随着气候变化趋势进一步加剧和延伸，冰川融化退缩加速、干旱频度与程度加剧等渐变缓发性气候风险与极端突变灾害性气候风险频发多发，并和生态脆弱区、贫困地区相叠加，共同催生了气候贫困尤其是农村气候贫困，在气候风险加剧迫使下农村气候贫困人口更有向气候移民演变的发展态势。根据我国气候自然灾害空间分布的特征，我国气候自然灾害频发区域往往分布于生态环境脆弱区，而这些区域又往往是贫困人口所处区域，即自然灾害频发区域与贫困地区基本重叠，产生灾害贫困复合效应，实施易地扶贫搬迁可能才是科学合理的决策。正如中国农业科学院林而达研究员在论及气候灾害议题时所指，在中国的生态脆弱地区、当时的贫困地区，农民最容易遭遇到气候灾害影响，因为在空间分布上当时的贫困地区与气候变化受灾地区、生态脆弱区基本叠加重合。再由于受制于薄弱的基础设施建设、匮乏的资源以及低下的教育卫生水平等，农村贫困地区应对气候灾害的能力显得严重不足，相应的迁移问题也就更为突出和复杂，必须将其提上议事日程。而事实上，中国当时95%的绝对贫困人口都生活在生态环境极度脆弱、气候自然灾害频发和灾害风险极高的地区，这是中国当时贫困地区致贫甚至返贫的重要原因之一。如果不能够及时开展移民行动，其结果可能是自然灾害削弱扶贫效果，甚至也可能严重阻碍中国实现长期减贫发展目标和全面建成小康社会的目标。因此，对自然灾害频发、生态脆弱贫困地区的避灾易地迁移研究①，成为贫困人口迁移研究的新方向。同时，中央和地方政府易地扶贫搬迁计划或行动的政策和实践，也应证了气候自然灾害及其空间分布→贫困→迁移的逻辑。

气候等自然灾害与贫困相伴而行。这既是一个经验事实，同时也被不少理

---

① 陈勇，李青雪，何路路，等. 山区避灾移民双重风险感知的影响因素：以汶川县原草坡乡搬迁安置农户为样本 [J]. 西南石油大学学报（社会科学版），2021，23（6）：24-33.

论成果所证实。例如，Attzs M 以加勒比岛国为例①；Singh R., Holland P. 以斐济为例②；Israel, D. C., Briones R. R. 以菲律宾为例③，实证分析了自然灾害和贫困的关系，他们的共同认识是：自然灾害可以降低农户收入、加深农户贫困，而收入降低、贫困加深的恶性循环，又会削弱农户抵御和防止灾害风险的基本能力。在我国，相关研究涉及的区域、对象主要为受自然灾害影响严重的农村和农户，研究的一致性结论是自然灾害对农村、农户具有很强的贫困效应。例如，庄天慧、张海霞等（2010）基于 21 个国家级民族贫困县的 67 个村，胡家琪、明亮（2009）以广西西南 TL 村的水灾调查，胡家琪（2010）以甘肃省 TP 村的旱灾调查，明亮（2011）以湖南 SH 村的冰雪灾害调查，以及张国培、庄天慧（2010）以云南省 16 个州市农户贫困脆弱性为例的分析等，都表明自然灾害与贫困相伴而行。自然灾害加剧了农业弱质性，通过影响经济增长而影响收入；灾害带来大量经济损失甚至人身伤亡，极易导致低收入、抵御灾害能力弱的农户陷入贫困。同时，自然灾害频发又往往会稀释扶贫效果，导致大量因灾致贫人口脱贫后返贫的恶性循环。尤其是在长期受频发自然灾害困扰的少数民族地区、大多数西部农村地区等，灾害贫困人口问题更为突出④。

这就是说，在我国，农村贫困地区是气候变化的主要影响地区，气候灾害的脆弱性主要表现为农业自然灾害的脆弱性，农业生产、农业收入、水资源、生物多样性、居民健康等受到自然灾害的多方面影响，加剧农村贫困地区面临的"生态环境脆弱性""经济脆弱性""社会脆弱性""人口脆弱性""基础设施脆弱性"等，农户生存发展所依赖的生态环境、自然资源或农业资源、生活生计资源以及生产条件等遭到破坏，他们应对气候灾害的经济能力、社会能力、文化能力等往往严重不足，在气候灾害频发区域的生活生计空间不断被挤

① ATTZS M. (2008), Natural Disasters and Remittances: Exploring the Linkages between Poverty, Gender, and Disaster Vulnerability in Caribbean SIDS. World Institute for Development Econmics Research (WIDER).

② SINGH R., HOLLAND P. (2009), Relationship between Natural Disasters and Poverty: A Fiji Case Study. SOPAC Miscellanecus Repart 678.

③ ISRAEL, D. C., BRIONES R. R. (2013), The Impact of Natural Disasters on Income and Poverty: Framework and some Evidence from Philippine Households. CBMS Network Updates, XI (1).

④ 王晟哲. 中国自然灾害的空间特征研究 [J]. 中国人口科学, 2016 (6): 68-77, 127.

压，甚至丧失生活生计空间，因而更容易滑向"贫困陷阱"而难以自拔。换言之，气候风险与生态脆弱叠加共同催生了我国的气候贫困，尤其是农村气候贫困，在气候风险加剧迫使下农村气候贫困人口更有向气候移民演变的发展态势。出于面临气候自然灾害的一种适应性反应，农村气候贫困人口自发性移民和政府引导或政府主导下的农村气候贫困人口的政策性移民多有发生。近几年，易地扶贫搬迁成为我国农村贫困人口迁移的主导模式，对保护迁出地生态环境、提高迁出地生态恢复力水平，以及从根本上促进农村气候贫困人口在迁入地获得发展机会、实现精准扶贫和全面建成小康社会具有重要意义（见图1-1）。

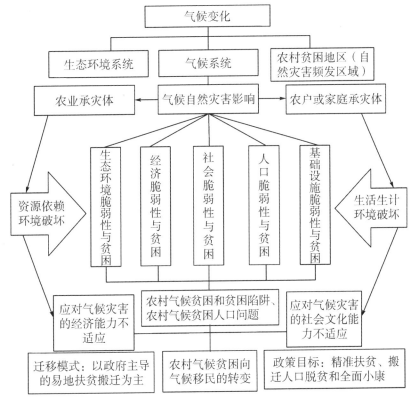

图 1-1 农村气候贫困向气候移民转变的发生机制

（三）农村气候贫困人口移民生计困境的理论解释

从上述研究可以发现，处于气候灾害频发区域的农户，他们应对气候灾害的综合能力等往往严重不足，因而更容易滑向"贫困陷阱"，迁移是其改善生活生计环境的重要途径。但另一方面的问题在于，农村气候贫困人口移民，他们知识能力不足导致工作机会不足、劳动生产率较低导致收入偏低、健康状况不佳导致生活负担加重、社会融入障碍导致社会流动受阻的状况并没有随着迁移而改变，即农村气候贫困人口移民的智能、生产技能、身心健康等重要人力资本，在气候变化的影响下已经遭受了不同程度的损失，他们依然缺乏走出生计困境的人力资本条件（见图1-2）。因此，需要对其人力资本进行重新建构，才有可能促进农村气候贫困人口移民走出生计困境，从而使其生计可持续发展。

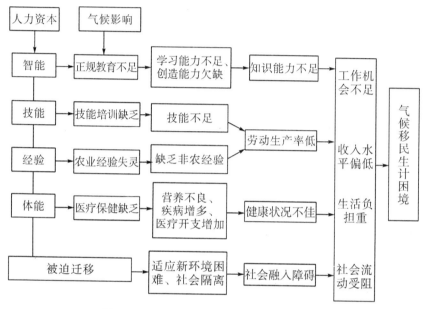

**图 1-2　人力资本对气候移民生计影响机制**

资料来源：何志扬，张梦佳. 气候变化影响下的气候移民人力资本损失与重构：以宁夏中南部干旱地区为例［J］. 中国人口·资源与环境，2014（12）：114.

（四）自发移民搬迁、政策移民搬迁及其关系的理论解释

自发移民搬迁、政策移民搬迁是移民搬迁的两大基本形式或类型。前者往往被理解为非强制性移民，后者往往被理解为强制性移民。自发移民搬迁，是指没有列入政府和企业有计划、有组织，未享受政府财政补助而自发进行的移民搬迁①，或者是相对于"政府引导、政策扶持、有组织、有计划"的政策移民而言的移民；政策移民则是指政府为了达到一定的目的，通过相关政策引导和支

---

① 阿呷尔金. 自发移民、民族互嵌与共同性增进：基于凉山多民族地区的田野考察［J］. 民族论坛，2022（3）：14-21.

持，将一地居民有组织、有计划地迁往异地并使其定居发展所形成的移民形态。在我国，自改革开放以来政策移民目标都是围绕着"经济效益、社会效益和生态效益"而开展的①。具体的区别和联系表现为②：①搬迁组织主体。自发移民搬迁是移民自发行为所致（或以群体或以个体的方式进行）；政策移民搬迁则以群体方式进行，由国家政府及其企业、社团等组织搬迁，并且前者较之后者更具有普遍性和广泛性。②搬迁行为及形式。自发移民搬迁主体在行为上属于自发，迁入地和迁出地缺乏沟通，也不存在相关交接手续等，零星、散乱、无序是其迁移形式特点；而政策移民搬迁对迁入地与迁出地事前是经过协调、沟通甚至规划过的，因而迁移组织形式上呈现有序的、按规划的、整体性的、有批次的搬迁的特征。③搬迁目的及效果。自发移民搬迁与政策移民搬迁两者都是为了改善生存环境而改变居住地点，但自发移民搬迁因固有的特点和缺陷，缺乏政策性保护和生产生活资料保障，而政策移民搬迁则往往享有政策性保护并具备开发建设能力。

自发移民搬迁形成的原因或形成机理较为复杂，但总体上都符合人口迁移推拉理论基本原理。其规律性的演化原因或机制主要是③：①迁出地生存发展条件差，气候条件差、自然环境恶劣、土地贫瘠、气候自然灾害频发；同时，基础设施薄弱，经济发展瓶颈大。②居住地公共服务不全，教育落后，医疗卫生条件差。③与其他地区发展差距拉大，发展机会不同。④政策移民搬迁实现生产生活条件的改善、脱贫致富产生了示范效应影响。⑤迁入地发展致富条件优越、打工方便、本地农业收入高、增收渠道广、交通便利、教育条件好等。⑥自由迁徙阻力小。可以说，我国的人口流动和人口城市化也为自发移民搬迁创造了条件。随着零星、散乱、无序化的自发移民规模不断增大，给移民户、迁入地、迁出地也带来了诸多急需解决的问题。例如，我国精准扶贫是按照原住地建档立卡，农户搬离后，原住地就不再建档立卡，导致农户未享受到扶贫政策，而迁入地政府也未对自发移民户进行管理和建档立卡，导致迁入地迁出地"两不管"现象，移民户无法享受相应的扶贫政策等。

两相比较，在我国现行经济社会条件下，自发移民搬迁和政策移民搬迁都是正常的搬迁活动，且两种模式都有各自的优缺点，自发移民搬迁是相较于需

---

① 范建荣，郑艳，姜羽. 政策移民与自发移民之比较研究 [J]. 宁夏社会科学，2011（5）：60-62.

② 白金燕，张体伟. 西部民族地区自发移民搬迁利弊与发展探索：以云南为例 [J]. 云南财经大学学报（社会科学版），2010，25（5）：88-91.

③ 刘蜀川. 自发移民问题研究：以四川省凉山彝族自治州为例 [J]. 西南民族大学学报（人文社科版），2017，38（6）：55-59.

要消耗政府大量物力、财力和人力的政策移民搬迁的一种"低成本、较稳定"的移民形式，政府有必要加以合理的政策引导。我国现行政策移民搬迁，因实现"经济效益、社会效益和生态效益"以及扶贫攻坚、全面建成小康社会的目的而言，仍是现行和未来移民搬迁的主要形式。从本书而言，自然灾害频发区域农村气候贫困形势严峻，推动农村气候贫困人口迁移是解决农村气候贫困人口问题的有效途径，如果没有政策性移民搬迁支持，自发性移民搬迁很难完成这一意义重大且艰巨的任务。因此，推动农村气候贫困人口迁移宜以政策移民搬迁为主导。

### 三、研究对象与研究思路

（一）研究对象

明确研究对象是本书的重要任务之一。本书以"气候灾害频发区域农村气候贫困人口迁移问题研究"为题，研究对象即确立为气候灾害频发区域中受气候自然灾害频发影响而陷入贫困的农村气候贫困人口迁移。从本书的研究内容出发，其研究对象可以分解为几个方面：①气候自然灾害与贫困的关系。气候自然灾害与农村贫困人口迁移的关系，总体上反映农村气候贫困人口迁移的发生机制，阐释农村气候贫困人口迁移的原因。②农村气候贫困人口迁移的影响因素。除了气候、生态环境、地理资源禀赋等影响因素而外，还涉及政策（政治）、经济、社会、文化等多重因素的影响。③农村气候贫困人口的迁移意愿，以及迁移行为中的迁移社会适应、迁移稳定性等问题。迁移意愿受包括气候灾害在内的多种因素的影响，也是发生迁移行为的基础，迁移行为以及迁移效果本身也会反过来影响迁移意愿；鉴于迁移者的社会适应在迁移行为中的重要作用，迁移行为在本书中锁定为迁移的社会适应。④政府实施气候自然灾害影响下的农村气候贫困人口易地扶贫搬迁的效果、经验模式等。

（二）研究思路

本书遵循的逻辑思路是：全球气候变化加剧，气候、自然灾害频发，并且与生态环境恶化、地理资源禀赋较差、经济社会文化落后交互作用、影响强烈，导致处于气候、自然灾害频发区域，尤其是农村区域人口长期陷入贫困，产生农村气候贫困现象和气候贫困人口问题；依据过去"输血式"就地扶贫难以从根本上解决农村气候贫困人口问题的现状，新的应对策略便是实施农村气候贫困人口迁移甚至是规模性迁移。这也与国家所倡导、所主导的精准扶贫、易地扶贫搬迁、全面建成小康社会的政策主张和目标相一致。鉴于迁移意愿状况、迁移的社会适应性状况在成功推动并保障农村气候贫困人口迁移效果、质量中的地位和作用，迁移意愿状况、迁移的社会适应性状况无疑应成为研究农村气候贫困人口迁移的重点，以发现农村气候贫困人口迁移的规律，总结经验和探寻问题。同时，对气候自然灾害农村贫困人口实施易地扶贫搬迁也是国家战略，因此对农村气候贫困人口易地扶贫搬迁的政策实施效果进行考量，并提供搬迁的经验模式和探讨所存在的问题，无疑是必要的，也是具有重大意义的。在此基础上，有针对性地提出气候灾害频发区域农村气候贫困人口迁移的政策建议框架（见图1-3）。

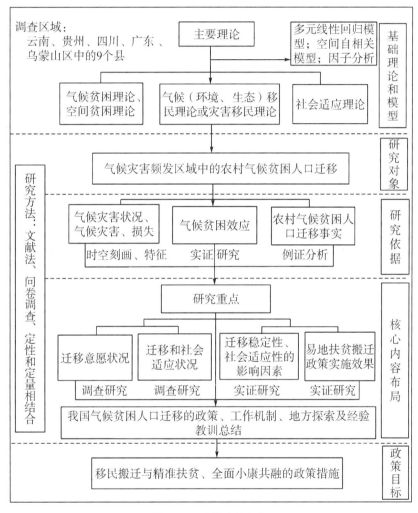

**图1-3 政策建议框架**

此外，考虑到西部农村地区是我国气候自然灾害多发主要区域，而云贵川农村地区又是气候自然灾害频发的重中之重地带，因此除了一般宏观刻画全国性气候自然灾害外，调查样本区域主要选取了云贵川气候自然灾害频发的一些特定区域，包括东川、延津和富宁，花溪、咸宁和纳雍，北川和都江堰，还有涵盖云贵川部分地区的乌蒙山区9个县。同时，考虑到海洋气候灾害和经济社会发展水平的差异性，也选取了广东江门和台山。

### 四、研究结构、内容和主要特色

#### （一）研究结构和内容

本书一共分为十章，逻辑结构为第一章主要交代研究缘起、研究布局及相关说明。第二章通过文献回顾，了解国内外同类研究的现状，夯实本书的理论支撑基础。第三章和第四章，主要奠定本书的历史和现实基础，分析阐释气候贫困及农村气候贫困人口迁移的发生机制，突出体现本书的理论和现实意义。第五章、第六章以问卷调查为基础，试图较为全面地分别展示尚未迁移人口的迁移意愿状况以及已经迁移人口在迁移前后的社会适应状况，意在摸清情况、发现问题、探寻规律，以探索更好地推动农村气候贫困人口迁移的对策措施。有了第五章和第六章的研究基础，第七章就可以回答如何"搬得出"并且"稳得住"的问题，通过实证方法证明究竟是哪些因素影响了迁移稳定性和迁移社会适应性，为"稳得住"提供科学依据。第八章基于农村气候贫困人口迁移的主要方式——易地扶贫搬迁，通过实证考察易地扶贫搬迁政策实施效果，进一步回应或应证第五章、第六章、第七章中究竟是哪些关键因素可能对迁移效果产生影响，便于对易地扶贫搬迁政策的进一步提炼和优化。第九章对我国气候贫困人口迁移演变、政策梳理、工作机制总结和地方探索进行介绍，意在提供农村气候贫困人口迁移的政策引导和经验教训。最后一章水到渠成地得出本书的基本结论，并有针对性地提出政策建议。具体而言，第一章到第十章的研究内容概括如下：

第一章：引论。简要交代研究背景与研究目的、意义；对自然灾害、气候灾害及气候灾害频发区域，气候贫困、农村气候贫困人口迁移以及易地扶贫搬迁这几个核心范畴进行界定；对气候贫困及农村气候贫困人口迁移的发生机制进行理论解释；明确研究对象与研究思路，介绍研究结构和内容、研究方法与数据来源，总结可能的创新和不足。

第二章：文献回顾。着重从五大方面展开：一是气候贫困及气候贫困人口的产生和形成机制，空间贫困理论提出、演化及研究的主要内容；二是气候贫困人口迁移的原因和影响因素；三是对气候贫困人口迁移在迁移意愿与迁移决策，性别、迁入地、南北（发展中国家、发达国家）以及迁移外力等方面的差异性分析；四是西方移民社会适应性研究的基本脉络和中国人口迁移社会适应性研究的领域和内容；五是易地扶贫搬迁研究。

第三章：气候灾害及其经济社会影响的时空特征。主要包括以下方面：我国气候灾害损失的时间演变刻画，气候灾害分布的全域空间自相关分析和局部空间自相关分析；省际气候灾害损失类型的空间刻画，包括诸如旱灾、洪涝、滑坡、泥石流和台风以及风雹、低温冷冻和雪灾等灾害损失的空间刻画；省际自然灾害受灾人口、死亡人口及直接经济损失的空间刻画等。

第四章：气候灾害频发区域农村贫困效应及农村气候移民事实。本章主要应用皮尔逊 Pearson 相关系数，建立气候灾害频发程度、生态脆弱程度、农村贫困程度三者叠加的关系模型，实证气候灾害频发区域的农村贫困效应，解释农村气候贫困的发生机制，揭示农村气候贫困人口迁移的必要性。同时通过农村气候贫困人口易地扶贫搬迁的政策事实和行动事实，证实气候灾害频发、生态脆弱、农村贫困叠加效应影响下的迁移逻辑。

第五章：农村气候贫困人口迁移意愿调查——以川、滇、黔、粤（含乌蒙山区）为例。以川、滇、黔、粤四省尚未迁移人口为样本，调查农村气候贫困人口受灾和生计情况，迁移认知、迁移感受、期望支持、迁移意向等迁移意愿的总体情况；比较不同区域农村气候贫困人口迁移意愿情况；对不同人口特征者、不同生计情况者、不同受灾情况者的迁移行动意向、迁移方式意向的差异性进行分析。

第六章：农村气候贫困人口迁移社会适应性调查——以滇、黔、川为例。以滇、黔、川已经迁移人口为样本，概括描述农村气候贫困迁移人口在基本生活、生计发展、人际交往、心理适应、政策工作评价、发展意愿方面的社会适应基本状况，分析农村气候贫困迁移人口的社会适应性差异特征，包括生计发展适应、基本生活适应、人际交往适应、心理适应几个方面的个体差异性特征。

第七章：农村气候贫困人口迁移社会适应性、迁移稳定性实证。一是迁移社会适应性实证。以主成分分析法获取四类社会适应指数，将其作为因变量，采用欧式距离平方法和皮尔逊相关系数法确定的个人特征、人际关系网络构成、生活环境变动、政府行为为自变量，进行回归分析。二是迁移稳定性实证。以农村气候贫困人口迁移年限代表迁移稳定性，将其作为因变量，采用向前逐步回归模型筛选出七类最优子集指标为自变量，进行回归实证。

第八章：农村气候贫困人口易地扶贫搬迁政策实施效果。首先，基于乌蒙山区 9 个贫困县进行实证。从个人特质、物质保障和社会环境维度构建了影响搬迁群众对易地扶贫搬迁政策实施效果（满意度因变量）的有序 Probit 实证模型，并对其进行实证。其次，基于四川古蔺县 10 个镇的实证。应用结构化方程模型，从经济状况、基础设施、公共服务三个维度实证了易地扶贫搬迁政策实施效果的影响因素与影响作用。

第九章：农村气候贫困人口迁移演变、政策、规划部署和地方探索。在简要描述传统社会气候贫困人口迁移以及新中国成立后气候贫困人口迁移演变基础上，梳理了现行气候贫困人口迁移的相关政策和规划部署等。以四川省凉山州金阳县气候贫困人口迁移为个案，总结了金阳县气候贫困人口迁移的经验模式，进而从一般意义上总结了现行气候贫困人口迁移的经验教训。

第十章：主要结论、政策建议及展望（略）。

（二）研究的主要特色

其一，研究内容安排和整体布局遵循严密的逻辑思路：全球气候变化加剧，气候、自然灾害频发，并且与生态环境恶化、地理资源禀赋较差、经济社会文化落后交互作用、彼此影响，导致处于气候等自然灾害频发区域尤其是农村区域人口长期陷入贫困，产生农村气候贫困现象和气候贫困人口问题；依据过去"输血式"就地扶贫难以从根本上解决农村气候贫困人口问题的现状或实践结果，新的应对策略便是实施农村气候贫困人口迁移甚至是规模性迁移，这也与国家所倡导、所主导的精准扶贫、易地扶贫搬迁、全面建成小康社会的政策主张和目标相一致；鉴于迁移意愿状况、迁移的社会适应性状况在成功推动并保障农村气候贫困人口迁移效果、质量中的地位和作用，迁移意愿状况、迁移的社会适应性状况（包括迁移稳定性）无疑应成为对农村气候贫困人口迁移的研究重点，以利于发现农村气候贫困人口迁移的规律，总结经验和探寻问题。同时，对"一方水土养不起一方人"的气候自然灾害农村贫困人口实施易地扶贫搬迁也是国家战略，因此对农村气候贫困人口易地扶贫搬迁的政策实施效果进行考量，并总结搬迁的经验模式和探讨所存在的问题，无疑是必要的，也是具有重大意义的。在此基础上，有针对性地提出气候灾害频发区域农村气候贫困人口迁移的政策建议框架。

其二，本书从主题确定到问题分析再到研究结论、政策建议，都以实地调查和分析为依据，以问题导向为研究着眼点，以实证为立论基础。这成为本书的一大特色和建树。可以说，研究重点较为突出，特色鲜明，在进行气候灾害及其经济社会影响的时空刻画，解释气候灾害频发区域农村气候贫困及气候贫困人口迁移的发生机制，回答气候灾害频发区域农村气候贫困人口迁移必要性、重大意义等问题基础上，基于大范围、不同类型的微观（农户家庭和个人）实证性调查数据，针对农村气候贫困迁移人口的社会适应性、稳定性以及易地扶贫搬迁政策实施效果等问题，进行模型分析和阐释，进而获得具有可靠性和说服力的结论。本书揭示了气候灾害频发区域农村气候贫困现象及农村气候贫困迁移的发生机制，调查分析了农村气候贫困人口迁移的意愿、迁移社会适应性、稳定性，并对迁移社会适应性、稳定性的影响因素以及农村气候贫困人口易地扶贫搬迁政策实施效果进行了理论模型构建和实证分析，了解和把握了农村气候贫困人口迁移社会适应、迁移稳定性以及易地扶贫搬迁实施效果的机理和内在规律。对我国农村气候贫困人口迁移演变、政策、机制和地方探索进行了总结。得出了迁移发生机制、迁移意愿、迁移社会适应性和稳定性、易地扶贫搬迁政策实施效果等方面的结论。有针对性地提出了若干政策建议。

其三，在研究方法上，本书的调查以实证主义方法论为指导，在文献回顾的基础上构建研究的理论分析框架，对相关研究内容进行经验设定，进而通过具体的观察，运用多种资料分析手段对理论进行验证。最终研究结果表明，以生态系统论等理论视角对农村气候贫困迁移人口个体社会适应的具体状况及其影响因素进行实证考察，根据理论指导和经验借鉴而来的研究假设基本被观察资料证实，起到了检验理论和经验事实的实证研究作用。表明研究在特定区域开展严谨的概率抽样选取样本，所得调查结论具备对同类总体情况的可推论性意义。

# 第三节　研究方法与数据来源

## 一、研究方法

1. 问卷调查与访谈法。本书深入我国集中连片特困贫困县等气候性自然灾害频发区域、生态脆弱的农村地区开展调研。最终甄选有代表性的典型案例加以研究，通过问卷调查了解该地区贫困人口的迁移意愿、迁移后社会适应性问题及提出更加有针对性的政策措施等。调查主要围绕三大方向展开，一是调查农村气候贫困人口的生活生计情况，核心是调查了解其迁移意愿状况，包括迁移行动意愿状况，迁移方式意愿状况以及在不同个体、不同区域间的差异性特点；二是调查迁移前后其基本生活适应状况、生计发展适应状况、人际交往适应状况、心理适应状况，不同人口特征、不同迁移状况者在社会适应方面的差异性特点；三是调查易地扶贫搬迁政策实施效果状况，即易地扶贫搬迁农村居民对搬迁的满意度，以及这种满意度受到哪些因素的影响。通过调查，一方面获取本书所需要的数据，另一方面也使本书具有更强的现实针对性。为了获取更为丰富的资料，以期通过调查达到定性分析与定量分析相互补充、相互支撑的目的，在问卷调查的基础上，本书也相应在各调查区域判断抽取几例典型个案进行深度访谈，其中四川完成 6 例，贵州完成 11 例，云南完成 5 例，访谈内容在问卷问题的基础上展开，主要围绕居民对灾害的感知情况、受灾情况、对迁移的认知情况和迁移意愿情况等。

2. 规范的理论分析和定量研究相结合。本着人口学、社会学、经济学、管理学及可持续发展理论等多学科介入规范理论分析原则，确立解决气候性自然灾害频发区域农村气候贫困人口迁移问题的指导思想、价值、观念判断和理论构架。在此基础上，结合定量模型开展实证。例如：利用空间自相关模型实证中国气候性自然灾害的空间特征，并应用 GIS 技术对空间特征进行刻画；设置气候灾害频发程度、生态脆弱程度、农村贫困程度三个变量，引入皮尔逊积矩相关系数（PPMCC 或 PCCs）实证三者之间的相关性，反映气候自然灾害、生态脆弱的农村气候贫困效应，并进一步解释农村气候贫困人口迁移的发生机制；利用主成分分析、因子分析获取迁移社会适应性指数，再利用多元线性回归模型实证迁移社会适应性的影响因素；采用有序响应 Probit 回归模型以及结构方程模型实证气候性自然灾害农村气候贫困人口易地扶贫搬迁政策的实施效果等。

3. 系统综合分析法。既重视气候贫困人口迁移的理论、政策和制度研究，综合比较气候贫困人口分布带、人口迁移方式、规模以及目的地等问题；又注重国际国内气候贫困人口迁移的经验模式研究。既注重气候性自然灾害频发区域农村气候贫困人口的迁移意愿，又注重迁移状况、迁移社会适应性研究，阐释、分析人口迁移前后的生活生计生产及感知变化状况和政策的实施情况，探寻迁移意愿和迁移社会适应的影响因素、促进迁移和提升迁移质量的因素，发现其中存在的问题，以便制定更好的解决策略与措施。这种方法对取得创新性成果具有关键性意义。

### 二、数据来源

一是宏观数据。主要涉及第三章和第四章，第三章的数据来源于中科院人地系统主体数据库中的"中国自然灾害数据库"、农业部信息中心的"历史自然灾害数据库"、国家统计局统计数据库以及历年《中国统计年鉴》等。第四章的数据来源于历年《四川统计年鉴》、各地市州统计年鉴等。

二是调查数据。调查在对气候灾害频发区域情况进行前期摸排调研的基础上，经验选取了甘肃、贵州、云南、四川、陕西、宁夏、内蒙古等存在气候、自然灾害的西部 11 省份（区）及广东和海南两个存在海洋气候灾害的沿海省份入选第一阶段抽样框，上述地区符合调查主旨需要，即存在典型的气候灾害且大都已经在区域做出气候贫困人口迁移规划。最终，按照简单随机抽样的方法抽取了云南、贵州、四川和广东 4 个省份。在第二阶段抽样中，结合研究者的主观判断，数据获取主要来自云南东川、延津和富宁的调查数据，贵州花溪、咸宁、纳雍、大方和百里杜鹃管理区的调查数据，四川北川和都江堰的调查数据，广东江门和台山的调查数据。问卷分为未迁移部分和已迁移部分，分别进行调查。未迁移问卷，发放问卷 1 500 份，回收问卷 1 427 份，其中有效问卷 1 236 份；已迁移问卷，发放问卷 1 050 份，回收问卷 1 000 份，其中有效卷 989 份。有效问卷共计 2 225 份。还有涵盖云贵川部分地区的乌蒙山区 9 个县的数据，包括叙永县、古蔺县、马边县、沐川县、桐梓县、屏山县、习水县、赤水市、七星关区，共发放 1 800 份，有效问卷 1 595 份。另外，对古蔺县单独实证，发放问卷 500 份，有效问卷 495 份。这样，本书共计有效问卷为 4 315 份。这在相关章节中都有具体的交代。

# 第四节 创新与不足

第一，在研究视角上。在我国，已有的研究成果主要集中于对生态移民、水库移民或工程移民的研究上，对气候移民的研究相对较少。并且即使有学者研究气候移民，也更多地解释气候移民的一般原因，以及描述气候移民的基本状况等。本书明确将研究区域锁定为气候灾害频发区域（农村地区），将人群锁定为气候灾害频发区域的农村气候贫困人口，将研究对象锁定为气候灾害频发区域中受气候自然灾害频发影响而陷入贫困的农村气候贫困人口迁移。探析农村气候贫困人口迁移的发生机制，重点调查分析农村气候贫困人口的迁移意愿、迁移社会适应性、迁移稳定性，以及农村气候贫困人口异地扶贫搬迁政策实施效果等。这在同类研究中，具有创新性。

第二，在研究内容上。本书做了创新探索，如下：①对农村气候贫困效应的解释，突破一般宏观描述的惯常做法，尝试通过实证获得科学认知，发现生态脆弱借助气候灾害的影响加重农村贫困，而生态脆弱本身并不显著影响农村贫困，气候灾害区与生态脆弱区的叠加使得农村贫困程度被强化。②不是笼统调查分析迁移意愿，而是对不同人口特征者、不同生计情况者、不同受灾情况者以及不同区域的迁移意愿进行区分，探析迁移意愿的差异性。同样，也区分不同人口特征者、不同搬迁状况者的社会适应差异性特征。③以调研、实证、比对思考为基础，提出具有创新性的政策建议，如以异地扶贫搬迁为基本模式，保障农村气候贫困人口迁移效果；创新投融资平台建设，优化发行农村气候贫困人口专项债券；以法律法规为准绳，推动农村气候贫困人口迁移的制度化、法治化。包括从广义上立法，例如制定、颁布包括扶贫搬迁在内的国家

《扶贫法》或《扶贫条例》；从狭义上立法，例如制定、颁布国家《扶贫搬迁法》或《扶贫搬迁条例》等。

当然，本书也存在一些不足。例如，一是我国气候灾害频发区域面积大、分布广、跨省区多，受气候自然灾害、生态环境脆弱以及经济社会发展条件的综合影响、制约所形成的农村气候贫困现象复杂、农村气候贫困人口规模大，本书由于数据限制，对全国农村气候贫困人口状况的全面分析尚有欠缺。二是对农村气候贫困人口迁移后面临的安置问题、生产问题等尚缺少典型剖析，访谈个案略显单薄，迁移经验模式还可以进一步加以凝练。三是对农村气候贫困人口迁移社会适应性、迁移稳定性以及异地扶贫搬迁实施效果的机理和内在规律尚需进一步深入研究。四是实证章节的数据贯通分析还比较薄弱等。这些问题将在后续研究中加以解决。

# 第二章　文献回顾

## 第一节　气候贫困与空间贫困研究

### 一、气候贫困及气候贫困人口的产生形成

"气候贫困"或"气候贫穷"这一概念，由联合国气候变化大会首次提出（国际扶贫组织乐施会，2007）①，被定义为气候变化致使人们基本生存环境被破坏或恶化引发的贫困，或气候变化、自然灾害频发下人们基本生存权利（基本生活与生产条件）被剥夺的贫困现象②。IPCC③认为，气候变化及其各种气候风险是导致气候脆弱地区人类生计困难和贫困的主要原因，那些处于经济社会不利地位、被边缘化的弱势群体更易受到这种不利影响——气候风险与其他非气候因素交织加剧了处于脆弱生态环境中贫困人群的自然生存、生活条件的恶化，使得气候脆弱地区贫困人口陷入生计维系困境和贫困状态而难以自拔，形成气候贫困人口及气候贫困人口问题④。有学者进一步梳理了这一议题⑤：在气候性自然灾害多发区域，气候贫困人口规模往往越来越大，相关组织及专家呼吁高度关注这一全球气候加剧影响下的严重问题。亚洲开发银行的

---

① 聚焦 2007 联合国气候变化大会 ［Z/OL］. http://env.people.com.cn/GB/8220/112301/index.html.

② 胡鞍钢. 亚须关注气候贫困人口 ［N］. 21 世纪经济报道，2009-06-10.

③ IPCC 是由世界气象组织和联合国环境规划署于 1988 年建立的政府间气候变化专门委员会，英文名称为 "Intergovernmental Panel on Climate Change"。

④ IPCC. Climate change 2014：impacts，adaptation，and vulnerability—working group II contribution to the fifth assessment report of the intergovernmental panel on climate change ［R］. Cambridge，United Kingdom and New York：Cambridge University Press，2014.

⑤ 王学义，罗小华. 农村气候贫困人口迁移：一个初步的分析框架 ［EB/OL］. https://max.book118.com/html/2016/0128/34283395.shtm. 原刊载于《人口学刊》。

一份报告称①，遏制气候变化是各国目前努力的主要方向，但问题的关键在于，应当采取实际行动来应对气候诱因下的贫困问题，重点关注和解决发展中国家农村气候贫困人口问题②。斯温（国际移民组织总干事）认为在已受气候变化影响的贫困地区和人群中，极度贫困地区的农村人群是应对气候变化的最弱势群体③。世界银行认为在气候变化造成的损失中，有75%～80%的损失由发展中国家承担，穷人是承受气候变化不利影响的主体人群④。Alister Doyle 认为气候变化将加剧分配不均和贫困风险，发展中国家贫困社区更易遭受气候变化的灾难性影响，使灾害性气候贫困人口风险进一步加大⑤。Scott Leckie 认为气候变化、生态恶化带来的贫困人口迁移问题需要得到足够的全球关注、政府干预和资源投入，否则将面临严重的后果⑥。亚历克斯·兰德尔指出，因气候自然灾害造成的人口迁移问题，近年来在中国已经成为一大难题⑦。

国内学者围绕气候贫困及气候贫困人口问题的研究也越来越多。在胡鞍钢看来，气候变化给贫困人口所带来的严重影响，成为21世纪人类与贫困斗争的一种新现象和新挑战，国家或地区政策关注和投入的重点应当是适应气候变化，适时开展迁移，发现消除气候贫困人口的新模式⑧。许吟隆认为全球气候环境变化致使自然条件恶劣、自然灾害频发，从而破坏了人们的生存环境，这应是中国贫困地区致贫甚至返贫的重要原因之一⑨。刘长松发现气候贫困是气候风险与生态脆弱叠加的产物，并且气候变化与生态脆弱相互加强、相互作用，引发慢性贫困以及农村贫困人口返贫风险增加，导致贫困地区更难实现脱

① 《亚洲和太平洋地区气候变化与移民的报告（2011）》。

② 周洪建，孙业红. 背景下灾害移民的政策响应 [J]. 地球科学进展，2012，(5)：574.

③ 国际移民组织. 正视气候变化与人口迁徙之间的相互关系至关重要 [EB/OL]. http：//www.un.or Chinese/News/sto- ry.asp? NewsID=16816.

④ 世界银行. 2009 年世界发展报告：重塑世界经济地理 [M]. 胡光宇，等译. 北京：清华大学出版社，2010：2-13.

⑤ ALISTER DOYLE. New color purple depicts worsening climate risks in U. N. draft report [ed] http://planetark.org/enviro-news/item/69780

⑥ SCOTT LECKIE. Climate Change and Displacement Reader [M]. Routledge，2011：2-8.

⑦ 气候变化推动中国农村人口涌向城市 [EB/OL]. http://www.ftchinese.com/story/001051023.

⑧ 胡鞍钢. 亚须关注气候贫困人口 [N]. 21 世纪经济报道，2009-06-10.

⑨ 调查显示：全球变暖导致穷者更穷 [Z/OL]. https:// green.sohu.com/20090617/n264584105.Shtml.

贫目标①。这类贫困人口及地区，不仅是全球气候变化负外部性的"受害者"，而且会加剧当地生态环境的破坏（《中国减灾》编辑部）。我国贫困人口分布区与生态环境脆弱区，它们在地理空间分布上存在叠加性特征，属于受全球气候变化影响的高度敏感区和重要影响区。我国生态环境极度脆弱地区居住、生活了多达95%的绝对贫困人口，这一群体成为气候变化影响的最大受害者。中国应及时采取应对措施开展移民行动才有可能进一步巩固扶贫成果、实现长期减贫发展目标②。林而达表达了类似观点，认为生态脆弱地区、贫困地区农户最容易遭受气候灾害影响而陷入生活生计困境，他们严重缺乏应对气候灾害的能力，因此迁移显得尤为迫切③。

### 二、空间贫困理论提出、演化及研究的主要内容

与"气候贫困"最为密切相关的概念是"空间贫困"（Spatial Poverty），它在内容上同样关注气候、自然灾害、生态环境和地理资源禀赋等因素对贫困地区和贫困人口的影响，探寻贫困发生的自然和经济社会原因。与气候贫困不同的是，空间贫困理论更重视气候自然灾害贫困的空间分布和空间特征。这种理论可以帮助我们加深对气候贫困现象、气候贫困人口迁移的理解。

1. 空间贫困理论提出及演化

其主要研究贫困的空间分布以及贫困与地理环境之间的关系，渊源最早可追溯到20世纪50年代的Hirschman（1954）④和Myrdal（1958）⑤，他们提出欠发达地区的经济发展和地理位置有关。但真正意义上，空间贫困理论是由20世纪90年代以Fujita Masahisa和Paul R. Krugman等为代表所建立的空间经济学演化而来⑥，一些学者将空间概念引入贫困问题的研究中，形成了所谓的"贫困地理学"（The Geography of Poverty）或"空间贫困"理论。20世纪90年

---

① 刘长松. 我国气候贫困问题的现状、成因与对策［J］. 环境经济研究，2019，4（4）：148-162.

② 调查显示：全球变暖导致穷者更穷［EB/OL］. http://green. sohu. com/20090617/ n264584105. shtml.

③ 中国95%的贫困人口生活在生态脆弱地区［Z/OL］. 网易探索，2009-06-19.

④ HIRSCHMAN A. The Strategy of Economic Development［M］. New Haven：Yale University Press，1954.

⑤ MYRDAL. Economic Theory and Underdeveloped Regions［M］. London：Duckworth，1958.

⑥ MASAHISA FUJITA，PAUL KRUGMAN，ANTHONY J. Venables Spatial Economy：Cities，Regions and International Trade［M］. Cambrige，Mass.：MIT Press，1999.

代中期，世界银行专家 Jalan 和 Ravallion（1997）通过实证研究发现，是"地理资本"即地理因素导致了"空间贫困陷阱"（Spatial Poverty Traps, SPT）[①]。之后，包括世界银行（World Bank）、联合国环境署（UNEP）、联合国粮农组织（FAO）等组织以及研究者已经成功绘制了非洲部分国家如赞比亚、乌干达、肯尼亚、加纳、亚洲的越南、印度、印尼等，还有拉美和加勒比海地区部分国家等 30 多个国家和地区的贫困地图。这样人们就可以直观地了解一个国家内部的贫困水平和差异在空间上的分布，便于研究人员更好地分析贫困与空间地理之间的关系（Benson, Todd & Minot, Nicholas & Epprecht, Michael, 2007）[②]。同时，英国曼彻斯特大学持续性贫困研究中心（CPRC）近年来也将研究重点转向空间贫困领域，并在 2005 年和 2009 年对"空间贫困陷阱"特征进行了研究和描述。在我国，空间贫困研究起步较晚，2021 年，CNKI 检索仅发现 33 篇以"空间贫困"命题的学术论文。

2. 空间贫困的主要研究内容[③]

Jalan 和 Ravallion 最早对空间贫困的问题进行了系统研究，他们运用包含地理资本模型在内的方法对空间贫困陷阱（SPT）进行了实证检验，证实不良空间地理禀赋使得农户生产力低下，从而使他们陷入持续性贫困难以解脱[④]。Burke 和 Jayne 在研究贫困发生的成因时将地理空间因素纳入分析体系，进而归纳出空间贫困的基本特征及其衡量空间贫困的指标[⑤]。另外，学者们普遍认为因为空间地理或者自然禀赋具有难以改变性，所以贫困发生过程中空间特征是起决定性的因素，并且也通过对不同国家的实证研究证明了他们的假设[⑥]。在 Edward B. Barbier 的研究中，空间贫困理论强调利用地理和自然灾害空间特征来研究贫困和移民，认为"空间贫困陷阱"由包括自然灾害在内的自然地理

① JALAN J, RVALLION M.（2002）. Ucographic poverty traps? A micro model of consumption growth in rural China［J］. Journal of Applied Econometrics, 17（1）

② BENSON, TODD & MINOT, NICHOLAS & EPPRECHT, MICHAEL, 2007. Mapping where the poor live: 2020 vision briefs BB04 Special Edition, International Food Policy Research Institute（IFPRI）.

③ 王晟哲. 中国自然灾害的空间特征［J］. 中国人口科学, 2016（6）.

④ JALAN, JYOTSNA & RAVALLION, MARTIN, 1997. Spatial poverty traps? Policy Research Working Paper Series 1862, The World Bank.

⑤ BURKE, W. J., JAYNE, T. S. Spatial Disadvantages or Spatial Poverty Traps: Household Evidence from fLural Kenya. MSU International Development Working Paper N0. 93［EB/OL］. 2008.

⑥ Robust Multidimensional Spatial Poverty Comparisons in Ghana, Madagascar, and Uganda［J］. World Bank Economic Review, 2006, 20（1）: 91-113.

环境因素所致①。Jalan 和 Rvallion 认为移民行动可以被视为摆脱"空间贫困陷阱"的一种积极选择②。气候自然条件恶劣、生态环境差、地理位置偏远、基础设施薄弱的农村地区，是我国贫困人口主要分布区域③，例如集中连片特困地区就印证了"空间贫困陷阱"这一研究结论。还有学者基于空间贫困理论指出西部民族贫困地区实施易地搬迁过程中的特殊性问题，认为该地区贫困人口除了面临迁移意愿、土地供给与调整等问题以外，还要面临社会适应性问题。包括：生产生活方式调适问题，民族宗教冲突同原有民族文化传承问题，新迁入居民同原住居民利益重新分配问题等④。陈泠璇等基于空间贫困理论，对湖南省、湖北省贫困区县易地扶贫搬迁工作进行分析，总结了易地扶贫搬迁工作的经验：要因地制宜，科学规划易地扶贫搬迁工作；不断创新与完善易地扶贫搬迁的模式；贯彻易地扶贫搬迁核心目标⑤。这样的研究更清晰地理顺了自然灾害空间特征与农村空间贫困、易地扶贫搬迁之间的关系。汪晓文等基于空间贫困视角，通过对甘肃农村地区的贫困状况进行分析，构建了4种新型扶贫模式，即差异化扶贫模式、功能区开发式扶贫模式、区域发展与区域扶贫联动模式以及跨区域合作式扶贫模式⑥。裴银宝等以六盘山特困区为例，提出空间贫困地区的扶贫工作应该以对扶贫对象的精准调研为前提；扶贫政策和项目执行及实施应注意其均衡性和特殊性；在扶贫的资源分配上要注意地理资本差异性；扶贫工作要做好后期工作，包括科学管理和监控⑦。

———————————

① EDWARD B BARBIER. Scarcity and Frontiers：How Economies Have Developed Through Natural Resource Exploitation ［M］. Cambridge University Press，2010.

② JALAN J，RVALLION M.（2002）. Ucographic poverty traps? A micro model of consumption growth in rural China ［J］. Journal of Applied Econometrics，17（1）.

③ 孙健武，高军波，马志飞，等. 不同地理环境下"空间贫困陷阱"分异机制比较：基于大别山与黄土高原的实证 ［J］. 干旱区地理，2022，45（2）：650-659.

④ 王明黔，王娜. 西部民族贫困地区反贫困路径选择辨析：基于空间贫困理论视角 ［J］. 贵州民族研究，2011（4）：141-145.

⑤ 陈泠璇，廖国威. 基于空间贫困理论的易地扶贫搬迁优化研究：以湖南省、湖北省为例 ［J］. 山西农经，2019（7）：45-46.

⑥ 汪晓文，何明辉，李玉洁. 基于空间贫困视角的扶贫模式再选择：以甘肃为例 ［J］. 甘肃社会科学，2012（6）：95-98，108.

⑦ 裴银宝，刘小鹏，李永红，等. 六盘山特困片区村域空间贫困调查与分析：以宁夏西吉县为例 ［J］. 农业现代化研究，2015，36（5）：748-754.

## 第二节　气候贫困人口迁移的原因和影响因素

### 一、气候变化、气候灾害是人口迁移的重要驱动因素

气候变化和其他自然环境等的变化往往与大量的人口变化相关，这可能是最古老的决定人口迁移的因素。自 20 世纪 80 年代以来，不同学者对气候变化对人口非自主性迁移的影响进行了大量的研究。Reuveny 认为近几十年来气候变化对人口迁移的影响可以通过探讨移民环境问题的影响来预测，人们可以通过待在原地和什么都不做以"忽视"问题，或离开受影响的地区这几种途径来适应气候变化的影响，这取决于问题的严重程度和人们对问题的缓解能力[①]。Smith 认为，永久性或临时性的迁移一直是人类在灾害面前所采取的最重要的生存策略[②]。人类无法防止气候灾害的发生，因而通过建立一些庇护所（防灾减灾工程）来应对气候灾害。但即使是一些最精心打造的城市的居民也会沦为自然灾害的受害者，从而迫使当地人口逃离或遭受灾害的后果。Munshi 发现，墨西哥降水量的减少，是导致其人口向美国移民的主要原因[③]。Naude 对撒哈拉以南的非洲进行研究，认为环境压力会通过自然灾害发生的频率影响人口迁移率[④]。Reuveny 和 Moore 认为，气象灾害会影响美国的人口迁入与迁出，同时会影响在 50 个州的人口州际流动；而实证也表明，迁出地环境质量的下降，对人们迁出有着积极显著的影响，这将可能迫使人们离开他们的家园，并转移到其他国家[⑤]。Marchiori 和 Schumacher 也发现，微小的气候变化将

---

① REUVENY, R. (2007)：Climate change-induced migration and violent conflict, Political.

② 安东尼·奥立佛-史密斯，陈梅. 当代灾害和灾害人类学研究 [J]. 思想战线，2015，41（4）：9-15.

③ KAIVAN MUNSHI (2003). Networks in the Modern Economy：Mexican Migrants in the U. S. Labor Market. Quarterly Journal of Economics, 118（2）：549-599.

④ NAUDE, W. (2008)：Conflict, Disasters, and No Jobs：Reasons from Sub-Saharan Africa, Working paper RP2008/85, World Economic Research（UNU-WIDER）. for International Migration Institute for Development.

⑤ Reuvery, Moore developed countries in the late 1980s and 1990s', Social Science Quarterlu 90（3）：61-79.

会对人口迁移的数量产生重大影响，并从理论上进行了解释①。McNamara 和 Gibson②、Mortreux 和 Barnett③、Shen 和 Gemenne④、Shen 和 Binns⑤ 等共同研究了太平洋地区的小岛屿国家的国际移民，他们普遍认为环境变化所导致的海平面的上升可能是导致这些地区发生大规模人口迁移的主要原因，迁移主要是由于当地人出于维持生计的考虑。

环境变化之所以成为人类迁移的一个驱动因素，是因为它改变了人类的生态系统服务的可用性，并使得这一系统暴露于冲击和压力之下。同时，迁移也可以被认为是应对或适应气候等环境变化的影响策略。气候变化带来的应力和冲击，如海平面上升、洪水和土地侵蚀迫使千百万人在全球范围内进行迁移，而且人口迁移的数量预计将有所增加⑥。Naude 指出，气候变化通过 3 个渠道影响和强化迁移，即水和土的稀缺性、自然灾害、自然资源的冲突⑦。Baechler 认为，事实上，移民往往是以迁出地环境冲突为主要原因⑧。但同时，对迁入地而言，Adger 等认为气候变化可能导致接收移民社区的紧张局势和

① L MARCHIORI, I SCHUMACHER. When nature rebels: international migration, climate change, and inequality [J]. Journal of Population Economics, 2011, 24 (2): 569-600.

② MCNAMARA, K. E., GIBSON, C. (2009). We do not want to leave our land: Pacific ambassadors at the United Nations resist the category of 'climate refugees'. Geoforum, 40, 475-483.

③ MORTREUX, C., BARNETT, J. (2009). Climate change, migration and adaptation in Funafuti, Tuvalu. Global Environmental Change, 19, 105-112.

④ SHEN, S., GEMENNE, F. (2011). Contrasted views on environmental change and migration: The case of Tuvaluan migration to New Zealand. International Migration, 49 (S1): e224-e242.

⑤ SHEN, S., BINNS, T. (2012). Pathways, motivations and challenges: Contemporary Tuvaluan migration to New Zealand. GeoJournal, 77, 63-82.

⑥ MYERS, N. (2002). Environmental refugees: A growing phenomenon of the 21st century. Philosophical Transactions: Biological Science, 357 (1420): 609-613.

⑦ NAUDE, W. (2008): Conflict, Disasters, and No Jobs: Reasons from Sub-Saharan Africa, Working paper RP2008/85, World Economic Research (UNU-WIDER). for International Migration Institute for Development. developed countries in the late 1980s and 1990s', Social Science Quarterlu 90 (3): 61-79.

⑧ BAECHLER, GüNTHER, 1999. Environmental Degradation and Violent Conflict: Hypotheses, Research Agendas and Theory Building, in Mohamed Suliman, ed., Ecology, Politics and Violent Conflict. London: Zed (76-112).

冲突①。Hunter，Strife 和 Twine 也指出，气候变化引起的迁移可能最后是发生在干旱地区、洪水易发的河谷、地势低洼的沿海平原、三角洲和岛屿等生计资本主要依赖自然资源的地区②。

除了从总体上探讨气候变化对移民的影响，不同的学者还就气候灾害对人口迁移的实际影响大小进行了实证分析。一系列研究采用城市化率来表示国家内部人口迁移率，他们发现，在发展中国家气候事件的积极影响是引起人口内部迁移的原因。如，Barrios 等③、Beine 等④的研究结果显示，在撒哈拉以南非洲地区，降雨量每减少 1%，撒哈拉以南非洲城市化率就增加 0.45%，表明了人们从干旱的地区向城市迁移的趋势。Mueller 等同样发现，在非洲东部降水量平均每增加 1 单位，城市净迁出率平均上涨 10 个百分点⑤。Reuveny 和 Moore 指出，环境质量的恶化是导致人口迁移的一个十分显著的因素，气候灾害的危险程度每增加 1%，那么就有可能会使移民的人数增加 0.011% ~ 0.014%⑥。Marchiori 等进一步的研究发现，在 1960 到 2000 年，由于降水和气温的异常，全球发展中国家人口迁移数量高达 500 万之多，这相当于每年递增 3 000 人⑦。

———————

① BLACK, R., ADGER, W. N., ARNELL, N. W., et al. (2011). The effect of environmental change on human migration. Global Environmental Change, 21S, S3-S11.

② HUNTER, L. M., STRIFE, S., TWINE, W. (2010). Environmental perceptions of rural South African residents：The complex nature of environmental concern. Society & Natural Resources, 23 (6)：525-541. CrossRefGoogle Scholar.

③ BARRIOS, S., L. BERTINELLI, E. STROBL. (2006). Climatic change and rural-urban migration：the case of sub-Saharan Africa, Journal of Urban Economics, 60 (3)：357-371.

④ BEINE, M., C. PARSONS (2012). Climatic factors as determinants of international migration, IRES de 1'Universite Catholique de Louvain DiscussionPaper 2012-2, Louvain-la-Neuve.

⑤ MUELLER V, SHERIFF G, et al. Temporary Migration and Climate Variation in Eastern Africa [J]. World Development, 2020, 126：104704.

⑥ REUVENY R., W. H. MOORE (2009). Does environmental degradation influence migration？Emigration to developed countries in the late 1980s and 1990s, Social Science Quarterlu, 90 (3)：61-79.

⑦ MARCHIORI, L., MAYSTADT, J. -F., SCHUMACHER, I. (2012). The impact of weather anomalies on migration in sub-Saharan Africa. Journal of Environmental Economics and Management, 63：355-374.

## 二、人口迁移是包括气候灾害在内的多因素共同影响的结果

气候变化等环境因素变化并非导致移民的唯一原因，移民受到许多其他因素的影响，如经济、政治、社会和人口等。多种因素之间的复杂关系共同构成了人口迁移的原因，而一些定性研究常见结论是，迁移的主要原因是人口经济状况的变化以及和经济动机相关的一些自然资本以及生计资本的变化等，即环境恶化加剧了经济的不稳定性，进而产生"环境引起的经济移民"。McLeman 和 Smit[1]，Black 等[2]，Piguet 等（2013）[3] 都持这种观点。Afifi 通过观察尼泊尔的人口迁移行为，发现人口迁移主要是由于经济问题产生的，但这些问题与环境恶化密切相关[4]。Codjoe 等通过对西非气候-移民关系的研究发现，移民可以成为适应不断变化的气候条件的一种形式，然而这取决于人口是否有足够的社会和金融资本进行有益的移民[5]；Alscher 以伊斯帕尼奥拉岛为例，观察了热带风暴、洪水、砍伐和土壤侵蚀等多种环境影响与当前和历史的社会经济、政治因素交叉所催化的移民现象[6]；Wrathall 研究了受米奇飓风影响的洪都拉斯地区的人口迁移，飓风摧毁家园和生产资本，使许多居民无法偿还贷款或继续他们的生计，因而移民就成了一种常态。这种年轻人的外迁直接导致了社区人力资本的下降[7]，这与 McLeman 和 Smit 对一般自适应的移民过程的描述是相符的。当然，在灾害发生后，由于穷人没有足够的经济社会资源迁出当地，因而许多穷人被迫等待，直到条件改善。Findley 通过对马里一次大的旱灾的描

---

① McLeman, R., & Smit, B. (2006). Migration as an adaptation to climate change. Climatic Change, 76 (1-2): 31-53.

② BLACK, R., ADGER, W. N., ARNELL, N. W., et al. (2011). The effect of environmental change on human migration. Global Environmental Change, 21S, S3-S11.

③ BLACK, R., ARNELL, N. W., ADGER, W. N., et al. (2013). Migration, immobility and displacement outcomes following extreme events. Environmental Science & Policy, 27S, S32-S43.

④ AFIFI, T. (2011). Economic or environmental migration? The push factors in Niger. International Migration, 49 (S1): e95-e124.

⑤ CODJOE S, NYAMEDOR F H, SWARD J, et al. Environmental hazard and migration intentions in a coastal area in Ghana: a case of sea flooding [J]. Population & Environment, 2017, 39 (2): 128-146.

⑥ ALSCHER, S. (2011). Environmental degradation and migration on Hispaniola Island. International Migration, 49 (S1): e164-e188.

⑦ WRATHALL, D. J. (2012). Migration amidst social-ecological regime shift: The search for stability in Garifuna villages of northern Honduras. Human Ecology, 40, 583-596.

述性分析发现，尽管干旱的持续时间长达 3 年之久，但干旱并没有明显导致长期迁移[1]。尤其对农村人口而言，由气候灾害、环境事件所带来的负面影响会影响到他们的生计问题，从而可能会使他们成为潜在的移民。由于他们没有太多的生存资本，可能会导致短距离的迁移时有发生（HUNTER）[2]。而当人们的迁移流动确实是因为生计所迫的时候，迁移就变得更加具有必要性（Dun）[3]。不过，迁移并不一定会导致积极的结果。Black 认为，一些人迁移到目的地，他们可能会比以前更容易受到伤害[4]。

## 第三节　气候贫困人口迁移差异性分析

### 一、迁移意愿与迁移决策差异

早期如 Wolpert 在 1966 年提出的"压力阈值"模型[5]，认为环境压力对人口的迁移意愿、迁移决策产生重大影响；而随着"环境移民"或"环境难民"（Environmental Refugee）[6] 这一概念的提出，"灾害移民"也被 Bates 等学者视为"三大环境移民之一"[7]。就当前研究状况看，学者们对受灾居民的迁移意愿、迁移决策产生出了更大的兴趣，他们认为人们在遭遇灾害后的迁移决策，在很大程度上与个体对灾害的"风险感知"[8] 有关，对灾害风险感知强烈者会

① FINDLEY, S. E. (1994). Does drought increase migration? A study of migration from rural Mali during the 1983-1985 drought. International Migration Review, 28 (3): 539-553.

② HUNTER, L. M., STRIFE, S., TWINE, W. (2010). Environmental perceptions of rural South African residents: The complex nature of environmental concern. Society & Natural Resources, 23 (6): 525-541.

③ DUN, O. (2011). Migration and displacement triggered by floods in the Mekong delta. International Migration, 49 (S1): e200-e223.

④ BLACK, R., ADGER, W. N., et al. (2011). The effect of environmental change on human migration. Global Environmental Change, 21S, S3-S11.

⑤ WOLPERT, J. (1966). "Migration as an adjustment to environmental stress", Journal of Social Issues, 22 (4): 92-102.

⑥ MYERS, N. (1997). Environmental refugees, Population and Environment, 19: 167-182.

⑦ BATES, D. C. (2002). Environmental refugees? Classifying human migration caused by environmental change, Population and Environment, 23 (5): 466.

⑧ SLOVIC, P. (1987). Perception of risk, Science, 236: 280-285.

做出迁移决策，而对灾害的风险感知不强烈者可能不愿意迁移；Cui 等研究发现，个人经历的危险事件可以预测他们对更高灾害风险的感知，从而影响个人迁移意愿。这主要体现在个人、风险感知和灾害迁移之间具有的相关性①。Hunter 还针对不愿意搬离灾区的居民进行了动因分析，其中个体感知不到灾害风险、感知到灾害风险但没想到危害，以及想到危害但感觉危害不大等个体风险感知因素成为主要原因，相关的灾害移民风险感知的测量实证也在持续开展②。此外，针对发展中国家与发达国家的灾害移民情况调查的研究也在不断开展，但相关研究结论存在较大的差异。如 Morrow-Jones 等人对美国受灾居民进行了调查研究，发现老年人和少数族裔等社会弱势人群是灾后迁移的主要人群，富裕家庭人群由于其抗灾和灾后恢复能力较强则迁移可能性较小、迁移意愿不强；而 Sjoberg 则发现在马来西亚的洪灾中，能够迁移的家庭都是富裕的。

## 二、性别、迁入地差异和南北差异

首先，性别差异。Giovanna 等认为，迁移存在性别差异。在山区，尤其是严重依赖自然环境的社区很容易受到环境和气候灾害的压力，迁移是家庭得以保存很重要的生存策略，他们研究巴基斯坦西昆仑地区的环境对迁移的影响和迁移对家庭的抗灾能力和改善婚姻质量的影响力。通过调查 210 个家庭和 6 个村庄，发现迁移是应对灾害（农业减产或者气候灾害）的核心策略。迁移存在性别差异，大多情况下只有男性劳动力迁往城市，女性留守照看农业和家庭。尽管女性在生产中较为吃重，但其没有显著增加女性外出迁移的意向，伴随着女孩不断接受更多的教育，女性的角色转换在代际发生③。其次，迁入地差异。Blanquart 等（2011）研究了迁移的目的地差异。伴随着各种外力的变化，迁移也会变化，特别是迁移地点的异质性在增大，当地老百姓的适应能力将导致迁移的成本改变并会抑制迁移。进化结果伴随着迁移选择的不同而不一样。他们采用双轨迹模型研究时间和空间的变化对迁移进化的影响，研究适应机制和迁移率，发现没有迁移成本的时候，迁移率高；当迁移成本比较高时，

① Cui K, Han Z. Association between disaster experience and quality of life: the mediating role of disaster risk perception [J]. Quality of Life Research, 2018.

② HUNTER, L. (2005). Migration and environmental hazards. Population and Environment, 26 (4): 273-302.

③ GIOVANNA G, et al. (2014). Migration as an Adaptation Strategy and its Gendered Implications: A Case Study From the Upper Indus Basin. Mountain Research and Development 34 (3): 255-265.

迁移的进化率稳定升高①。Dhakal. S 通过研究气候变化导致的移民对合作演化的影响发现，迁移的目的地的选择取决于当前的气候变化风险以及人口的适应能力和经济状况②。最后，南北差异。Hirschman 的经济框架发现，气候变化对发展中国家的影响强于发达国家。对发展中国家的影响主要包括影响食品安全和卫生条件，导致经济下降和洪水泛滥、土地退化、淡水资源匮乏。对发达国家的影响主要是旅游业下降和高保险费支出。发展中国家因为贫穷、技术落后、过度制约环境依赖而没有足够的能力应对这些改变，所以只能发生人口迁移③。

### 三、迁移外力差异

经典文献把迁移的原因分为社会网络、推力和拉力。社会网络影响着人口从 A 地迁往 B 地，推力使 A 地的人口迁出，拉力把其他地方的人口迁入/吸引到 B 地。经济和社会政治网络包括各式各样的援助。经济推力包括高失业率、经济不振和社会发展缓慢；经济拉力包括就业、繁荣和发展。社会政治推力包括战争和迫害，社会政治拉力包括和平与家庭团聚等④。例如 Swain 指出，从 20 世纪 50 年代起，孟加拉陆地退化和不足趋势越来越明显，很多人因为贫穷和依赖农业而无法生计⑤。Codjoe 研究了海平面上升和海岸侵蚀对移民意向的影响，发现海水泛滥是未来几十年影响沿海地区居民生存的主要危害⑥。因为洪涝灾害，孟加拉有 1 200 万~1 700 万人迁往印度，500 万人在国内迁移。20世纪 30 年代，强风、干旱和过度土地耕作导致美国大平原发生多场沙尘暴，

① BLANQUART F, et al. (2011). Evolution of Migration in a Periodically Changing Environment. The American Naturalist 177 (2): 188-201.

② DHAKAL S, CHIONG R, CHICA M, et al. Climate change induced migration and the evolution of cooperation [J]. Applied Mathematics and Computation, 2020, 377: 125090.

③ REUVENY R. (2007). Climate change-induced migration and violent conflict. Political Geography 26 (6): 656-673.

④ KAREMERA D, OGULEDO V L, DAVIS B. (2000). A gravity model analysis of international migration to north America. APPLIED Ecomnomics, 32 (13): 1745-1755.

⑤ SWAIN (1996). Environmental migration and comflct dynamics: Focus on developing regions. Third world quarterly, 17: 959-973.

⑥ CODJOE S, NYAMEDOR F H, SWARD J, et al. Environmental hazard and migration intentions in a coastal area in Ghana: a case of sea flooding [J]. Population & Environment, 2017, 39 (2): 128-146.

居民生活质量下降，250 万人离开了家园①。美国艺术与科学研究院（American Academy of Arts and Sciences）以及世界银行的世界发展指标显示，人均耕地面积缺乏是亚洲和非洲人口面临的严重问题，尤其是在西亚、南亚、中东和撒哈拉以南的非洲地区。大约世界上有 11 亿人缺乏饮用水，包括撒哈拉以南非洲的一半人口、三分之一的东亚人口，五分之三的东南亚和太平洋沿岸人口，五分之一的拉美、南亚和中东人口。近几年，森林退化率在非洲非常高，每年达 0.2%，亚洲和南非紧随其后。根据相关数据，1975—2001 年，非洲有 254 场干旱，其次是亚洲和拉美；亚洲发生了 737 场洪水，其次是拉美和非洲；亚洲发生 726 场风暴，是世界上最多的，其次是北非和欧洲②。因此，环境问题（尤其在发展中国家）及气候问题可能引起冲突而发生迁移③。

## 第四节　人口迁移的社会适应性研究

### 一、适应与社会适应

适应（adaptation）一词源于生物学，指的是"生物体如何形成自身的特征和求生的手段以帮助个体和该种群在某种环境中存活下来的过程"④。其后"适应"一词被广泛引入社会学、人类学和心理学领域，演变为"个体在与自身所处的环境持续的相互作用过程中，为了应对自然和社会环境变动而做出的积极或被动的行为改变"⑤。而由于人的本质属性是社会性，因此从研究状况看，社会科学研究的人类在应对社会环境时产生"适应"行为，在发生状况时自然而然就衍生出"社会适应"（social adaptation）。

心理学认为适应是一种复杂的、综合的心理现象，"也有心理学家认为适应是个体对外在社会环境压力的应激反应，是个体对其周围环境中压力的适从

---

① WORSTER D. (1997). Dust Bowl：the southern plains the 1930s. New York：Oxford University Press.

② REUVENY R. (2007). Climate change-induced migration and violent conflict. Political Geography 26 (6)：656-673.

③ SARA MITCHELL, SCOTT GATES, HÅVARD HEGRE, et al. (1998). Timing the Changes in Political Structures：A New Polity Database. Journal of Conflict Resolution Vol. 42 Iss. 2.

④ 邓晓梅. 农村婚姻移民的社会适应研究 [D]. 南京：南京大学，2011：10.

⑤ Woolston H B. (2014). Social Adaptation：A Study in the Development of the Doctrine of Adaptation as a Theory of Social Progress，Harvard Economic Studies，3，311.

和应对方式"①，是个体在环境变化下"维护心理平衡所做出的不断调整行为的持续过程"②。总的来说，有关"适应"的探讨一直贯穿于心理学的人格研究中。在具体研究中，如格林斯潘在1979年、1992年和1997年经过三次修订提出的社会性能力评价模型（社会性智力、社会性气质和社会性性格），成为构建社会适应评价模型的框架基础。

对应于心理学对个体社会适应的微观考察，在社会学界，功能主义者侧重从功能视角分析"适应"，其分析层次也落实到社会适应的宏观社会功能层面。斯宾塞在达尔文的《物种起源》发表前③就提出了人类社会中的"适者生存"概念，并指出最好的社会组织形式是人类在没有规则的竞争中出现的，它可以使最适者生存，当适者在资源竞争的困境中胜出，不适应者或者死亡或者到其他环境中寻求资源，此时社会分化就已产生。后来的功能主义者吸收并借鉴了这一思想，就人类适应生存环境提出了许多可供选择的分析方法，如帕森斯（Parsons. T）提出的A（适应）G（目标达成）I（整合）L（模式维持）功能分析模式。其中适应功能，即行动系统④必须具有适应环境和从环境里获得资源的能力，只有具备适应功能，系统才能达到有序状态并得以生存与发展，因此适应是系统生存的首要及基本功能。

衍生到社会适应及行为层面，开普兰等（Kaplan & Stein）指出社会适应是个人借用各种技巧与策略来掌握应对生活中不同挑战的过程；全美智力落后协会（AAMR）则把社会适应行为定义为"个体达到人们所期望与其年龄和所处文化团体相适应的个人独立和社会责任标准的有效性和程度"⑤；高斯习德（Goldscheider）认为移民对变化的经济、政治和社会环境做出反应的一个过程就是所谓的移民社会适应⑥；沃德等（Ward & Kenndy）则认为社会适应是跨

---

① 聂衍刚，等. 社会适应行为的结构与理论模型 [J]. 华南师范大学学报（社会科学版），2006（6）：119.

② 杨彦平. 社会适应心理学 [M]. 上海：上海社会科学院出版社，2010：10.

③ 按乔纳森. 特纳在《社会学理论的结构》一书中所引用文献，斯宾塞在1852年的报刊文章中就使用了"适者生存"这一短语，早于达尔文1859年出版的《物种起源》。

④ 帕森斯致力于构建可以涵盖一切社会现象分析的宏大理论，其AGIL结构功能分析适用于宏观社会行动系统，也可以适用于微观的行动者个体。

⑤ GROSSMAN H J（ed）.（1983）. Classfication in mental retardation, Ameratcan Association on Mental Retardation, P1.

⑥ GOLDSCHEIDER G.（1983）. Urban migrants in developing nations, Westview Press。转引自朱立. 论农民工阶层的社会适应 [J]. 江海学刊，2002（6）：82.

文化的产物，即个体在跨文化环境中的心理调整和社会文化调整①。此外，更多的社会学家和文化人类学家主要从文化传统和社会制度等层面关注人类为适应环境所做出的行为改变②，并经常通过对行为改变导致的个体社会适应具体状况的考察及深入探究达成各自的研究主旨，相关探讨更常见于西方移民社会适应的研究之中，其"社会适应"（Social Adaptation）也特指的是文化适应（Acculturation）。

国内有心理学者认为社会适应研究的对象是行为，即"个体的社会适应状况是通过个体与社会环境相互作用的行为活动而实现的，社会适应也是通过其行为表现出来的，故研究社会适应就是研究适应行为"③。更多的研究者侧重从社会适应状况评价的角度考察个体的社会适应性，如杨永欣（2000）认为社会适应性是指个体"面对社会环境的变化，能主动改造环境以适应自身需求，或能改造自身以适应环境的要求，从而使自己保持良好精神的一种状态"④。孙思远等认为："社会适应性包括改变自己适应环境、改变环境适应自己需要。"⑤ 陈建文具体阐释了社会适应的四个层次，包括感觉适应、行为适应、认知适应和人格适应⑥。在社会适应评价研究层面，韦小满编制了包含两大部分6个分量表共79个条目的"儿童适应行为量表"⑦，他在北京、郑州和邯郸三市进行了抽样调查，考察了1 715名儿童的社会适应状况；王永丽等在韦小满等人的量表基础上编制了"儿童社会生活适应量表"⑧。总体而言，目

① WARD C, KENNEDY A. (1992). Locus of control, mood disturbance and social difficulty during cross-cultural transitions. International Journal of Intercultural Relations, 16, 175-194.

② 按照一些中外学者的分析，在社会学和人类学研究中，顺应（accommodation）、同化（assimilation）和适应（adaptaiton）是相近的概念，在很多情况下这些概念被相同或交互使用。详见 A. D. Arnold（1956）*The study of Human Relation*；马戎（1997）《西方民族社会学的理论与方法》；张海波、童心（2006）《我国城市化进程中失地农民的社会适应》；叶继红（2013）《农民集中居住与移民文化适应》等的论著。

③ 杨彦平. 社会适应心理学 [M]. 上海：上海社会科学院出版社，2010：10.

④ 杨永欣. 关于高职班学生耐挫能力及其社会适应性的思考 [J]. 山东教育学院学报，2000（5）：11.

⑤ 孙思远，戈悦，文霄，等. 不同专业对大学生自我同一性及社会适应性的影响：基于徐州市高校的调查分析 [J]. 就业与保障，2020（23）：35-38.

⑥ 陈建文. 论社会适应 [J]. 西南大学学报（社会科学版），2010（1）：10-11.

⑦ 韦小满. 儿童适应行为量表的编制与标准化 [J]. 心理发展与教育，1996（4）：23-30.

⑧ 王永丽，等. 儿童社会生活适应量表的编制与应用 [J]. 心理发展与教育，2005（1）：109-113.

前国内心理学界已经发展出五种社会适应模式，分别是心理健康模式、社会智力模式、社会胜任力模式、自我监控模式和压力应对模式，这些模式各自偏重于对个体在社会适应中的某一心理特性的研究，但从研究趋势上看，多数学者将社会适应作为一个复杂性心理行为系统来看待，认为人的行为将受到多种因素影响（诸如认知水平、自身情绪情感、意志品质，以及外在环境等），主张综合各种影响因素来考察评价社会适应。

## 二、西方关于移民社会适应性研究的基本脉络

迁移本身就是对气候、自然灾害、环境变化的一种适应[①]。"适应"被定义为帮助弱势群体和个人更好地应对灾害带来的不利影响的种种措施（Brooks，Adger，Kelly，2005[②]；Smit 和 Wandel，2006[③]），这些措施通过减少潜在的与灾害相关的损失，加强与灾害有关的优势来保护弱势群体的生计（Bradshaw 等[④]，Stern[⑤]，Bryan 等[⑥]）。这种"适应"也取决于社会经济条件、人口特征，以及弱势群体和个人以及社会组织可以获得的资源（Rasmussen 等[⑦]）。

但西方移民社会适应研究更多集中于文化适应，以及不适应的文化冲突。工业革命以来的国际移民日趋活跃，跨国移民如何在具有较大差异的社会文化

---

① IOM. Migration, Climate Change and the Environment [R]. IOM Policy Brief, May 2009, from：www. iom. int.

② BROOKS N, W N ADGER, P M KELLY. (2005). The determinants of vulnerability and adaptive capacity at thenational level and the implications for adaptation. Global Environmental Change 15：151-163.

③ SMIT B, J WANDEL, 2006. Adaptation, adaptive capacity, and vulnerability. Global Environmental Change 16：282-292.

④ BRADSHAW B, H DOLAN, B SMIT. (2004). Farm-level adaptation to climatic variability and change：Crop diversification in the Canadian Prairies. Climate Change 67：119-141.

⑤ STERN N. 2006. Stern review on the economics of climate change. London：H. M. Treasury.

⑥ BRYAN E, T T DERESSA, G A GBETIBOUO, et al. (2009). Adaptation to climate change in Ethiopia and South Africa：Options and constraints. Environmental Science & Policy 12：413-426.

⑦ RASMUSSEN K, W MAY, T BIRK, et al. (2012). Climate change on three Polynesian outliers in the Solomon Islands：Impacts, vulnerability and adaptation. Geografisk Tidsskrift-Danish Journal of Geography 109：1-13.

环境中适应也成为西方学者们关注的焦点问题，迄今为止，国外的社会适应研究也主要集中在社会学和人类学对移民适应的研究领域。客观而言，社会"适应"一词在国外相关著述中并不多见，由于文化是人类社会的基本构成要素且根植于人们的社会生活中，因此"文化"这一人类通过习得而来的意识、行为方式和价值观成为众多学者研究移民社会适应的切入点，acculturation（文化适应）和 assimilation（同化）也替代了 social adaptaition（社会适应）成为国外移民社会适应研究著述的核心关键词，"文化适应"多见于文化人类学的移民适应研究，"同化"则在社会学对移民适应的研究中被广泛采用①。而无论是在人类学还是社会学界，相关的研究成果都非常丰富，总体上看，一是"同化论"，二是"文化多元主义"，其是国际公认的最有影响力的基本学术派别②。

传统的"同化论"学者认为，移民在迁入国的文化适应就是单向度的融入过程，倾向于强调外来移民对移居地文化的适应和认同，从而抛弃了原居地的社会文化传统，其早期思想可以追溯到克雷夫科尔（H. J. Crevecoeur）的"熔炉论"："美国已经并且仍然继续将来自不同民族的个人熔化成一个新的人种：'美国人'"③；芝加哥学派的帕克（R. E. Park）则建立了一个模型来形象地阐释同化的过程，这一模型包括接触（contact）、竞争（competition）、顺应（accommodation）和同化（assilation）四个阶段④；其后一些学者也相继构建出一些模型用以分析移民同化过程，如美国心理学家阿德勒（P. Adler）的文化适应五阶段模型，包括接触（contact）、崩溃（disintegration）、重组（reintegration）、自律（autonomy）和独立（independence）⑤。

总的来说，"同化论"认为移民的文化适应是朝着单一的方向即"同化"演进，其在现实分析中适用于自愿移民；但在各种影响因素的作用下，完全的"同化"并不太可能发生，一些非自愿移民或对原有文化认同和归属感较强的

---

① 郑杭生. 社会学概论新修精编本［M］. 3 版. 北京：中国人民大学出版社，2020：2-37.

② 文化多元主义在各个学者的具体表述中也会用"多元论"或"文化多元论"等术语表达。具体参见李明欢（2000）等人的论著及魏万清（2008）等人的相关综述研究。

③ 李明欢. 20 世纪西方国际移民理论［J］. 厦门大学学报（哲学社会科学版），2000（4）：15.

④ 叶继红. 农民集中居住与移民文化适应：基于江苏农民集中居住区的调查［M］. 北京：社会科学文献出版社，2013：26.

⑤ 同④。

群体也会存在截然不同的文化适应方向。芝加哥学派的一些社会学家通过长期大量的实证研究发现移民的文化适应模式主要有两种①：一是改变自我，用较长的时间进行调适，如改变职业、生活方式，调整社会关系等；另一种适应的模式是重建原有的生活环境和文化，即当移民形成一个移民网络的时候，迁移者会在新的社区中重建原有的生活方式和文化②。

"同化论"的移民文化适应模式忽视了移民的主观能动性和文化再生产能力，且这一论调基于文化中心主义态度，认为西方发达国家的文化是先进的，跨国移民具备同化的动力。随着时代的进步，"同化论"被越来越多的学者批判，"文化多元主义"逐渐兴起。

"文化多元主义"以文化相对主义态度，强调"不同种族或社会集团之间享有保持'差别'的权利"③，主张尊重文化差异下的自由和平等，学者们逐渐认为族群接触的结果不只是单向的融入，而是双向的接受和融合，更多的现实依据也不断被各类研究所呈现。例如，在美国，当具有相似文化背景的欧洲移民在文化适应上呈现"同化"时，亚裔和非洲裔移民的文化适应方向则截然不同，唐人街的华人群体由于重视原有文化而采取的"分离"策略就是一个很好的现实证例。由此，"文化多元主义"在 20 世纪 70 年代后也逐渐成为西方一些国家解决国内种族和民族矛盾的理论基础。当然，"文化多元主义"将西方族群冲突问题简化为文化问题以及是否暗含着文化僵化和静止观，也正在受到一定的质疑，用移民的文化适应替代其社会适应问题并用以解释人口迁移过程中的族群冲突现象也有着文化决定论的谬误嫌疑。当然，移民产生的文化变迁和冲突，也是社会适应性研究的不同表达。

### 三、中国人口迁移社会适应性研究的领域和内容

改革开放以来，大型水利工程建设、城镇化建设和环境保护使得我国产生了水利工程移民、城市移民和生态移民等类型众多的移民群体，而社会学和人类学也从 20 世纪 90 年代前后开始逐渐关注国内各类型移民群体的社会适应，开展了一系列的针对性研究。

首先，关于移民"社会适应"的界定。国内相关移民社会适应的研究更多集中在社会学界，但学者们对"社会适应"这个概念的用法和解释不尽相

---

① 转引自许涛. 广州地区非洲人的社会交往关系及其行动逻辑 [J]. 青年研究，2009（5）：72.

② 同①。

③ 李明欢. 20 世纪西方国际移民理论 [J]. 厦门大学学报（哲学社会科学版），2000（4）：16.

同。有研究者如郑丹丹、雷洪、苏红、许小玲等在研究中使用"社会适应"一词，也有研究者如风笑天、李少文、郝玉章等使用"社会适应性"一词。在对社会适应的解释上，研究者们的观点也不一致，如苏红等在总结了国外学者对"适应"一词的界定后，认为适应是一个过程，移民在此过程中既改进目前所拥有技能，又通过多种途径学习新技能，使其社会环境适应能力不断增强；而马伟华等则从人类学的角度用文化适应、文化调适来概括移民的社会适应性状况①。总的来说，国内对移民社会适应性的考察主要集中在社会学和人类学界；而且，与心理学的社会适应研究侧重点不同的是，社会学和人类学关注个体社会适应性的焦点并非其心理特质或行为层面，而是涉及对移民经济、政治、文化、社会交往以及社会支持等各项内容在内的社会适应的总体状况。

其次，关于移民"社会适应"的研究领域。从研究对象的层面看，目前国内学界主要关注的移民群体有3种类型：三峡库区等水利工程移民、生态移民和农民工等城市移民。迄今学界对库区移民和农民工等城市移民这两个研究对象的界定已非常清晰，而生态移民是近年来逐渐引发学界关注的移民群体。不同学科领域的学者对生态移民的界定也有所差异：从已有的研究看，更多的学者倾向于从目标的多重性出发界定生态移民，如刘学敏认为生态移民产生于保护环境和发展经济，实现生态脆弱地区人口、经济社会和资源环境协调发展目标下的人口迁移②；方兵认为生态移民的出发点或目的在于生态脆弱区生态环境保护，一方面需要重视移民的长远发展，另一方面也需要考虑迁入地的生态环境保护和迁入地原住民的利益等多重目标，这一观点已经映射出此类人口迁移包含了人口扶贫的目标③；其后梁福庆更为直接地指出，出于自然环境恶劣、基本不具备人类生存条件甚至就地扶贫条件也不具备，而整体迁出的移民活动就是生态移民④；许源源等认为广义上而言人口迁移是因为生态环境和其他因素共同作用发生的，狭义上是指为了保护修复具有特殊价值的生态区域系统的移民⑤；

① 马伟华，早蕾. 宗教的生态观及在民族地区环境保护中的重要作用 [J]. 青海社会科学，2011（4）：88-91.

② 刘学敏. 西北地区生态移民的效果与问题探讨 [J]. 中国农村经济，2002（4）：47-52.

③ 方兵. 加大国债扶贫移民力度 切实保护西部生态环境 [J]. 改革与战略，2002（Z1）：89-93.

④ 梁福庆. 中国生态移民研究 [J]. 三峡大学学报（人文社会科学版），2011，33（4）：11-15，97.

⑤ 许源源，熊瑛. 易地扶贫搬迁研究述评 [J]. 西北农林科技大学学报（社会科学版），2018，18（3）：107-114.

包智明则认为不论是原因还是目的，只要与生态环境直接相关的人口迁移活动及其产生的人都可称作生态移民，但他同时也认为应该明确区分为解决生态环境和贫困人口叠加问题产生的生态移民和仅限于易地扶贫目标的扶贫移民。由上可见，虽然学者们对生态移民的概念表述存在些许差异，但在产生诱因上都认同其直接源于生态环境因素，而由于我国的国情，生态环境恶劣地区基本都存在贫困问题，因此近年来我国的生态移民都与人口发展紧密结合，是在保护生态环境和反贫困等多重目标叠加下的人口迁移而产生的特殊群体。

对应国内移民的主要类型，已有的移民社会适应研究以上述研究对象为标准总体可以划分为三大领域：一是研究三峡库区移民的社会适应性，此类研究如雷洪、杜建梅、苗艳梅、宋悦华、刘成斌、郑丹丹、唐利平等人对三峡库区移民搬迁后社会适应状况的调查研究，重点放在三峡库区移民社会适应状况的客观呈现以及状况差异性和相关问题的解释层面；二是以生态移民为对象，研究生态移民的社会适应性，此类研究如张云帆①、周迎楠②等人的研究，由于目前我国生态移民多针对三江源等少数民族地区，因此这些研究均侧重探讨生态移民尤其是少数民族生态移民的文化和生计等层面的适应问题；三是针对农民工等流动人口的社会适应性研究，如赵莉③、梁昌秀④等人的研究，此类研究主要是对城市移民和农民工的社会适应、社会融合问题及其影响因素的对策研究。

最后，移民社会适应性的研究内容。由于研究对象和领域的不同以及研究者对社会适应性理解的差异，各类移民的社会适应性研究内容也有所不同：有研究者认为社会适应性的内涵很丰富，可以包括很多方面的因素，如习涓等人从生活环境和生产方式两个方面进行研究，在研究中又将生活环境分为生活方式、居住环境、治安环境及人际环境等几个方面，将生活方式具体化为风俗习惯、生活方式和生活水平⑤；风笑天在纵向调查中将社会适应状况的因变量具

① 张云帆. 生态移民与回族地区的社会文化适应研究 [D]. 兰州：西北民族大学，2014.

② 周迎楠，王俊秀. 新生代农民工城市适应对生活满意度的影响：工作倦怠、工作意义和工作满意度的中介作用 [J]. 青年探索，2022（2）：16-26.

③ 赵莉. 新生代农民工多维性社会适应研究 [J]. 中国青年政治学院学报，2013，32（1）：126-131.

④ 梁昌秀. 社会流动与"知识型"劳动力的城市社会适应 [D]. 桂林：广西师范大学，2014.

⑤ 习涓，风笑天. 三峡移民对新生活环境的适应性分析 [J]. 统计与决策，2001（2）：20-22.

体操作为日常生活、家庭经济、生产劳动、邻里关系、社区认同等几个主要维度①；郝玉章从经济适应性、生活适应性和人际关系适应性三个方面来考察社会适应的内涵②；马伟华对西北回族地区吊庄移民社会适应问题的研究，内容主要涉及生产生活适应、观念和宗教文化调适等③。还有的研究只关注其中的个别方面，在此不予赘述。

总体而言，20世纪80年代开始的气候移民正在受到学界一定的关注，同时近几年我国发生的几次特大自然灾害使政府和学界也日益关注灾害移民问题，但由于这一领域的研究尚处于起步阶段，因此相关研究仅局限在人口迁移的宏观机制研究层面，对后期移民社会适应问题及其对策的研究基本没有专门涉及。文献检索结果表明迄今国内仍然没有与气候贫困移民社会适应直接相关的研究成果，可以说这一研究领域在国内尚处于空白阶段。

从已有的国内外研究情况看，在20世纪初开始的广泛国际移民背景下，西方学界早期主要致力于移民理论的基础研究，在心理学社会适应研究体系逐渐趋向丰富和完善的同时，西方社会学和人类学界也更多地关注国际移民的文化适应问题。单一的研究或许仅能够反映国际移民文化适应现象的某个层面，用文化适应来掩盖原因更加错综复杂的移民社会适应和族群冲突问题使得无论是"同化论"还是"文化多元主义"的相关观点均在不断遭受各种批评与质疑。但是，学者们在实证主义和人文主义方法论的引领下，严谨地开展实验研究（experimental research）、田野研究（field research）和调查研究（survey research），通过归纳和演绎来客观描述和深入理解跨国移民社会适应这一特定社会现象，由此而来的丰硕且多样化的研究成果也共同构筑了移民社会适应问题解释体系，无论在理论、方法还是内容上都为本书奠定了比较充分的经验基础。同时，随着近年来世界各地发生的自然灾害对人类造成的危害日趋严重，国外学界逐渐开始关注各类自然灾害引发的灾害移民问题，但有关气候灾害移民理论和实证研究还相对缺乏，当今世界各国尤其是发展中国家日益增多的灾害移民及相关工作的开展需要也亟待必要的理论创新和有针对性的理论指导。

就国内而言，学者们更多的是在借鉴国外较为成熟的理论体系和分析框架的基础上开展解释性研究，并侧重在实证调研获取一手资料的基础上对库区移

---

① 风笑天. "落地生根"？：三峡农村移民的社会适应 [J]. 社会学研究，2004（5）：19-27.

② 郝玉章，风笑天. 三峡外迁移民的社会适应性及其影响因素研究：对江苏227户移民的调查 [J]. 市场与人口分析，2005（6）：64-69，79.

③ 马伟华，早蕾. 宗教的生态观及在民族地区环境保护中的重要作用 [J]. 青海社会科学，2011（4）：88-91.

民、生态移民和农民工等移民个体及群体的社会适应状况进行描述和问题剖析，虽然尚缺乏针对性的农村气候贫困迁移人口的社会适应研究成果，但诸多学者在其研究中对社会适应性的内容操作、研究设计和移民分类及特征等内容的阐述也可以为本书的研究提供一定的参考借鉴。

## 第五节　易地扶贫搬迁研究

易地扶贫搬迁是我国在扶贫实践中提出的政策主张和扶贫模式，因此引起学界的高度关注。近几年的研究，主要集中于易地扶贫搬迁政策的效益研究：①提升贫困人口的生计资本。如段小红等基于搬迁移民前后贫困人口对比分析，发现贫困人口搬迁后生计资本有较大的提高，物质资本和社会资本也随之增加[1]。汪磊等认为，搬迁对贫困人口的生计资本增量提升和结构合理性提升有显著贡献[2]。胡小芳等通过对湖北省易地扶贫搬迁前后农户生计改善进行研究，发现易地扶贫搬迁给农户的生活带来积极的影响，易地搬迁后农户的金融资本和社会资本有所增加[3]。陈源等以甘肃省 2010 年以来易地扶贫搬迁为例，通过对易地扶贫搬迁实施方式的分析发现，易地扶贫搬迁促进了就业方式多元化、劳动技能提高以及现金收入增加，进而使群众生产生活条件明显得到改善[4]。②改善基础设施。李聪等用陕南移民搬迁案例实证分析了搬迁对贫困人口生计的影响，认为搬迁极大地改善了当地基础设施，从而提高了贫困人口占有外部资源的能力[5]。刘明月、冯晓龙等认为通过实施易地扶贫搬迁工程完善搬迁点基础设施和公共服务设施，有利于推动贫困地区人口、产业集聚和城镇化进程[6]。

---

① 段小红，杨岩岩. 不同生计模式下六盘山区易地扶贫搬迁移民生计资本耦合协调研究：以甘肃省古浪县为例 [J]. 中国农业资源与区划，2022，43（7）：164-171.

② 汪磊，汪霞. 易地扶贫搬迁前后农户生计资本演化及其对增收的贡献度分析：基于贵州省的调查研究 [J]. 探索，2016（6）：93-98.

③ 胡小芳，王旭，杨子薇，等. 易地扶贫搬迁后农户生计改善评价：基于湖北省 J 县的调查 [J]. 天津商业大学学报，2020，40（2）：30-35.

④ 陈源，王悦，魏奋子，等. 2010 年以来甘肃省易地扶贫搬迁的实施方式与基本经验 [J]. 甘肃农业，2016（22）：29-31.

⑤ 李聪，柳玮，冯伟林. 移民搬迁对农户生计策略的影响：基于陕南安康地区的调查 [J]. 中国农村观察，2013（12）：31-44.

⑥ 刘明月，冯晓龙，张崇尚，等. 易地扶贫搬迁的减贫效应与机制 [J]. 中国农村观察，2022（05）：61-79.

③大幅提高收入水平。如李军对 2010 年以来甘肃省易地扶贫搬迁对象研究发现，搬迁后贫困人口的生产生活条件得到了明显改善，搬迁贫困人口提升了生产技能，发展了后续产业，收入得到提升①。孟向京实地调查三江源搬迁移民表明，招商引资、劳工输出和加强专业技能培训等都能够使农户收入和生活水平得到提升②。④在新的安置点群众生活所发生的积极变化。如唐利平认为世代传承的习俗、价值观念和生活方式消失，原有的社会关系网络被打破，从而能够激发个人主动性③。⑤综合效应。李军通过对甘肃省古浪县东乡族移民搬迁研究，分析和总结了易地扶贫搬迁的经济效益、社会效益、生态效益及其主要表现④。焦阳通过对黄土高原地区扶贫搬迁两个典型村的满意度比较分析，发现两村居民满意度的共性在于高满意度和低满意度都基于交通、水、电等基础设施以及住房、子女教育、工作机会、政府补贴等改善状况的考量⑤。但也有学者指出易地扶贫搬迁政策实效存在的一些问题。如叶青等认为扶贫政策执行的偏差使得有些贫困人口生产生活、社会保障配套等得不到保障，从而使一部分贫困群体的参与意愿消极⑥。李博等认为部分地区易地扶贫搬迁中甚至出现了"搬富不搬穷""穷人带帽子、富人得实惠"等现象，导致易地扶贫搬迁政策实效不明显⑦。

此外，相关研究还主要涉及：①政策演变。如王宏新等研究了我国易地扶贫搬迁政策实施 15 年来演变和支持体系特点⑧。黄征学、潘彪也对我国易地

① 李军. 甘肃省古浪县东乡族移民搬迁动因及效益分析 [J]. 甘肃联合大学学报（社会科学版），2009（2）：35-38.

② 孟向京. 三江源生态移民选择性及对三江源生态移民效果影响评析 [J]. 人口与发展，2011（4）：2-8.

③ 唐利平. "边际人"心态及其影响因素：三峡农村跨省外迁移民的实证研究 [J]. 中国人口科学，2015（2）：77-82.

④ 李军. 甘肃省古浪县东乡族移民搬迁动因及效益分析 [J]. 甘肃联合大学学报（社会科学版），2009（2）：35-38.

⑤ 焦阳，张爱国，薛龙义，等. 黄土高原地区村内扶贫移民满意度差异性研究：以陕西省下盘石村和山西省巧坡底村为例 [J]. 绿色科技，2014（2）：242-245.

⑥ 叶青，苏海. 政策实践与资本重置：贵州易地扶贫搬迁的经验表达 [J]. 中国农业大学学报：社会科学版，2016（5）：64-70.

⑦ 李博，左停. 遭遇搬迁：精准扶贫视角下扶贫移民搬迁政策执行逻辑的探讨：以陕南王村为例 [J]. 中国农业大学学报（社会科学版），2016（2）：82-88.

⑧ 王宏新，付甜，张文杰. 中国易地扶贫搬迁政策的演进特征：基于政策文本量化分析 [J]. 国家行政学院学报，2017（3）：48-53.

扶贫搬迁政策的演进和现实问题进行了研究①。②原因探析。如曾小溪等基于中西部 8 省 16 县 2 019 户建档立卡搬迁户问卷调查发现，生存性搬迁或发展性搬迁是农户搬迁的主要形式，农户也存在诸如搬迁后没有收入来源的担忧②。同时也有研究从当时全面建成小康社会的紧迫性出发，认为易地扶贫搬迁作为精准扶贫的重要手段和措施，受到党中央、国务院高度重视，是政府工作的重要内容③。③安置模式。如王永平等以贵州为例，将易地扶贫安置模式概括为依托集体农场、小城镇、旅游景区、企业带动、退耕还林 5 种基本模式④。④问题剖析。如李博、左停指出由于背离精准帮扶与精准管理的目标要求，易地扶贫搬迁政策实践的制度衔接缺失与行政联合缺场，从而会使贫困治理陷入碎片化困境⑤。⑤政策导向。国家发展和改革委员会地区经济司认为，结合精准扶贫的"五个一批"要求，易地扶贫搬迁需要通过对搬迁群众生产生活条件的全方位投入，不断完善后续帮扶措施来协助贫困户摆脱贫困，真正使易地扶贫搬迁成为精准脱贫的重要手段之一⑥。

总体而言，大多数学者认为易地扶贫搬迁对从根本上消除贫困、加快贫困群众增收致富、促进贫困人口自我发展能力增强等产生积极显著作用。该政策实施以来，从直观上可以看到搬迁对推动农村发展和解决贫困人口问题的成效，也对未搬迁人群具有较大示范效应。但是易地扶贫搬迁政策实施效果到底如何，其实施效果受到哪些因素的影响，各因素的影响程度表现出何种差异等问题需要进行实证研究。

在国外，对易地扶贫搬迁相关研究着重表现为生态或环境移民的分析。自从 Brown L R 等于 1976 年首次提出"生态难民"和"环境难民"⑦概念后，

① 黄征学，潘彪.易地扶贫搬迁政策演进与"后扶贫时代"政策创新 [J].宏观经济管理，2021（09）：63-69，80.

② 曾小溪，汪三贵.易地扶贫搬迁情况分析与思考 [J].河海大学学报（哲学社会科学版），2017（2）：60-66.

③ 中央统筹部署 部委合力攻坚打响易地扶贫搬迁"当头炮"：易地扶贫搬迁工作年度盘点（上篇）[J].中国经贸导刊，2017（6）：63-66.

④ 王永平，袁家输，曾凡勤，等.贵州易地扶贫搬迁安置模式的探索与实践 [J].生态经济，2008（1）：400-402.

⑤ 李博，左停.遭遇搬迁：精准扶贫视角下扶贫移民搬迁政策执行逻辑的探讨：以陕南王村为例 [J].中国农业大学学报（社会科学版），2016（2）：82-88.

⑥ 尹俊，孙博文，刘冲，等.易地扶贫搬迁政策效果评估：基于 S 省三县贫困户建档立卡微观追踪数据 [J].经济科学，2023（3）：185-204.

⑦ Brown L R, Mcgrath P L, Stokes B. Twenty: two dimensions of the population problem [J]. Population Reports, 1976, 5 (11).

"生态移民"（亦称为环境移民）这一研究方向即被开启。但研究成果更多集中于移民原因分析。例如 Hinnawi 等从自然灾害造成的迁移、环境崩溃造成的迁移和生态环境持续缓慢退化造成的迁移 3 个方面给予了解释①。国外学者对中国式易地扶贫搬迁研究不多，比较接近的研究是气候灾害致贫（Israel 和 Briones）②、空间贫困陷阱（Jalan 和 Rvallion）③ 等研究。如果气候性、环境性贫困人口迁移问题得不到全球关注，那么政府干预和资源投入的后果将不堪设想（Scott Leckie）④，其提出身处贫困地区的人口外迁可能是一个缓解贫困、改善环境的方式。不过，这类成果的研究重心还是在于解释环境移民的必要性，而不是重点将环境移民视为解决生态贫困或气候贫困的扶贫方式或扶贫模式。当然，国外对于促进环境移民或气候移民的对策措施研究依然对我国学者研究易地扶贫搬迁颇具借鉴意义。例如 Scott Leckie 和 Chris Huggins 讨论气候移民措施主要基于法律框架的构建和完善⑤；Cecilia Tacoli 认为，生态移民需要通过地方政府和有关机构来顺应和支持⑥。

# 第六节　本章小结

第一，从本书的核心议题出发，梳理国内外研究文献，本章主要集中于五大方面内容：一是分析了气候贫困及气候贫困人口的产生和形成，空间贫困理论的提出、演化及研究的主要内容；二是分析了气候贫困人口迁移的原因和影响因素，主要从气候变化、气候灾害是人口迁移的重要驱动因素，以及人口迁移是包括气候灾害在内的多因素共同作用的结果这两个方面加以阐释；三是进

①　HINNAWI, ESSAM. Environmental Refugees (Nairobi：UNEP). 1985.

②　ISRAEL D C, BRIONES R R. The Impact of Natural Disasters on Income and Poverty：Framework and some Evidence from Philippine Households. CBMS Network Updates, 2013, XI（1）.

③　JALAN J, RVALLION M. Geographic Poverty Traps? A Micro Model of Consumption Growth in Rural China. Journal of Applied Econometrics, 2002, 17（4）.

④　SCOTT LECKIE. Land solutions for climate displacement. Publisher：London ；New York：Routledge, 2014.

⑤　SCOTT LECKIE, CHRIS HUGGINS. Repairing domestic climate displacement：the Peninsula Principles. London Routledge, Taylor & Francis Group, 2016. Abingdon, Oxon New York, NY Routledge, 2016.

⑥　CECILIA TACOLI. The Earthscan Reader in Rural-Urban Linkages. Earthscan Publications, 1988.

行了气候灾害人口迁移差异性分析，包括迁移意愿与迁移决策差异，性别差异、迁入地差异和南北差异，迁移外力差异等；四是对人口迁移的社会适应性研究，解释适应与社会适应，梳理西方学界关于移民社会适应性研究的基本脉络，介绍了中国人口迁移社会适应性研究的领域和内容；五是针对我国的易地扶贫搬迁进行了研究。国内外现有研究为本书提供了基础理论和减贫脱贫的基本方向，尤其是帮助我们进一步建立气候贫困、空间贫困、气候贫困人口等相关概念和内涵，拓展和深化对气候灾害频发区域→生态脆弱→贫困→迁移等基本关系的认识，探究发现农村气候贫困人口迁移的驱动因素以及农村气候贫困人口迁移的社会适应模式和路径，确立易地扶贫搬迁的减贫脱贫目标，实现理论分析框架的基本构建；同时，也给我们以很深的启发。气候灾害频发区域农村气候贫困人口迁移是一个集人口、气候、资源环境、经济社会为一体的复杂系统，对它的研究不仅具有很重要的理论意义，并且具有很重要的实践价值，因此要深入研究深化人口迁移理论认识和推动理论创新，积极推动农村气候贫困人口的迁移和脱贫奔小康。

第二，尽管国内外的研究能够为本书提供诸多帮助和启发，但这些研究仍存在某些不足。①对空间贫困研究的不足主要表现为：气候自然灾害危害及空间特征在空间贫困研究中没有得到足够重视，自然灾害恰恰是造成空间地理资源禀赋缺失以及贫困的主要原因；对空间贫困发生机制或空间贫困成因的分析过于纠缠于地理环境因素，忽视对自然灾害、地理环境与经济、社会因素的综合研究；对空间贫困的测度指标过于宽泛，尚不足以科学评价我国空间贫困水平和空间贫困风险；着力于对空间贫困现象的解释而缺乏有针对性的措施，缺乏对空间贫困政策的研究，缺乏对全面建成小康社会、稳定脱贫的战略思考和制度安排。②气候灾害贫困人口迁移的大部分研究成果重点在于解释迁移原因和影响因素分析，并且很多解释和分析大同小异，而对于气候灾害贫困人口迁移经验提炼亦或模式塑造比较欠缺。③对气候灾害人口迁移差异性分析视角总体上尚不够开阔，解释点不够多，主要局限在迁移意愿与迁移决策差异，性别差异、迁入地差异和区域差异，以及迁移外力差异这3个方面。④人口迁移社会适应的一般性研究成果很多，但专门针对气候自然灾害农村气候贫困人口迁移的社会适应的研究成果严重不足。⑤易地扶贫搬迁政策实施效果到底如何、其实施效果受到哪些因素的影响、各因素的影响程度表现出何种差异等，这些问题需要进行实证研究，但现有研究恰恰缺少这样的实证研究。国外移民搬迁研究重心在于解释环境移民的必要性，而不是重点将环境移民视为解决生态贫困或气候贫困的扶贫方式或扶贫模式，即对中国式易地扶贫搬迁研究触及不多。

# 第三章 气候灾害及其经济社会影响的时空特征

## 第一节 我国气候灾害损失的时间演变

### 一、我国气候灾害受灾面积、成灾面积、绝收面积的时间变化

我国是气候灾害多发的国家，每年灾害对农业生产的影响和损失尤其严重，通常以受灾面积、成灾面积和绝收面积来衡量损失。农业部门根据农作物减产面积来衡量，一般将减产面积达10%以上称为受灾面积，减产面积达30%以上称为成灾面积，减产面积达80%以上称为绝收面积。中国统计局环境统计数据资料显示，我国气候灾害包含旱灾、洪涝、滑坡、泥石流、风雹、台风、低温冷冻和雪灾几大类，本章的研究基本都是以这几类灾害为基础进行分析的，从1949年到2020年，气候灾害造成的受灾面积呈现一个波动过程（见表3-1）。

表3-1 我国气候灾害受灾面积、成灾面积和绝收面积时间变化

单位：万亩

| 年份 | 受灾面积 | 成灾面积 | 绝收面积 | 年份 | 受灾面积 | 成灾面积 | 绝收面积 |
|------|----------|----------|----------|------|----------|----------|----------|
| 1949 | 14 018 | 14 018 |  | 1985 | 66 548 | 34 058 | 7 843 |
| 1950 | 15 955 | 7 683 |  | 1986 | 70 703 | 35 484 | 10 011 |
| 1951 | 21 360 | 5 663 |  | 1987 | 63 129 | 30 589 | 5 503 |
| 1952 | 12 282 | 6 649 |  | 1988 | 76 311 | 35 917 | 7 358 |
| 1953 | 35 123 | 9 499 |  | 1989 | 70 486 | 36 673 | 6 562 |
| 1954 | 32 177 | 18 151 |  | 1990 | 57 711 | 26 729 | 5 109 |
| 1955 | 30 287 | 11 418 |  | 1991 | 83 208 | 41 721 | 8 488 |
| 1956 | 33 416 | 22 993 |  | 1992 | 76 999.5 | 38 842.5 | 6 599 |

表3-1(续)

| 年份 | 受灾面积 | 成灾面积 | 绝收面积 | 年份 | 受灾面积 | 成灾面积 | 绝收面积 |
|---|---|---|---|---|---|---|---|
| 1957 | 43 723 | 22 579 | | 1993 | 73 249.5 | 34 695 | 8 193 |
| 1958 | 40 890 | 10 339 | | 1994 | 82 563.96 | 47 074.95 | 9 799.98 |
| 1959 | 65 571 | 19 165 | | 1995 | 68 811 | 33 401 | 8 427 |
| 1960 | 98 182 | 37 466 | | 1996 | 70 097.7 | 31 632.6 | 7 957.8 |
| 1961 | 92 623 | 43 251 | | 1997 | 80 143 | 45 464 | 9 644 |
| 1962 | 57 186 | 25 455 | | 1998 | 75 217.5 | 37 771.5 | 11 421 |
| 1963 | 48 976 | 30 035 | | 1999 | 74 972.1 | 40 096.8 | 10 195.2 |
| 1964 | 32 470 | 18 952 | | 2000 | 82 035 | 51 555 | 15 225 |
| 1965 | 31 206 | 16 834 | | 2001 | 78 321.9 | 47 688.9 | 12 326.1 |
| 1966 | 36 311 | 14 636 | | 2002 | 70 678.65 | 40 978.35 | 9 838.35 |
| 1967 | | | | 2003 | 81 758.7 | 48 774.45 | 12 819.6 |
| 1968 | | | | 2004 | 52 365.44 | 24 445.97 | 6 128.17 |
| 1969 | | | | 2005 | 58 227.15 | 29 949.15 | 6 896.1 |
| 1970 | 14 961 | 4 942 | | 2006 | 61 637.12 | 36 947.91 | 8 113.2 |
| 1971 | 46 558 | 11 168 | | 2007 | 73 488.5 | 37 595.7 | 8 620.2 |
| 1972 | 60 977 | 25 765 | | 2008 | 59 985 | 33 424.5 | 6 048 |
| 1973 | 54 841 | 11 427 | | 2009 | 70 821 | 31 851 | 7 377 |
| 1974 | 58 019 | 8 640 | | 2010 | 56 138.85 | 27 807.15 | 7 294.8 |
| 1975 | 53 029 | 15 259 | | 2011 | 48 705.75 | 18 661.95 | 4 337.55 |
| 1976 | 62 419 | 16 872 | | 2012 | 37 443 | 17 212.35 | 2 739.45 |
| 1977 | 78 030 | 22 741 | | 2013 | 47 024.7 | 21 454.65 | 5 766.6 |
| 1978 | 72 660 | 36 686 | 5 314 | 2014 | 37 336.05 | 19 017.45 | 4 635.45 |
| 1979 | 59 051 | 23 685 | 2 886 | 2015 | 32 655 | 18 570 | 3 349.5 |
| 1980 | 75 038 | 44 665 | | 2016 | 39 331.05 | 20 505 | 4 353.3 |
| 1981 | 59 679 | 28 115 | | 2017 | 27 717.15 | 13 800 | 2 740.05 |
| 1982 | 49 700 | 24 177 | 4 786.8 | 2018 | 31 221.45 | 15 855 | 3 877.5 |
| 1983 | 52 070 | 24 313 | 6 258 | 2019 | 28 885.35 | 11 865 | 4 203 |
| 1984 | 47 831 | 22 896 | 5 588 | 2020 | 14 940 | 11 985 | 4 065 |
| | | | | 平均 | 56 380.3 | 26 657.3 | 7 041.4 |

注：平均值是有数据年份的均值，没有数据的年份不含其中。1949年农作物受灾面积和成灾面积的原始数据都是14 018万亩。

数据来源：全球EPS全球统计分析/预测平台、中国宏观经济数据库、1949—2021年《中国民政统计年鉴》、中国灾情报告：1949—1995、国家统计局数据平台。

如表 3-1 所示，从 1949 年到 2016 年，我国气候灾害的受灾面积有几个明显的波动特征①。总体上是随着时间变化受灾面积越来越大，表明我国受气候灾害的影响越来越深。分具体时间段来看，从 1949 年到 1961 年是猛然陡增时段，特别是 1959—1961 年达到顶峰，这也是我国的特殊时代。这一时期主要的气候灾害是干旱，并且是全国范围内的大干旱。这期间我国气候灾害受灾面积达到历史顶峰，在 1960 年和 1961 年受灾面积分别达到 98 182 万亩和 92 623 万亩，远高出历史年平均受灾面积的 56 380.3 万亩，接近平均值的 2 倍。1962 年 1~9 月，全国发生大面积旱灾，波及北方为主的 24 个省（区、市）2 174.6 万公顷②农田，成灾面积 878.4 万公顷。从 1964 年开始我国气候灾害受灾面积降到平均水平附近，约 32 470 万亩。到 1976 年受灾面积约为 62 419 万亩。到 1984 年有一个小低谷，受灾面积约为 47 831 万亩。接着又缓慢上升到 1991 年的 83 208 万亩，在这个高位数值附近一直稳定保持到 2003 年左右，持续在 80 000 万亩左右波动。然后呈现波动性下降趋势，特别是从 2009 年开始，有显著的下降趋势。其中 2008 年的雪灾和 2009 年的旱灾是比较严重的气候灾害，受灾面积分别达到 59 985 万亩和 70 821 万亩，都超过 1949—2020 年的平均受灾面积平均值。

当然，值得强调的是，气候灾害受灾面积、成灾面积、绝收面积通常是反映气候灾害损失的评价指标，但从更严格意义上讲，以受灾面积、成灾面积、绝收面积占耕地面积的比重作为气候灾害损失的评价指标，可能更为严谨，更能准确和科学地反映气候灾害对中国农业及区域农业的影响或造成的损失。因此，本章第二节至第四节的具体研究，都采用气候灾害面积占耕地面积的百分比来表示灾害损失比较严重性。

## 二、气候灾害受灾面积、成灾面积和绝收面积时间变化的关系比较

需要注意的是，受灾面积、成灾面积和绝收面积是有区别的，即程度不同。一般来讲，现实情况是受灾面积>成灾面积>绝收面积。

从总体上来看，受灾面积几乎都大于成灾面积。统计数据计算，1949 年到 2016 年年平均成灾面积是 26 753.4 万亩。在"3 年特殊时期"有一个峰值，达到 43 251 万亩，但不是最高值，最高值出现在 2003 年，达到 48 774.45 万

---

① 国家统计局，民政部. 1949—1996，中国灾情报告［M］. 北京：中国统计出版社，1995.

② 1 公顷 = 10 000 平方米。

亩。从时间趋势上来看，成灾面积与受灾面积的走势基本一致，波峰和波谷基本吻合，数值上大约处于0.5倍关系，即成灾面积约为当年受灾面积的50%。

如图3-1所示（由于早期数据缺失，只能从改革开放后的1978年开始分析），绝收面积和受灾面积、成灾面积的时间走势也基本一致。从1978年到2000年有增加的趋势，2000年至今有显著的下降趋势。统计数据测算得到，1978年到2020年的平均绝收面积为7 041.4万亩，分别为受灾面积平均值的11.06%和成灾面积平均值的22.69%，绝收意味着没有产出，而这两个比例反映出灾害的严重性还是比较高的。

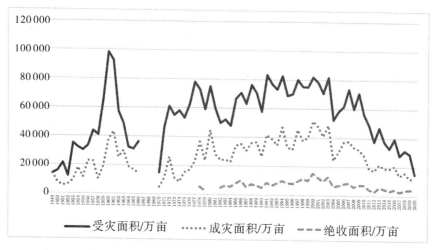

图3-1　我国气候灾害下受灾面积、成灾面积和绝收面积的时间变化

## 第二节　气候灾害分布空间自相关分析

### 一、空间自相关分析方法简介

（一）全域空间自相关

空间自相关的含义[①]，它是指一些变量在同一个分布区内，其观测数据之间存在潜在的相互依赖性，Moran's I是经常使用的统计量。全域空间自相关是属性值在整个区域空间上的特征描述，区域之间整体上的空间关联与空间差异

---

① 王晟哲. 中国自然灾害的空间特征研究 [J]. 中国人口科学，2016（6）：68-77，127.

程度可以通过这种全域空间自相关得以衡量①。全域 Moran's I 的定义为

$$I = \frac{\displaystyle\sum_{i}^{n} \sum_{j \neq i}^{n} w_{ij}(X_i - \bar{X})(X_j - \bar{X})}{S^2 \displaystyle\sum_{i}^{n} \sum_{j \neq i}^{n} w_{ij}} \qquad (3-1)$$

式中，$n$ 是样本区域数，$S^2 = \dfrac{1}{n} \displaystyle\sum_{i=1}^{n} (x_i - \bar{X})^2$，$X_i$ 是第 $i$ 区域的属性值，$\bar{X}$ 是所有属性值的平均值，$w_{ij}$ 是空间权重矩阵，其一般以行和进行归一化。全域 Moran's I 的值介于 −1~1，大于 0 为正相关，越接近 1 表明正相关性越强（邻接空间单元之间具有很强的相似性）；小于 0 为负相关，且越接近 −1 表明负相关性越强（邻接空间单元之间具有很强的差异性）；接近 0 则表明邻接空间单元不相关（呈随机分布）。

通过计算得到 Moran's I 之后，一般还要采用 Z 检验法对它的显著性进行统计检验：

$$Z(I) = \frac{I - E(I)}{\sqrt{\mathrm{Var}(I)}} \qquad (3-2)$$

（二）局部空间自相关

全域 Moran's I 值虽然可以体现属性空间集聚程度，但具体是哪些集聚区域并不能确定，而局域 Moran's I 恰恰可以解决这一问题——基于局域 Moran's I 能够得到散点图（散点图绘制于一个笛卡尔坐标系中），来刻画局域空间（不同区域）的异质性特征。横坐标为以 $Z_i$ 为中心区域的标准化值，纵坐标 $\sum w_{ij}' Z_j$ 为空间滞后值。局域 Moran's I（LISA）的定义为

$$I_i = Z_i \sum_{j \neq i}^{n} w_{ij}' Z_j \qquad (3-3)$$

式中 $Z_i = (x_i - \bar{X})/s^2$ 是 $x_i$ 的标准化量值，$Z_j$ 是与第 $i$ 区域相邻接的属性标准化值，$w_{ij}'$ 是按照行和归一化的权重矩阵。Moran's I 散点图通常可以反映高高集聚、低高集聚、低低集聚、高低集聚这四种类型的局部空间关系。集聚类型往往表示中心区域与相邻区域的属性值的高低。集聚类型不同或象限不同，区域属性值也有所不同。

---

① 徐彬. 空间权重矩阵对 Moran's I 指数影响的模拟分析 [D]. 南京：南京师范大学，2007.

$$\begin{cases} Z_i > 0, \sum w_{ij}{}'Z_j > 0(+, +), \text{第一象限，高高集聚}(HH) \\ Z_i < 0, \sum w_{ij}{}'Z_j > 0(-, +), \text{第二象限，低高集聚}(LH) \\ Z_i < 0, \sum w_{ij}{}'Z_j < 0(-, -), \text{第三象限，低低集聚}(LL) \\ Z_i > 0, \sum w_{ij}{}'Z_j < 0(+, -), \text{第四象限，高低集聚}(HL) \end{cases}$$

## 二、气候灾害分布空间自相关分析

### (一) 气候灾害受灾面积、成灾面积和绝收面积省域分布

为了做空间分析，需要对空间区域基本数据进行收集。根据我国自然灾害统计数据，如表 3-2、图 3-2 所示，考察有代表性的灾害时期，这里以 2005—2016 年的平均值作为研究数据。我国 31 个省域（香港、澳门及台湾地区除外）的灾害受损面积分布不均，受气候灾害影响较大的省域主要分布在北方地区、华中地区和西南地区的几个省份，其中内蒙古的年平均受灾面积达到 2 676.14 千公顷，黑龙江省更是达到 3 015.52 千公顷，为所有省份年平均受灾面积最大值。另外，中南部的湖北、湖南受气候灾害影响较大，年受灾面积平均为 2 296.95 千公顷、2 130.06 千公顷。四川、云南和甘肃的年受灾面积也分别达到 1 517.28 千公顷、1 623.91 千公顷和 1 475.67 千公顷，在西部省份中属于严重的地区。从年平均成灾面积来看，内蒙古则是最大值，达到 1 611.19 千公顷；黑龙江第二，达到 1 594.10 千公顷。中部的湖北、湖南分别达 1 083.60 和 1 131.90 千公顷。西部的四川、云南和甘肃分别为 682.35 千公顷、855.23 千公顷和 830.46 千公顷。从绝收面积来看，总体分布基本和前两者一致，不在此详述。

表 3-2 2005—2016 年我国气候灾害损失分布（均值）

| 省份 | 受灾面积 /千公顷 | 成灾面积 /千公顷 | 绝收面积 /千公顷 | 受灾面积 占耕地面积 比重/% | 成灾面积 占耕地面积 比重/% | 绝收面积 占耕地面积 比重/% |
|---|---|---|---|---|---|---|
| 全国 | 34 599.75 | 17 388.03 | 3 862.75 | 27.20 | 13.55 | 3.06 |
| 北京 | 42.90 | 22.54 | 4.82 | 17.35 | 9.12 | 1.95 |
| 天津 | 58.54 | 30.57 | 5.56 | 17.33 | 9.05 | 1.64 |
| 河北 | 1 628.00 | 888.68 | 190.17 | 25.18 | 13.75 | 2.94 |
| 山西 | 1 409.52 | 729.61 | 149.33 | 34.00 | 17.60 | 3.60 |
| 内蒙古 | 2 676.14 | 1 611.19 | 458.33 | 34.12 | 20.54 | 5.84 |
| 辽宁 | 1 101.28 | 623.05 | 178.67 | 25.47 | 14.41 | 4.13 |

表3-2(续)

| 省份 | 受灾面积<br>/千公顷 | 成灾面积<br>/千公顷 | 绝收面积<br>/千公顷 | 受灾面积<br>占耕地面积<br>比重/% | 成灾面积<br>占耕地面积<br>比重/% | 绝收面积<br>占耕地面积<br>比重/% |
|---|---|---|---|---|---|---|
| 吉林 | 1 115.99 | 645.38 | 148.33 | 18.89 | 10.92 | 2.51 |
| 黑龙江 | 3 015.52 | 1 594.10 | 285.92 | 23.51 | 12.43 | 2.23 |
| 上海 | 24.94 | 11.78 | 2.43 | 10.24 | 4.84 | 1.00 |
| 江苏 | 922.88 | 385.53 | 59.92 | 19.36 | 8.09 | 1.26 |
| 浙江 | 637.23 | 288.23 | 59.92 | 32.37 | 14.64 | 3.04 |
| 安徽 | 1 555.21 | 606.43 | 178.33 | 26.78 | 10.44 | 3.07 |
| 福建 | 381.45 | 185.91 | 42.17 | 28.27 | 13.78 | 3.12 |
| 江西 | 1 194.19 | 585.02 | 137.25 | 40.91 | 20.04 | 4.70 |
| 山东 | 1 611.72 | 639.16 | 109.42 | 21.29 | 8.44 | 1.45 |
| 河南 | 1 502.54 | 598.34 | 91.08 | 18.77 | 7.47 | 1.14 |
| 湖北 | 2 296.95 | 1 083.60 | 193.17 | 47.26 | 22.29 | 3.97 |
| 湖南 | 2 130.06 | 1 131.90 | 273.25 | 54.52 | 28.97 | 6.99 |
| 广东 | 852.21 | 367.62 | 82.33 | 29.88 | 12.89 | 2.89 |
| 广西 | 1 170.31 | 530.31 | 83.42 | 27.24 | 12.34 | 1.94 |
| 海南 | 288.08 | 128.12 | 37.42 | 39.32 | 17.49 | 5.11 |
| 重庆 | 588.76 | 297.68 | 80.42 | 27.48 | 13.90 | 3.75 |
| 四川 | 1 517.28 | 682.35 | 133.83 | 22.71 | 10.21 | 2.00 |
| 贵州 | 1 028.07 | 556.62 | 198.83 | 22.50 | 12.18 | 4.35 |
| 云南 | 1 623.91 | 855.23 | 225.58 | 26.34 | 13.87 | 3.66 |
| 西藏 | 28.93 | 11.36 | 6.00 | 7.57 | 2.97 | 1.57 |
| 陕西 | 1 034.69 | 530.43 | 108.17 | 24.53 | 12.58 | 2.56 |
| 甘肃 | 1 475.67 | 830.46 | 137.17 | 30.12 | 16.95 | 2.80 |
| 青海 | 176.18 | 91.64 | 14.83 | 30.46 | 15.84 | 2.56 |
| 宁夏 | 411.42 | 201.48 | 49.67 | 34.90 | 17.09 | 4.21 |
| 新疆 | 1 075.89 | 647.31 | 120.75 | 24.64 | 14.82 | 2.77 |

数据来源：全球EPS全球统计分析/预测平台、中国宏观经济数据库。

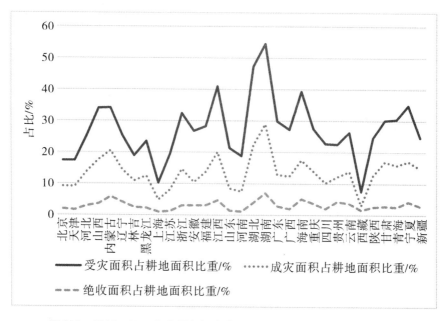

图 3-2　2005—2016 年我国气候灾害受灾面积、成灾面积和绝收面积
占耕地面积比重

（二）我国气候灾害省域分布空间自相关分析

分析之前，需要对数据进行说明。表 3-2 数据是省域气候灾害原始值（指受灾面积、成灾面积和绝收面积），然而不同省份灾害面积存在较大差异，如果直接用原始值开展空间自相关分析，难以很好地反映灾害影响程度。解决办法是对原始数据进行变换（以每个省的受灾面积、成灾面积和绝收面积占省域耕地面积的比例表示灾害的影响程度，用百分比表示）。

其一，全域空间自相关。为了分析我国气候灾害省域分布的时间发展规律，这里选取 2006—2016 年我国气候灾害受灾面积数据进行分析，如图 3-3 所示。图中显示，我国气候灾害受灾面积的空间自相关性非常明显，以空间自相关指数最大的 2010 年为例[①]，全域 Moran's I 指数为 0.289 0、Z 统计检验量为 3.28，在显著性概率 $p<0.01$ 的双侧检验阈值 2.58 的检验下通过检验，拒绝了不存在空间依赖性的原假设，表明我国气候灾害受灾面积省域分布并不是随机的，而存在一定的空间规律（主要表现出空间集聚性或空间依赖性），受灾

---

①　王晟哲. 中国自然灾害的空间特征研究 [J]. 中国人口科学，2016（6）：68-77，127.

面积分布很不均衡。另外，从时序来看，全域空间自相关指数呈明显波动趋势。具体来看，从 2006—2010 年，全域空间自相关指数从 0.160 3 上升到 0.289 0，表明这段时间以来，我国气候灾害的受灾面积分布的集群特征越来越明显，灾害的省际分布具有空间聚集特性，而且越来越强。从 2010—2016 年全域空间自相关指数则从 0.289 0 下降到 0.104 6，有一个迅速下降的过程，其中可能的原因是在 2008 年后我国各种气候灾害稍微缓和，从相关报道来看也是如此。

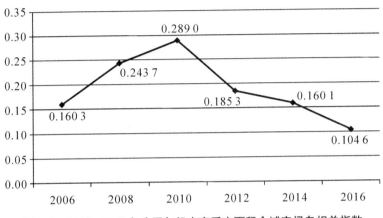

图 3-3　2006—2015 年我国气候灾害受灾面积全域空间自相关指数

其二，局域空间自相关。它不仅可以衡量局域空间的聚集性特点，也可以给出聚集位置，刻画空间异质性。需要说明的是，这里选取 2006—2016 年平均值与耕地面积的平均值进行计算，但对受灾面积、成灾面积和绝收面积类型也都进行分析。

第一步看受灾面积、成灾面积和绝收面积占耕地面积比例的全域散点图（见图 3-4 和图 3-5），图 3-4 显示我国气候灾害受灾面积的空间集群特征非常明显，全域 Moran's I 为 0.276 8，四个象限都有分布。另外，从我国气候灾害成灾面积、绝收面积占耕地面积比例的省域分布全域 Moran's I 来看，全域空间自相关指数分布达到 0.227 5 和 0.185 9，表明我国气候灾害成灾面积、绝收面积占比的省域分布集群特征也非常明显。

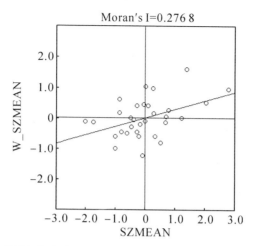

图 3-4　我国气候灾害受灾面积占耕地面积比例的全域 Moran's I 图

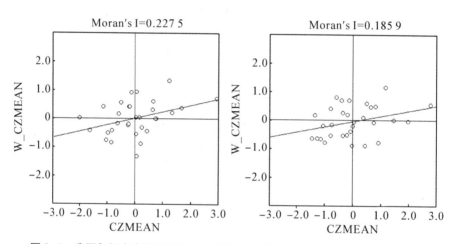

图 3-5　我国气候灾害成灾面积、绝收面积占耕地面积比例的全域 Moran's I 图

第二步看散点图的统计分析。一方面,从图 3-4 和图 3-5 的我国气候灾害受灾面积、成灾面积、绝收面积占耕地面积比例省域分布的全域 Moran's I 图可以看出,31 个省份分布在四个不同的象限,形成四种关系。以受灾面积占耕地面积比例的全域 Moran's I 图为例,有 9 个省域单元位于第一象限(高高集聚),有 12 个省域单元位于第三象限(低低集聚),分别占省域总数的 29% 和 38.7%,二者共占 67.7%。另外,有 5 个省域单元位于第二象限(高低集聚),占省域总数的 16.1%,有 5 个省域单元位于第四象限(低高集聚),占省域总数的 16.1%,二者共占 33.3%。表明四种分布类型极化特征比较明显,即分布不均衡。

另一方面，本书使用 LISA 集聚特征（Z 检验显著性概率 p<0.05）以更好的揭示这种集聚特征的显著性。从我国气候灾害受灾面积占耕地面积的省域 LISA 集聚来看，湖南、湖北、江西、重庆和广东处于显著"高高"集聚区内。"低低"集聚区为云南，"高低"集聚区和"低高"集聚区则并不显著。总体上看，我国气候灾害在受灾面积方面主要呈现为在中南部显著聚集的特征。

从我国气候灾害成灾面积的 LISA 聚集看，主要有三种聚集空间特征：一种是处于显著"高高"集聚区的省域，依然有重庆、湖南和江西。处于"低低"集聚区的则仅有江苏，其本身受灾面积较小，周边受灾面积也较小。"高低"聚集区则依然为浙江和云南。而从我国气候灾害绝收面积的 LISA 聚集看，仅有两种聚集空间特征：第一种是"高高"聚集类型的江西，第二种是"低低"集聚类型的江苏和浙江。

综合气候灾害的受灾面积、成灾面积和绝收面积占耕地面积比例的 3 种 LISA 集聚类型来看，三者基本都以中部局部省份形成"高高"聚集类型，这与我们形成的惯性思维有一定的重合但不完全一致。我们一般认为整个西部，特别是西南部是我国的受灾核心区，但近 10 年的数据显示，并不完全如此。其中主要原因是数据用了受灾面积、成灾面积和绝收面积占耕地面积的比例进行计算，而中部几个省份以耕地为主，受灾害的影响较大，因此聚集在中部。当然，这并不能说明西部不是我国气候灾害的受灾重点区域；其实正好相反，西部确实是我国气候灾害的受灾重点区，只是空间聚集的特征在西部不显著而已。

# 第三节　省际气候灾害损失类型的分布特征

## 一、相关说明

省域（包括省、自治区、直辖市，这里研究所指省域仅为全国 31 个省、区、市，不含香港、澳门和台湾地区）是中国最大的区域行政单位。我国幅员辽阔，各省在受灾面积、成灾面积、绝收面积等方面的差异非常大，这一点在上节中已经做出了说明。本节将选取自然灾害损失受灾绝收面积占耕地面积的比重对 4 类典型气候灾害损失作空间分布分析。数据来源于中国统计局数据平台，鉴于指标的现实代表性和数据的完整性，本书采集 2010—2019 年 10 年的数据进行分析。

做具体空间分析之前，可以简单对表 3-3 的数据进行总体概况。从表 3-3 中可以看出，在省际受灾面积占比数据中，旱灾的省际差异比较大；洪涝、滑坡、泥石流和台风灾害在很多省份都有出现，受灾面积也较大；风暴灾害、低温冷冻和雪灾则比较平均，受灾面积相对较小。在省际绝收面积数据中，同样旱灾的省际差异比较大，峰值和低值相差比较大，其中内蒙古旱灾受灾面积占比是最大的。洪涝、滑坡、泥石流和台风灾害峰值则在湖北和广东。风暴灾害、低温冷冻和雪灾的绝收面积也难以细致区分省际差异，为此，需要进行空间刻画分析。同样，后续的空间刻画中，依然采用各类灾害占同时期内耕地面积的比例进行分析。

表3-3  2010—2019年各省域气候自然灾害损失分布

（自然灾害占耕地面积比重均值）                    单位:%

| 地区 | 旱灾受灾面积占比 | 旱灾绝收面积占比 | 洪涝、地质灾害和台风受灾面积占比 | 洪涝、地质灾害和台风绝收面积占比 | 风雹灾害受灾面积占比 | 风雹灾害绝收面积占比 | 低温冷冻和雪灾受灾面积占比 | 低温冷冻和雪灾绝收面积占比 |
|------|------|------|------|------|------|------|------|------|
| 北京 | 4.39 | 1.63 | 7.41 | 0.82 | 5.51 | 0.97 | 0.50 | 0.61 |
| 天津 | 0.82 | 0.00 | 9.33 | 0.88 | 1.77 | 0.51 | 9.76 | 0.38 |
| 河北 | 7.98 | 0.73 | 4.58 | 0.45 | 3.95 | 0.30 | 1.93 | 0.26 |
| 山西 | 16.15 | 1.70 | 3.81 | 0.43 | 3.01 | 0.32 | 4.64 | 0.83 |
| 内蒙古 | 19.05 | 2.93 | 4.79 | 1.09 | 4.40 | 0.50 | 2.53 | 0.21 |
| 辽宁 | 14.45 | 3.48 | 5.88 | 0.81 | 1.03 | 0.13 | 0.76 | 0.01 |
| 吉林 | 9.12 | 0.99 | 3.86 | 0.61 | 1.86 | 0.15 | 0.62 | 0.06 |
| 黑龙江 | 9.18 | 0.36 | 8.07 | 1.55 | 1.82 | 0.20 | 0.77 | 0.05 |
| 上海 | 0.00 | 0.00 | 5.04 | 0.47 | 0.04 | 0.00 | 0.00 | 0.00 |
| 江苏 | 4.90 | 0.26 | 4.81 | 0.36 | 1.90 | 0.08 | 0.46 | 0.04 |
| 浙江 | 8.65 | 1.57 | 15.84 | 1.68 | 0.11 | 0.01 | 4.08 | 0.10 |
| 安徽 | 8.37 | 0.73 | 9.06 | 1.39 | 0.78 | 0.05 | 2.16 | 0.06 |
| 福建 | 2.04 | 0.10 | 11.92 | 1.35 | 0.67 | 0.07 | 3.81 | 1.43 |
| 江西 | 10.54 | 1.20 | 17.75 | 1.98 | 1.26 | 0.08 | 3.98 | 0.16 |
| 山东 | 7.26 | 0.41 | 8.71 | 0.89 | 1.92 | 0.12 | 1.08 | 0.02 |
| 河南 | 8.02 | 0.68 | 4.87 | 0.34 | 1.29 | 0.08 | 0.99 | 0.09 |
| 湖北 | 15.07 | 1.07 | 16.08 | 1.89 | 1.08 | 0.11 | 3.69 | 0.15 |
| 湖南 | 15.28 | 2.51 | 20.65 | 2.30 | 1.76 | 0.12 | 3.99 | 0.26 |
| 广东 | 3.30 | 0.25 | 18.30 | 1.66 | 0.25 | 0.02 | 1.12 | 0.17 |
| 广西 | 4.69 | 0.20 | 9.96 | 0.48 | 0.35 | 0.03 | 2.02 | 0.09 |
| 海南 | 3.43 | 0.36 | 25.73 | 4.45 | 0.68 | 0.04 | 4.56 | 0.42 |

表3-3（续）

| 地区 | 旱灾受灾面积占比 | 旱灾绝收面积占比 | 洪涝、地质灾害和台风受灾面积占比 | 洪涝、地质灾害和台风绝收面积占比 | 风雹灾害受灾面积占比 | 风雹灾害绝收面积占比 | 低温冷冻和雪灾受灾面积占比 | 低温冷冻和雪灾绝收面积占比 |
|------|------|------|------|------|------|------|------|------|
| 重庆 | 5.42 | 0.37 | 6.53 | 0.74 | 0.90 | 0.12 | 1.89 | 0.11 |
| 四川 | 5.11 | 0.33 | 7.22 | 0.80 | 0.73 | 0.09 | 1.07 | 0.07 |
| 贵州 | 11.63 | 3.99 | 4.53 | 0.59 | 1.92 | 0.33 | 1.82 | 0.11 |
| 云南 | 16.45 | 2.85 | 3.54 | 0.49 | 1.79 | 0.25 | 2.53 | 0.17 |
| 西藏 | 2.63 | 0.77 | 2.14 | 0.52 | 1.30 | 0.28 | 0.33 | 0.05 |
| 陕西 | 8.53 | 0.80 | 4.47 | 0.78 | 2.64 | 0.30 | 1.80 | 0.25 |
| 甘肃 | 11.90 | 0.99 | 3.35 | 0.38 | 3.15 | 0.35 | 4.10 | 0.32 |
| 青海 | 14.66 | 1.16 | 3.42 | 0.43 | 8.33 | 1.18 | 5.71 | 0.33 |
| 宁夏 | 14.43 | 2.31 | 2.08 | 0.32 | 3.42 | 0.53 | 3.58 | 0.47 |
| 新疆 | 4.38 | 0.26 | 2.00 | 0.25 | 9.15 | 1.15 | 2.68 | 0.29 |

说明：北京低温冷冻和雪灾绝收面积占比大于受灾面积的原因在于北京的受灾统计不全。

数据来源：根据国家统计局数据计算整理。

## 二、旱灾灾害损失的空间分布刻画

旱灾自古以来都是人类面临的主要自然灾害，尤其是现代经济活动和人口增长问题使干旱化程度加深，干旱化趋势日益严重，并引发了一系列生态环境问题。图3-6和图3-7是我国2010—2019年10年旱灾受灾面积和绝收面积占耕地面积的比例均值的省际分布图，从图3-6、图3-7中可以看出，两者的空间分布基本一致。①从旱灾受灾面积占比看，内蒙古的旱灾受灾面积占比均值最高，为19.05%；其后依次是云南、山西、湖南、湖北、青海、辽宁、宁夏、甘肃、贵州、江西、黑龙江、吉林、浙江和陕西，旱灾受灾面积占比分别为16.45%、16.15%、15.28%、15.07%、14.66%、14.45%、14.43%、11.90%、11.63%、10.54%、9.18%、9.12%、8.65%和8.53%；广东、西藏、福建、天津和上海的旱灾受灾面积占比最低，分别为3.30%、2.63%、2.04%、0.82%和0.00%。②从旱灾绝收面积占比看，贵州的旱灾绝收面积占比均值最高，为3.99%；其后依次是辽宁、内蒙古、云南、湖南、宁夏、山西、北京、浙江、江西、青海、湖北、吉林、甘肃和陕西，旱灾绝收面积占比分别为3.48%、2.93%、2.85%、2.51%、2.31%、1.70%、1.63%、1.57%、1.20%、1.16%、1.07%、0.99%、0.99%和0.80%；广东、广西、福建、天津和上海的旱灾绝收面积占比最低，分别为0.25%、0.20%、0.10%、0.00%和0.00%。

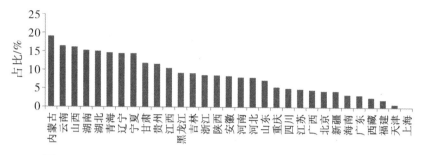

图 3-6　2010—2019 年旱灾受灾面积占耕地面积百分比的省际分布

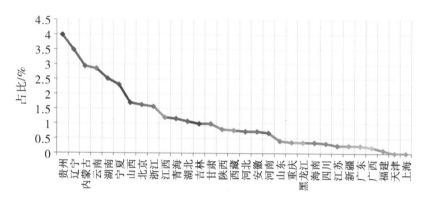

图 3-7　2010—2019 年旱灾绝收面积占耕地面积百分比的省际分布

### 三、洪涝、滑坡、泥石流和台风灾害损失的空间分布刻画

鉴于统计数据基本上都是将洪涝、滑坡、泥石流和台风灾害一起统计，虽然部分统计资料分开统计，但近年的数据都是合计的，所以这里也是将几种灾害作为统一体进行分析。当然，这就存在一个问题，我国不同省份的洪涝、滑坡、泥石流和台风的发生地分布非常不一致，因此可能会有一定的"埋没性"，不过，几种灾害的重叠性比较大，比如洪涝导致滑坡、泥石流，其是有一定的内在关系的，所以误差并不会太大，可以进行整体分析。图 3-8 和图 3-9 是我国省际洪涝、滑坡、泥石流和台风造成的灾害面积占耕地面积的分布。

从图 3-8 中可以看出，这类受灾面积省际分布特点是集中于我国中南部地区，尤其是长江以南地区，其中沿长江流域几个省份受洪涝、滑坡和泥石流影响较大，沿海几个省份受台风的影响较大。也就是说，洪涝、滑坡、泥石流和台风灾害的分布与我国流域分布和海洋有很强的空间关系。2010—2019 年，海南的洪涝、滑坡、泥石流和台风受灾面积占比均值最高，为 25.73%；其后依次是湖南、广东、江西、湖北、浙江、福建、广西、天津、安徽、山东、黑龙江、北京、四川和重庆，洪涝、滑坡、泥石流和台风受灾面积占比分别为20.65%、18.30%、17.75%、16.08%、15.84%、11.92%、9.96%、9.33%、9.06%、8.71%、8.07%、7.41%、7.22%和6.53%；青海、甘肃、西藏、宁夏和新疆的洪涝、滑坡、泥石流和台风受灾面积占比最低，分别为3.42%、3.35%、2.14%、2.08%和2.00%。洪涝、滑坡、泥石流和台风受灾大部分省份，主要是沿流域或海洋分布。

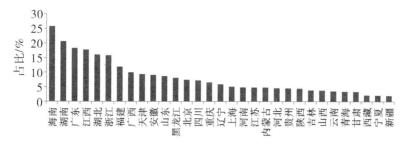

**图3-8 2010—2019年洪涝、滑坡、泥石流和台风受灾面积占耕地面积百分比的省际分布**

洪涝、滑坡、泥石流和台风绝收面积占耕地面积的省际分布中，与受灾面积占耕地面积比重的分布基本一致。2010—2019年，洪涝、滑坡、泥石流和台风绝收面积占耕地面积比重的年均值依次排前10名的是海南、湖南、江西、湖北、浙江、广东、黑龙江、安徽、福建、内蒙古和山东。其中，海南洪涝、山体滑坡、泥石流和台风绝收面积占比达到4.45%，湖南、江西、湖北也分别达到2.30%、1.89%、1.68%；新疆最低，为0.25%。不同的是四川、广西不在前10名，而黑龙江和内蒙古进入前10名（分列第7名、第10名）。这与我们一般的长江流域洪涝灾害多发的印象有出入。不过，这并不冲突，绝收意味着损失最大。众所周知，黑龙江等东北地区，一般是一季水稻等农作物，如果发生严重的洪涝等灾害，则意味着一次性毁灭性打击面大，加之北方地区农业生产条件本身苛刻，遇到灾害则更加严重。因此，黑龙江、内蒙古等成为绝收面积占比相对较高的省也不足为奇。

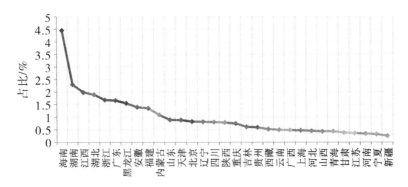

图 3-9  2010—2019 年洪涝、滑坡、泥石流和台风绝收面积
占耕地面积百分比的省际分布

### 四、风雹灾害损失的空间刻画

风雹灾害，一般的解释是指由强对流天气引起的诸如大风、冰雹、龙卷风、雷电所造成的灾害，其中影响较大的常见灾害是大风和冰雹。一般情况下，大风能够造成大面积农作物减产；冰雹可将农作物砸坏、砸死，建筑物砸塌等，会对农业造成较大影响。

图 3-10 和图 3-11 是我国省际风雹灾害面积占耕地面积（受灾面积和绝收面积）的空间分布图，显然，我国北方地区整体分布较为集中，风暴灾害影响整个北方边界省份，同时华北地区的河北、山西、北京等省域也比较突出地受到风暴灾害侵扰。显然，这些地区是大风的主要影响地，特别是冬季寒风、寒潮袭击的主要区域。不过，受冰雹影响的湖南等个别南方省份也是风暴灾害的集中区域。还需要注意的是，中度风雹灾害依然主要是以北方为主，说明受风雹灾害影响的区域无疑以我国北方为主。2010—2019 年，新疆的风雹灾害受灾面积占比均值最高，为 9.15%；其后依次是青海、北京、内蒙古、河北、宁夏、甘肃、山西、陕西、山东、贵州、江苏、吉林、黑龙江和云南，风雹灾害受灾面积占比分别为 8.33%、5.51%、4.40%、3.95%、3.42%、3.15%、3.01%、2.64%、1.92%、1.92%、1.90%、1.86%、1.82% 和 1.79%；福建、广西、广东、浙江和上海的风雹灾害受灾面积占比相对较低，分别为 0.67%、0.35%、0.25%、0.11% 和 0.04%。绝收面积占比与受灾面积占比的省际分布大致相同，只不过灾害损失程度顺序有些变动。青海的风雹灾害绝收面积占比均值最高，为 1.18%；其后依次是新疆、北京、宁夏、天津、内蒙古、甘肃、贵州、山西、河北、陕西、西藏、云南、黑龙江和吉林位居前15 名，处于末 5 名的依次是海南、广西、广东、浙江和上海。

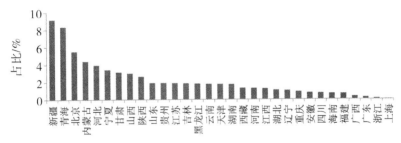

**图 3-10  2010—2019 年风雹灾害受灾面积占耕地面积百分比的省际分布**

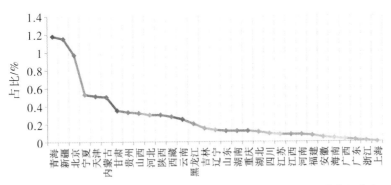

**图 3-11  2010—2019 年风雹灾害绝收面积占耕地面积百分比的省际分布**

## 五、低温、冷冻和雪灾灾害损失的空间刻画

同样，鉴于统计数据中基本上是将低温、冷冻和雪灾灾害一起统计，虽然部分统计资料分开统计，但近年的数据都是合计的，所以这里也是将几种灾害作为统一体进行分析。几种灾害的类型基本一致，都属于低温冻害，一起统计并不影响实际分析。图 3-12 和图 3-13 显示，低温、冷冻和雪灾灾害受灾面积、绝收面积占耕地面积比重的省际分布大体一致。

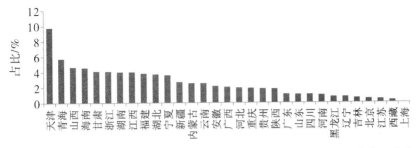

**图 3-12  2010—2019 年低温、冷冻和雪灾灾受灾面积占耕地面积百分比的省际分布**

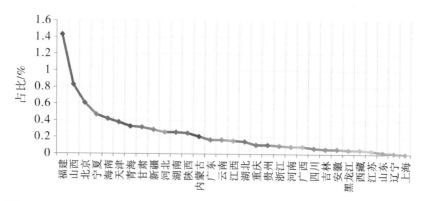

**图 3-13　2010—2019 年低温、冷冻和雪灾绝收面积占耕地面积百分比的省际分布**

例如，天津的低温、冷冻和雪灾受灾面积占比均值最高，为 9.76%；其后依次是青海 5.71%、山西 4.64%、海南 4.56%、甘肃 4.10%、浙江 4.08%、湖南 3.99%、江西 3.98%、福建 3.81%、湖北 3.69%、宁夏 3.58%、新疆 2.68%、内蒙古 2.53%、云南 2.53% 和安徽 2.16%；处于后 5 位的依次是吉林、北京、江苏、西藏和上海。但从造成实际灾害性影响来看，福建的低温、冷冻和雪灾绝收面积占比均值最高，为 1.43%；其后依次是山西 0.83%、北京 0.61%、宁夏 0.47%、海南 0.42%、天津 0.38%、青海 0.33%、甘肃 0.32%、新疆 0.29%、河北 0.26%、湖南 0.26%、陕西 0.25%、内蒙古 0.21%、广东 0.17% 和云南 0.17%；处于后 5 位的依次是西藏、江苏、山东、辽宁和上海。

总体而言，严重致灾省份在空间上主要呈两条线分布：一条是山西—宁夏—甘肃—青海—新疆等西北一线，另一条是云南—湖南—湖北—江西—浙江—福建等南方一线。南北两线成为我国低温、冷冻和雪灾灾害分布的明显区域。

# 第四节　省际气候灾害受灾人口、死亡人口及直接经济损失的分布特征

## 一、概述

除了对气候灾害的空间进行刻画，还有必要对灾害造成的受灾人口、死亡人口及直接经济损失进行相应的空间分析。灾害之所以称为灾害，主要是其会对人类生产生活造成影响，甚至直接导致人类死亡。

国家统计局和 EPS 全球预测平台数据显示，2005—2020 年，我国受灾人口累计达到 443 103.5 万人次，年均受灾人口竟然高达 29 549.9 万人次（每年

有大约 1/4 的人口要受到一次气候灾害冲击），年份最大值达到 47 900 万人次（2009 年），最小值也有 13 600 万人次（2018 年）；因灾死亡人口累计 28 390人，年均因灾死亡人口 1 915 人左右，年份最大值达到 6 539 人（2010 年），最小值也有 589 人（2018 年）；自然灾害直接经济损失累计高达 47 545.8 亿元，平均每年达 3 182.3 亿元，年份最大值达到 5 808.4 亿元（2013 年），最小值也有 1 706 亿元（2016 年）。当然，由于灾害发生的不均衡性，有的区域人口经历数十次气候灾害冲击，无论是自然灾害受灾人口规模、因灾死亡人口数量，还是自然灾害直接经济损失，都是非常大的。见表 3-4。

表 3-4　2005—2020 年中国省际气候受灾人口、死亡人口和直接经济损失分布
（均值和累计值）

| 指标 | 受灾人口均值/万人次 | 死亡人口均值/人 | 自然灾害直接经济损失均值/亿元 | 受灾人口累计/万人次 | 死亡人口累计/人 | 自然灾害直接经济损失累计/亿元 |
|---|---|---|---|---|---|---|
| 北京 | 27.42 | 12.75 | 17.71 | 411.3 | 102 | 247.9 |
| 天津 | 20.33 | 1.00 | 5.15 | 243.9 | 2 | 56.6 |
| 河北 | 1 575.73 | 37.27 | 112.30 | 23 636.0 | 559 | 1 684.51 |
| 山西 | 978.71 | 26.60 | 85.91 | 14 680.6 | 399 | 1 288.7 |
| 内蒙古 | 666.25 | 31.07 | 116.61 | 9 993.7 | 466 | 1 749.2 |
| 辽宁 | 589.84 | 25.08 | 105.43 | 8 847.6 | 326 | 1 581.4 |
| 吉林 | 499.19 | 16.50 | 135.05 | 7 487.9 | 198 | 1 890.65 |
| 黑龙江 | 631.79 | 16.29 | 101.93 | 9 476.9 | 228 | 1 528.91 |
| 上海 | 28.11 | 3.50 | 3.87 | 337.3 | 21 | 42.62 |
| 江苏 | 766.67 | 27.87 | 56.32 | 11 500.0 | 418 | 844.76 |
| 浙江 | 933.08 | 47.80 | 212.53 | 13 996.2 | 717 | 3 187.9 |
| 安徽 | 1 792.02 | 35.33 | 133.35 | 26 880.3 | 530 | 2 000.2 |
| 福建 | 499.64 | 86.87 | 106.17 | 7 494.6 | 1 303 | 1 592.61 |
| 江西 | 1 367.13 | 61.47 | 151.09 | 20 506.9 | 922 | 2 266.3 |
| 山东 | 1 531.93 | 17.87 | 147.76 | 22 978.9 | 268 | 2 216.46 |
| 河南 | 1 665.72 | 37.40 | 73.65 | 24 985.8 | 561 | 1 104.78 |
| 湖北 | 1 930.66 | 75.53 | 128.25 | 28 959.9 | 1 133 | 1 923.7 |
| 湖南 | 2 211.07 | 98.67 | 199.94 | 33 166.0 | 1 480 | 2 999.14 |
| 广东 | 890.63 | 84.33 | 179.22 | 13 359.4 | 1 265 | 2 688.24 |
| 广西 | 1 204.01 | 78.87 | 83.04 | 18 060.2 | 1 183 | 1 245.6 |
| 海南 | 316.29 | 18.62 | 42.88 | 4 744.3 | 242 | 643.2 |

表3-4（续）

| 指标 | 受灾人口均值/万人次 | 死亡人口均值/人 | 自然灾害直接经济损失均值/亿元 | 受灾人口累计/万人次 | 死亡人口累计/人 | 自然灾害直接经济损失累计/亿元 |
|---|---|---|---|---|---|---|
| 重庆 | 936.71 | 65.93 | 61.08 | 14 050.6 | 989 | 916.16 |
| 四川 | 2 596.69 | 190.53 | 312.25 | 38 950.4 | 2 858 | 4 683.72 |
| 贵州 | 1 451.65 | 97.80 | 92.84 | 21 774.7 | 1 467 | 1 392.6 |
| 云南 | 1 602.75 | 229.87 | 156.08 | 24 041.2 | 3 448 | 2 341.25 |
| 西藏 | 43.54 | 28.20 | 16.34 | 653.1 | 423 | 245.08 |
| 陕西 | 1 071.45 | 72.93 | 109.49 | 16 071.7 | 1 094 | 1 642.36 |
| 甘肃 | 1 139.65 | 151.27 | 127.99 | 17 094.8 | 2 269 | 1 919.88 |
| 青海 | 172.82 | 196.73 | 29.52 | 2 592.3 | 2 951 | 442.8 |
| 宁夏 | 163.95 | 6.00 | 11.95 | 2 459.3 | 72 | 179.23 |
| 新疆 | 244.51 | 35.43 | 66.62 | 3 667.7 | 496 | 999.3 |

数据来源：国家统计局。

## 二、空间刻画

从空间分布来看，其一，我国西南和中南部气候灾害年平均受灾人口数量相对较大（见图3-14）。2005—2020年，年平均气候灾害受灾人口，四川、湖南、湖北、安徽、河南、云南、河北、山东、贵州和江西依次排全国前10名。其中，四川受灾人口最多，为2 597万人次，占总量的比重为9.10%；湖南、湖北、安徽、河南、云南、河北、山东、贵州和江西，受灾人口均值分别为2 211万人次、1 931万人次、1 792万人次、1 666万人次、1 603万人次、1 576万人次、1 532万人次、1 452万人次和1 367万人次，占总量的比重分别为7.48%、6.53%、6.06%、5.64%、5.42%、5.33%、5.18%、4.91%和4.63%；宁夏、西藏、上海、北京和天津的受灾人口均值处于后5位，依次分别为164万人次、44万人次、28万人次、27万人次和20万人次，占总量的比重分别为0.55%、0.15%、0.10%、0.09%和0.07%。四川受灾人口累计值高达38 950万人次，占累计受灾人口的8.79%；湖南、湖北、安徽累计受灾人口数量也很高，分别为33 166万人次、28 960万人次、26 880万人次，占总量的比重分别为7.48%、6.54%、6.07%；河南、云南、河北、山东、贵州和江西累计受灾人口也都在2 000万人次以上；北京、上海和天津累计受灾人口相对较少。其二，我国西南部和西北部部分省份气候灾害年平均死亡人口数量相对较大（见图3-15）。云南、青海、四川、甘肃、贵州死亡人口均值分别为

230 人、197 人、191 人、151 人、98 人，占总量的比重分别为 12.00%、10.27%、9.95%、7.90%、5.11%。宁夏、上海和天津的死亡人口均值都在 10 人以下。另外，福建、广东、广西等可能由于台风的原因，死亡人口也较多，年平均死亡人口在 80 人以上。云南累计死亡人口高达 3 448 人，占总量的 12.15%；青海、四川、甘肃等因灾累计死亡人口都在 2 000 人以上，分别为 2 951 人、2 858 人、2 269 人，湖南、贵州、福建、广东、广西和湖北也都在 1 100 人以上 1 500 人以下。宁夏、上海和天津累计死亡人口都在 100 人以下。

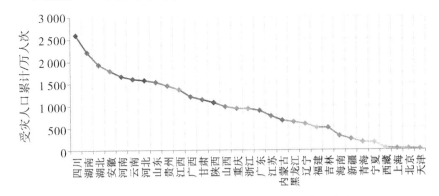

**图 3-14　2005—2020 年中国气候受灾人口省际分布**

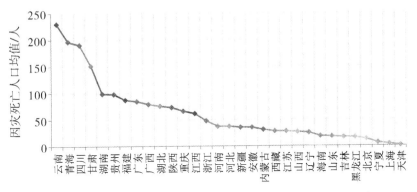

**图 3-15　2005—2020 年中国因气候灾害死亡人口均值的省际分布**

　　气候灾害除了对人口的影响，还有一个方面是对生产生活造成的损失影响。这种影响有短期的直接影响，有长期的间接影响。鉴于数据的可获取性，这里分析 2005—2020 年气候灾害造成的直接经济损失。从空间分布来看（见图 3-16），我国气候灾害造成的直接经济损失年均较大的省份主要分布在中南部和西南、西北部局部，其中最大的依然是四川省（312.25 亿元），占总量的比重为 9.81%，约占四川 GDP 的 1.22%；上海最少，为 3.87 亿元，占总量的 0.12%。排在前 6 位的都超过 150 亿元，应该说损失非常严重。浙江（212.53 亿元）、湖南（199.94 亿元）、广东（179.22 亿元）、云南（156.08 亿元）、江西（151.09 亿元），占总量的比重分别达到 6.68%、6.28%、5.63%、4.90%、4.75%。自然灾害年均直接经济损失排第 6~17 名的省份，尽管损失低于 150 亿元，但也都在 100 亿元以上，例如，山东（147.76 亿元）、吉林（135.05 亿元）、安徽（133.35 亿元）、湖北（128.25 亿元）、甘肃（127.99 亿元）、内蒙古（116.61 亿元）、河北（112.30 亿元）、陕西（109.49 亿元）、福建（106.17 亿元）等，占总量的比重分别达到 4.64%、4.24%、4.19%、4.03%、4.02%、3.66%、3.53%、3.44% 和 3.34%。将自然灾害的直接经济损失与累计直接经济损失的省际分布比较发现，二者也基本一致。四川自然灾害直接经济损失累计值依然最多，高达 4 683.72 亿元，占总量的比重为 9.85%；其后依次是浙江、湖南、广东、云南、江西等，自然灾害直接经济损失累计分别为 3 187.90 亿元、2 999.14 亿元、2 688.24 亿元、2 341.25 亿元、2 266.30 亿元，占总量的比重分别为 6.70%、6.31%、5.65%、4.92%、4.77%；北京、西藏、宁夏、天津和上海的自然灾害直接经济损失累计至排在后 5 位，分别为 247.90 亿元、245.08 亿元、179.23 亿元、56.60 亿元和 42.62 亿元，占总量的比重分别为 0.52%、0.52%、0.38%、0.12% 和 0.09%。不过需要注意的是，部分东部省份，比如浙江、广东、山东等损失也非常大，但更大的原因可能是由于基础设施等更为密集，价值更大，换句话说就是一个局部的灾害造成的大损失，总体上是影响较小的。而与东部不同，中西部有如此大的直接经济损失，说明有大范围的灾害影响，因为基础设施、房屋等分布较稀疏，价值较低。所以比较东部和中西部来说，后者的直接影响其实是更大的。

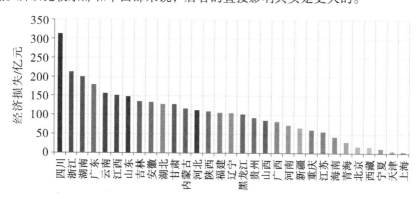

图 3-16　2005—2020 年中国气候灾害直接经济损失均值的省际分布

# 第五节　本章小结

本章对我国自然灾害，尤其是气候灾害对人口经济社会的影响进行了分析，重点进行了我国气候灾害的时间演变趋势梳理、我国气候灾害的空间自相关分析、我国气候灾害省际损失类型的空间刻画，并对我国气候灾害省际受灾人口、死亡人口及直接经济损失进行了刻画和分析。主要研究结论有：

第一，总体上，随着时间变化，我国气候灾害的受灾面积越来越大，表明我国受气候灾害的影响越来越深。分时间段来看，其是一个波动变化的过程。从 1949 年到 1961 年猛然陡增，特别是 1959—1961 年达到顶峰；从 1964 年开始我国气候灾害受灾面积降到平均水平附近，约为 32 470 万亩，然后经过 10 多年的缓慢上升，到 1976 年时受灾面积约为 62 419 万亩。到 1984 年有一个小低谷，受灾面积约为 47 831 万亩。接着又缓慢上升到 1991 年的 83 208 万亩，在这个高位数值附近一直稳定保持到 2003 年左右，这几年持续在 80 000 万亩左右波动。从 2009 年开始，有显著的下降趋势，但 2016 年有较大反弹。

第二，空间自相关分析方面，从时序来看，全域空间自相关指数呈明显波动趋势。具体来看，从 2005—2010 年，全域空间自相关指数从 0.160 3 上升到 0.289 0，表明这段时间以来，我国气候灾害的受灾面积分布的集群特征越来越明显，灾害的省际分布具有空间聚集特性，而且越来越强。2010—2016 年，全域空间自相关指数则从 0.289 0 下降到 0.104 6，有一个迅速下降的过程，其中可能的原因是在 2008 年后我国各种气候灾害稍微缓和，从相关报道来看也是如此。

局域空间自相关方面，受灾面积、成灾面积和绝收面积占耕地面积比例的省际数据测算显示，我国农作物受灾面积、成灾面积、绝收面积具有非常明显的空间集群特征，所对应的全域 Moran's I 指数分别为 0.276 8、0.227 5 和 0.185 9，四个象限都有分布。表明我国气候灾害成灾面积、绝收面积省域分布集群特征非常明显。另外，从气候灾害的受灾面积、成灾面积和绝收面积占耕地面积比例的 3 个 LISA 图综合看，三者基本以中部局部省份形成"高高"聚集类型。这与我们形成的惯性思维有一定的重合但不完全一致，我们一般认为整个西部、特别是西南部是我国的受灾核心区，但近 10 年的数据显示，并不完全如此。其中主要原因是数据用了受灾面积、成灾面积和绝收面积占耕地面积的比例进行计算，而中部几个省份以耕地为主，受灾害的影响较大，因此主要聚集在中部。当然，这并不能说明西部不是我国气候灾害的受灾重点区域，其实正好相反，西部确实是我国气候灾害的受灾重点区，只是空间聚集的特征在西部不显著而已。

第三，我国气候灾害省际损失类型在空间上呈差异性分布。旱灾主要发生在北方的内蒙古、宁夏、青海、甘肃、山西等，西南的云南、贵州，中部的湖北、湖南等地。洪涝、滑坡、泥石流和台风绝收面积占耕地面积的省际分布中，南方长江流域的湖北、湖南、江西、广东、福建、安徽等地的分布与我国整体的洪涝、滑坡、泥石流和台风分布是一致的。其中比较严重的是黑龙江和内蒙古，这与我们一般认为长江流域洪涝灾害多发的印象有出入。不过，这并不冲突，这里分析的是绝收面积占耕地面积的省际分布，而绝收意味着损失最大。风暴灾害方面，我国北方地区整体分布较为集中，风暴灾害影响整个北方边界省份，同时华北地区的河北、山西、北京等省域也比较突出地受到风暴灾害侵扰。南北两线成为我国低温冷冻和雪灾分布的明显特征，即严重致灾省份在空间上主要呈两条线分布：一条是山西—宁夏—甘肃—青海—新疆的西北一线，另一条是云南—湖南—湖北—江西—浙江的南方一线。因此需要对南北两线相关区域农业发展作出科学规划和布局调控。

第四，总体上中西部受到的气候灾害影响比东部更大。我国西南和中南部气候灾害年平均受灾人口分布相对集中的省份，包括四川、云南、贵州、广西、湖南、湖北、江西、安徽、山东和河北。气候灾害的年平均死亡省际分布相对集中的位于西南部和西北部部分省份，包括四川、甘肃、云南、贵州、青海、湖南、陕西、湖北。因此，实施易地扶贫搬迁重点应优先考虑中西部相关地区。

第五，灾害对人口的影响非常沉重，尤其是造成人口死亡。我国气候灾害人口的空间分布最为集中的西南地区，既是受灾人口最多的地区，也是死亡人口较大的地区。因此，西南地区应该是需要关注的我国气候灾害人口的区域。本项结论对于本书的研究主题有一定借鉴意义，比如，对受灾人口、死亡人口较多的地区进行迁移，可能是一个好的选择，否则每年局部地区都将面临气候灾害的影响，甚至有导致人类死亡的风险，迁移则是躲避风险很好的方法。

# 第四章 气候灾害频发区域农村贫困效应及农村气候移民事实

## 第一节 气候灾害频发区域农村贫困效应宏观描述

通过实施脱贫攻坚和易地扶贫搬迁工程，2020 年年底我国消除了绝对贫困。因此，研究气候灾害频发区域农村贫困效应，还需要选取过去的历史数据来加以说明。根据国家统计局数据，按照 2010 年标准贫困发生率衡量，我国"五五"时期末贫困发生率高达 96.2%，到"十一五时期"末仍有 17.5% 的贫困发生率。2013 年年底，我国在过去坚持扶贫工作的基础上，提出精准扶贫，并在"十二五"时期末开始打响脱贫攻坚战，贫困发生率虽然已经降至 5.7%，但绝对数依然较大，区域差异也较明显（见图 4-1、表 4-1）。这既反映了我国反贫困成效，也反映了反贫困任务的艰巨性以及高贫困发生率的复杂原因。以下作进一步的具体分析。

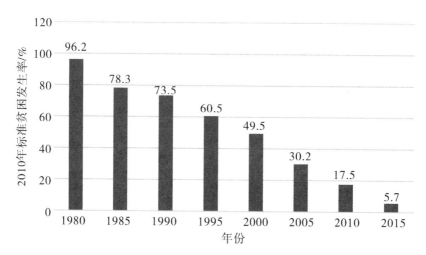

图 4-1 不同国民经济和社会发展规划期末年中国贫困发生率状况

表 4-1 "十二五"时期全国及各省域贫困发生率

| | 2011 年 | 2012 年 | 2013 年 | 2014 年 | 2015 年 |
|---|---|---|---|---|---|
| 全国 | 12.7 | 10.2 | 8.5 | 7.2 | 5.7 |
| 北京 | 0.3 | 0.2 | 0 | 0 | 0 |
| 天津 | 1.2 | 0.2 | 0 | 0 | 0 |
| 河北 | 10.1 | 7.8 | 6.5 | 5.6 | 4.3 |
| 山西 | 8.6 | 15 | 12.4 | 11.1 | 9.2 |
| 内蒙古 | 12.2 | 10.6 | 8.5 | 7.3 | 5.6 |
| 辽宁 | 6.8 | 6.3 | 5.4 | 5.1 | 3.8 |
| 吉林 | 9.5 | 7.0 | 5.9 | 5.4 | 4.6 |
| 黑龙江 | 8.3 | 6.9 | 5.9 | 5.1 | 4.6 |
| 上海 | 0 | 0 | 0 | 0 | 0 |
| 江苏 | 2.5 | 2.0 | 1.3 | 0 | 0 |
| 浙江 | 2.5 | 2.2 | 1.9 | 1.1 | 0 |
| 安徽 | 13.2 | 10.1 | 8.2 | 6.9 | 5.8 |
| 福建 | 4.2 | 3.2 | 2.6 | 1.8 | 1.3 |
| 江西 | 12.6 | 11.1 | 9.2 | 7.7 | 5.8 |
| 山东 | 4.8 | 4.4 | 3.7 | 3.2 | 2.4 |
| 河南 | 11.8 | 9.4 | 7.9 | 7.0 | 5.8 |
| 湖北 | 12.1 | 9.8 | 8.0 | 6.6 | 5.3 |

表4-1(续)

| | 2011 年 | 2012 年 | 2013 年 | 2014 年 | 2015 年 |
|---|---|---|---|---|---|
| 湖南 | 16.0 | 13.5 | 11.2 | 9.3 | 7.6 |
| 广东 | 2.4 | 1.9 | 1.7 | 1.2 | 0.7 |
| 广西 | 22.6 | 18.0 | 14.9 | 12.6 | 10.5 |
| 海南 | 15.5 | 11.4 | 10.3 | 8.5 | 6.9 |
| 重庆 | 8.5 | 6.8 | 6.0 | 5.3 | 3.9 |
| 四川 | 13.0 | 10.3 | 8.6 | 7.3 | 5.7 |
| 贵州 | 33.4 | 26.8 | 21.3 | 18.0 | 14.7 |
| 云南 | 27.3 | 21.7 | 17.8 | 15.5 | 12.7 |
| 西藏 | 43.9 | 35.2 | 28.8 | 23.7 | 18.6 |
| 陕西 | 21.4 | 17.5 | 15.1 | 13.0 | 10.7 |
| 甘肃 | 34.6 | 28.5 | 23.8 | 20.1 | 15.7 |
| 青海 | 28.5 | 21.6 | 16.4 | 13.4 | 10.9 |
| 宁夏 | 18.3 | 14.2 | 12.5 | 10.8 | 8.9 |
| 新疆 | 32.9 | 25.4 | 19.8 | 18.6 | 15.8 |

数据来源：国家统计局中国扶贫数据库。

我国改革开放以来经济社会获得巨大成就，基于对中国内地 31 个省（区、市）的 16 万户居民家庭的抽样调查（中国国家统计局按现行国家农村贫困标准测算），2017 年年末中国农村贫困人口达 3 046 万人（同比减少 1 289 万人）；贫困发生率达 3.1%（同比下降 1.4 个百分点）。党的十八大以来，中国农村贫困人口累计减少 6 853 万人，贫困发生率从 2012 年年末的 10.2%下降至 3.1%，累计下降 7.1 个百分点。虽然国家扶贫攻坚工作取得了显著成效，贫困人口数量和贫困发生率都大大下降，但贫困形势依然严峻，全国贫困人口分布广泛，且存在较大区域差异，尤其是中西部农村地区受气候自然环境等影响集聚了大量贫困人口[①]。2017 年中部地区农村贫困人口尚有 1 112 万人（虽然比上年减少 482 万人）；西部地区农村贫困人口仍有 1 634 万人（虽然比上年减少 617 万人）。可见，贫困人口绝对数依然较大。究其原因，气候自然灾害等是其关键制约因素。一般而言，气候灾害频发区域往往也是农村贫困人口集中区域，农村贫困人口受到气候自然灾害的影响其贫困状态更加突出。我国气

① 2017 年中国农村贫困人口减少 1 289 万人 [EB/OL]. http://news.sina.com.cn/2018-02-01/doc-ifyreuzn1177070.shtml.

候灾害频发区域"空间贫困陷阱"特征，从一定意义上反映出气候灾害与农村贫困效应的因果关系。

尤其是 14 个集中连片特困地区，气候自然条件和生存发展环境更差，贫困人口问题更加突出。"十三五"开局之年，全部片区农村居民人均可支配收入为 8 348 元，而同期我国农村居民人均可支配收入达到 12 363 元，二者相差 4 015 元；全部片区农村贫困人口 2 182 万人，贫困发生率为 10.5%，而同期全国农村贫困人口 4 335 万人，贫困发生率为 4.5%，全部片区农村贫困人口差不多占全国农村贫困人口的一半，而贫困发生率却高出全国农村贫困发生率 6 个百分点（见图 4-2）。

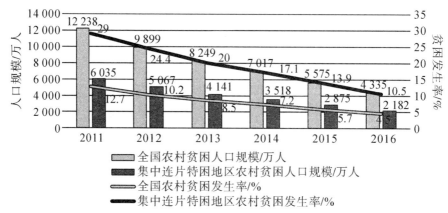

图 4-2  2011—2016 年全国农村及集中连片特困地区农村贫困情况

具体而言，六盘山区（跨陕西、甘肃、青海、宁夏 4 省区）的农村贫困人口达 215 万人，贫困发生率为 12.4%；秦巴山区（是 14 个集中连片特困地区中跨省份最多的地区，跨河南、湖北、重庆、四川、陕西、甘肃 6 省区）的农村贫困人口达 256 万人，贫困发生率为 9.1%；武陵山区（跨重庆、湖北、湖南、贵州 4 省市）的农村贫困人口达 285 万人，贫困发生率为 9.7%；乌蒙山区〔包括云南、贵州、四川 3 省毗邻地区的 38 个县（市、区）〕的农村贫困人口达 272 万人，贫困发生率为 13.5%；滇桂黔石漠化区（在 14 个集中连片特困地区中包含区县最多，地跨广西、贵州、云南 3 省区）的农村贫困人口达 312 万人，贫困发生率为 11.9%；滇西边境山区，农村贫困人口达 152 万人，贫困发生率为 12.2%；大兴安岭南麓山区（内蒙古、吉林、黑龙江 3 省）的农村贫困人口达 46 万人，贫困发生率为 8.7%；燕山—太行山区（河北、山西、内蒙古 3 省）的农村贫困人口达 99 万人，贫困发生率为 11.0%；吕梁山区（包括山西、陕西 2 省）的农村贫困人口达 47 万人，贫困发生率为 13.4%；大别山区（地跨河南、安徽、湖北 3 省）的农村贫困人口达 252 万人，贫困发生率为7.6%；罗霄山区（包括江西、湖南2省）的农村贫困人口达73万人，贫困发生率为7.5%；西藏农村贫困人口达34万人，贫困发生率为13.2%；4省涉藏地区（云南、四川、甘肃、青海）的农村贫困人口达68万人，贫困发生率为12.7%；新疆南疆3地州（包括喀什、和田地区及克孜勒苏柯尔克孜自治州，农业人口占78%）的农村贫困人口达73万人，贫困发生率为12.7%[①]。生态环境脆弱、气候自然灾害频发、农村生存环境遭受破坏，形成气候灾害频发区与集中连片特困区叠加带，贫困发生率平均达到11.1%（见图4-3）。

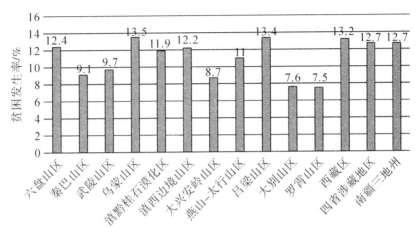

图4-3　2016年全国集中连片特困地区的农村贫困发生率统计情况

# 第二节　气候灾害频发区域农村贫困效应实证

## 一、实证区域：四川

四川省地处长江上游、中国西南部，地形地貌以山地、高原和丘陵为主，地形复杂，地势西高东低；西南部雅砻江流域，其地形起伏大、高差悬殊、河

① 根据《中国农村扶贫开发纲要（2011—2020年）》精神，按照"集中连片、突出重点、全国统筹、区划完整"的原则，并考虑对革命老区、民族地区、边疆地区加大扶持力度的要求，国家在全国共划分了11个集中连片特殊困难地区，加上已明确实施特殊扶持政策的西藏、涉藏工作重点省、新疆南疆3地州，共14个片区、680个县，作为新阶段扶贫攻坚的主战场。划分标准和依据，是以2007—2009年3年的人均县域国内生产总值、人均县域财政一般预算收入、县域农民人均纯收入等与贫困程度高度相关的指标为参照。

谷切割深；高原山地气候和亚热带季风气候并存；干旱、洪涝灾害，风雹、雪、沙尘暴等气象灾害及山体崩塌、滑坡、泥石流等次生灾害气候自然灾害多发。四川是我国人口大省，2017年年末常住人口达到8 302万人。同时，GDP总量（69 802亿元）也居于全国前列（排全国第6名）。但受气候自然灾害、基础设施滞后、交通不便、经济发展不平衡等多重因素影响（见图4-4），四川省仍是贫困问题较为突出的省份。四川省辖181个县，贫困县多达88个（其中，国定66个、省定12个）。2017年摘帽贫困县5个，但也还有83个。2015年年底，国家级扶贫重点县36个（见表4-2），在四川县域总量中占比20%，在国家级贫困县总量中占比6.08%。频发的自然灾害、复杂的地形、悬殊的高差和脆弱的生态环境，再加之农村人口总量众多，成为四川这些县域贫困化的重要原因。本书拟以四川省这36个国家级扶贫重点县为对象，通过相关性分析方法，探索微观区域气候灾害、生态脆弱和农村贫困的内在逻辑关系。

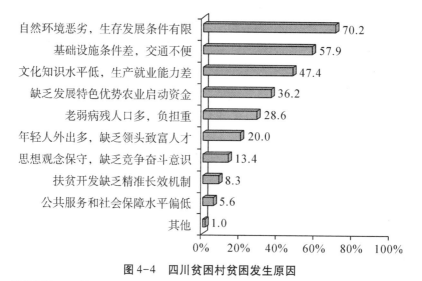

图4-4　四川贫困村贫困发生原因

资料来源：四川省社情民意调查中心四川省扶贫攻坚摸底专项调查报告 ［EB/OL］. http://www.sc.gov.cn/10462/10771/10795/12401/2016/9/5/10395159.shtml.

## 二、研究方法简介

本书主要分析气候灾害频发区域、农村气候贫困效应及生态脆弱区三者的叠加关系。研究不需要太复杂的方法，本书应用相关关系来进行描述。所以研究的假设是：三个变量（气候灾害频发程度、生态脆弱程度、农村贫困程度）如果显著相关，则三者存在叠加效应；反之，则可能并没有叠加效应。事实上，已有学者"通过对气候风险与贫困问题的关联透视，发现气候风险与生态脆弱两相叠加共同催生了我国的气候贫困，在气候风险加剧的迫使下气候贫困人口有向气候移民演变的发展态势"[①]，证明气候灾害频发程度、生态脆弱程度、农村贫困程度三者具有关联性，反映了气候贫困的形成机理与演变态势。

相关关系是用来反映现象变量之间相互依存关系的，Pearson 相关系数则是用来衡量定距变量间线性相关关系的。本书的相关性分析，以检验所选因子对区域贫困的影响为目的。Pearson 相关系数和显著性检验统计量 $t$ 的计算如下：

设 $(x_i, y_i)(i = 1, 2, \cdots, n)$ 表示变量 $X$，$Y$ 的取值；$\bar{x}$，$\bar{y}$ 是两个变量的算术平均数；$\sigma_x$，$\sigma_y$ 是这两个变量的标准差；$\sigma_{xy}^2$ 是自变量数列与因变量数列的协方差；$r$ 是相关系数；$n$ 是样本个数。则 Pearson 相关系数定义为

$$r = \frac{\sigma_{xy}^2}{\sigma_x \sigma_y}$$

其中，

$$\sigma_x = \sqrt{\frac{\sum (x - \bar{x})^2}{n}} = \sqrt{\frac{1}{n} \sum (x - \bar{x})^2},$$

$$\sigma_y = \sqrt{\frac{\sum (y - \bar{y})^2}{n}} = \sqrt{\frac{1}{n} \sum (y - \bar{y})^2}$$

$$\sigma_{xy}^2 = \frac{1}{n} \sum (x - \bar{x})(y - \bar{y})$$

所以，最后可化为

$$r = \frac{\sum_{i=1}^{n} (x_i - \bar{x})(y_i - \bar{y})}{\sqrt{\sum_{i=1}^{n} (x_i - \bar{x})^2 \sum_{i=1}^{n} (y_i - \bar{y})^2}}$$

显著性检验统计量 $t$ 定义为

$$t = \frac{r \sqrt{n - 2}}{\sqrt{1 - r^2}}$$

当 $r$ 为正数时，表示 $X$ 与 $Y$ 是正相关关系；当 $r$ 为负数时，表示 $X$ 与 $Y$ 是负相关关系。$r$ 绝对值越大则相关性越强，反之依然。

---

① 曹志杰，陈绍军. 气候风险视阈下气候贫困的形成机理与演变态势 [J]. 河海大学学报（哲学社会科学版），2016（5）.

### 三、数据来源与基本分析

#### （一）指标选取与数据来源

前文已叙，本书需要研究气候灾害频发程度、生态脆弱程度、农村贫困程度三者是否存在叠加关系，即三者是否重叠。气候灾害频发区域—生态脆弱区（山区、贫困农村）—贫困人口效应存在重合，气候灾害频发区域与生态脆弱区重叠，影响居民农业生产、生计生活、收入及生存环境等，产生农村贫困人口和贫困效应。因此，研究首先需要选择几个能代表气候灾害频发程度、生态脆弱程度和农村贫困程度的指标。选取的原则主要是可获得性、可理解性、简易性等。

气候灾害频发程度方面，直观上我们可以选择极端气温、干旱、低温冷冻等直接反映气候灾害的指标，可惜的是，在县级层面，我们不能找到如此详细的统计数据。因此我们需要找间接的指标来反映气候灾害频发程度。我们知道，对于农村贫困地区，当地居民的生产方式基本还是农业生产为主，农作物生产成为他们基本的生存保障。如果气候灾害频发，将直接反映到农作物生产的收成上。所以，农作物的收成或产量就是气候灾害的间接指标，农作物产量越高，说明气候灾害频发程度越低；农作物产量越低，说明气候灾害越频繁。因此，本书用间接的农作物产量来表示气候灾害频发程度。事实上，尹衍雨、王静爱等引述的成果就用粮食产量来反映这一指标[1]，赵映慧、郭晶鹏等[2]以及陈江平、张瑶等[3]也用受灾粮食产量、成灾粮食产量和绝收粮食产量减产程度来反映自然灾害频发程度，本书将学习其做法。不过，根据统计数据，本书还增加了一个新指标——蔬菜食用菌产量，来反映这一指标。因为蔬菜食用菌等产量更加容易受到气候灾害的影响。需要说明的是，粮食产量和蔬菜食用菌产量与气候灾害频发程度是反向关系，因此这里将粮食产量和蔬菜食用菌产量做倒数处理，变成容易理解的正向关系。

生态脆弱程度方面，其是一个比较宽泛的概念，包括很多的内容，比如生物多样性、自然植被、地形地貌等。鉴于此，本书选择两个比较容易理解的指标：一个是反映生态植被的"植被指数"；另一个是"海拔高程"，因为重点

---

①　尹衍雨，王静爱，雷永登，等. 适应自然灾害的研究方法进展 [J]. 地理科学进展，2012，31（7）：953-962.

②　赵映慧，郭晶鹏，毛克彪，等. 1949—2015年中国典型自然灾害及粮食灾损特征 [J]. 地理学报，2017，72（7）：1261-1276.

③　陈江平，张瑶，余远剑. 空间自相关的可塑性面积单元问题效应 [J]. 地理学报，2011，66（12）：1597-1606.

扶贫县多数分布在高原高山区，海拔高程是衡量生态脆弱程度的重要因子[①]。其中，植被指数需要加以简要解释，它是反映地面植物生长和分布的一种方法（本书中是指归一化植被指数 NDVI），植被覆盖及其生长活力都能够用它来定性和定量评价。它可以反映出植物冠层中诸如土壤、潮湿地面、雪、枯叶、粗糙度等背景影响；因此，植被指数是一种对植被环境和生态环境进行综合评价的典型指标[②]。其中 $-1 \leqslant NDVI \leqslant 1$，数值越大表示植被覆盖越多、生态越好。同样，为了反映生态脆弱程度，这里将 NDVI 取倒数来反映正向的统计关系，以便理解。

农村贫困程度方面，有许多指标来体现它，比如贫困人口数、人均收入、农村用电量等，不过这几个指标存在一些问题。就像贫困人口数的多少受到农村总人口数的影响，假如 A 村有 10 个贫困人口，B 村有 20 个贫困人口，直观上 B 村贫困人口数多，应该 B 村更贫困，但是如果 A 村有总人口 100 人，B 村有总人口 300 人，则 A 村贫困率为 10%，B 村贫困率为 6.7%，显然实际上应该 A 村更贫困。因此应该用贫困人口数占农村总人口数的比例来反映农村贫困程度，本书以此为指标。同时本书是以县为单位，因此加一个相似的指标——贫困村数占县的村委总个数，同样反映县一级农村贫困程度。

综上，本书关于气候灾害频发程度、生态脆弱程度、农村贫困程度的指标分别有两个：人均粮食产量（倒数）、人均蔬菜食用菌产量（倒数）；NDVI（倒数）、海拔高程；贫困人口数占农村总人口数、贫困村数占总村委数。由于"十三五"末我国消除了绝对贫困，近期数据不能反映气候灾害频发区域农村贫困效应，故随机选取 2015 年数据加以反映。数据来源于 2015 年的《四川统计年鉴》（其中贫困人口数和贫困村数来源于 2012 年的统计年鉴，因为之后的统计年鉴中没有继续统计这两个指标）。

（二）数据描述性统计

根据 2015 年《四川统计年鉴》，提取人均粮食产量（倒数）、人均蔬菜食用菌产量（倒数）、NDVI（倒数）、海拔高程、贫困人口数占农村总人口数、贫困村数占总村委数数据，利用 SPSS 软件进行描述性统计（见表4-2）。

---

① 田亚平，刘沛林，郑文武. 南方丘陵区的生态脆弱度评估：以衡阳盆地为例[J]. 地理研究，2005（6）：843-852.

② 武永利，李智才，王云峰，等. 山西典型生态区植被指数（NDVI）对气候变化的响应[J]. 生态学杂志，2009，28（5）：925-932.

表 4-2 描述性统计

| 扶贫重点县域 | 人均粮食产量（倒数）/吨·万人$^{-1}$ | 人均蔬菜食用菌产量（倒数）/吨·万人$^{-1}$ | NDVI（倒数） | 海拔高度/米 | 贫困人口数占农村总人口数比例 | 贫困村数占总村委数比例 |
|---|---|---|---|---|---|---|
| 叙永县 | 2.642 0 | 2.994 3 | 1.740 6 | 914.480 0 | 0.258 7 | 0.385 3 |
| 古蔺县 | 3.303 4 | 2.176 3 | 1.674 6 | 1 048.730 0 | 0.266 5 | 0.583 6 |
| 朝天区 | 1.856 7 | 0.286 7 | 1.463 7 | 846.012 0 | 0.276 0 | 1.000 0 |
| 旺苍县 | 1.923 7 | 1.845 0 | 1.567 1 | 1 072.180 0 | 0.080 8 | 0.127 8 |
| 苍溪县 | 1.826 8 | 2.258 6 | 1.800 5 | 649.871 0 | 0.269 0 | 0.768 8 |
| 马边县 | 3.029 0 | 7.103 5 | 1.546 6 | 1 496.130 0 | 0.739 6 | 0.571 4 |
| 嘉陵区 | 1.816 9 | 3.176 6 | 2.098 5 | 341.416 0 | 0.156 5 | 0.218 1 |
| 南部县 | 2.228 4 | 1.855 9 | 1.993 5 | 421.574 0 | 0.040 7 | 0.151 6 |
| 仪陇县 | 2.009 6 | 2.870 2 | 2.222 0 | 458.239 0 | 0.108 0 | 0.195 5 |
| 阆中市 | 1.756 2 | 1.562 5 | 1.887 6 | 472.891 0 | 0.100 8 | 0.093 2 |
| 屏山县 | 2.350 7 | 2.908 7 | 1.649 5 | 902.612 0 | 0.230 0 | 0.222 2 |
| 广安区 | 3.014 9 | 2.291 4 | 1.749 7 | 376.600 0 | 0.205 2 | 0.369 0 |
| 宣汉县 | 1.962 1 | 2.112 4 | 1.511 2 | 769.743 0 | 0.132 8 | 0.117 9 |
| 万源市 | 2.017 4 | 3.241 4 | 1.325 7 | 1 019.420 0 | 0.265 9 | 0.700 8 |
| 通江县 | 1.775 3 | 3.597 7 | 1.395 7 | 890.083 0 | 0.458 5 | 0.452 3 |
| 南江县 | 1.452 0 | 2.256 3 | 1.457 9 | 1 049.010 0 | 0.448 8 | 0.682 0 |
| 平昌县 | 2.270 2 | 4.177 1 | 1.861 7 | 562.422 0 | 0.281 3 | 0.268 9 |
| 小金县 | 3.204 4 | 1.623 2 | 2.874 0 | 3 917.660 0 | 0.374 7 | 0.388 1 |
| 黑水县 | 3.264 3 | 1.702 1 | 2.234 2 | 3 568.230 0 | 0.359 2 | 0.435 5 |
| 壤塘县 | 11.659 6 | 41.053 7 | 2.886 4 | 4 062.330 0 | 0.554 5 | 0.650 0 |
| 雅江县 | 4.390 3 | 3.041 2 | 3.411 8 | 3 972.260 0 | 0.360 5 | 0.406 3 |
| 新龙县 | 3.774 0 | 14.450 9 | 4.136 9 | 4 270.850 0 | 0.398 8 | 0.342 3 |
| 石渠县 | 10.175 5 | 55.713 2 | 4.749 6 | 4 486.440 0 | 0.452 9 | 0.315 2 |
| 色达县 | 15.065 9 | 67.629 1 | 3.453 1 | 4 233.150 0 | 1.000 0 | 1.000 0 |
| 理塘县 | 4.565 9 | 56.463 0 | 5.135 2 | 4 345.660 0 | 0.208 3 | 0.280 4 |
| 木里县 | 2.480 8 | 3.082 0 | 2.845 0 | 3 485.970 0 | 0.520 1 | 0.575 2 |
| 盐源县 | 1.969 3 | 1.667 4 | 3.415 9 | 2 759.240 0 | 0.236 1 | 0.364 4 |
| 普格县 | 1.984 9 | 3.330 2 | 2.201 0 | 2 512.710 0 | 0.452 8 | 0.490 2 |
| 布拖县 | 2.446 4 | 6.931 1 | 2.221 5 | 2 601.910 0 | 0.180 6 | 0.484 2 |
| 金阳县 | 2.827 8 | 4.538 1 | 2.108 0 | 2 185.280 0 | 0.437 8 | 0.508 5 |

表4-2(续)

| 扶贫重点县域 | 人均粮食产量(倒数)/吨·万人$^{-1}$ | 人均蔬菜食用菌产量(倒数)/吨·万人$^{-1}$ | NDVI(倒数) | 海拔高度/米 | 贫困人口数占农村总人口数比例 | 贫困村数占总村委数比例 |
|---|---|---|---|---|---|---|
| 昭觉县 | 2.275 2 | 5.189 3 | 2.325 8 | 2 586.660 0 | 0.431 4 | 0.444 4 |
| 喜德县 | 2.057 9 | 6.911 8 | 2.226 1 | 2 594.440 0 | 0.383 3 | 0.441 2 |
| 越西县 | 2.313 2 | 4.466 2 | 1.837 1 | 2 615.440 0 | 0.671 8 | 0.349 5 |
| 甘洛县 | 2.401 5 | 4.058 0 | 1.634 7 | 2 221.380 0 | 0.391 9 | 0.308 4 |
| 美姑县 | 2.835 9 | 17.582 5 | 1.954 7 | 2 542.750 0 | 0.168 4 | 0.376 7 |
| 雷波县 | 2.636 4 | 3.917 0 | 1.631 6 | 1 809.360 0 | 0.469 0 | 0.323 8 |

资料来源：2015年《四川统计年鉴》。

### 四、实证结果与分析

（一）数据标准化

为了减少不同数据数量级别的差异给相关分析带来的影响，这里对原始数据进行标准化处理，也就是无量纲化。通常而言，极差标准化法、极值标准化法、幂指数转化法等是普遍适用的指标标准化方法。本书拟采用极差标准化法，这种方法是找出指标的最大值和最小值，求得极差，用这一极差作分母。由于所建指标体系中要么指标值越大越好，要么越小越好，所以有正、逆向指标之分。由于本书已经将逆向指标取倒数成为正向指标，所以这里都是正向指标了，用数学方法表达就是式（4-1）：

$$F_i = \frac{X_i - \min X_i}{\max X_i - \min X_i}（X_i 正向指标）\tag{4-1}$$

式中，$F_i$ 表示标准化后的数值；$X_i$ 表示第 $i$ 项指标实际值；$\max X_i$ 表示第 $i$ 项指标最大值；$\min X_i$ 表示第 $i$ 项指标最小值。标准化值见表4-3。

**表4-3 研究数据的标准化值**

| 扶贫重点县域 | 人均粮食产量/吨·万人$^{-1}$ | 人均蔬菜食用菌产量/吨·万人$^{-1}$ | NDVI | 海拔高度/米 | 贫困人口数占农村总人口数比例 | 贫困村数占总村委数比例 |
|---|---|---|---|---|---|---|
| 叙永县 | 0.087 4 | 0.040 2 | 0.108 9 | 0.138 3 | 0.227 3 | 0.322 1 |
| 古蔺县 | 0.136 0 | 0.028 1 | 0.091 6 | 0.170 6 | 0.235 4 | 0.540 9 |
| 朝天区 | 0.029 7 | 0.000 0 | 0.036 2 | 0.121 7 | 0.245 3 | 1.000 0 |
| 旺苍县 | 0.034 7 | 0.023 1 | 0.063 4 | 0.176 3 | 0.041 9 | 0.038 2 |

表4-3（续）

| 扶贫重点县域 | 人均粮食产量/吨·万人⁻¹ | 人均蔬菜食用菌产量/吨·万人⁻¹ | NDVI | 海拔高度/米 | 贫困人口数占农村总人口数比例 | 贫困村数占总村委数比例 |
|---|---|---|---|---|---|---|
| 苍溪县 | 0.027 5 | 0.029 3 | 0.124 6 | 0.074 4 | 0.238 0 | 0.745 0 |
| 马边县 | 0.115 8 | 0.101 2 | 0.058 0 | 0.278 6 | 0.728 5 | 0.527 4 |
| 嘉陵区 | 0.026 8 | 0.042 9 | 0.202 9 | 0.000 0 | 0.120 7 | 0.137 8 |
| 南部县 | 0.057 0 | 0.023 3 | 0.175 3 | 0.019 3 | 0.000 0 | 0.064 5 |
| 仪陇县 | 0.041 0 | 0.038 4 | 0.235 3 | 0.028 2 | 0.070 2 | 0.112 8 |
| 阆中市 | 0.022 3 | 0.018 9 | 0.147 5 | 0.031 7 | 0.062 6 | 0.000 0 |
| 屏山县 | 0.066 0 | 0.038 9 | 0.085 0 | 0.135 4 | 0.197 3 | 0.142 3 |
| 广安区 | 0.114 8 | 0.029 8 | 0.111 3 | 0.008 5 | 0.171 5 | 0.304 2 |
| 宣汉县 | 0.037 5 | 0.027 1 | 0.048 7 | 0.103 3 | 0.096 0 | 0.027 2 |
| 万源市 | 0.041 5 | 0.043 9 | 0.000 0 | 0.163 6 | 0.234 7 | 0.670 1 |
| 通江县 | 0.023 8 | 0.049 2 | 0.018 4 | 0.132 4 | 0.435 5 | 0.396 0 |
| 南江县 | 0.000 0 | 0.029 2 | 0.034 7 | 0.170 7 | 0.425 5 | 0.649 3 |
| 平昌县 | 0.060 1 | 0.057 8 | 0.140 7 | 0.053 3 | 0.250 9 | 0.193 8 |
| 小金县 | 0.128 7 | 0.019 8 | 0.406 4 | 0.862 8 | 0.348 2 | 0.325 2 |
| 黑水县 | 0.133 1 | 0.021 0 | 0.238 5 | 0.778 5 | 0.332 1 | 0.377 5 |
| 壤塘县 | 0.749 8 | 0.605 4 | 0.409 7 | 0.897 7 | 0.535 6 | 0.614 0 |
| 雅江县 | 0.215 8 | 0.040 9 | 0.547 6 | 0.876 0 | 0.333 4 | 0.345 2 |
| 新龙县 | 0.170 6 | 0.210 3 | 0.737 9 | 0.948 0 | 0.373 3 | 0.274 7 |
| 石渠县 | 0.640 8 | 0.823 1 | 0.898 8 | 1.000 0 | 0.429 7 | 0.244 8 |
| 色达县 | 1.000 0 | 1.000 0 | 0.558 4 | 0.938 9 | 1.000 0 | 1.000 0 |
| 理塘县 | 0.228 7 | 0.834 2 | 1.000 0 | 0.966 0 | 0.174 8 | 0.206 4 |
| 木里县 | 0.075 6 | 0.041 5 | 0.398 8 | 0.758 6 | 0.499 8 | 0.531 6 |
| 盐源县 | 0.038 0 | 0.020 5 | 0.548 7 | 0.583 3 | 0.203 7 | 0.299 1 |
| 普格县 | 0.039 1 | 0.045 2 | 0.229 8 | 0.523 8 | 0.429 6 | 0.437 8 |
| 布拖县 | 0.073 0 | 0.098 7 | 0.235 1 | 0.545 4 | 0.145 8 | 0.431 2 |
| 金阳县 | 0.101 1 | 0.063 1 | 0.205 3 | 0.444 8 | 0.414 0 | 0.458 0 |
| 昭觉县 | 0.060 5 | 0.072 8 | 0.262 5 | 0.541 7 | 0.407 3 | 0.387 4 |
| 喜德县 | 0.044 5 | 0.098 4 | 0.236 3 | 0.543 0 | 0.357 1 | 0.383 5 |
| 越西县 | 0.063 3 | 0.062 1 | 0.134 2 | 0.548 6 | 0.657 9 | 0.282 6 |
| 甘洛县 | 0.069 7 | 0.056 0 | 0.081 1 | 0.453 5 | 0.366 1 | 0.237 3 |
| 美姑县 | 0.101 7 | 0.256 8 | 0.165 1 | 0.531 1 | 0.133 1 | 0.312 7 |
| 雷波县 | 0.087 0 | 0.053 9 | 0.080 3 | 0.354 1 | 0.446 5 | 0.254 4 |

（二）气候灾害频发程度、生态脆弱程度与农村贫困程度相关分析

本书针对气候灾害频发程度、生态脆弱程度与农村贫困程度分别选取了两个子因子进行刻画，所以这里分两种方式进行实证相关性分析：一是两两分别进行相关性分析；二是将气候灾害频发程度、生态脆弱程度与农村贫困程度各自的两个子因子融合成一个（称为融合因子），再分别进行相关性分析。

1. 子因子相关性分析

关于子因子相关性分析，这里做两个假设：气候灾害频发程度直接影响农村贫困程度，即气候灾害频发子因子与农村贫困子因子显著相关；气候灾害频发程度先影响生态脆弱程度，生态脆弱程度再影响农村贫困程度，即气候灾害频发子因子与生态脆弱子因子显著相关，且生态脆弱子因子与农村贫困子因子显著相关。

首先看第一种情况，气候灾害频发子因子与农村贫困子因子的相关分析结果见表4-4，发现人均粮食产量（倒数）、人均蔬菜食用菌产量（倒数）与贫困人口占乡村总人口比例显著相关，人均粮食产量（倒数）与贫困村数占村委数比例显著相关，而人均蔬菜食用菌产量（倒数）与贫困村数占村委数比例不显著相关。即3个显著相关，1个不显著相关，应该说总体上气候灾害频发子因子与农村贫困子因子相关的概率较大，基本符合第一个假设。

表4-4　气候灾害频发子因子与农村贫困子因子相关分析

| 子因子 | 贫困人口占乡村总人口比例 | 贫困村数占村委数比例 |
| --- | --- | --- |
| 人均粮食产量（倒数） | 0.577 1<br>（0.000 2） | 0.363 0<br>（0.029 6） |
| 人均蔬菜食用菌产量（倒数） | 0.433 1<br>（0.008 3） | 0.231 9<br>（0.173 5） |

注：括号里为显著性水平，下表同理。

然后看第二种情况，见表4-5，其中气候灾害频发子因子与生态脆弱子因子的相关分析显示，人均粮食产量（倒数）、人均蔬菜食用菌产量（倒数）分别与贫困人口占乡村总人口比例、贫困村数占村委数比例都是显著相关，表明气候灾害频发程度确实会影响生态脆弱程度。另外，生态脆弱子因子与农村贫困子因子的相关分析显示，除了海拔高程与贫困人口占乡村总人口比例显著相关外，其他3个［NDVI（倒数）与贫困人口占乡村总人口比例、贫困村数占村委数比例，海拔高程与贫困村数占村委数比例］都不显著，应该说总体上否定了第二个假设，气候灾害频发子因子与生态脆弱子因子显著相关，但生态脆弱子因子与农村贫困子因子不显著相关，即气候灾害频发程度先影响生态脆

弱程度，但生态脆弱程度并不直接影响农村贫困程度。可能的原因是生态脆弱程度是借助气候灾害的影响加重农村贫困程度，而生态脆弱本身并不影响农村贫困，只是说农村贫困人口生活在生态脆弱区，这种地区因气候灾害的影响，叠加上生态脆弱区的特殊性，使得农村贫困程度得到强化。

表4-5　气候灾害频发子因子、生态脆弱子因子与农村贫困子因子相关分析

| 子因子 | NDVI（倒数） | 海拔高程 |
|---|---|---|
| 人均粮食产量<br>（倒数） | 0.552 6<br>（0.000 5） | 0.597 9<br>（0.000 1） |
| 人均蔬菜食用菌产量（倒数） | 0.712 0<br>（0.000 0） | 0.617 4<br>（0.000 1） |
| 子因子 | 贫困人口占<br>乡村总人口比例 | 贫困村总占<br>村委数比例 |
| NDVI（倒数） | 0.187 8<br>（0.272 8） | −0.038 2<br>（0.824 9） |
| 海拔高程 | 0.507 3<br>（0.001 6） | 0.190 7<br>（0.265 1） |

**2. 融合因子相关性分析**

融合因子分析，是将气候灾害频发程度、生态脆弱程度与农村贫困程度各自的两个子因子融合成一个（称为融合因子），再分别进行相关性分析。因为已经将所有子因子进行了标准化，这里可以直接简化运算处理，可按照式（4-2）进行融合，用 $m_{ij}$ 表示各类子因子的权重，$A_{ij}$ 表示子因子通过式（4-1）标准化后的数值，则：

$$A_i = \sum_{j=1}^{n} m_{ij} \times A_{ij} \quad (i=1, 2, 3) \tag{4-2}$$

其中，权重都取0.5，即两个子因子是相同重要的。因为气候灾害频发程度、生态脆弱程度与农村贫困程度各自的两个子因子，含义类似、作用一致，因此孰重孰轻并不好确定，如果用子因子本身的"数值"来确定，反而显得复杂，加之各自只有两个子因子，并没有必要。

各县的融合因子值见表4-6。

表4-6　融合因子值

| 扶贫重点县域 | 气候灾害频发程度 | 生态脆弱程度 | 农村贫困程度 |
|---|---|---|---|
| 叙永县 | 0.127 6 | 0.247 2 | 0.549 4 |
| 古蔺县 | 0.164 1 | 0.262 2 | 0.776 3 |
| 朝天区 | 0.029 7 | 0.157 9 | 1.245 3 |
| 旺苍县 | 0.057 8 | 0.239 7 | 0.080 1 |

表4-6（续）

| 扶贫重点县域 | 气候灾害频发程度 | 生态脆弱程度 | 农村贫困程度 |
|---|---|---|---|
| 苍溪县 | 0.056 8 | 0.199 0 | 0.983 1 |
| 马边县 | 0.217 1 | 0.336 5 | 1.255 9 |
| 嘉陵区 | 0.069 7 | 0.202 9 | 0.258 5 |
| 南部县 | 0.080 3 | 0.194 6 | 0.064 5 |
| 仪陇县 | 0.079 3 | 0.263 5 | 0.183 0 |
| 阆中市 | 0.041 3 | 0.179 2 | 0.062 6 |
| 屏山县 | 0.105 0 | 0.220 4 | 0.339 6 |
| 广安区 | 0.144 6 | 0.119 8 | 0.475 7 |
| 宣汉县 | 0.064 6 | 0.152 0 | 0.123 3 |
| 万源市 | 0.085 4 | 0.163 6 | 0.904 5 |
| 通江县 | 0.072 9 | 0.150 7 | 0.831 5 |
| 南江县 | 0.029 2 | 0.205 4 | 1.074 8 |
| 平昌县 | 0.117 9 | 0.194 0 | 0.444 7 |
| 小金县 | 0.148 6 | 1.269 2 | 0.673 3 |
| 黑水县 | 0.154 1 | 1.017 0 | 0.709 5 |
| 壤塘县 | 1.355 2 | 1.307 4 | 1.149 7 |
| 雅江县 | 0.256 7 | 1.423 6 | 0.678 6 |
| 新龙县 | 0.380 9 | 1.685 9 | 0.648 0 |
| 石渠县 | 1.463 8 | 1.898 8 | 0.674 4 |
| 色达县 | 2.000 0 | 1.497 3 | 2.000 0 |
| 理塘县 | 1.062 9 | 1.966 0 | 0.381 2 |
| 木里县 | 0.117 1 | 1.157 5 | 1.031 4 |
| 盐源县 | 0.058 5 | 1.132 0 | 0.502 8 |
| 普格县 | 0.084 3 | 0.753 6 | 0.867 4 |
| 布拖县 | 0.171 7 | 0.780 5 | 0.577 1 |
| 金阳县 | 0.164 2 | 0.650 2 | 0.872 0 |
| 昭觉县 | 0.133 3 | 0.804 2 | 0.794 6 |
| 喜德县 | 0.142 9 | 0.779 9 | 0.740 9 |
| 越西县 | 0.125 3 | 0.682 9 | 0.940 5 |
| 甘洛县 | 0.125 7 | 0.534 7 | 0.603 4 |
| 美姑县 | 0.358 5 | 0.696 2 | 0.445 8 |
| 雷波县 | 0.140 9 | 0.434 4 | 0.700 8 |

然后，基于融合因子的值进行相关分析。同样这里做两个假设：气候灾害频发程度直接影响农村贫困程度，即气候灾害频发程度与农村贫困程度显著相关；气候灾害频发程度先影响生态脆弱程度，生态脆弱程度再影响农村贫困程度，即气候灾害频发程度与生态脆弱程度显著相关，且生态脆弱程度与农村贫困程度也显著相关。

根据相关性分析方法，得到如下结果（表4-7）。结果显示，气候灾害频发程度与农村贫困程度显著相关，表明第一个假设成立，气候灾害频发程度可以直接影响农村贫困程度。对于第二假设，气候灾害频发程度与生态脆弱程度显著相关，但生态脆弱程度与农村贫困程度不显著相关，表明第二个假设不成立。经以上分析，发现结果和子因子相关性分析结果一致，即生态脆弱程度借助气候灾害的影响加重农村贫困程度，而生态脆弱本身并不显著影响农村贫困，气候灾害区与生态脆弱区的叠加使得农村贫困程度得到强化。

表4-7　气候灾害频发程度、生态脆弱程度与农村贫困程度相关分析

| 指标 | 生态脆弱程度 | 农村贫困程度 |
|---|---|---|
| 气候灾害频发程度 | 0.676 1<br>（0.000 0） | 0.451 2<br>（0.005 7） |
| 生态脆弱程度 | — | 0.263 8<br>（0.120 1） |

## 第三节　农村气候贫困人口易地扶贫搬迁事实

### 一、农村气候贫困人口易地扶贫搬迁的政策事实

在我国，受气候等自然地理因素影响的贫困地区，环境（生态、气候）移民现象古已有之。新中国成立以后，我国政府对气候自然灾害频发区域贫困问题采取了多种扶贫措施加以应对，不断改善气候贫困人口生存发展的经济社会条件，但"输血式扶贫"模式并不能从根本上解决气候诱因所致的生态环境恶化下的贫困人口问题。由此，易地搬迁逐渐成为期望改变生存发展环境、脱贫致富的个体（群体）自觉和政策意志，在不断产生自发性移民的基础上，开始采取由政府引导下到政府主导下的政策性扶贫搬迁行动，以此作为对气候自然灾害或"一方水土养不活一方人"的一种适应性反映。重点是对气候等自然灾害频发区域农村气候贫困人口实施易地扶贫搬迁。结合我国易地扶贫搬迁实践，可将21世纪以来我国易地扶贫搬迁政策做出三个阶段的梳理，能够

让我们清楚地看到我国易地扶贫搬迁的政策事实（见图4-5）。国家发展改革委于2016年9月出台了《全国"十三五"易地扶贫搬迁规划》（简称《规划》），绘就时间表、路线图，明确了搬迁对象、搬迁地方、资金来源、住房建设以及怎样促进脱贫等具体内容，22省（区、市）建立自上而下的规划体系｛在国家规划引领下同步编制省［市（县）］级规划｝。2016—2020年，《规划》拟总投资5 922亿元，用于扶贫搬迁住房、道路、饮水管网、电网、学校及幼儿园、卫生院所、其他村级服务设施、基本农田改造、新增及改善灌溉面积、宅基地复垦、迁出区生态恢复等建设。《规划》要求各省（区、市）依照搬迁人口数量、减贫目标来统筹安排好建档立卡搬迁人口和同步搬迁人口的搬迁进度。

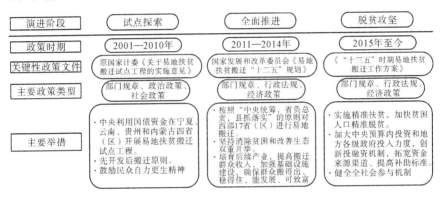

**图4-5 我国易地扶贫搬迁的政策事实**

资料来源：王宏新，付甜，张文杰. 中国易地扶贫搬迁政策的演进特征：基于政策文本量化分析［J］. 国家行政学院学报，2017（3）：48-53.

从《全国"十三五"易地扶贫搬迁规划》可以看到，资源承载力严重不足地区、国家禁止或限制开发地区、地质灾害频发易发地区，公共服务严重滞后且建设成本过高等，反映了气候自然灾害下的"空间贫困陷阱"及搬迁原因。换言之，国家规划搬迁地区及其对象，主要是因气候自然灾害而致贫的地区和贫困人群（重点是处于这些地区的建档立卡贫困人口）。不同原因导致的搬迁人口分布情况是，公共服务严重滞后且建设成本过高地区建档立卡搬迁人口为340万人，占总量的比重为34.66%；其后依次是资源承载力严重不足地区、国家禁止或限制开发地区、地质灾害频发易发地区，分别为316万人、157万人、106万人，占总量的比重分别达32.21%、16%、10.81%；地方病高发地区为8万人，占总量的0.82%。资源承载力严重不足地区和公共服务严重滞后且建设成本过高地区合计656万人，占总量的比重达66.87%（见图4-6、图4-7）。

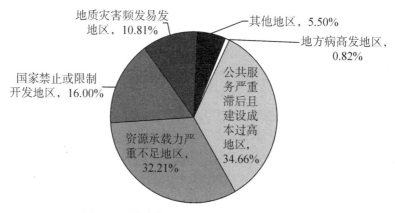

图 4-6 《规划》搬迁建档立卡贫困人口占比

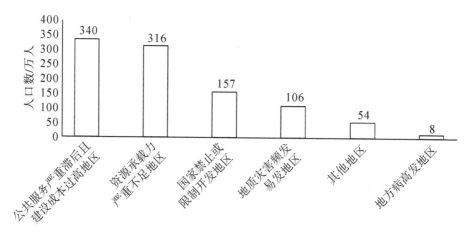

图 4-7 《规划》搬迁建档立卡贫困人口数量

## 二、农村气候贫困人口易地扶贫搬迁的行动事实

易地扶贫搬迁是针对我国一些生活在资源贫乏、生态脆弱、灾害易发频发、基础设施和公共服务难以覆盖等地区的贫困群众，打破传统扶贫手段，从根本上解决其脱贫发展问题的有效途径。新中国成立以来，易地扶贫搬迁作为一项中国开发式扶贫以及应对农村气候贫困的重要举措，经历了地方探索、试点推广、有计划实施三个阶段的历史演变①。①第一阶段，新中国成立以来至20世纪末，以各地自行探索为主。坚决向减贫脱贫宣战、积极探索扶贫开发

---

① 童章舜. 新中国成立以来易地扶贫搬迁工作的成效与经验 [J]. 中国经贸导刊，2019（19）：40-43.

方式，一直是党和各级政府努力奋斗的目标。例如，1983 年，严重干旱缺水和当地群众生存困难的"三西"地区探索实施了"三西吊庄移民"扶贫，开启了搬迁扶贫的先河，易地扶贫搬迁之后逐步成为我国扶贫开发的一项重要措施而加以推广。②第二阶段，21 世纪初至 2015 年，试点推广以国家层面为主。2001 年，在内蒙古、贵州、云南、宁夏 4 省（自治区）开展易地扶贫搬迁试点，随后又陆续扩大到全国 17 个省（自治区、直辖市）。2001—2015 年，易地扶贫搬迁中央补助投资达到 363 亿元，完成搬迁贫困群众 680 多万人。③第三阶段，打响脱贫攻坚战以来，以大规模有计划推进为主。到"十三五"结束，我国全面完成了易地扶贫搬迁任务。

根据国家发改委发布的信息，作为脱贫攻坚的"头号工程"和"标志性工程"，易地扶贫搬迁政策体系建设、协调联动推进机制建设以及安置房建设等取得显著成效，易地扶贫搬迁工作进展总体顺利，全国所有易地扶贫搬迁项目都已经全部开工。2016 年，完成易地扶贫搬迁 249 万人；2017 年，完成易地扶贫搬迁 340 万人。2017 年各省（区）易地扶贫搬迁的数据表明，易地扶贫搬迁行动如期蓬勃开展（见表 4-8）。

表 4-8　2017 年全国各省（区、市）易地扶贫搬迁行动事实

| 省份 | 关键主体 | 核心内容 |
|---|---|---|
| 山东 | 已解决 4 万余人易地扶贫搬迁安置用地问题 | 全年计划 27 180 人搬迁，主要分布在历城区、东平县、五莲县、沂南县、费县、鄄城县。两年来已累计解决易地扶贫搬迁 43 622 人 |
| 湖南 | 安置房开通率 97.3% | 实施集中安置项目 704 个，建设住房 9.7 万套。截至 9 月底，已开工住房 9.4 万套，住房开工率 97.3% |
| 安徽 | 预计可全部完成 35 121 人搬迁 | 全年计划易地扶贫搬迁总规模 35 121 人，总投资 19.93 亿元，涉及 25 个县（市、区）。预计到年底可以全面完成 35 121 人的搬迁入住任务 |
| 陕西 | 已实现 50.2 万人易地扶贫搬迁 | 安置房已经竣工 21.5 万套，涉及 71 万人，其中 15.1 万户已入住（共计 50.2 万人） |
| 甘肃 | 安置点建设开工率达 93% | 甘肃省下达易地扶贫搬迁任务 5.51 万户、23.79 万人。截至 8 月底，606 个安置点中有 566 个开工建设，开工率为 93%，完成投资约 33.15 亿元 |
| 新疆 | 前十月逾五千户贫困家庭实现搬迁 | 全年实施易地扶贫搬迁工程计划搬迁建档立卡贫困人口 8.39 万人，在两年内完成"十三五"期间搬迁 11 万人的计划任务 |
| 贵州 | 搬迁对象落实率 100% | 全年下达搬迁计划 76.2 万人，其中建档立卡贫困人口 68.6 万人，建设安置点 251 个 |
| 湖北 | 4 488 个安置点已全部开工 | 要求全省全年实施易地扶贫搬迁建档立卡贫困人口 15 万余户、40 万余人。截至 9 月底，累计搬迁 12.13 万户 34.5 万人 |

表4-8（续）

| 省份 | 关键主体 | 核心内容 |
|---|---|---|
| 内蒙古 | 集中安置点建设632个，开工率达到98.6% | 全年计划搬迁建档立卡贫困人口5万，建设安置点641个，已完成全区开工建设集中安置点632个，开工率达到98.6% |
| 青海 | "十三五"任务有望提前两年完成 | 全年2.5万户、9.2万人的搬迁安置项目已全部开工 |
| 西藏 | 329个安置点已竣工322个 | 截至2017年10月底，329个安置点全部开工建设，竣工322个，累计完成投资53.34亿元，入住7.04万人 |
| 山西 | 完成建档立卡贫困人口12万人 | 2017年完成建档立卡贫困人口同步搬迁3万人的易地搬迁任务。当年投资完成率达到60%、项目竣工率达到60% |
| 四川 | 超额完成住房建设任务 | 截至10月底，完成搬迁13.9万户、47.4万人，超额完成当年搬迁33万贫困住房建设任务，住房建成率达到143.5% |
| 河北 | 2.8万人得到安置 | 河北省开工建设的287个集中安置项目，建成185个，154个实现"两区同建"或落实配套产业，2.8万群众得到搬迁安置 |
| 河南 | 416个集中安置点已全部开工 | 2017年计划实施易地扶贫搬迁建档立卡贫困人口10万人，416个集中安置点已全部开工，开工率高于全国平均水平5个百分点 |
| 福建 | 10万人搬迁任务动工率达到99.5% | 全年计划年10万人搬迁，截至6月底已动工2.65万户、9.95万人，动工99.5%，其中已竣工1.42万户5.26万人，竣工率52.6% |
| 重庆 | 易地扶贫搬迁10万人 | 全年计划搬迁建档立卡贫困人口10万人，贴息贷款35亿元。涉及国家级贫困县14个，市级贫困区县4个，贫困村1 919个 |
| 宁夏 | 在2018年完成82 060人易地扶贫搬迁 | 到2020年，明显改善移民生产生活条件，移民收入与全区农民收入平均水平接近或持平，同步实现小康 |
| 江西 | "十三五"将完成50万人左右的搬迁任务 | 其中2016—2018年需完成国务院扶贫办核准的建档立卡贫困人口20万人的易地扶贫搬迁任务 |
| 云南 | 确保安置点新村建设用地需求 | 多措并举确保全省30万户、100万人和3 000个以上易地扶贫搬迁安置点新村建设用地需求 |
| 广西 | 五年投入660亿元搬迁110万人 | "十三五"期间，广西投入660.18亿元，依托"县城、重点镇、产业园区、乡村旅游区、中心村和插花安置"等方式，实现移民搬迁110万人 |
| 吉林 | 搬迁工作陆续展开 | 根据《关于印发吉林省"十三五"脱贫攻坚规划的通知》，吉林各地有易地扶贫搬迁任务的区、县已经开始了搬迁工作 |

资料来源：2017年易地扶贫搬迁大盘点：340万人还剩多少［EB/OL］. http://www.chinadevelopment.com.cn/fgw/2017/12/1213317.shtml.

# 第四节　本章小结

气候灾害频发、生态脆弱区与农村贫困的关系复杂而系统，三者存在叠加的情况，但更多的细节有待继续研究。本书发现气候灾害是导致贫困的因子，气候灾害频发程度与农村贫困有直接的相关性。但生态脆弱性本身不是致贫因素，因为生态脆弱并不是生态破坏，只是当生态脆弱性受到气候灾害的影响产生生态破坏，进而影响农村人口生活生计时才导致贫困，因此生态脆弱性是一个贫困的强化因素，而不是直接的致贫因素。当生态脆弱性遇到气候灾害时，它会加剧这种灾害的致贫程度。所以，气候灾害频发区与生态脆弱区的叠加会强化农村贫困，进而与农村贫困区域三者叠加在一起，即如果气候灾害频发区域同时也是生态脆弱重叠区域，则该农村区域更易受到气候灾害影响而产生农村气候贫困人口问题。

为此，农村气候贫困人口迁移变得更加有意义，一方面是躲避气候灾害的直接影响，另一方面是躲避生态脆弱性的隐性威胁，当生态脆弱区受到气候灾害的影响产生生态破坏时，农村贫困人口受到的威胁明显上升，甚至导致生命危险，比如极端气候引起降水突然增多，进而导致泥石流、滑坡等。同时通过农村气候贫困人口易地扶贫搬迁的政策事实和行动事实，证明气候灾害频发、生态脆弱、农村贫困叠加效应影响下的迁移逻辑。

# 第五章 农村气候贫困人口迁移
# 意愿调查
### ——以川、滇、黔、粤（含乌蒙山区）为例

第二章中国内外针对强制性（非自愿性）移民和非强制性（自愿性）移民的研究成果已经折射出个体的迁移意愿能够制约人口迁移的过程和最终效果。我国发生的三峡库区移民和生态脆弱区的生态移民工程都带有政府主导的强制性色彩。比较典型的灾害移民如北川、汶川、青川震后移民结合了强制性和非强制性措施，相关的移民实践经验给我国农村气候贫困人口的迁移问题带来若干启示。我们必须清醒地意识到，农村气候贫困人口迁移不仅涉及人口迁移的宏观政策、机制及其落实和保障问题，同时也应当有条件地针对居民对待迁移的态度及其需求等迁移意愿层面的态度和想法开展前期调研，在以证据为本的基础上充分体现以人为本的理念，合理采取有效的措施保障未来人口迁移工作的顺利启动和实施。

## 第一节 调查设计和样本概况

为了具体把握农村气候贫困人口迁移意愿状况，本书研究开展相应的实证调研，通过合理的抽样方法和资料收集方法收集相关地区农村气候贫困人口迁移意愿的一手数据，并通过对数据的统计分析具体呈现农村气候贫困人口的迁移意愿状况和特征。

调查主要以自填式问卷的方式进行，问卷设计内容主要包括：年龄、性别、受教育水平、民族、政治面貌、婚姻状况以及家庭人口和家庭收入等在内的个人特征类指标；居住地各项生活条件、居住地灾害发生情况等居住地状况类指标；对待灾害和搬迁的态度、迁移意向、搬迁方式选择意愿等搬迁意愿类

指标；搬迁意义的认知、政策认知、搬迁需求等态度类自评指标。期望通过上述 4 类指标综合反映农村气候贫困人口的搬迁意愿状况、特征及其影响因素。

抽样方式层面，本次调查主要采用多阶段抽样的方式抽取样本，对国内目前相关自然灾害频发的地区即将进行搬迁的对象进行迁移意愿状况的问卷调查。调查在对灾害区域情况进行前期摸排调研的基础上经验选取了甘肃、贵州、云南、四川、陕西、宁夏、内蒙古等存在气候、自然灾害的西部 11 省（区）及广东和海南 2 个存在海洋气候灾害的沿海省份入选第一阶段抽样框。上述地区符合调查主旨需要，即存在典型的气候灾害且大都已经在区域内做出气候贫困人口迁移规划，最终，按照简单随机抽样的方法抽取了云南、贵州、四川和广东 4 个省份。在第二阶段抽样中，进一步结合研究者的主观判断，在广东抽取出江门和台山，贵州抽取出花溪、咸宁和纳雍，云南抽取出东川、延津和富宁，四川抽取出北川和都江堰作为调研区域。最后阶段在实地进行抽取调查对象并进行入户调查。由于此次调查区域范围广，调查对象分布于 4 省份 11 个市/县，因此实际调查执行时间跨度较大，于 2013 年 5 月开始实施试调查，并根据调查反馈修正完善最终问卷，在 2013 年 7 月至 2015 年 3 月进行了正式调查，并最终于 2016 年、2017 年、2018 年三年的暑期进行了补充入户调查，由此完成整个实际调查过程。调查实际发放问卷 1 500 份，回收问卷 1 427 份，其中有效问卷 1 236 份，回收率和有效回收率分别为 95.1%、82.4%，结合概率抽样的特性分析，问卷回收率达成既定的研究需要。此外，在问卷调查的基础上，本书研究也相应在各调查区域判断抽取了 2~3 例典型个案进行深度访谈，访谈内容主要围绕居民对灾害的感知情况、受灾情况、对迁移的认知情况和迁移意愿情况等开展。

调查结果（见表 5-1）显示：四川、云南、贵州、广东 4 省共 1 236 名被调查者中，性别方面，男性的人数比率较高，占近 69%，女性的人数比率不足三分之一。年龄方面，"35~55 岁"者超过半数，人数比例占近 52%；其次是"35 岁以下"者，也占近 31%；"56 岁及以上"者的比率相对较低，不足 17.5%；可见被调查者以中青年为主。民族方面，"汉族"的人数比率占 77%，"少数民族"则不足 23%，0.2% 的人未答。婚姻状况方面，绝大多数被调查者是"已婚"，其人数比率超过 79%；其次是"未婚"的，不足 14%；"离异"和"丧偶"者的人数比率很低，均不足 4%。受教育程度方面，"小学及以下"者的人数比率最高，超过 43%，比"初中"者的高 10.4%；"大专及以上"者的比率较低，不足 17%；"高中/中专/中技"者的比率更低，仅占 7.6%；可见被调查者的受教育程度较低。政治面貌方面，"群众"居绝大多数，人数比率占 77.1%；其次是"中共党员"，占近 16%；"共青团员"的人数比率很低，不足 3.5%；"民主党派"的比率更低，不足 0.5%；另有 3.8%的人未答。家庭总人口（指吃住在一起的人口，下同）数方面，近三分之一的人选择"4 人"；其次是选择"5 人"和"3 人"的，均占 21%左右；"6 人及以上"的人数比率较低，不足 13.5%，比"2 人"的高 5.6%；"1 人"的人数比率最低，不足 3%；另有 0.8%的人未答。家庭劳动力人口（指收入主要依靠人口，下同）数方面，超过半数的人选择"2 人"；其次是"1 人"的，也占近五分之一，比"3 人"的高 2.9%；选择"4 人"的人数比率很低，仅占 6%，比"5 人及以上"的略高 3.5%；4.8%的人未答。

表 5-1  样本概况（$N=1\ 236$）

| 样本特征 | | 频数 | 百分比/% | 样本特征 | | 频数 | 百分比/% |
|---|---|---|---|---|---|---|---|
| 地区 | 四川 | 281 | 22.7 | 性别 | 男 | 852 | 68.9 |
| | 云南 | 595 | 48.1 | | 女 | 384 | 31.1 |
| | 贵州 | 188 | 15.2 | 年龄 | 35 岁以下 | 382 | 30.9 |
| | 广东 | 172 | 13.9 | | 35~55 岁 | 641 | 51.9 |
| 婚姻状况 | 未婚 | 169 | 13.7 | | 56 岁及以上 | 213 | 17.2 |
| | 已婚 | 982 | 79.4 | 民族 | 汉族 | 952 | 77.0 |
| | 离异 | 44 | 3.6 | | 少数民族 | 282 | 22.8 |
| | 丧偶 | 41 | 3.3 | | 未答 | 2 | 0.2 |
| 受教育程度 | 小学及以下 | 534 | 43.2 | 政治面貌 | 中共党员 | 193 | 15.6 |
| | 初中 | 406 | 32.8 | | 共青团员 | 40 | 3.2 |
| | 高中/中专/中技 | 87 | 7.0 | | 群众 | 952 | 77.0 |
| | 大专及以上 | 203 | 16.4 | | 民主党派 | 4 | 0.3 |
| | 未答 | 6 | 0.5 | | 未答 | 47 | 3.8 |
| 家庭总人口数 | 1 人 | 34 | 2.8 | 家庭劳动力人口数 | 1 人 | 243 | 19.7 |
| | 2 人 | 96 | 7.8 | | 2 人 | 621 | 50.2 |
| | 3 人 | 253 | 20.5 | | 3 人 | 208 | 16.8 |
| | 4 人 | 408 | 33.0 | | 4 人 | 74 | 6.0 |
| | 5 人 | 268 | 21.7 | | 5 人及以上 | 31 | 2.5 |
| | 6 人及以上 | 167 | 13.4 | | 未答 | 59 | 4.8 |
| | 未答 | 10 | 0.8 | | | | |

注：1. 调查问卷个别问题出现缺答情况，以"未答"显示；

2. 本表中百分比为总体百分比，下文不进行备注说明的百分比均是有效百分比。

# 第二节 农村气候贫困人口受灾和生计情况

气候灾害频发区域农村贫困人口响应国家扶贫搬迁政策号召的意愿，与其受生计和受灾现实密切联系。调查中通过生计方式、收入、生活环境条件等问题考察被调查者的生计状况；通过询问当地常见自然灾害及其影响、对灾害担心度和影响度认识来考察其受灾经历及感受。

## 一、农村气候贫困人口受灾状况

对于居住地常见自然灾害的类型，调查结果（见表5-2）显示：选择"山体滑坡和泥石流"的人数比率最高，占近49%，比"旱灾""地震"分别高1.6%、6.9%；选择"冻灾和雪灾""洪涝"的，人数比率均占五分之一左右；选择"土地沙化""虫灾"的比率较低，均不足11.5%；选择"海洋灾害""其他灾害"的比率更低，均占5.5%左右。

**表5-2 居住地常见的自然灾害**（N=1 236）

|  |  | 频数 | 百分比/% |
|---|---|---|---|
| 地震 | 是 | 514 | 41.6 |
|  | 否 | 722 | 58.4 |
| 旱灾 | 是 | 580 | 46.9 |
|  | 否 | 656 | 53.1 |
| 山体滑坡和泥石流 | 是 | 599 | 48.5 |
|  | 否 | 637 | 51.5 |
| 洪涝 | 是 | 226 | 18.3 |
|  | 否 | 1 010 | 81.7 |
| 冻灾和雪灾 | 是 | 261 | 21.1 |
|  | 否 | 975 | 78.9 |
| 土地沙化 | 是 | 141 | 11.4 |
|  | 否 | 1 095 | 88.6 |
| 虫灾 | 是 | 140 | 11.3 |
|  | 否 | 1 096 | 88.7 |
| 海洋灾害 | 是 | 81 | 6.6 |
|  | 否 | 1 155 | 93.4 |
| 其他灾害 | 是 | 48 | 3.9 |
|  | 否 | 1 188 | 96.1 |

对于自然灾害带来实际损失，调查结果（见表5-3）显示：绝大多数被调查者认为自然灾害给家庭收入造成了损失，人数比率达92.5%，其中超过58%的人表示"损失很大"、近35%的人表示"损失很小"；只有7.5%的人表示"没造成什么损失"。

表5-3　自然灾害造成的家庭收入损失度（N=1 232）

|  | 频数 | 百分比/% |
|---|---|---|
| 没造成什么损失 | 93 | 7.5 |
| 造成损失，损失很小 | 424 | 34.4 |
| 造成损失，损失很大 | 715 | 58.1 |

在了解被调查者受灾经历的基础上，本书通过询问"自然灾害对居民的影响度""对发生自然灾害的担心度"来进一步考察其感受。

对于自然灾害的影响度，调查结果（见表5-4）显示：绝大多数被调查者认为自然灾害对生活（农业生产、家庭、村民）的影响"大"（包括影响很大和影响较大，下同），人数比率占82%；认为影响"一般"的比率较低，不足14%；认为影响"小"（包括影响较小和影响很小，下同）的人数比率最低，不足5%。可见，绝大多数人感受到了自然灾害带来的负面影响。

表5-4　对自然灾害造成生活影响度的认识（N=1 232）

|  | 很大 | 较大 | 一般 | 较小 | 很小 |
|---|---|---|---|---|---|
| 频数 | 505 | 505 | 161 | 51 | 10 |
| 百分比/% | 41.0 | 41.0 | 13.1 | 4.1 | 0.8 |

对于发生自然灾害的担心度，调查结果（见表5-5）显示：大多数被调查者对居住地今后发生自然灾害情况表示"担心"（包括非常担心和比较担心，下同），人数比率超过73%；17.7%的人对此表示"一般"；而表示"不担心"（包括不太担心和很不担心，下同）的人数比率很低，不足9%。可见，多数人对居住地今后可能发生自然灾害有一定的担心。

表5-5　对今后发生自然灾害的担心度（N=1 234）

|  | 非常担心 | 比较担心 | 一般 | 不太担心 | 很不担心 |
|---|---|---|---|---|---|
| 频数 | 414 | 492 | 219 | 82 | 27 |
| 百分比/% | 33.5 | 39.9 | 17.7 | 6.6 | 2.2 |

结合访谈发现，调查区域居民对自然灾害带来的损失及其对生活的影响均有直观的感性认知：

"（损失）当然有，一到雨季，很多种的东西都会受到影响，这是没有办法的事情……，说实话有时候挺怕下雨的，（泥石流）说冲就冲下来了，弄不好房子都冲垮了。"（访谈资料整理 YY020101）

此类观点在山区的受访对象中普遍存在，即使其所在地区并没有遭遇过重大自然灾害：

"要说（损失）也不大，毕竟没有遇到大的（自然灾害），但毕竟还是有……"（访谈资料整理 YY030201）

"都习惯了，现在什么都好了，虽然也没什么，但是影响还是有……比如说房子要修，打鱼肯定也要受影响。"（访谈资料整理 YY010102）

同时受访者也表示出对自然灾害不同程度的担心：

"肯定会担心，你说全国发生什么地震、泥石流的，万一我们这也遇到了，逃都没法逃，这些事谁也说不准。"（访谈资料整理 YY020201）

"这么多年了，也说不好，要是万一呢，还是有点担心的。"（访谈资料整理 YY030201）

"现在都提前通知了的，提前准备就行，也不会太担心，其实也没什么，主要就是怕房子（被台风吹垮了）。"（访谈资料整理 YY010102）

### 二、农村气候贫困人口生计状况

关于家庭主要生计方式，调查结果（见表5-6）显示：选择"传统种植"（即种地，下同）者的人数比率最高，超过55%；其次是"本地打零工"和"外出打工"的，均占37.5%左右；选择"畜牧"（即家禽和家畜养殖，下同）的人数比率稍低，也占近四分之一；选择"其他"者的比率很低，不足6%，比"渔业"（捕鱼、养鱼，下同）的略高3.7%。可见，"传统种植""本地打零工""外出打工""畜牧"是四种主要的生计方式。

表 5-6　家庭主要生计方式（$N = 1\,236$）

| | | 传统种植 | 畜牧 | 渔业 | 本地打零工 | 外出打工 | 其他 |
|---|---|---|---|---|---|---|---|
| 是 | 频数 | 689 | 301 | 24 | 483 | 446 | 69 |
| | 百分比/% | 55.7 | 24.4 | 1.9 | 39.1 | 36.1 | 5.6 |
| 否 | 频数 | 547 | 935 | 1 212 | 753 | 790 | 1 167 |
| | 百分比/% | 44.3 | 75.6 | 98.1 | 60.9 | 63.9 | 94.4 |

对于居住地生活环境的评价，调查结果（见表5-7）显示：交通方面，被调查者表示"好"（包括很好和较好，下同）的人数比率最高，占近46%，比"一般"的高11.1%；表示"差"（包括较差和很差，下同）的比率相对稍低，

不足五分之一。子女教育方面，被调查者表示"好"的人数比率最高，超过41%，比"一般"的略高3.4%；而表示"差"的比率也超过五分之一。亲朋往来方面，半数以上的被调查者表示"好"，人数比率占近52%；其次是表示"一般"的，也超过三分之一；表示"差"的人数比率较低，不足15%。购物方面，表示"一般"的人数比率最高，超过40%，比表示"好"的高4.8%；表示"差"的比率相对稍低，占近24%。看病方面，"一般"的人数比率最高，超过41%；其次是表示"好"的，也占近三分之一，比表示"差"的比率高7.6%。娱乐方面，近48%的被调查者认为"一般"；其次是表示"好""差"的，均占26%左右。治安方面，54.1%的被调查者表示"好"；但表示"一般"的人数比率也占近三分之一；表示"差"的比率较低，不足13%。总体而言，被调查者对当前居住地生活环境条件的评价不高，尤其是购物、看病和娱乐方面更是如此。

表5-7 居住地的生活环境条件

| 相关要素 | | 很好 | 较好 | 一般 | 较差 | 很差 | $N$ |
|---|---|---|---|---|---|---|---|
| 交通 | 频数 | 291 | 272 | 426 | 117 | 126 | 1 232 |
| | 百分比/% | 23.6 | 22.1 | 34.6 | 9.5 | 10.2 | |
| 子女教育 | 频数 | 287 | 223 | 468 | 145 | 109 | 1 232 |
| | 百分比/% | 23.3 | 18.1 | 38.0 | 11.8 | 8.8 | |
| 亲朋往来 | 频数 | 200 | 437 | 417 | 84 | 94 | 1 232 |
| | 百分比/% | 16.2 | 35.5 | 33.8 | 6.8 | 7.6 | |
| 购物 | 频数 | 113 | 327 | 499 | 156 | 137 | 1 232 |
| | 百分比/% | 9.2 | 26.5 | 40.5 | 12.7 | 11.1 | |
| 看病 | 频数 | 178 | 232 | 507 | 161 | 154 | 1 232 |
| | 百分比/% | 14.4 | 18.8 | 41.2 | 13.1 | 12.5 | |
| 娱乐 | 频数 | 96 | 246 | 590 | 114 | 186 | 1 232 |
| | 百分比/% | 7.8 | 20.0 | 47.9 | 9.3 | 15.1 | |
| 治安 | 频数 | 205 | 425 | 387 | 75 | 72 | 1 164 |
| | 百分比/% | 17.6 | 36.5 | 33.2 | 6.4 | 6.2 | |

通过访谈也发现，部分受访者虽然大都对现居地的生活环境较为适应，但总体评价基本不高，其主要认为"交通不方便"，从而造成看病、教育、购物、娱乐等条件不便利，这一情况也与各调查区域的实际交通状况相吻合，交通的不便利给居民带来了诸多直观的生活不便感受。

## 第三节　农村气候贫困人口迁移意愿的总体情况

意愿通常指个体对他人或事物所持的看法、主观感受和行为选择倾向。因此，本书考察农村气候贫困人口迁移意愿，主要从迁移认知、迁移感受（态度）、期望支持和迁移意向四个层面进行考察。

### 一、迁移认知的情况

调查中通过询问调查对象对国家气候贫困地区移民目的及相关政策的了解情况来考察其认知状况，结果（见表5-8）显示：对于国家气候贫困人口移民相关政策，被调查者中表示"了解"（包括非常了解和比较了解，下同）的人数比率最高，占近43%，比"不了解"（包括不太了解和很不了解，下同）的高5.6%；了解度"一般"者的比率相对稍低，不足21%。对于国家开展气候贫困人口移民目的，40%的被调查者表示"了解"，比"不了解"的高3.3%；了解度"一般"者的相对稍低，不足24%。可见，被调查者对国家相关迁移政策的认知度不够高。

表5-8　对国家相关迁移政策的认知度

| | | 非常了解 | 比较了解 | 一般 | 不太了解 | 很不了解 | $N$ |
|---|---|---|---|---|---|---|---|
| 对该类政策的了解度 | 频数 | 222 | 301 | 251 | 282 | 173 | 1 229 |
| | 百分比/% | 18.1 | 24.5 | 20.4 | 22.9 | 14.1 | |
| 对该类移民目的的了解度 | 频数 | 211 | 278 | 285 | 266 | 182 | 1 222 |
| | 百分比/% | 17.3 | 22.7 | 23.3 | 21.8 | 14.9 | |

在受访者中，明确表示自己对迁移政策比较了解的仅有5例，在进一步询问中发现，能够对最基本的迁移方式有一定认知的受访者仅有3例，且均是基于自身对迁移抱有强烈关注的情况下主动获取相关信息得知。所有受访者中，虽然有一定比例者表示"有（政策方面）宣传"，但基本都是告知了就忘了，这可能也在一定程度上反映出，在偏远农村地区，由于缺乏必要和多样化的信息获取途径，农村居民对迁移政策的了解情况存在较大的不足，同时对政策的了解程度也受到居民对迁移的关注程度等因素的影响。

### 二、迁移感受的情况

调查中通过询问调查对象对国家进行气候贫困人口移民的必要性判断以及

如若搬迁，他们对政策落实、搬迁方式、迁居地址、搬迁补助等工作的关心度，具体考察其对迁移的感受。

对于国家进行气候贫困人口移民的必要性，调查结果（见表5-9）显示：被调查者中认为"必要"（包括很有必要和较有必要，下同）的居多，人数比率占近68%；还有超过五分之一的人认为"一般"；认为"不必要"（包括不太必要和很不必要，下同）者的比率最低，不足12.5%。

表5-9　对该类移民必要性的感受（N=1 229）

|  | 很有必要 | 较有必要 | 一般 | 不太必要 | 很不必要 |
|---|---|---|---|---|---|
| 频数 | 379 | 452 | 249 | 113 | 36 |
| 百分比/% | 30.8 | 36.8 | 20.3 | 9.2 | 2.9 |

在考察农村气候贫困人口对移民必要性感受后，进一步了解如果开展搬迁，其对相关工作的关心度，调查结果（见表5-10）显示：对于搬迁政策的公开公平性，绝大多数（87.1%）被调查者表示"关心"（包括非常关心和比较关心，下同）；表示"一般"的比率较低，占11%；表示"不关心"（包括不太关心和很不关心，下同）的比率最低，不足2%。对于搬迁政策的严格落实，85.1%的被调查者表示"关心"；表示"一般"的比率较低，不足13%；只有2.1%的人对此表示"不关心"。对于搬迁方式，84.8%的被调查者表示"关心"；表示"一般"的比率较低，不足14%；表示"不关心"的比率更低，不足2%。对于迁居地地理位置，绝大多数（90.5%）被调查者表示"关心"；表示"一般"的比率很低，不足8%；只有2%的人对此表示"不关心"。对于搬迁补助，绝大多数（92.7%）被调查者表示"关心"；只有不足5.5%的人表示"一般"，比表示"不关心"的略高3.5%。对于搬迁后土地和住房分配，92.2%的被调查者表示"关心"；表示"一般"的比率很低，不足6.5%；只有不足2%的人对此表示"不关心"。对于搬迁后的帮扶支持措施，89.8%的被调查者表示"关心"；表示"一般"的比率很低，不足9%；表示"不关心"的比率最低，不足2%。对于其他工作，绝大多数被调查者表示"关心"，人数比率占近88%；只有9.8%的人表示"一般"，2.7%的人表示"不关心"。可见，如果搬迁，被调查者对相关工作的关心度均较高。（根据均值）相关工作关注度由高到低的排序是：搬迁后土地和住房分配（1.39）、搬迁补助（1.39）、迁居地地理位置（1.46）、搬迁后的帮扶支持措施（1.51）、搬迁政策的公开公平性（1.56）、搬迁政策严格落实（1.59）、其他搬迁相关工作（1.59）、搬迁方式（1.62）。

表 5-10　如果搬迁，对相关工作的关心度

| | | 非常关心 | 比较关心 | 一般 | 不太关心 | 很不关心 | N |
|---|---|---|---|---|---|---|---|
| 搬迁政策公开和公平性 | 频数 | 726 | 346 | 136 | 19 | 4 | 1 231 |
| | 百分比/% | 59.0 | 28.1 | 11.1 | 1.5 | 0.3 | |
| 搬迁政策的严格落实 | 频数 | 717 | 331 | 158 | 21 | 5 | 1 232 |
| | 百分比/% | 58.2 | 26.9 | 12.8 | 1.7 | 0.4 | |
| 搬迁方式 | 频数 | 687 | 357 | 166 | 16 | 6 | 1 232 |
| | 百分比/% | 55.8 | 29.0 | 13.5 | 1.3 | 0.5 | |
| 迁居地地理位置 | 频数 | 815 | 299 | 92 | 21 | 4 | 1 231 |
| | 百分比/% | 66.2 | 24.3 | 7.5 | 1.7 | 0.3 | |
| 搬迁补助 | 频数 | 873 | 269 | 66 | 20 | 4 | 1 232 |
| | 百分比/% | 70.9 | 21.8 | 5.4 | 1.6 | 0.3 | |
| 搬迁后土地和住房分配 | 频数 | 878 | 257 | 76 | 17 | 4 | 1 232 |
| | 百分比/% | 71.3 | 20.9 | 6.2 | 1.4 | 0.3 | |
| 搬迁后的帮扶支持措施 | 频数 | 752 | 349 | 105 | 18 | 2 | 1 226 |
| | 百分比/% | 61.3 | 28.5 | 8.6 | 1.5 | 0.2 | |
| 其他 | 频数 | 231 | 125 | 40 | 8 | 3 | 407 |
| | 百分比/% | 56.8 | 30.7 | 9.8 | 2.0 | 0.7 | |

与统计分析结果相似，在访谈中，假设必须迁移的情况下，总体上受访者对搬迁工作最关心的仍然是搬迁后的土地和住房解决情况，其次才是搬迁地的选取，总共 25 个受访者有 14 人明确表示最为关注以后的土地和住房分配，而将搬迁地址放居次要位置，7 人则表示最好在就近搬迁的情况下首先应该看土地和住房分配，还有 2 人表示在统一住房安置的情况下最为关注搬迁补助情况，也有 2 人表示只要政策透明、公开、到位即可。

### 三、期望支持的情况

调查中通过询问被调查者对如果搬迁，其对政府开展政策解释、资金扶持、技能培训等工作必要性的认识，以及希望政府在就业机会、子女教育、基础设施建设、提供土地等方面进行帮扶的程度，来反映其对政府提供相关迁移支持的期望情况。

对于如果搬迁，其对政府开展相关工作必要性的认识，调查结果（见表 5-11）显示：在搬迁政策解释传达上，被调查者中认为"必要"（包括非常必要和比较必要，下同）的人数比率非常高，超过 89%；9% 的人认为"一

般"；只有不足2%的人认为"不必要"（包括不太必要和很不必要，下同）。在搬迁动员上，85.4%的人认为"必要"；认为"一般"的比率较低，不足13%；认为"不必要"的比率更低，不足2%。在搬迁具体措施解释说明上，84%的人认为"必要"；认为"一般"的人数比率相对较低，不足15%；只有1.5%的人认为"不必要"。在尊重村民意愿上，认为"必要"的居绝大多数，人数比率占近88%；认为"一般"的比率较低，不足11%；认为"不必要"的比率更低，不足1.5%。在搬迁后资金扶持上，绝大多数被调查者认为"必要"，人数比率占92.5%；只有6.2%的人认为"一般"，比认为"不必要"的高4.9%。在搬迁后技能培训和就业服务上，88.6%的被调查者认为"必要"；认为"一般"的比率较低，不足10%；认为"不必要"的比率更低，不足2%。在其他工作上，认为"必要"的居绝大多数，人数比率占89%；认为"一般"者的比率较低，不足10.5%；只有0.8%的人认为"不必要"。可见，如果搬迁，被调查者对政府开展相关工作必要性的认可度均较高。（根据均值）相关工作必要性由高到低的排序是：搬迁后的资金扶持（1.36）、其他工作（1.4）、尊重村民的意愿（1.48）、搬迁后的技能培训和就业服务（1.49）、搬迁政策传达和解释（1.52）、搬迁动员（1.59）、搬迁具体措施的说明和解释（1.60）。

表5-11　如果搬迁对政府开展相关工作必要性的认识

| | | 非常必要 | 比较必要 | 一般 | 不太必要 | 很不必要 | N |
|---|---|---|---|---|---|---|---|
| 搬迁政策传达和解释 | 频数 | 751 | 347 | 111 | 18 | 4 | 1 231 |
| | 百分比/% | 61.0 | 28.2 | 9.0 | 1.5 | 0.3 | |
| 搬迁动员 | 频数 | 710 | 341 | 157 | 17 | 6 | 1 231 |
| | 百分比/% | 57.7 | 27.7 | 12.8 | 1.4 | 0.5 | |
| 搬迁具体措施的说明和解释 | 频数 | 709 | 325 | 179 | 13 | 5 | 1 231 |
| | 百分比/% | 57.6 | 26.4 | 14.5 | 1.1 | 0.4 | |
| 尊重村民的意愿 | 频数 | 806 | 275 | 132 | 14 | 4 | 1 231 |
| | 百分比/% | 65.5 | 22.3 | 10.7 | 1.1 | 0.3 | |
| 搬迁后的资金扶持 | 频数 | 897 | 241 | 76 | 14 | 3 | 1 231 |
| | 百分比/% | 72.9 | 19.6 | 6.2 | 1.1 | 0.2 | |
| 搬迁后的技能培训和就业服务 | 频数 | 793 | 298 | 119 | 16 | 5 | 1 231 |
| | 百分比/% | 64.4 | 24.2 | 9.7 | 1.3 | 0.4 | |
| 其他 | 频数 | 268 | 64 | 38 | 3 | 0 | 373 |
| | 百分比/% | 71.8 | 17.2 | 10.2 | 0.8 | 0.0 | |

对于最希望政府给予的支持，调查结果（见表5-12）显示：选择提供搬迁后资金扶持的人数比率最高，超过55%，比提供工作机会、保证子女教育分别高3%、11%；选择知识技能培训的人数比率相对稍低，也超过33%，比提供足够土地、搞好基础设施建设、搞好治安环境的分别高4.5%、7.1%、12.8%；选择其他支持的人数比率很低，不足4.5%。可见，被调查者最希望政府给予的支持是"提供后资金扶持""提供工作机会"和"保证子女教育"。

表5-12　最希望政府给予的支持

| | | 频数 | 百分比/% | N |
|---|---|---|---|---|
| 保证子女教育 | 是 | 547 | 44.3 | 1 236 |
| | 否 | 689 | 55.7 | |
| 提供工作机会 | 是 | 646 | 52.3 | 1 236 |
| | 否 | 590 | 47.7 | |
| 知识技能培训 | 是 | 418 | 33.8 | 1 236 |
| | 否 | 818 | 66.2 | |
| 提供资金扶持 | 是 | 684 | 55.3 | 1 236 |
| | 否 | 552 | 44.7 | |
| 搞好基础设施建设 | 是 | 330 | 26.7 | 1 236 |
| | 否 | 906 | 73.3 | |
| 搞好治安环境 | 是 | 260 | 21.0 | 1 236 |
| | 否 | 976 | 79.0 | |
| 提供足够土地 | 是 | 362 | 29.3 | 1 236 |
| | 否 | 874 | 70.7 | |
| 其他 | 是 | 52 | 4.2 | 1 236 |
| | 否 | 1 184 | 95.8 | |

无论是对搬迁工作的必要性认知还是希望政府给予的支持层面，通过访谈发现，受访者最为关心的问题主要集中在资金扶持以及就业服务方面。这也反映出在需要进行迁移的情况下，居民首要担心的问题就是未来生计的可持续性。

**四、迁移意向的情况**

调查中通过询问被调查者的搬迁行动意向和搬迁方式意向选择来考察其迁移意向。对于搬迁行动意向，调查结果（见表5-13）显示："愿意"（包括很愿意和比较愿意，下同）搬迁的居多，人数比率超过57%；但"不愿意"（包括不太愿意和很不愿意，下同）的比率也超过四分之一，比表示"一般或无所谓"的高 8.5%。

表 5-13　搬迁行动意向 （N=1 227）

| | 很愿意 | 比较愿意 | 一般或无所谓 | 不太愿意 | 很不愿意 |
|---|---|---|---|---|---|
| 频数 | 353 | 347 | 211 | 243 | 73 |
| 百分比/% | 28.8 | 28.3 | 17.2 | 19.8 | 5.9 |

对于搬迁方式意向，调查结果（见表 5-14）显示：选择"外迁集中安置"者的人数比率最高，占 62%；其次是"外迁分散安置"，也占近 28%；选择"自己投靠亲友"的人数比率很低，不足 6%，比"其他"方式的略高 1.1%。可见，"外迁集中安置"是被调查者更为认同的一种搬迁方式。

表 5-14　搬迁方式意向 （N=1 216）

| | 外迁集中安置 | 外迁分散安置 | 自己投靠亲友 | 其他 |
|---|---|---|---|---|
| 频数 | 754 | 339 | 68 | 55 |
| 百分比/% | 62.0 | 27.9 | 5.6 | 4.5 |

所有访谈对象中，有 5 人明确表示不想搬迁，但在假设必须搬迁的情况下，其更愿意选择集中安置的方式，这与其他表示愿意搬迁和无所谓的大部分受访者的意愿一致。此外，所有受访者中也有 2 人倾向于分散安置，1 人倾向于进城。在进一步的深入询问中发现，倾向于集中安置的受访者主要考虑的因素是既定的周边人际关系不被打破，不需要对新环境的人际关系进行重新适应，"都是熟人，大家在一起也好帮忙"。而倾向于分散安置的受访者则是出于能够有一定的地点选择自由度出发去考虑，倾向于进城的受访者是源于自身本来就准备进城买房，如果按政策进行搬迁还能够享受相应的补助。

## 第四节　不同区域农村气候贫困人口迁移意愿情况

### 一、四川的迁移意愿情况

1. 迁移认知的情况

调查结果（见表 5-15）显示：对于国家气候贫困人口移民相关政策，多数被调查者表示"了解"，人数比率超过 57%；而表示"不了解""一般"的比率均占 21.4%。对于国家开展气候贫困人口移民的目的，48% 的人表示"了解"；了解度"一般"者的比率相对稍低，不足32%，比"不了解"的高10.8%。可见，该地区被调查者对国家相关迁移政策的认知度不够高。

表5-15 对国家相关迁移政策的认知度

| | | 非常了解 | 比较了解 | 一般 | 不太了解 | 很不了解 | N |
|---|---|---|---|---|---|---|---|
| 对该类政策的了解度 | 频数 | 11 | 149 | 60 | 55 | 5 | 280 |
| | 百分比/% | 3.9 | 53.3 | 21.4 | 19.6 | 1.8 | |
| 对该类移民目的了解度 | 频数 | 10 | 123 | 87 | 50 | 7 | 277 |
| | 百分比/% | 3.6 | 44.4 | 31.4 | 18.1 | 2.5 | |

2. 迁移感受的情况

对于国家进行气候贫困人口移民的必要性，调查结果（见表5-16）显示：绝大多数被调查者认为"必要"，人数比率占近73%；而认为"一般""不必要"的比率较低，均占13.5%左右。

表5-16 对该类移民必要性的感受（N=280）

| | 很有必要 | 较有必要 | 一般 | 不太必要 | 很不必要 |
|---|---|---|---|---|---|
| 频数 | 50 | 154 | 42 | 30 | 4 |
| 百分比/% | 17.9 | 55.0 | 15.0 | 10.7 | 1.4 |

对于如果搬迁对相关工作的关心度，调查结果（见表5-17）显示：在搬迁政策的公开和公平性上，绝大多数被调查者表示"关心"，人数比率占89%；关心度"一般"的比率较低，不足11.5%；无"不关心"的。在搬迁政策的严格落实上，"关心"的人居多，人数比率占近83%；另有17.4%的人关心度"一般"；无"不关心"的。在搬迁方式上，"关心"的人居多，人数比率占近84%；但还有16.4%的人关心度"一般"；无"不关心"的。在迁居地地理位置上，95%的被调查者表示"关心"；只有5%的人关心度"一般"；无"不关心"的。在搬迁补助上，98.6%的被调查者表示"关心"；只有1.4%的人关心度"一般"；无"不关心"的。在搬迁后土地和住房分配上，96%的被调查者表示"关心"；关心度"一般"的比率非常低，不足4%；"不关心"的比率更低，不足1%。在搬迁后的帮扶支持措施上，绝大多数被调查者表示"关心"，人数比率占90.6%；关心度"一般"的比率很低，不足10%；"不关心"的比率更低，不足1%。在"其他"工作上，被调查者中表示"关心"的人数比率最高，超过93%；只有6.1%的人表示"一般"，0.7%的人对此"不关心"。可见，如果搬迁，被调查者对相关工作的关心度均较高。（根据均值）诸项工作关注度由高到低的排序是：搬迁补助（1.14）、搬

迁后土地和住房分配（1.26）、迁居地地理位置（1.35）、其他搬迁相关工作（1.47）、搬迁后的帮扶支持措施（1.64）、搬迁政策的公开和公平性（1.75）、搬迁方式（1.76）、搬迁政策严格落实（1.80）。

表 5-17 如果搬迁对相关工作的关心度

| | | 非常关心 | 比较关心 | 一般 | 不太关心 | 很不关心 | N |
|---|---|---|---|---|---|---|---|
| 搬迁政策公开和公平性 | 频数 | 101 | 148 | 31 | 0 | 0 | 280 |
| | 百分比/% | 36.1 | 52.9 | 11.1 | 0.0 | 0.0 | |
| 搬迁政策的严格落实 | 频数 | 104 | 128 | 49 | 0 | 0 | 281 |
| | 百分比/% | 37.0 | 45.6 | 17.4 | 0.0 | 0.0 | |
| 搬迁方式 | 频数 | 114 | 121 | 46 | 0 | 0 | 281 |
| | 百分比/% | 40.6 | 43.1 | 16.4 | 0.0 | 0.0 | |
| 迁居地地理位置 | 频数 | 197 | 69 | 14 | 0 | 0 | 280 |
| | 百分比/% | 70.4 | 24.6 | 5.0 | 0.0 | 0.0 | |
| 搬迁补助 | 频数 | 247 | 30 | 4 | 0 | 0 | 281 |
| | 百分比/% | 87.9 | 10.7 | 1.4 | 0.0 | 0.0 | |
| 搬迁后土地和住房分配 | 频数 | 219 | 51 | 10 | 1 | 0 | 281 |
| | 百分比/% | 77.9 | 18.1 | 3.6 | 0.4 | 0.0 | |
| 搬迁后的帮扶支持措施 | 频数 | 127 | 123 | 25 | 1 | 0 | 276 |
| | 百分比/% | 46.0 | 44.6 | 9.1 | 0.4 | 0.0 | |
| 其他 | 频数 | 90 | 48 | 9 | 1 | 0 | 148 |
| | 百分比/% | 60.8 | 32.4 | 6.1 | 0.7 | 0.0 | |

3. 期望支持的情况

对于如果搬迁，对政府开展相关工作必要性的认识，调查结果（见表 5-18）显示：在搬迁政策解释传达上，绝大多数被调查者认为"必要"，人数比率超过 92%；只有 7.5% 的人认为"一般"；无人认为"不必要"。在搬迁动员上，认为"必要"的人数比率最高，占近 80%；超过五分之一的人认为"一般"；无人认为"不必要"。在搬迁具体措施解释说明上，71.9% 的人认为"必要"；但还有超过 28% 的人认为"一般"；无人认为"不必要"。在尊重村民意愿上，绝大多数被调查者认为"必要"，人数比率占 79%；超过五分之一的人认为"一般"；无人认为"不必要"。在搬迁后资金扶持上，97.2% 的人认为"必要"，只有不足 3% 的人认为"一般"；无人认为"不必要"。在搬迁后技能培训和就业服务上，85.1% 的人认为"必要"；认为"一般"的人数比率相对较低，不足 15%；无人认为"不必要"。在其他工作上，被调查者中认为"必要"的居绝大多数，人数比率占95%；只有5%的人认为"一般"；无人认为"不必要"。可见，如果搬迁，被调查者对政府开展相关工作必要性的认可度均较高。（根据均值）诸项工作必要性由高到低的排序是：搬迁后资金扶持（1.22）、其他工作（1.24）、尊重村民意愿（1.67）、搬迁政策解释传达（1.68）、搬迁后技能培训和就业服务（1.69）、搬迁动员（1.83）、搬迁具体措施解释说明（1.89）。

表 5-18　如果搬迁，对政府开展相关工作必要性的认识

|  |  | 非常必要 | 比较必要 | 一般 | 不太必要 | 很不必要 | N |
|---|---|---|---|---|---|---|---|
| 搬迁政策传达和解释 | 频数 | 112 | 148 | 21 | 0 | 0 | 281 |
|  | 百分比/% | 39.9 | 52.6 | 7.5 | 0.0 | 0.0 |  |
| 搬迁动员 | 频数 | 105 | 119 | 57 | 0 | 0 | 281 |
|  | 百分比/% | 37.4 | 42.3 | 20.3 | 0.0 | 0.0 |  |
| 搬迁具体措施的说明和解释 | 频数 | 111 | 91 | 79 | 0 | 0 | 281 |
|  | 百分比/% | 39.5 | 32.4 | 28.1 | 0.0 | 0.0 |  |
| 尊重村民的意愿 | 频数 | 151 | 71 | 59 | 0 | 0 | 281 |
|  | 百分比/% | 53.7 | 25.3 | 21.0 | 0.0 | 0.0 |  |
| 搬迁后的资金扶持 | 频数 | 228 | 45 | 8 | 0 | 0 | 281 |
|  | 百分比/% | 81.1 | 16.1 | 2.8 | 0.0 | 0.0 |  |
| 搬迁后的技能培训和就业服务 | 频数 | 128 | 111 | 42 | 0 | 0 | 281 |
|  | 百分比/% | 45.6 | 39.5 | 14.9 | 0.0 | 0.0 |  |
| 其他 | 频数 | 113 | 20 | 7 | 0 | 0 | 140 |
|  | 百分比/% | 80.7 | 14.3 | 5.0 | 0.0 | 0.0 |  |

对于最希望政府给予的支持，调查结果（见表5-19）显示：选择"搞好治安环境"的人数比率最高，占近60%；其次是"保证子女教育""提供工作机会""知识技能培训"，均占46.5%左右；选择"提供资金扶持"的人数比率相对稍低，不足39%，比"提供足够土地""搞好基础设施建设"的分别高6.8%、9.3%；选择"其他"支持的人数比率最低，不足13%。可见，被调查者最希望政府给予的支持是"搞好治安环境""保证子女教育""提供工作机会"和"知识技能培训"。

表 5-19　最希望政府给予的支持（N=281）

|  |  | 频数 | 百分比/% |
|---|---|---|---|
| 保证子女教育 | 是 | 137 | 48.8 |
|  | 否 | 144 | 51.2 |

表5-19(续)

|  |  | 频数 | 百分比/% |
|---|---|---|---|
| 提供工作机会 | 是 | 129 | 45.9 |
|  | 否 | 152 | 54.1 |
| 知识技能培训 | 是 | 126 | 44.8 |
|  | 否 | 155 | 55.2 |
| 提供资金支持 | 是 | 109 | 38.8 |
|  | 否 | 172 | 61.2 |
| 搞好基础设施建设 | 是 | 83 | 29.5 |
|  | 否 | 198 | 70.5 |
| 搞好治安环境 | 是 | 160 | 56.9 |
|  | 否 | 121 | 43.1 |
| 提供足够土地 | 是 | 90 | 32.0 |
|  | 否 | 191 | 68.0 |
| 其他 | 是 | 36 | 12.8 |
|  | 否 | 245 | 87.2 |

4. 迁移意向的情况

对于搬迁行为的意向，调查结果（见表5-20）显示：近半数的被调查者表示"不愿意"搬迁，人数比率占49.8%，比"愿意"搬迁的高8.2%；表示"一般或无所谓"者的人数比率较低，不足9%。总体而言，被调查者的搬迁意愿较低。

表5-20　搬迁行为的意向（N=279）

|  | 很愿意 | 比较愿意 | 一般或无所谓 | 不太愿意 | 很不愿意 |
|---|---|---|---|---|---|
| 频数 | 41 | 75 | 24 | 112 | 27 |
| 百分比/% | 14.7 | 26.9 | 8.6 | 40.1 | 9.7 |

对于搬迁方式的意向，调查结果（见表5-21）显示：多数被调查者选择了"外迁分散安置"，人数比率占近62%；其次是选择"外迁集中安置"的，也超过30%；选择"其他"方式、"自己投靠亲友"的比率很低，均占4%左右。可见，"外迁分散安置"是当地被调查者更为认同的一种搬迁方式。

表5-21　搬迁方式的意向（N=278）

|  | 外迁集中安置 | 外迁分散安置 | 自己投靠亲友 | 其他 |
|---|---|---|---|---|
| 频数 | 84 | 172 | 8 | 14 |
| 百分比/% | 30.2 | 61.9 | 2.9 | 5.0 |

## 二、云南的迁移意愿情况

### 1. 迁移认知的情况

调查结果（见表 5-22）显示：对于国家气候贫困人口移民相关政策，50%的被调查者表示"了解"；其次是"不了解"的，人数比率占 29.1%，比表示"一般"的高 8.1%。对于国家开展气候贫困人口移民的目的，48.5%的人表示"了解"；其次是"不了解"的，人数比率占 28.5%，比表示"一般"的高 5.4%。可见，该地区被调查者对国家相关迁移政策的认知度不够高。

表 5-22　对国家相关迁移政策的认知度

| | | 非常了解 | 比较了解 | 一般 | 不太了解 | 很不了解 | $N$ |
|---|---|---|---|---|---|---|---|
| 对该类政策的了解度 | 频数 | 193 | 102 | 124 | 135 | 37 | 591 |
| | 百分比/% | 32.7 | 17.3 | 21.0 | 22.8 | 6.3 | |
| 对该类移民目的的了解度 | 频数 | 180 | 106 | 136 | 129 | 39 | 590 |
| | 百分比/% | 30.5 | 18.0 | 23.1 | 21.9 | 6.6 | |

### 2. 迁移感受的情况

对于国家进行气候贫困人口移民的必要性，调查结果（见表 5-23）显示：绝大多数被调查者认为"必要"，人数比率占近 77%；认为"一般"的人数比率较低，不足 15%，比认为"不必要"的高 6.1%。

表 5-23　对该类移民必要性的感受（$N=592$）

| | 很有必要 | 较有必要 | 一般 | 不太必要 | 很不必要 |
|---|---|---|---|---|---|
| 频数 | 269 | 185 | 87 | 48 | 3 |
| 百分比/% | 45.4 | 31.3 | 14.7 | 8.1 | 0.5 |

对于如果搬迁，被调查者关心诸项工作的程度，调查结果（见表 5-24）显示：在搬迁政策的公开公平性上，绝大多数被调查者表示"关心"，人数比率占近 97%；表示"一般""不关心"的比率很低，均不足 3%。在搬迁政策的严格落实上，绝大多数被调查者表示"关心"，人数比率超过 96%；只有不足 4%的人表示"一般"；无"不关心"的。在搬迁方式上，"关心"的人居多，人数比率占近 94%；关心度"一般"者的比率较低，不足 7%；无"不关心"的。在迁居地地理位置上，94.7%的被调查者表示"关心"；只有 5.1%的人关心度"一般"，0.2%的人对此"不关心"。在搬迁补助上，96%的被调查者表示"关心"；只有 4%的人关心度"一般"；无"不关心"的。在搬迁后土地和住房分配上，绝大多数被调查者表示"关心"，人数比率超过 95%；

关心度"一般"的比率非常低，不足5%；"不关心"的比率更低，不足0.5%。在搬迁后的帮扶支持措施上，绝大多数被调查者表示"关心"，人数比率超过95%；关心度"一般"的比率非常低，不足5%；无"不关心"的。在其他工作上，被调查者中表示"关心"的人数比率最高，占近87%；关心度"一般"者的比率较低，不足12%；只有1.4%的人对此"不关心"。可见，如果搬迁，被调查者对相关工作的关心度均较高。（根据均值）诸项工作关注度由高到低的排序是：搬迁政策的公开公平性（1.23）、搬迁政策严格落实（1.26）、搬迁后的帮扶支持措施（1.30）、搬迁后土地和住房分配（1.32）、搬迁补助（1.33）、搬迁方式（1.35）、迁居地地理位置（1.37）、其他搬迁相关工作（1.61）。

表5-24　如果搬迁对相关工作的关心度

| | | 非常关心 | 比较关心 | 一般 | 不太关心 | 很不关心 | N |
|---|---|---|---|---|---|---|---|
| 搬迁政策公开和公平性 | 频数 | 475 | 99 | 17 | 1 | 0 | 592 |
| | 百分比/% | 80.2 | 16.7 | 2.9 | 0.2 | 0.0 | |
| 搬迁政策的严格落实 | 频数 | 463 | 106 | 23 | 0 | 0 | 592 |
| | 百分比/% | 78.2 | 17.9 | 3.9 | 0.0 | 0.0 | |
| 搬迁方式 | 频数 | 423 | 132 | 37 | 0 | 0 | 592 |
| | 百分比/% | 71.5 | 22.3 | 6.3 | 0.0 | 0.0 | |
| 迁居地地理位置 | 频数 | 407 | 154 | 30 | 0 | 1 | 592 |
| | 百分比/% | 68.7 | 26.0 | 5.1 | 0.0 | 0.2 | |
| 搬迁补助 | 频数 | 419 | 149 | 24 | 0 | 0 | 592 |
| | 百分比/% | 70.8 | 25.2 | 4.0 | 0.0 | 0.0 | |
| 搬迁后土地和住房分配 | 频数 | 432 | 131 | 28 | 1 | 0 | 592 |
| | 百分比/% | 73.0 | 22.1 | 4.7 | 0.2 | 0.0 | |
| 搬迁后的帮扶支持措施 | 频数 | 442 | 123 | 27 | 0 | 0 | 592 |
| | 百分比/% | 74.7 | 20.8 | 4.6 | 0.0 | 0.0 | |
| 其他 | 频数 | 82 | 51 | 18 | 1 | 1 | 153 |
| | 百分比/% | 53.6 | 33.2 | 11.8 | 0.7 | 0.7 | |

3. 期望支持的情况

对于如果搬迁，其对政府开展诸项工作必要性的认识，调查结果（见表5-25）显示：在搬迁政策解释传达上，绝大多数被调查者认为"必要"，人数比率超过97%；认为"一般""不必要"者的比率非常低，均不足3%。在搬迁动员上，认为"必要"的人数比率最高，超过96%；只有3.2%的人认为

"一般"，0.2%的人认为"不必要"。在搬迁具体措施解释说明上，96.1%的被调查者认为"必要"；认为"一般"者的比率非常低，不足4%；认为"不必要"的比率更低，不足0.5%。在尊重村民意愿上，95.3%的被调查者认为"必要"；认为"一般"者的比率非常低，不足5%；只有0.2%的人认为"不必要"。在搬迁后资金扶持上，绝大多数被调查者认为"必要"，人数比率超过95%；只有4.4%的人认为"一般"，0.2%的人认为"不必要"。在搬迁后技能培训和就业服务上，绝大多数被调查者认为"必要"，人数比率占近95%；认为"一般"者的比率非常低，不足5%；认为"不必要"的比率最低，不足0.5%。在其他工作上，被调查者中认为"必要"的居多，人数比率超过83%；认为"一般"者的比率相对较低，不足16%；认为"不必要"的比率最低，不足1%。可见，如果搬迁，被调查者对政府开展相关工作必要性的认可度均很高。（根据均值）诸项工作必要性由高到低的排序是：搬迁政策解释传达（1.25）、搬迁动员（1.29）、搬迁后技能培训和就业服务（1.29）、搬迁后资金扶持（1.30）、尊重村民意愿（1.33）、搬迁具体措施解释说明（1.34）、其他工作（1.53）。

表5-25 如果搬迁，对政府开展相关工作必要性的认识

| | | 非常必要 | 比较必要 | 一般 | 不太必要 | 很不必要 | N |
|---|---|---|---|---|---|---|---|
| 搬迁政策传达和解释 | 频数 | 462 | 115 | 16 | 1 | 0 | 594 |
| | 百分比/% | 77.8 | 19.3 | 2.7 | 0.2 | 0.0 | |
| 搬迁动员 | 频数 | 442 | 132 | 19 | 1 | 0 | 594 |
| | 百分比/% | 74.4 | 22.2 | 3.2 | 0.2 | 0.0 | |
| 搬迁具体措施的说明和解释 | 频数 | 419 | 152 | 22 | 1 | 0 | 594 |
| | 百分比/% | 70.5 | 25.6 | 3.7 | 0.2 | 0.0 | |
| 尊重村民的意愿 | 频数 | 429 | 137 | 27 | 1 | 0 | 594 |
| | 百分比/% | 72.2 | 23.1 | 4.5 | 0.2 | 0.0 | |
| 搬迁后的资金扶持 | 频数 | 444 | 123 | 26 | 1 | 0 | 594 |
| | 百分比/% | 74.7 | 20.7 | 4.4 | 0.2 | 0.0 | |
| 搬迁后的技能培训和就业服务 | 频数 | 454 | 110 | 29 | 1 | 0 | 594 |
| | 百分比/% | 76.4 | 18.5 | 4.9 | 0.2 | 0.0 | |
| 其他 | 频数 | 89 | 27 | 22 | 1 | 0 | 139 |
| | 百分比/% | 64.0 | 19.4 | 15.8 | 0.7 | 0.0 | |

对于最希望政府给予的支持，调查结果（见表5-26）显示：选择"提供资金扶持"的人数比率最高，超过63%；其次是"提供工作机会"，也占近

51%；选择"知识技能培训"者的比率相对稍低，占 37%，比"保证子女教育""搞好基础设施建设""提供足够土地"的分别高 3.4%、11.6%、14.6%；选择"搞好治安环境"的比率很低，不足 5.5%，仅比"其他"支持的高 3.4%。可见，被调查者最希望政府给予的支持是"提供资金扶持"和"提供工作机会"。

表 5-26　最希望政府给予的支持（N=595）

|  |  | 频数 | 百分比/% |
|---|---|---|---|
| 保证子女教育 | 是 | 200 | 33.6 |
|  | 否 | 395 | 66.4 |
| 提供工作机会 | 是 | 300 | 50.4 |
|  | 否 | 295 | 49.6 |
| 知识技能培训 | 是 | 220 | 37.0 |
|  | 否 | 375 | 63.0 |
| 提供资金支持 | 是 | 376 | 63.2 |
|  | 否 | 219 | 36.8 |
| 搞好基础设施建设 | 是 | 151 | 25.4 |
|  | 否 | 444 | 74.6 |
| 搞好治安环境 | 是 | 31 | 5.2 |
|  | 否 | 564 | 94.8 |
| 提供足够土地 | 是 | 133 | 22.4 |
|  | 否 | 462 | 77.6 |
| 其他 | 是 | 11 | 1.8 |
|  | 否 | 584 | 98.2 |

4. 迁移意向的情况

对于搬迁行为的意向，调查结果（见表 5-27）显示：绝大多数被调查者"愿意"搬迁，人数比率占 77%；表示"一般或无所谓""不愿意"者的人数比率较低，均占 11.5%左右。总体而言，被调查者的搬迁意愿较高。

表 5-27　搬迁行为的意向（N=591）

|  | 很愿意 | 比较愿意 | 一般或无所谓 | 不太愿意 | 很不愿意 |
|---|---|---|---|---|---|
| 频数 | 263 | 192 | 76 | 59 | 1 |
| 百分比/% | 44.5 | 32.5 | 12.9 | 10.0 | 0.2 |

对于搬迁方式意向，调查结果（见表 5-28）显示：绝大多数被调查者选择了"外迁集中安置"，人数比率超过 73%；其次是选择"外迁分散安置"的，也

超过五分之一；选择"自己投靠亲友""其他"方式的比率很低，均占3.5%左右。可见，"外迁集中安置"是当地被调查者更为认同的一种搬迁方式。

表5-28　搬迁方式意向（$N=583$）

| | 外迁集中安置 | 外迁分散安置 | 自己投靠亲友 | 其他 |
|---|---|---|---|---|
| 频数 | 427 | 117 | 22 | 17 |
| 百分比/% | 73.2 | 20.1 | 3.8 | 2.9 |

### 三、贵州的迁移意愿情况

1. 迁移认知的情况

调查结果（见表5-29）显示：对于国家气候贫困人口移民相关政策，被调查者中"不了解"的居多，人数比率超过84%；表示"了解""一般"的比率较低，均占8%左右。对于国家开展气候贫困人口移民的目的，被调查者中"不了解"的居多，人数比率超过86%；表示"了解"的比率较低，不足9%，比"一般"的略高3.3%。可见，该地区被调查者对国家相关迁移政策的认知度很低。

表5-29　对国家相关迁移政策的认知度（$N=187$）

| | | 非常了解 | 比较了解 | 一般 | 不太了解 | 很不了解 |
|---|---|---|---|---|---|---|
| 对该类政策的了解度 | 频数 | 4 | 12 | 13 | 35 | 123 |
| | 百分比/% | 2.1 | 6.4 | 7.0 | 18.7 | 65.8 |
| 对该类移民目的的了解度 | 频数 | 2 | 14 | 10 | 34 | 127 |
| | 百分比/% | 1.1 | 7.5 | 5.3 | 18.2 | 67.9 |

2. 迁移感受的情况

对于国家进行气候贫困人口移民的必要性，调查结果（见表5-30）显示：被调查者中认为"一般""必要"的居前两位，人数比率均占36%左右；认为"不必要"的比率相对稍低，不足27.5%。

表5-30　对该类移民必要性的感受（$N=186$）

| | 很有必要 | 较有必要 | 一般 | 不太必要 | 很不必要 |
|---|---|---|---|---|---|
| 频数 | 17 | 48 | 70 | 26 | 25 |
| 百分比/% | 9.1 | 25.8 | 37.6 | 14.0 | 13.4 |

对于如果搬迁，被调查者关心诸项工作的程度，调查结果（见表5-31）显示：在搬迁政策的公开公平性上，超过半数的被调查者表示"关心"，人数

比率占 54%；但关心度"一般"的也超过 36%；对此表示"不关心"的人数比率较低，不足 10%。在搬迁政策的严格落实上，超过半数的被调查者表示"关心"，人数比率占 54%；但关心度"一般"的也超过三分之一；对此表示"不关心"的人数比率较低，不足 13%。在搬迁方式上，54% 的被调查者表示"关心"；其次是"一般"的，也占近 35%；表示"不关心"的人数比率较低，不足 11.5%。在迁居地地理位置上，绝大多数被调查者表示"关心"，人数比率占近 71%；表示"一般"的比率相对较低，不足 18%，比"不关心"的高 5.8%。在搬迁补助上，绝大多数被调查者表示"关心"，人数比率占近 75%；表示"一般""不关心"的比率较低，均占 12.5% 左右。在搬迁后土地和住房分配上，78.1% 的被调查者表示"关心"；关心度"一般"的比率较低，不足 13%，比"不关心"的高 3.7。在搬迁后的帮扶支持措施上，多数被调查者表示"关心"，人数比率占近 71%；还有近五分之一的人表示"一般"；对此表示"不关心"的比率很低，不足 10%。在其他工作上，56.7% 的被调查者表示"关心"；但仍有近四分之一的人关心度"一般"，比"不关心"的高 5.4%。可见，如果搬迁，被调查者对相关工作比较关心。（根据均值）诸项工作关注度由高到低的排序是：搬迁后土地和住房分配（1.77）、搬迁补助（1.90）、迁居地地理位置（1.94）、迁后的帮扶支持措施（2.02）、搬迁政策的公开公平性（2.30）、搬其他搬迁相关工作（2.35）、搬迁方式（2.37）、搬迁政策严格落实（2.37）。

表 5-31　如果搬迁，对相关工作的关心度

| | | 非常关心 | 比较关心 | 一般 | 不太关心 | 很不关心 | N |
|---|---|---|---|---|---|---|---|
| 搬迁政策公开和公平性 | 频数 | 50 | 51 | 68 | 15 | 3 | 187 |
| | 百分比/% | 26.7 | 27.3 | 36.4 | 8.0 | 1.6 | |
| 搬迁政策的严格落实 | 频数 | 45 | 56 | 62 | 19 | 5 | 187 |
| | 百分比/% | 24.1 | 29.9 | 33.2 | 10.2 | 2.7 | |
| 搬迁方式 | 频数 | 43 | 58 | 65 | 15 | 6 | 187 |
| | 百分比/% | 23.0 | 31.0 | 34.8 | 8.0 | 3.2 | |
| 迁居地地理位置 | 频数 | 91 | 41 | 33 | 19 | 3 | 187 |
| | 百分比/% | 48.7 | 21.9 | 17.6 | 10.2 | 1.6 | |
| 搬迁补助 | 频数 | 90 | 50 | 26 | 18 | 3 | 187 |
| | 百分比/% | 48.1 | 26.7 | 13.9 | 9.6 | 1.6 | |
| 搬迁后土地和住房分配 | 频数 | 104 | 42 | 24 | 14 | 3 | 187 |
| | 百分比/% | 55.6 | 22.5 | 12.8 | 7.5 | 1.6 | |

表5-31(续)

| | | 非常关心 | 比较关心 | 一般 | 不太关心 | 很不关心 | N |
|---|---|---|---|---|---|---|---|
| 搬迁后的帮扶支持措施 | 频数 | 70 | 62 | 36 | 16 | 2 | 186 |
| | 百分比/% | 37.6 | 33.3 | 19.4 | 8.6 | 1.1 | |
| 其他 | 频数 | 12 | 9 | 9 | 5 | 2 | 37 |
| | 百分比/% | 32.4 | 24.3 | 24.3 | 13.5 | 5.4 | |

3. 期望支持的情况

对于如果搬迁，其对政府开展诸项工作必要性的认识，调查结果（见表5-32）显示：在搬迁政策解释传达上，被调查者中认为"必要"的人数比率最高，超过56%；近三分之一的人认为"一般"；认为"不必要"的人数比率最低，不足11.5%。在搬迁动员上，53.3的被调查者认为"必要"；其次是认为"一般"的，也超过35%；认为"不必要"的人数比率最低，不足12%。在搬迁具体措施解释说明上，被调查者中认为"必要"的人数比率最高，超过58%；近三分之一的人认为"一般"；只有9.2%的人认为"不必要"。在尊重村民意愿上，绝大多数被调查者认为"必要"，人数比率超过75%；认为"一般"的比率相对较低，不足15.5%，比认为"不必要"的高5.9%。在搬迁后资金扶持上，绝大多数被调查者认为"必要"，人数比率占近76%；认为"一般"的比率相对较低，不足16%，比认为"不必要"的高7.1%。在搬迁后技能培训和就业服务上，72.8%的被调查者认为"必要"；其次是认为"一般"，占近17%，比认为"不必要"的高6.5%。在其他工作上，66.7%的被调查者认为"必要"；五分之一的人认为"一般"；只有8.3%的人认为"不必要"。可见，如果搬迁，被调查者对政府开展相关工作必要性的认可度均较高。（根据均值）诸项工作必要性由高到低的排序是：尊重村民意愿（1.82）、搬迁后资金扶持（1.83）、其他工作（1.88）、搬迁后技能培训和就业服务（1.93）、搬迁具体措施解释说明（2.22）、搬迁政策解释传达（2.27）、搬迁动员（2.35）。

表5-32 如果搬迁，对政府开展相关工作必要性的认识

| | | 非常必要 | 比较必要 | 一般 | 不太必要 | 很不必要 | N |
|---|---|---|---|---|---|---|---|
| 搬迁政策传达和解释 | 频数 | 55 | 49 | 59 | 17 | 4 | 184 |
| | 百分比/% | 29.9 | 26.6 | 32.1 | 9.2 | 2.2 | |
| 搬迁动员 | 频数 | 48 | 50 | 65 | 15 | 6 | 184 |
| | 百分比/% | 26.1 | 27.2 | 35.3 | 8.2 | 3.3 | |
| 搬迁具体措施的说明和解释 | 频数 | 59 | 48 | 60 | 12 | 5 | 184 |
| | 百分比/% | 32.1 | 26.1 | 32.6 | 6.5 | 2.7 | |

表5-32(续)

| | | 非常必要 | 比较必要 | 一般 | 不太必要 | 很不必要 | N |
|---|---|---|---|---|---|---|---|
| 尊重村民的意愿 | 频数 | 99 | 40 | 28 | 13 | 4 | 184 |
| | 百分比/% | 53.8 | 21.7 | 15.2 | 7.1 | 2.2 | |
| 搬迁后的资金扶持 | 频数 | 96 | 43 | 29 | 13 | 3 | 184 |
| | 百分比/% | 52.2 | 23.4 | 15.8 | 7.1 | 1.6 | |
| 搬迁后的技能培训和就业服务 | 频数 | 86 | 48 | 31 | 14 | 5 | 184 |
| | 百分比/% | 46.7 | 26.1 | 16.8 | 7.6 | 2.7 | |
| 其他 | 频数 | 13 | 3 | 6 | 2 | 0 | 24 |
| | 百分比/% | 54.2 | 12.5 | 25.0 | 8.3 | 0.0 | |

对于最希望政府给予的支持，调查结果（见表5-33）显示：选择"提供资金扶持"和"提供足够土地"的人数比率居前两位，均占61%左右；其次是"提供工作机会"和"保证子女教育"，均占50%左右；选择"搞好基础设施建设"者的比率相对稍低，不足26%，比"知识技能培训"的高8.5%；选择"搞好治安环境"者的比率更低，不足10%，比"其他"支持的高7.5%。可见，被调查者最希望政府给予的支持是"提供资金扶持""提供足够土地""提供工作机会""保证子女教育"。

**表5-33　最希望政府给予的支持（N=188）**

| | | 频数 | 百分比/% |
|---|---|---|---|
| 保证子女教育 | 是 | 90 | 47.9 |
| | 否 | 98 | 52.1 |
| 提供工作机会 | 是 | 96 | 51.1 |
| | 否 | 92 | 48.9 |
| 知识技能培训 | 是 | 32 | 17.0 |
| | 否 | 156 | 83.0 |
| 提供资金支持 | 是 | 118 | 62.8 |
| | 否 | 70 | 37.2 |
| 搞好基础设施建设 | 是 | 48 | 25.5 |
| | 否 | 140 | 74.5 |
| 搞好治安环境 | 是 | 18 | 9.6 |
| | 否 | 170 | 90.4 |
| 提供足够土地 | 是 | 112 | 59.6 |
| | 否 | 76 | 40.4 |
| 其他 | 是 | 4 | 2.1 |
| | 否 | 184 | 97.9 |

**4. 迁移意向的情况**

对于搬迁行动的意向，调查结果（见表5-34）显示：被调查者中表示"愿意"的人数比率最高，超过38%，比"不愿意""一般"的分别高6.4%、8.5%。总体而言，被调查者的搬迁意愿较低。

表5-34　搬迁行动的意向（*N*=188）

|  | 很愿意 | 比较愿意 | 一般或无所谓 | 不太愿意 | 很不愿意 |
|---|---|---|---|---|---|
| 频数 | 29 | 43 | 56 | 31 | 29 |
| 百分比/% | 15.4 | 22.9 | 29.8 | 16.5 | 15.4 |

对于搬迁方式意向，调查结果（见表5-35）显示：绝大多数被调查者选择了"外迁集中安置"，人数比率达80%；选择"其他方式""外迁分散安置"的比率很低，均占9%左右；选择"自己投靠亲友"的比率更低，不足2%。可见，"外迁集中安置"是当地被调查者更为认同的一种搬迁方式。

表5-35　搬迁方式意向（*N*=185）

|  | 外迁集中安置 | 外迁分散安置 | 自己投靠亲友 | 其他 |
|---|---|---|---|---|
| 频数 | 148 | 16 | 3 | 18 |
| 百分比/% | 80.0 | 8.6 | 1.6 | 9.7 |

### 四、广东的迁移意愿情况

**1. 迁移认知的情况**

调查结果（见表5-36）显示：对于国家气候贫困人口移民相关政策，被调查者中表示"不了解"的人数比率最高，占38%，比"一般""了解"的分别高6.4%、7.6%。对于国家开展气候贫困人口移民的目的，被调查者中表示"不了解"的人数比率最高，占近37%；表示"了解""一般"的比率相对稍低，均占31.5%左右。可见，该地区被调查者对国家相关迁移政策的认知度较低。

表5-36　对国家相关迁移政策的认知度

|  |  | 非常了解 | 比较了解 | 一般 | 不太了解 | 很不了解 | *N* |
|---|---|---|---|---|---|---|---|
| 对该类政策的了解度 | 频数 | 14 | 38 | 54 | 57 | 8 | 171 |
|  | 百分比/% | 8.2 | 22.2 | 31.6 | 33.3 | 4.7 |  |
| 对该类移民目的的了解度 | 频数 | 19 | 35 | 52 | 53 | 9 | 168 |
|  | 百分比/% | 11.3 | 20.8 | 31.0 | 31.5 | 5.4 |  |

2. 迁移感受的情况

对于国家进行气候贫困人口移民的必要性，调查结果（见表5-37）显示：多数被调查者认为"必要"，人数比率超过63%；其次是认为"一般"的，也占近30%；认为"不必要"的人数比率较低，不足8%。

表5-37　对该类移民必要性的感受 （N=171）

| | 很有必要 | 较有必要 | 一般 | 不太必要 | 很不必要 |
|---|---|---|---|---|---|
| 频数 | 43 | 65 | 50 | 9 | 4 |
| 百分比/% | 25.1 | 38.0 | 29.2 | 5.3 | 2.3 |

对于如果搬迁，被调查者关心诸项工作的程度，调查结果（见表5-38）显示：在搬迁政策的公开公平性上，绝大多数被调查者表示"关心"，人数比率占86%；关心度"一般"的比率较低，不足12%；表示"不关心"的比率更低，不足2.5%。在搬迁政策的严格落实上，"关心"的人居多，人数比率占近85%；另有14%的人关心度"一般"；只有1.2%的人对此表示"不关心"。在搬迁方式上，88.9的被调查者表示"关心"；关心度"一般"者的比率较低，不足11%；表示"不关心"的比率更低，不足1%。在迁居地地理位置上，90.1%的被调查者表示"关心"；只有8.7%的人关心度"一般"，1.2%的人对此表示"不关心"。在搬迁补助上，绝大多数被调查者表示"关心"，人数比率超过91%；关心度"一般"的比率很低，仅占7%；表示"不关心"的比率更低，不足2%。在搬迁后土地和住房分配上，绝大多数被调查者表示"关心"，人数比率占近91%；只有8.1%的人关心度"一般"，1.2%的人对此表示"不关心"。在搬迁后的帮扶支持措施上，89.5%的被调查者表示"关心"；关心度"一般"的比率很低，不足10%；表示"不关心"的比率更低，不足1%。在"其他"工作上，92.7%的被调查者表示"关心"；只有5.8%的人表示"一般"，1.4%的人对此"不关心"。可见，如果搬迁，被调查者对相关工作的关心度均较高。（根据均值）诸项工作关注度由高到低的排序是：搬迁后土地和住房分配（1.40）、迁居地地理位置（1.41）、其他搬迁相关工作（1.41）、搬迁补助（1.43）、搬迁后的帮扶支持措施（1.45）、搬迁方式（1.49）、搬迁政策严格落实（1.55）、搬迁政策的公开公平性（1.59）。

表5-38　如果搬迁，对相关工作的关心度

| | | 非常关心 | 比较关心 | 一般 | 不太关心 | 很不关心 | N |
|---|---|---|---|---|---|---|---|
| 搬迁政策公开和公平性 | 频数 | 100 | 48 | 20 | 3 | 1 | 172 |
| | 百分比/% | 58.1 | 27.9 | 11.6 | 1.7 | 0.6 | |

表5-38(续)

| | | 非常关心 | 比较关心 | 一般 | 不太关心 | 很不关心 | N |
|---|---|---|---|---|---|---|---|
| 搬迁政策的严格落实 | 频数 | 105 | 41 | 24 | 2 | 0 | 172 |
| | 百分比/% | 61.0 | 23.8 | 14.0 | 1.2 | 0.0 | |
| 搬迁方式 | 频数 | 107 | 46 | 18 | 1 | 0 | 172 |
| | 百分比/% | 62.2 | 26.7 | 10.5 | 0.6 | 0.0 | |
| 迁居地地理位置 | 频数 | 120 | 35 | 15 | 2 | 0 | 172 |
| | 百分比/% | 69.8 | 20.3 | 8.7 | 1.2 | 0.0 | |
| 搬迁补助 | 频数 | 117 | 40 | 12 | 2 | 1 | 172 |
| | 百分比/% | 68.0 | 23.3 | 7.0 | 1.2 | 0.6 | |
| 搬迁后土地和住房分配 | 频数 | 123 | 33 | 14 | 1 | 1 | 172 |
| | 百分比/% | 71.5 | 19.2 | 8.1 | 0.6 | 0.6 | |
| 搬迁后的帮扶支持措施 | 频数 | 113 | 41 | 17 | 1 | 0 | 172 |
| | 百分比/% | 65.7 | 23.8 | 9.9 | 0.6 | 0.0 | |
| 其他 | 频数 | 47 | 17 | 4 | 1 | 0 | 69 |
| | 百分比/% | 68.1 | 24.6 | 5.8 | 1.4 | 0.0 | |

3. 期望支持的情况

对于如果搬迁，其对政府开展诸项工作必要性的认识，调查结果（见表5-39）显示：在搬迁政策解释传达上，绝大多数被调查者认为"必要"，人数比率超过91%；只有8.7%的人认为"一般"；无人认为"不必要"。在搬迁动员上，认为"必要"的人数比率最高，超过90%；认为"一般"者的比率较低，不足9.5%；只有0.6%的人认为"不必要"。在搬迁具体措施解释说明上，被调查者中认为"必要"的居多，人数比率占近90%；认为"一般"的比率较低，不足11%；无人认为"不必要"。在尊重村民意愿上，89.5%的被调查者认为"必要"；只有10.5%的人认为"一般"；无人认为"不必要"。在搬迁后资金扶持上，92.4%的被调查者认为"必要"；只有7.6%的人认为"一般"；无人认为"不必要"。在搬迁后技能培训和就业服务上，绝大多数被调查者认为"必要"，人数比率占近90%；认为"一般"的比率较低，不足10%；认为"不必要"的比率更低，不足1%。在其他工作上，95.7的被调查者认为"必要"；只有4.3%的人认为"一般"；无人认为"不必要"。可见，如果搬迁，被调查者对政府开展相关工作必要性的认可度均很高。（根据均值）诸项工作必要性由高到低的排序是：其他工作（1.29）、搬迁后资金扶持（1.33）、尊重村民意愿（1.37）、搬迁政策解释传达（1.38）、搬迁后技能培训和就业服务（1.38）、搬迁具体措施解释说明（1.41）、搬迁动员（1.44）。

表 5-39  如果搬迁，对政府开展相关工作必要性的认识

|  |  | 非常必要 | 比较必要 | 一般 | 不太必要 | 很不必要 | N |
|---|---|---|---|---|---|---|---|
| 搬迁政策传达和解释 | 频数 | 122 | 35 | 15 | 0 | 0 | 172 |
|  | 百分比/% | 71.0. | 20.3 | 8.7 | 0.0 | 0.0 |  |
| 搬迁动员 | 频数 | 115 | 40 | 16 | 1 | 0 | 172 |
|  | 百分比/% | 66.9 | 23.3 | 9.3 | 0.6 | 0.0 |  |
| 搬迁具体措施的说明和解释 | 频数 | 120 | 34 | 18 | 0 | 0 | 172 |
|  | 百分比/% | 69.8 | 19.8 | 10.5 | 0.0 | 0.0 |  |
| 尊重村民的意愿 | 频数 | 127 | 27 | 18 | 0 | 0 | 172 |
|  | 百分比/% | 73.8 | 15.7 | 10.5 | 0.0 | 0.0 |  |
| 搬迁后的资金扶持 | 频数 | 129 | 30 | 13 | 0 | 0 | 172 |
|  | 百分比/% | 75.0 | 17.4 | 7.6 | 0.0 | 0.0 |  |
| 搬迁后的技能培训和就业服务 | 频数 | 125 | 29 | 17 | 1 | 0 | 172 |
|  | 百分比/% | 72.7 | 16.9 | 9.9 | 0.6 | 0.0 |  |
| 其他 | 频数 | 53 | 14 | 3 | 0 | 0 | 70 |
|  | 百分比/% | 75.7 | 20.0 | 4.3 | 0.0 | 0.0 |  |

对于最希望政府给予的支持，调查结果（见表 5-40）显示：选择"提供工作机会""保证子女教育"的人数比率居前两位，均占 70% 左右；其次是"提供资金扶持"，也超过 47%；选择"搞好治安环境"的比率相对较低，不足 30%，比"搞好基础设施建设""知识技能培训""提供足够土地"的分别高 1.8%、6.4%、14%；选择"其他"支持的人数比率非常低，不足 1%。可见，被调查者最希望政府给予的支持是"提供工作机会""保证子女教育"和"提供资金扶持"。

表 5-40  最希望政府给予的支持 （N=172）

|  |  | 频数 | 百分比/% |
|---|---|---|---|
| 保证子女教育 | 是 | 120 | 69.8 |
|  | 否 | 52 | 30.2 |
| 提供工作机会 | 是 | 121 | 70.3 |
|  | 否 | 51 | 29.7 |
| 知识技能培训 | 是 | 40 | 23.3 |
|  | 否 | 132 | 76.7 |

表5-40（续）

| | | 频数 | 百分比/% |
|---|---|---|---|
| 提供资金支持 | 是 | 81 | 47.1 |
| | 否 | 91 | 52.9 |
| 搞好基础设施建设 | 是 | 48 | 27.9 |
| | 否 | 124 | 72.1 |
| 搞好治安环境 | 是 | 51 | 29.7 |
| | 否 | 121 | 70.3 |
| 提供足够土地 | 是 | 27 | 15.7 |
| | 否 | 145 | 84.3 |
| 其他 | 是 | 1 | 0.6 |
| | 否 | 171 | 99.4 |

4. 迁移意向的情况

对于搬迁行为的意向，调查结果（见表5-41）显示：被调查者中表示"愿意"和"不愿意"的人数比率相同，均占33.7%，比表示"一般或无所谓"的略高1.1%，总体而言，被调查者的搬迁意愿较低。

表5-41　搬迁行为的意向（N=169）

| | 很愿意 | 比较愿意 | 一般或无所谓 | 不太愿意 | 很不愿意 |
|---|---|---|---|---|---|
| 频数 | 20 | 37 | 55 | 41 | 16 |
| 百分比/% | 11.8 | 21.9 | 32.6 | 24.3 | 9.4 |

对于搬迁方式的意向，调查结果（见表5-42）显示：半数以上的被调查者选择了"外迁集中安置"，人数比率占近56%；其次是选择"自己投靠亲友""外迁分散安置"的，均占20.5%左右；选择"其他"方式者的比率很低，不足4%。可见，"外迁集中安置"是当地被调查者更为认同的一种搬迁方式。

表5-42　搬迁方式的意向（N=170）

| | 外迁集中安置 | 外迁分散安置 | 自己投靠亲友 | 其他 |
|---|---|---|---|---|
| 频数 | 95 | 34 | 35 | 6 |
| 百分比/% | 55.9 | 20.0 | 20.6 | 3.5 |

# 第五节　农村气候贫困人口迁移意愿的差异性分析

农村气候贫困人口的迁移意愿从广义上讲包括了迁移认知、迁移感受、期望支持和迁移意向4个层面，但无论其主观认知和情感因素如何，最终起决定因素的仍是迁移意向；故此，从狭义层面考察农村气候贫困人口的迁移意愿，主要是指其迁移行动意向和迁移方式意向，这是本部分的因变量。农村气候贫困人口的迁移意愿可能由于个体自身特征不同而表现出显著的差异，本部分选择其中可能与农村气候贫困人口迁移意愿存在相关性的因素作为自变量。通过双变量的相关分析和假设检验具体考察不同自然特征和社会特征者在迁移意向方面的差异情况，同时，这也可以为后续针对农村气候贫困人口迁移意愿影响因素的因果分析奠定前期基础。按照实证研究的基本范式，本书首先设定基本假设：不同自然、社会特征，不同受灾现实的农村气候贫困人口的迁移意愿存在显著差异。具体假设分别为：地区、性别、年龄、民族、文化程度、婚姻状况、政治面貌、家庭规模、生计方式、收入、生活环境条件、受灾损失、灾害影响度认识、灾害担心度不同的农村气候贫困人口，其迁移行动意向和迁移方式意向存在显著差异。

## 一、农村气候贫困人口迁移行动意向的差异性分析

（一）不同人口特征者迁移行动意向的差异

1. 不同地区者迁移行动意向的差异

分析结果（见表5-43）显示：云南地区者大多表示"愿意"（包括非常愿意和比较愿意，下同）搬迁，人数比率占77%；其次是四川地区者，也占近42%，比贵州地区者的比率略高3.3%；广东地区者"愿意"搬迁的人数比率最低，不足34%。相对比而言，四川地区者"不愿意"（包括不太愿意和很不愿意，下同）搬迁的人数比率最高，占近半数；其次是广东、贵州地区者，均占33%左右；云南地区者的这个比率较低，不足10.5%。可见，地区与人们迁移行动意向（通过检验）相关；云南地区者的迁移行动意向更高，而广东、四川地区者的迁移行动意向相对较低。

表 5-43　地区与迁移行动意向（%）（N=1 227）

|  | 很愿意 | 比较愿意 | 一般或无所谓 | 不太愿意 | 很不愿意 |
|---|---|---|---|---|---|
| 四川 | 14.7(41) | 26.9(75) | 8.6(24) | 40.1(112) | 9.7(27) |
| 云南 | 44.5(263) | 32.5(192) | 12.9(76) | 10.0(59) | 0.2(1) |
| 贵州 | 15.4(29) | 22.9(43) | 29.8(56) | 16.5(31) | 15.4(29) |
| 广东 | 11.8(20) | 21.9(37) | 32.5(55) | 24.3(41) | 9.5(16) |
| $\lambda = 0.152$ | | $\chi^2 = 327.131$ | | df = 12 | $p<0.01$ |

2. 不同性别者迁移行动意向的差异

分析结果（见表 5-44）显示：男性中"愿意"搬迁的居多，人数比率超过 58%，比女性的这个比率略高 4.2%。但性别与人们迁移行动意向（未通过检验）不相关；不同性别者在此方面无显著差异。

表 5-44　性别与迁移行动意向（%）（N=1 227）

|  | 很愿意 | 比较愿意 | 一般或无所谓 | 不太愿意 | 很不愿意 |
|---|---|---|---|---|---|
| 男 | 31.2 (264) | 27.2 (230) | 15.9 (135) | 20.0 (169) | 5.8 (49) |
| 女 | 23.4 (89) | 30.8 (117) | 20.0 (76) | 19.5 (74) | 6.3 (24) |
| $\lambda = 0.032$ | | $\chi^2 = 9.369$ | df = 4 | $p>0.05$ | |

3. 不同年龄者迁移行动意向的差异

分析结果（见表 5-45）显示：35~55 岁者"愿意"搬迁的人数比率最高，超过 61%；而 35 岁以下、56 岁及以上者的这个比率相对稍低，均占 52% 左右。相对比而言，56 岁及以上者"不愿意"搬迁的人数比率超过 35%；其次是 35~55 岁者，占近五分之一，比 35 岁以下者的略高 2.7%。可见，年龄与人们迁移行动意向（通过检验）相关；年龄越大则越"不愿意"迁移。

表 5-45　年龄与迁移行动意向（%）（N=1 227）

|  | 很愿意 | 比较愿意 | 一般或无所谓 | 不太愿意 | 很不愿意 |
|---|---|---|---|---|---|
| 35 岁以下 | 24.7 (93) | 29.2 (110) | 24.1 (91) | 17.2 (65) | 4.8 (18) |
| 35~55 岁 | 31.5 (201) | 29.6 (189) | 14.2 (91) | 19.4 (124) | 5.3 (34) |
| 56 岁及以上 | 28.0 (59) | 22.7 (48) | 13.7 (29) | 25.6 (54) | 10.0 (21) |
| $G = 0.016$ | | $\chi^2 = 33.750$ | | df = 8 | $p<0.01$ |

4. 不同民族者迁移行动意向的差异

分析结果（见表 5-46）显示：汉族中"愿意"搬迁的人数比率较高，超过 58%，比少数民族的这个比率高 6.3%。可见，民族与人们迁移行动意向

（通过检验）相关；相对于少数民族，汉族人口更愿意搬迁。

表 5-46 民族与迁移行动意向（％）（$N=1\ 225$）

|  | 很愿意 | 比较愿意 | 一般或无所谓 | 不太愿意 | 很不愿意 |
|---|---|---|---|---|---|
| 汉族 | 29.9（283） | 28.5（269） | 18.6（176） | 19.4（183） | 3.6（34） |
| 少数民族 | 24.6（69） | 27.5（77） | 12.5（35） | 21.4（60） | 13.9（39） |
| $\lambda=0.009$ | | $\chi^2=46.037$ | df=4 | $p<0.01$ | |

5. 不同文化程度者迁移行动意向的差异

分析结果（见表 5-47）显示：文化程度为小学及以下者表示"愿意"搬迁的人数比率最高，占近 66%；其次是初中、高中/中专/中技者，均占 53.5% 左右；大专及以上者的这个比率相对稍低，不足 43%。可见，文化程度与人们迁移行动意向（通过检验）相关；人们的文化程度越低则越愿意搬迁。

表 5-47 文化程度与迁移行动意向（％）（$N=1\ 221$）

|  | 很愿意 | 比较愿意 | 一般或无所谓 | 不太愿意 | 很不愿意 |
|---|---|---|---|---|---|
| 小学及以下 | 34.6（184） | 31.0（165） | 14.5（77） | 12.6（67） | 7.3（39） |
| 初中 | 26.2（106） | 27.9（113） | 13.6（55） | 28.6（116） | 3.7（15） |
| 高中/中专/中技 | 29.4（25） | 23.5（20） | 23.5（20） | 17.6（15） | 5.9（5） |
| 大专及以上 | 18.6（37） | 24.1（48） | 29.6（59） | 21.1（42） | 6.5（13） |
| $G=0.167$ | | $\chi^2=78.653$ | df=12 | $p<0.01$ | |

6. 不同婚姻状况者迁移行动意向的差异

分析结果（见表 5-48）显示：已婚者中表示"愿意"搬迁的人数比率最高，占近 60%，比丧偶者的高 5.7%；未婚者的这个比率相对稍低，不足 49%，比离异者的高 10.2%。可见，婚姻状况与人们迁移行动意向（通过检验）相关；已婚者更愿意搬迁。

表 5-48 婚姻状况与迁移行动意向（％）（$N=1\ 227$）

|  | 很愿意 | 比较愿意 | 一般或无所谓 | 不太愿意 | 很不愿意 |
|---|---|---|---|---|---|
| 未婚 | 20.5（34） | 28.3（47） | 24.1（40） | 25.3（42） | 1.8（3） |
| 已婚 | 30.1（294） | 29.3（286） | 16.0（156） | 18.3（179） | 6.2（61） |
| 离异 | 29.5（13） | 9.1（4） | 25.0（11） | 25.0（11） | 11.4（5） |
| 丧偶 | 29.3（12） | 24.4（10） | 9.8（4） | 26.8（11） | 9.8（4） |
| $\lambda=0.015$ | | $\chi^2=32.528$ | df=12 | $p<0.01$ | |

7. 不同政治面貌者迁移行动意向的差异

分析结果（见表5-49）显示：群众、共青团员中表示"愿意"搬迁的人数比率居前两位，均超过56%；而中共党员的这个比率相对稍低，不足53%；民主党派成员由于人数太少，在此不做分析（下同）。但政治面貌与人们迁移行动意向（未通过检验）不相关；不同政治面貌者在此方面无显著差异。

表5-49　政治面貌与迁移行动意向（%）（N=1 180）

|  | 很愿意 | 比较愿意 | 一般或无所谓 | 不太愿意 | 很不愿意 |
|---|---|---|---|---|---|
| 中共党员 | 30.7（58） | 22.2（42） | 17.5（33） | 22.8（43） | 6.9（13） |
| 共青团员 | 25.6（10） | 30.8（12） | 23.1（9） | 17.9（7） | 2.6（1） |
| 群众 | 28.6（271） | 28.5（270） | 17.2（163） | 19.7（187） | 6.0（57） |
| 民主党派 | 50.0（2） | 25.0（1） | 0.0（0） | 25.0（1） | 0.0（0） |
| $\lambda = 0.002$ | | $\chi^2 = 6.952$ | df=12 | $p > 0.05$ | |

8. 不同家庭规模者迁移行动意向的差异

分析结果（见表5-50）显示：家庭人口数为1人者表示"愿意"搬迁的人数比率最高，超过70%；其次是家庭人口数为5人、6人及以上的，均占62%左右；家庭人口数为4人的这个比率相对稍低，不足58%；家庭人口数为3人、2人者愿意搬迁的比率更低，均占48%左右。可见，家庭规模与人们迁移行动意向（通过检验）相关；总体而言，家庭规模越大者越倾向于愿意搬迁。

表5-50　家庭规模与迁移行动意向（%）（N=1 217）

|  | 很愿意 | 比较愿意 | 一般或无所谓 | 不太愿意 | 很不愿意 |
|---|---|---|---|---|---|
| 1人 | 52.9（18） | 17.6（6） | 5.9（2） | 17.6（6） | 5.9（2） |
| 2人 | 29.2（28） | 17.7（17） | 11.5（11） | 27.1（26） | 14.6（14） |
| 3人 | 23.2（58） | 26.4（66） | 16.8（42） | 27.6（69） | 6.0（15） |
| 4人 | 29.2（118） | 28.7（116） | 20.8（84） | 18.1（73） | 3.2（13） |
| 5人 | 31.1（83） | 31.5（84） | 16.1（43） | 15.7（42） | 5.6（15） |
| 6人及以上 | 27.7（46） | 33.7（56） | 17.5（29） | 13.3（22） | 7.8（13） |
| $G = -0.080$ | | $\chi^2 = 61.063$ | df=20 | $p < 0.01$ | |

（二）不同生计情况者迁移行动意向的差异

1. 不同生计方式者迁移行动意向的差异

分析结果（见表5-51）显示：以"传统种植"为主要生计方式者"愿意"搬迁的人数比率占近56%，比未以此为主要生计方式者的这个比率略低

0.9%；可见差异不显著，是否以"传统种植"为主要生计方式与人们迁移行动意向（未通过检验）不相关。以"畜牧"为主要生计方式者"愿意"搬迁的人数比率占67%，比未以此为主要生计方式者的这个比率高13.2%；可见差异较为显著，是否以"畜牧"为主要生计方式与人们迁移行动意向（通过检验）相关。以"渔业"为主要生计方式者"愿意"搬迁的人数比率不足46%，而未以此为主要生计方式者的这个比率则超过57%；但是否以"渔业"为主要生计方式与人们迁移行动意向（未通过检验）不相关。以"本地打零工"为主要生计方式者"愿意"搬迁的人数比率占53.5%，比未以此为主要生计方式者的这个比率略低5.9%；可见差异较为显著，是否以"本地打零工"为主要生计方式与人们迁移行动意向（通过检验）相关。以"外出打工"为主要生计方式者中"愿意"搬迁的人数比率占62.1%，比未以此为主要生计方式者的这个比率高7.9%；可见差异较为显著，是否以"外出打工"为主要生计方式与人们迁移行动意向（通过检验）相关。以"其他"生计方式为主者中"愿意"搬迁的人数比率较低，不足37.5%，远低于未以此为主要生计方式者的这个比率（58.2%）；可见存在一定的差异，是否以"其他"生计方式为主与人们迁移行动意向（通过检验）相关。

表 5-51 生计方式与迁移行动意向（%）（N=1 227）

| | | 很愿意 | 比较愿意 | 一般或无所谓 | 不太愿意 | 很不愿意 | λ | p |
|---|---|---|---|---|---|---|---|---|
| 传统种植 | 是 | 27.3(187) | 29.3(201) | 18.2(125) | 18.7(128) | 6.4(44) | 0.016 | >0.05 |
| | 否 | 30.6(166) | 26.9(146) | 15.9(86) | 21.2(115) | 5.4(29) | | |
| 畜牧 | 是 | 37.7(113) | 29.3(88) | 9.3(28) | 17.3(52) | 6.3(19) | 0.022 | <0.01 |
| | 否 | 25.9(240) | 27.9(259) | 19.7(183) | 20.6(191) | 5.8(54) | | |
| 渔业 | 是 | 16.7(4) | 29.2(7) | 16.7(4) | 37.5(9) | 0.0(0) | 0.006 | >0.05 |
| | 否 | 29.0(349) | 28.3(340) | 17.2(207) | 19.5(234) | 6.1(73) | | |
| 本地打零工 | 是 | 30.7(147) | 22.8(109) | 13.6(65) | 26.5(127) | 6.5(31) | 0.037 | <0.01 |
| | 否 | 27.5(206) | 31.8(238) | 19.5(146) | 15.5(116) | 5.6(42) | | |
| 外出打工 | 是 | 36.1(160) | 26.0(115) | 13.8(61) | 19.4(86) | 4.7(21) | 0.045 | <0.01 |
| | 否 | 24.6(193) | 29.6(232) | 19.1(150) | 20.0(157) | 6.6(52) | | |
| 其他 | 是 | 14.9(10) | 22.4(15) | 31.3(21) | 16.4(11) | 14.9(10) | 0.013 | <0.01 |
| | 否 | 29.6(343) | 28.6(332) | 16.4(190) | 20.0(232) | 5.4(63) | | |

2. 不同收入者迁移行动意向的差异

分析结果（见表5-52）显示：家庭年收入在10 001~20 000元者表示"愿意"搬迁的人数比率最高，超过70%；其次是10 000元及以下者，也占59.1%，比50 000元以上、20 001~30 000元者的比率分别高2.6%、8.6%；

40 001～50 000、30 001～40 000元者的比率相对较低，均占28%左右。家庭年收入与迁移行动意向（通过检验）有一定的相关性；家庭年收入低者的迁移行动意向更强。

表5-52　家庭年收入与迁移行动意向（%）（N=1 227）

|  | 很愿意 | 比较愿意 | 一般或无所谓 | 不太愿意 | 很不愿意 |
|---|---|---|---|---|---|
| 10 000元及以下 | 31.6（180） | 27.5（157） | 19.5（111） | 16.1（92） | 5.3（30） |
| 10 001～20 000万 | 39.3（97） | 31.2（77） | 13.4（33） | 11.7（29） | 4.5（11） |
| 20 001～30 000元 | 20.2（20） | 30.3（30） | 17.2（17） | 28.3（28） | 4.0（4） |
| 30 001～40 000元 | 2.9（2） | 23.2（16） | 11.6（8） | 50.7（35） | 11.6（8） |
| 40 001～50 000元 | 10.3（6） | 19.0（11） | 15.5（9） | 37.9（22） | 17.2（10） |
| 50 000元以上 | 26.1（48） | 30.4（56） | 17.9（33） | 20.1（37） | 5.4（10） |
| $G=0.134$ | | $\chi^2=122.561$ | df=20 | $p<0.01$ | |

3. 不同生活环境条件者迁移行动意向的差异

为了更直观地分析农村气候贫困人口现居地生活环境条件与其迁移行动意向之间的关系，本书对涉及生活环境条件的7个指标（见表5-53）进行了赋值分析，被调查者回答按"很好""较好""一般""较差""很差"依次赋1、2、3、4、5分，相加合并每个个案7个问题的得分（得分越低说明生活环境条件越好），并将得分划分为5个分数段，具体结果见表5-53。

表5-53　生活环境条件赋分（N=1 164）

|  | 很好 | 较好 | 一般 | 较差 | 很差 |
|---|---|---|---|---|---|
| 频数 | 219 | 290 | 405 | 152 | 98 |
| 百分比/% | 18.8 | 24.9 | 34.8 | 13.1 | 8.4 |

注：后文的双变量分析采用本表中的数据。

采用表5-53中的数据与人们迁移行动意向进行相关分析，结果显示（见表5-54）：现居地生活环境条件"很差"者"愿意"搬迁的人数比率最高，占近87%，比"较差"的比率高16.6%；其次是"较好""很好"者，人数比率均超过55.5%；现居地生活环境条件"一般"者的这个比率相对稍低，不足43.5%。可见，生活环境条件与迁移行动意向（通过检验）有一定的相关关系；生活环境条件越差，人们越倾向于愿意搬迁，反之亦然。

表 5-54　生活环境条件与迁移行动意向（%）（N=1 156）

|  | 很愿意 | 比较愿意 | 一般或无所谓 | 不太愿意 | 很不愿意 |
|---|---|---|---|---|---|
| 很好 | 18.4（40） | 37.3（81） | 17.1（37） | 24.4（53） | 2.8（6） |
| 较好 | 22.2（64） | 33.7（97） | 20.8（60） | 17.0（49） | 6.2（18） |
| 一般 | 18.9（76） | 24.4（98） | 21.4（86） | 26.9（108） | 8.5（34） |
| 较差 | 49.0（74） | 21.2（32） | 13.2（20） | 10.6（16） | 6.0（9） |
| 很差 | 73.5（72） | 13.3（13） | 5.1（5） | 2.0（2） | 6.1（6） |
| $G=-0.179$ | | $\chi^2=197.934$ | | df=16 | $p<0.01$ |

（三）不同受灾情况者迁移行动意向的差异

1. 不同灾害损失者迁移行动意向的差异

分析结果（见表 5-55）显示：灾害"没造成什么损失"者愿意搬迁的人数比率最高，超过 68%，比"损失很小"者高 8.1%；灾害"损失很大"者愿意搬迁的人数比率相对稍低，不足 54%。可见，灾害损失情况与迁移行动意向（通过检验）相关；灾害造成的损失越大，人们的迁移行动意向越弱，反之亦然。

表 5-55　灾害损失与迁移行动意向（%）（N=1 223）

|  | 很愿意 | 比较愿意 | 一般或无所谓 | 不太愿意 | 很不愿意 |
|---|---|---|---|---|---|
| 没造成什么损失 | 38.0(35) | 30.4(28) | 19.6(18) | 9.8(9) | 2.2(2) |
| 损失很小 | 21.7(91) | 38.6(162) | 19.8(83) | 17.4(73) | 2.6(11) |
| 损失很大 | 31.5(224) | 22.1(157) | 15.3(109) | 22.6(161) | 8.4(60) |
| $G=0.092$ | | $\chi^2=66.980$ | | df=8 | $p<0.01$ |

2. 不同灾害影响感受者迁移行动意向的差异

分析结果（见表 5-56）显示：认为自然灾害对生活影响"很大"者愿意搬迁的人数比率最高，占近 66%；其次是认为影响"较大"的，也超过 54%；认为影响"较小""一般"者的这个比率相对稍低，均占 42.5% 左右；认为"影响很小"者由于人数太少，在此不做分析（下同）。可见，灾害影响感受与迁移行动意向（通过检验）有一定程度的相关关系；人们感受的灾害影响越大，则越倾向于愿意搬迁，反之亦然。

表 5-56　灾害影响感受与迁移行动意向（%）（N=1 223）

| | 很愿意 | 比较愿意 | 一般或无所谓 | 不太愿意 | 很不愿意 |
|---|---|---|---|---|---|
| 影响很大 | 47.3（236） | 18.6（93） | 16.2（81） | 11.4（57） | 6.4（32） |
| 影响较大 | 15.5（78） | 38.6（194） | 14.1（71） | 25.5（128） | 6.2（31） |
| 一般 | 14.3（23） | 27.3（44） | 34.8（56） | 19.3（31） | 4.3（7） |
| 影响较小 | 15.7（8） | 27.5（14） | 3.9（2） | 51.0（26） | 2.0（1） |
| 影响很小 | 50.0（5） | 20.0（2） | 0.0（0） | 10.0（1） | 20.0（2） |
| $G=0.295$ | | $\chi^2=238.447$ | df=16 | $p<0.01$ | |

3. 不同灾害担心度者迁移行动意向的差异

分析结果（见表 5-57）显示：对于现居地今后发生自然灾害"非常担心"者愿意搬迁的人数比率最高，占 81%；"比较担心"者的比率也较高，超过 57%；"不太担心"者的比率相对较低，均不足 30%；"一般"者的这个比率更低，不足五分之一；"不担心"者由于人数较少，在此不做分析（下同）。可见灾害担心度与迁移行动意向（通过检验）有较强的相关性；人们越担心今后发生灾害的情况，就越倾向于愿意搬迁，反之亦然。

表 5-57　灾害担心度与迁移行动意向（%）（N=1 225）

| | 很愿意 | 比较愿意 | 一般或无所谓 | 不太愿意 | 很不愿意 |
|---|---|---|---|---|---|
| 非常担心 | 60.6（249） | 20.4（84） | 7.1（29） | 9.0（37） | 2.9（12） |
| 比较担心 | 15.4（75） | 41.8（204） | 14.5（71） | 21.7（106） | 6.6（32） |
| 一般 | 7.3（16） | 17.4（38） | 41.7（91） | 27.5（60） | 6.0（13） |
| 不太担心 | 6.2（5） | 23.5（19） | 16.0（13） | 40.7（33） | 13.6（11） |
| 不担心 | 22.2（6） | 7.4（2） | 25.9（7） | 25.9（7） | 18.5（5） |
| $G=0.527$ | | $\chi^2=455.624$ | df=16 | $p<0.01$ | |

## 二、农村气候贫困人口迁移方式意向的差异性分析

（一）不同人口特征者迁移方式意向的差异

从上文可知，农村气候贫困人口对于迁移方式的选择更倾向于"外迁集中安置"（62%）和"外迁分散安置"（27.9%），而较少选择"自己投靠亲友"（5.6%）和"其他"方式（4.5%）；因此，下文的双变量分析主要描述不同自然、社会特征者在"外迁集中安置"和"外迁分散安置"意向方面的差异。

1. 不同地区者迁移方式意向的差异

分析结果（见表 5-58）显示：对于"外迁集中安置"方式，贵州地区者

选择的人数比率最高，占 80%，比云南地区者的高 6.8%；广东地区者选择的比率相对稍低，不足 56%；四川地区者的比率更低，不足 30.5%。对于"外迁分散安置"方式，四川地区者选择的人数比率最高，占近 62%；其次是云南、广东地区者，均占五分之一左右；贵州地区者的比率较低，不足 9%。可见，地区与迁移方式意向（通过检验）有一定的相关性；贵州、云南地区者更倾向于"外迁集中安置"，四川地区者更倾向于"外迁分散安置"。

表 5-58　地区与迁移方式意向（%）（N = 1 216）

|  | 外迁集中安置 | 外迁分散安置 | 自己投靠亲友 | 其他 |
|---|---|---|---|---|
| 四川 | 30.2（84） | 61.9（172） | 2.9（8） | 5.0（14） |
| 云南 | 73.2（427） | 20.1（117） | 3.8（22） | 2.9（17） |
| 贵州 | 80.0（148） | 8.6（16） | 1.6（3） | 9.7（18） |
| 广东 | 55.9（95） | 20.0（34） | 20.6（35） | 3.5（6） |
| $\lambda = 0.190$ | | $\chi^2 = 319.809$ | df = 9 | $p < 0.01$ |

### 2. 不同性别者迁移方式意向的差异

分析结果（见表 5-59）显示：对于"外迁集中安置"方式，女性选择的人数比率超过 63%，比男性的略高 1.6%。对于"外迁分散安置"方式，男性选择的人数比率相对较高，超过 30%，比女性的高 7.1%。可见，性别与迁移方式意向（通过检验）相关；对于"外迁集中安置"方式女性的意向略强于男性，对于"外迁分散安置"方式男性的意向略强于女性。

表 5-59　性别与迁移方式意向（%）（N = 1 216）

|  | 外迁集中安置 | 外迁分散安置 | 自己投靠亲友 | 其他 |
|---|---|---|---|---|
| 男 | 61.5（515） | 30.1（252） | 3.7（31） | 4.7（39） |
| 女 | 63.1（239） | 23.0（87） | 9.8（37） | 4.2（16） |
| $\tau_y = 0.004$ | | $\chi^2 = 22.121$ | df = 3 | $p < 0.01$ |

### 3. 不同年龄者迁移方式意向的差异

分析结果（见表 5-60）显示：对于"外迁集中安置"方式，35～55 岁、35 岁以下者选择的人数比率居前两位，均占 63%左右；56 岁及以上者的比率相对稍低，不足 55.5%。对于"外迁分散安置"方式，56 岁及以上者选择的人数比率最高，超过 37%，比 35～55 岁、35 岁以下者的分别高 9.6%、13.8%。可见，年龄与人们迁移方式意向（通过检验）低度相关；中青年表现出更为明显的"外迁集中安置"倾向，而年龄越大对"外迁分散安置"的接受度更高。

表 5-60　年龄与迁移方式意向（%）（N=1 216）

|  | 外迁集中安置 | 外迁分散安置 | 自己投靠亲友 | 其他 |
|---|---|---|---|---|
| 35 岁以下 | 61.9（234） | 23.3（88） | 10.8（41） | 4.0（15） |
| 35~55 岁 | 64.3（404） | 27.5（173） | 3.5（22） | 4.6（29） |
| 56 岁及以上 | 55.2（116） | 37.1（78） | 2.4（5） | 5.2（11） |
| $\tau_y = 0.008$ | $\chi^2 = 39.398$ | df=6 | $p<0.01$ | |

4. 不同民族者迁移方式意向的差异

分析结果（见表 5-61）显示：对于"外迁集中安置"方式，少数民族选择的人数比率超过 66%，比汉族者的高 5.7%。对于"外迁分散安置"方式，汉族选择的人数比率占近 30%，比少数民族的高 6%。可见，民族与人们迁移方式意向（通过检验）低度相关；少数民族的"外迁集中安置"意向强于汉族，而汉族的"外迁分散安置"意向强于少数民族。

表 5-61　民族与迁移方式意向（%）（N=1 214）

|  | 外迁集中安置 | 外迁分散安置 | 自己投靠亲友 | 其他 |
|---|---|---|---|---|
| 汉族 | 60.6（567） | 29.3（274） | 6.3（59） | 3.7（35） |
| 少数民族 | 66.3（185） | 23.3（65） | 3.2（9） | 7.2（20） |
| $\tau_y = 0.003$ | $\chi^2 = 13.105$ | df=3 | $p<0.01$ | |

5. 不同文化程度者迁移方式意向的差异

分析结果（见表 5-62）显示：对于"外迁集中安置"方式，小学及以下者选择的人数比率最高，超过 70%；其次是大专及以上、高中/中专/中技者，均占 61%左右；初中者的比率相对稍低，不足 52%。对于"外迁分散安置"方式，初中者选择的人数比率占近 39%；小学及以下者的比率相对较低，不足 24%，比大专及以上、高中/中专/中技者的分别高 2.1%、7%。可见，文化程度与人们迁移方式意向（通过检验）相关；文化程度越低，越倾向于"外迁集中安置"或"外迁分散安置"，而文化程度更高者的选择相对更为灵活。

表 5-62　文化程度与迁移方式意向（%）（N=1 210）

|  | 外迁集中安置 | 外迁分散安置 | 自己投靠亲友 | 其他 |
|---|---|---|---|---|
| 小学及以下 | 70.4（371） | 23.9（126） | 2.3（12） | 3.4（18） |
| 初中 | 51.5（205） | 38.7（154） | 3.8（15） | 6.0（24） |
| 高中/中专/中技 | 60.2（50） | 16.9（14） | 13.3（11） | 9.6（8） |
| 大专及以上 | 61.9（125） | 21.8（44） | 13.9（28） | 2.5（5） |
| $\tau_y = 0.029$ | $\chi^2 = 96.323$ | df=9 | $p<0.01$ | |

6. 不同婚姻状况者迁移方式意向的差异

分析结果（见表5-63）显示：对于"外迁集中安置"方式，"未婚""已婚"者选择的居多，人数比率均超过62%；"离异"者的比率相对稍低，不足57%，比"丧偶者"的高5.6%。对于"外迁分散安置"方式，"丧偶"者选择的人数比率占近49%；离异者的则不足31.8%，比已婚、未婚者的这个比率分别高4.2%、8.6%。可见，婚姻状况与人们迁移方式意向（通过检验）低度相关；未婚、已婚者更倾向于"外迁集中安置"，而丧偶者对"外迁集中安置""外迁分散安置"没有明显的偏好。

表5-63　婚姻状况与迁移方式意向（%）（$N=1\ 216$）

|  | 外迁集中安置 | 外迁分散安置 | 自己投靠亲友 | 其他 |
|---|---|---|---|---|
| 未婚 | 63.7（107） | 23.2（39） | 10.7（18） | 2.4（4） |
| 已婚 | 62.4（601） | 27.6（266） | 4.8（46） | 5.2（50） |
| 离异 | 56.8（25） | 31.8（14） | 9.1（4） | 2.3（1） |
| 丧偶 | 51.2（21） | 48.8（20） | 0.0（0） | 0.0（0） |
| $\tau_y=0.006$ | $\chi^2=26.354$ | | df=9 | $p<0.01$ |

7. 不同政治面貌者迁移方式意向的差异

分析结果（见表5-64）显示：对于"外迁集中安置"方式，有64.9%的中共党员选择，比"共青团员""民主党派"的比率分别高2.4%、3.6%。对于"外迁分散安置"方式，有28.4%的"群众"选择，比"共青团员""中共党员"的比率分别高3.4%、3.8%。可见不同政治面貌者在迁移方式选择方面的差异并不显著，政治面貌与人们迁移方式意向（未通过检验）不相关。

表5-64　政治面貌与迁移方式意向（%）（$N=1\ 171$）

|  | 外迁集中安置 | 外迁分散安置 | 自己投靠亲友 | 其他 |
|---|---|---|---|---|
| 中共党员 | 64.9（124） | 24.6（47） | 7.3（14） | 3.1（6） |
| 共青团员 | 62.5（25） | 25.0（10） | 7.5（3） | 5.0（2） |
| 群众 | 61.3（574） | 28.4（266） | 5.2（49） | 5.0（47） |
| 民主党派 | 100.0（4） | 0.0（0） | 0.0（0） | 0.0（0） |
| $\tau_y=0.002$ | $\chi^2=6.413$ | | df=9 | $p>0.05$ |

8. 不同家庭规模者迁移方式意向的差异

分析结果（见表5-65）显示：对于"外迁集中安置"方式，家庭人口数为6人及以上者选择的人数比率最高，超过72%；以下依次是5人、1人、4人，人数比率均超过61%；家庭人口数为3人、2人者的比率相对稍低，均占

52% 左右。对于"外迁分散安置"方式，家庭人口数为 3 人者选择的人数比率占 40%，比 2 人的高 5.3%；以下依次是 4 人、1 人、5 人，人数比率均超过 23%；6 人及以上者的比率相对较低，不足 15.5%。可见，家庭规模与迁移方式意向（通过检验）相关；对于"外迁集中安置"，单身家庭者有明显偏好，非单身家庭者的家庭规模越大则越倾向于此；对于"外迁分散安置"，家庭规模更大者对此更不认同。

表 5-65　家庭规模与迁移方式意向（%）（N = 1 206）

|  | 外迁集中安置 | 外迁分散安置 | 自己投靠亲友 | 其他 |
|---|---|---|---|---|
| 1 人 | 67.6（23） | 23.5（8） | 5.9（2） | 2.9（1） |
| 2 人 | 51.6（49） | 34.7（33） | 6.3（6） | 7.4（7） |
| 3 人 | 52.0（130） | 40.0（100） | 4.8（12） | 3.2（8） |
| 4 人 | 61.2（246） | 27.1（109） | 5.7（23） | 6.0（24） |
| 5 人 | 69.5（182） | 23.3（61） | 3.8（10） | 3.4（9） |
| 6 人及以上 | 72.4（118） | 15.3（25） | 9.2（15） | 3.1（5） |
| $\tau_y = 0.023$ | $\chi^2 = 49.230$ | df = 15 | $p < 0.01$ | |

（二）不同生计情况者迁移方式意向的差异

1. 不同生计情况者迁移方式意向的差异

分析结果（见表 5-66）显示：对于"外迁集中安置"方式，以"传统种植"为主要生计方式者选择的人数比率（60.2%）比未以此为主要生计方式者的低 4%；对于"外迁分散安置"方式，前者选择的人数比率（30.8%）比后者的高 6.6%。可见，是否以"传统种植"为主要生计方式与人们迁移方式意向（通过检验）低度相关。

对于"外迁集中安置"方式，以"畜牧"为主要生计方式者选择的人数比率（68.1%）比未以此为主要生计方式者的高 8.1%；对于"外迁分散安置"方式，前者选择的人数比率（25.5%）比后者的低 3.1%。可见，是否以"畜牧"为主要生计方式与人们迁移方式意向（通过检验）低度相关。

对于"外迁集中安置"方式，以"渔业"为主要生计方式者选择的人数比率（54.2%）比未以此为主要生计方式者的低 8%；对于"外迁分散安置"方式，前者选择的人数比率（25%）比后者的亦略低 2.9%。可见差异并不显著，是否以"渔业"为主要生计方式与人们迁移方式意向（未通过检验）不相关。

对于"外迁集中安置"方式，以"本地打零工"为主要生计方式者选择的人数比率（54.7%）比未以此为主要生计方式者的低 12%；对于"外迁分散安置"方式，前者选择的人数比率（37.5%）比后者的高15.8%。可见，是否以"本地打零工"为主要生计方式与人们迁移方式意向（通过检验）相关。

对于"外迁集中安置"方式，以"外出打工"为主要生计方式者选择的人数比率（57.9%）比未以此为主要生计方式者的低6.4%；对于"外迁分散安置"方式，前者选择的人数比率（32.4%）比后者的高7.1%。可见，是否以"外出打工"为主要生计方式与人们迁移方式意向（通过检验）相关。

对于"外迁集中安置"方式，以"其他"为主要生计方式者选择的人数比率（55.9%）比未以此为主要生计方式者的低6.5%；对于"外迁分散安置"方式，前者选择的人数比率（25%）比后者的亦略低3%。可见差异并不显著，是否以"其他"为主要生计方式与人们迁移方式意向（未通过检验）不相关。

表5-66　生计方式与迁移方式意向（%）（$N$=1 216）

| | | 外迁集中安置 | 外迁分散安置 | 自己投靠亲友 | 其他 | $\tau_y$ | p |
|---|---|---|---|---|---|---|---|
| 传统种植 | 是 | 60.2(409) | 30.8(209) | 4.0(27) | 5.0(34) | 0.003 | <0.01 |
| | 否 | 64.2(345) | 24.2(130) | 7.6(41) | 3.9(21) | | |
| 畜牧 | 是 | 68.1(203) | 25.5(76) | 2.7(8) | 3.7(11) | 0.003 | <0.05 |
| | 否 | 60.0(551) | 28.6(263) | 6.5(60) | 4.8(44) | | |
| 渔业 | 是 | 54.2(13) | 25.0(6) | 8.3(2) | 12.5(3) | 0.001 | >0.05 |
| | 否 | 62.2(741) | 27.9(333) | 5.5(66) | 4.4(52) | | |
| 本地打零工 | 是 | 54.7(260) | 37.5(178) | 4.4(21) | 3.4(16) | 0.018 | <0.01 |
| | 否 | 66.7(494) | 21.7(161) | 6.3(47) | 5.3(39) | | |
| 外出打工 | 是 | 57.9(256) | 32.4(143) | 6.3(28) | 3.4(15) | 0.004 | <0.05 |
| | 否 | 64.3(498) | 25.3(196) | 5.2(40) | 5.2(40) | | |
| 其他 | 是 | 55.9(38) | 25.0(17) | 11.8(8) | 7.4(5) | 0.001 | >0.05 |
| | 否 | 62.4(716) | 28.0(322) | 5.2(60) | 4.4(50) | | |

2. 不同收入者迁移方式意向的差异

分析结果（见表5-67）显示：对于"外迁集中安置"方式，家庭年收入在10 000元及以下、10 001~20 000万者选择的人数比率居前两位，均占70%左右；其次是50 000元以上者，也超过54%，比20 001~30 000元者的比率高8.2%；40 001~50 000元者的比率相对较低，不足36.5%；30 001~40 000元者的比率更低，占四分之一。对于"外迁分散安置"方式，家庭年收入在30 001~40 000元者选择的人数最高，超过66%，比40 001~50 000元、20 001~

30 000 元者的分别高 11%、17.2%；50 000 元以上者的比率相对较低，占 28.1%，比 10 001~20 000 元、10 000 元及以下者的分别高 6%、8.9%。可见，家庭年收入与迁移方式意向（通过检验）相关；家庭年收入 2 万元及以下和 5 万元以上者更倾向于"外迁集中安置"，3 万~5 万元者更倾向于"外迁分散安置"，2 万~3 万元者对"外迁集中安置"和"外迁分散安置"无明显偏好。

表 5-67　家庭年收入与迁移方式意向（%）（N = 1 216）

|  | 外迁集中安置 | 外迁分散安置 | 自己投靠亲友 | 其他 |
|---|---|---|---|---|
| 10 000 元及以下 | 71.9 (405) | 19.2 (108) | 3.2 (18) | 5.7 (32) |
| 10 001~20 000 元 | 68.0 (166) | 22.1 (54) | 7.0 (17) | 2.9 (7) |
| 20 001~30 000 元 | 45.9 (45) | 49.0 (48) | 4.1 (4) | 1.0 (1) |
| 30 001~40 000 元 | 25.0 (17) | 66.2 (45) | 2.9 (2) | 5.9 (4) |
| 40 001~50 000 元 | 36.2 (21) | 55.2 (32) | 3.4 (2) | 5.2 (3) |
| 50 000 元以上 | 54.1 (100) | 28.1 (52) | 13.5 (25) | 4.3 (8) |
| $\lambda = 0.091$ | $\chi^2 = 157.944$ | | df = 15 | $p < 0.01$ |

3. 不同生活环境条件者迁移方式意向的差异

分析结果（见表 5-68）显示：对于"外迁集中安置"方式，现居地生活环境条件"很差"者选择的居多，人数比率占近 93%，比"较差"者的高 15.5%；"较好""很好"者的比率也较高，均超过 60%；现居地生活环境条件"一般"者的比率相对稍低，不足 52%。对于"外迁分散安置"方式，现居地生活环境条件"一般""很好"者选择的人数比率居前两位，均超过 34%；其次是"较好"的，也超过四分之一；现居地生活环境条件"较差"者的这个比率较低，占 16%，比"很差"者的高 11.9%。可见，生活环境条件与迁移方式意向（通过检验）相关；现居地生活环境"差"者的"外迁集中安置"意向更强，而"外迁分散安置"的意向更弱。

表 5-68　生活环境条件与迁移方式意向（%）（N = 1 146）

|  | 外迁集中安置 | 外迁分散安置 | 自己投靠亲友 | 其他 |
|---|---|---|---|---|
| 很好 | 60.2 (127) | 34.6 (73) | 3.3 (7) | 1.9 (4) |
| 较好 | 60.3 (173) | 25.1 (72) | 8.4 (24) | 6.3 (18) |
| 一般 | 51.4 (206) | 34.9 (140) | 8.2 (33) | 5.5 (22) |
| 较差 | 77.3 (116) | 16.0 (24) | 2.0 (3) | 4.7 (7) |
| 很差 | 92.8 (90) | 4.1 (4) | 0.0 (0) | 3.1 (3) |
| $\tau_y = 0.048$ | $\chi^2 = 92.095$ | | df = 12 | $p < 0.01$ |

（三）不同受灾情况者迁移方式意向的差异

1. 不同灾害损失者迁移方式意向的差异

分析结果（见表5-69）显示：对于"外迁集中安置"方式，灾害"没造成什么损失"者选择的人数比率占63%，比"损失很大""损失很小"者的分别高0.6%、2%。对于"外迁分散安置"方式，灾害"损失很小"者选择的人数比率占28.6%，比"损失很大""没造成什么损失"者的分别高0.7%、2.5%。可见，灾害损失情况与迁移方式意向（未通过检验）不相关，不同灾害损失者在此方面没有显著差异。

表5-69  灾害损失与迁移方式意向（%）（N=1 212）

|  | 外迁集中安置 | 外迁分散安置 | 自己投靠亲友 | 其他 |
|---|---|---|---|---|
| 没造成什么损失 | 63.0（58） | 26.1（24） | 7.6（7） | 3.3（3） |
| 损失很小 | 61.0（252） | 28.6（118） | 4.8（20） | 5.6（23） |
| 损失很大 | 62.4（441） | 27.9（197） | 5.8（41） | 4.0（28） |
| $\tau_y=0.000$ | $\chi^2=3.236$ | df=6 | $p>0.05$ | |

2. 不同灾害影响感受者迁移方式意向的差异

分析结果（见表5-70）显示：对于"外迁集中安置"方式，认为自然灾害对生活影响"很大"者选择的人数比率超过73%；其次是认为影响"较大"的，也占近60%；认为影响"一般"者的这个比率相对稍低，不足42%，比认为影响"较小"者的高8.2%。对于"外迁分散安置"方式，认为自然灾害对生活影响"较小"者选择的人数比率最高，占近55%；其次是认为影响"一般"和"较大"；认为影响"较小"者的人数比率较低，占15%。可见，灾害影响感受与搬迁方式意愿（通过检验）相关；感受灾害影响大者更倾向于"外迁集中安置"，感受灾害影响小者更倾向于"外迁分散安置"，感受灾害影响度一般者对"外迁集中安置"和"外迁分散安置"没表现出明显偏好。

表5-70  灾害影响感受与迁移方式意向（%）（N=1 212）

|  | 外迁集中安置 | 外迁分散安置 | 自己投靠亲友 | 其他 |
|---|---|---|---|---|
| 影响很大 | 73.5（368） | 15.0（75） | 7.8（39） | 3.8（19） |
| 影响较大 | 59.7（293） | 32.6（160） | 3.3（16） | 4.5（22） |
| 一般 | 41.5（66） | 45.9（73） | 6.9（11） | 5.7（9） |
| 影响较小 | 33.3（17） | 54.9（28） | 3.9（2） | 7.8（4） |
| 影响很小 | 70.0（7） | 30.0（3） | 0.0（0） | 0.0（0） |
| $\lambda=0.039$ | $\chi^2=107.365$ | df=12 | $p<0.01$ | |

3. 不同灾害担心度者迁移方式意向的差异

分析结果（见表5-71）显示：对于"外迁集中安置"方式，"非常担心"现居地今后发生自然灾害者选择的人数比率占近78%；以下依次是"比较担心""一般""不太担心"的。对于"外迁分散安置"，"比较担心"和"不太担心"现居地今后发生自然灾害者选择的人数比率居前两位，均超过36%，略高于担心度"一般"者（31.2%）；"非常担心"者的比率很低，不足16%。

表5-71　灾害担心度与迁移方式意向（%）（N=1 214）

|  | 外迁集中安置 | 外迁分散安置 | 自己投靠亲友 | 其他 |
|---|---|---|---|---|
| 非常担心 | 77.9（321） | 15.5（64） | 3.6（15） | 2.9（12） |
| 比较担心 | 56.3（271） | 36.4（175） | 2.7（13） | 4.6（22） |
| 一般 | 49.8（107） | 31.2（67） | 12.1（26） | 7.0（15） |
| 不太担心 | 46.2（37） | 36.2（29） | 11.2（9） | 6.2（5） |
| 不担心 | 61.5（16） | 15.4（4） | 19.2（5） | 3.8（1） |
| $\tau_y = 0.047$ | $\chi^2 = 112.126$ | | df = 12 | $p < 0.01$ |

# 第六节　农村气候贫困人口迁移意愿及其差异性的整体分析

## 一、农村气候贫困人口迁移意愿的整体分析

第一，农村气候贫困人口的迁移认知不足。农村气候贫困人口的迁移认知状况不甚理想，许多人缺乏对国家相关迁移工作及其工作目的的基本认识。具体而言：①被调查者对国家相关迁移工作的认知度不高，只有42.6%的人对此表示"了解"；各地区按认知度由高到低的排序是：四川（57.2%）、云南（50%）、广东（30.4%）、贵州（8.5%）。②被调查者对国家开展气候贫困人口移民目的的认知度亦不高，只有40%的人对此表示"了解"；各地区按认知度由高到低的排序是：云南（48.5%）、四川（48%）、广东（32.1%）、贵州（8.6%）。表明四川和云南相对而言认知度更高，贵州和广东相对而言认知度更低。应该说，政府对迁移的宣传和政策解读情况会影响到农村气候贫困人口的迁移认知，政府需要加强宣传和政策解读，以利于增强迁移意愿和促进迁移行为。

第二，农村气候贫困人口对因灾迁移有所认同，农村气候贫困人口对移民必要性有一定的认同，关心涉及未来因可能搬迁而涉及的相关工作。具体而

言：①被调查者大多认同国家进行气候贫困人口移民的必要性，认为"必要"的人数比率占67.6%，但还有20.3%的人表示"一般"，说明人们的认同还有待于进一步提升；各地区按对必要性认同度由高到低的排序是：云南（76.7%）、四川（72.9%）、广东（63.1%）、贵州（34.9%）。②绝大多数被调查者对未来因可能搬迁而涉及诸项工作表示关心，人数比率达91.8%；相关工作关注度（按均值）由高到低的排序是：搬迁后土地和住房分配（1.39）、搬迁补助（1.39）、迁居地地理位置（1.46）、搬迁后的帮扶支持措施（1.51）、搬迁政策的公开公平性（1.56）、搬迁政策严格落实（1.59）、其他搬迁相关工作（1.59）、搬迁方式（1.62）；各地区按关心度由高到低的排序是：四川（97.9%）、广东（94.2%）、云南（90.9%）、贵州（66.7%）。这说明迁移必要性认同度和相关工作关注度都存在区域差异，需要协调平衡。同时，政府应重点关注搬迁后土地和住房分配、搬迁补助、迁居地地理位置、搬迁后的帮扶支持措施等对迁移意愿和迁移行为的影响。

第三，农村气候贫困人口期望迁移后能得到基本生计发展支持。具体而言：①对于未来如果搬迁政府开展相关支持工作的必要性，大多数被调查者表示认可（占93.3%），说明认可度很高；相关工作必要性（按均值）由高到低排序是：搬迁后资金扶持（1.36）、其他工作（1.4）、尊重村民意愿（1.48）、搬迁后技能培训和就业服务（1.49）、搬迁政策解释传达（1.52）、搬迁动员（1.59）、搬迁具体措施解释说明（1.60）；各地区按必要性认可度由高到低排序是：四川（98.5%）、广东（97.1%）、云南（89.3%）、贵州（75%）。②被调查者最希望政府给予的支持由高到低排序是"搬迁后资金扶持"（55.3%）、"提供工作机会"（52.3%）和"保证子女教育"（44.3%）、"知识技能培训"（33.8%）、"提供足够土地"（29.3%）、"搞好基础设施建设"（26.7%）、"搞好治安环境"（21.0%）、"其他"（4.2%）。可见，其最需要的是资金扶持、工作、培训、子女教育等基本生计发展支持，同时也需要尊重村民搬迁意愿等。因此，迁移政策的设计必须充分考虑这些诉求才有可能更好实施迁移工作和保证未来迁移的效果。

第四，农村气候贫困人口有一定的迁移意向，且大多愿意"外迁"。具体而言：第一，被调查者有一定程度的迁移行动意向，表示愿意搬迁的人数比率占57.1%，但还有25.7%的人不愿意搬迁，说明人们的迁移意向不够高，对于是否搬迁存在不小分歧；各地区迁移行动意向由高到低的排序是：云南（77%）、四川（41.6%）、贵州（38.3%）、广东（33.7%）。第二，如果搬迁，被调查者选择的搬迁方式由高到低排序是"外迁集中安置"（62%）、"外迁分散安置"（27.9%）、"自己投靠亲友"（5.6%）、"其他"方式（4.5%）。可见，绝大多数人倾向于外迁（集中安置或分散安置），特别是倾向于外迁集中安置。这种意愿结果，反映出易地扶贫搬迁这种以集中安置和分散安置相结合的方式具有较为广泛的群众基础，应是一种可行的政策选择。

### 二、农村气候贫困人口迁移意愿差异性的整体分析

第一，不同地区者的迁移意愿存在显著差异。在迁移行动意向上，云南地区者的迁移行动意向更高，而广东、四川地区者的意向相对较低；在迁移方式意向上，贵州、云南地区者更倾向于"外迁集中安置"，四川地区者更倾向于"外迁分散安置"，广东地区者的迁移方式意向虽表现出"外迁集中安置"偏好但具有较大灵活性。这表明在实际迁移安置中，需要加强调查研究，因地制宜地选择迁移安置方式。

第二，不同性别、年龄、民族、政治面貌者迁移意愿的差异性。①不同性别的迁移意愿存在部分差异。在迁移方式意向上，选择"外迁集中安置"者中女性的比率更高，而选择"外迁分散安置"者中的男性比率更高；但性别与人们迁移行动意向不相关，不同性别者在此方面无显著差异。②不同年龄者的迁移意愿存在差异。在迁移行动意向上，中年人的迁移行动意向相对更高，且年龄越大则越"不愿意"搬迁；在迁移方式意向上，中青年表现出更为明显的"外迁集中安置"倾向，而年龄越大对"外迁分散安置"的接受度越高。③不同民族者的迁移意愿存在差异。在迁移行动意向上，汉族比少数民族更愿意搬迁；在迁移方式意向上，选择"外迁集中安置"者中少数民族居多，而选择"外迁分散安置"者中汉族居多。④不同文化程度者的迁移意愿存在显著差异。在迁移行动意向上，文化程度越低者越愿意搬迁；在迁移方式意向上，文化程度越低者越倾向于"外迁集中安置"或"外迁分散安置"，而文化程度高者的选择相对更为灵活。⑤不同政治面貌者的迁移意愿不存在显著差异。政治面貌与人们迁移行动意向、迁移方式意向不相关，不同政治面貌者在此两方面均没有显著差异。性别、年龄、民族、政治面貌等属于被调查者的个体特征，这些特征差异决定了他们在迁移意愿上的差异，清楚认识到这一点才能更好引导迁移意愿和迁移行为。

第三，不同婚姻状况、家庭规模、生计方式、收入、生活环境条件者迁移意愿的差异性。①不同婚姻状况者的迁移意愿存在差异。在迁移行动意向上，已婚者更愿意搬迁；在迁移方式意向上，未婚、已婚者更倾向于"外迁集中安置"，而丧偶者对外迁的两种方式没有明显的偏好。②不同家庭规模者的迁移意愿存在显著差异。在迁移行动意向上，单身家庭者更愿意搬迁，而非单身家庭者的家庭规模越大则越倾向于愿意搬迁；在迁移方式意向上，对于"外

迁集中安置"，单身家庭者有明显偏好，非单身家庭者的家庭规模越大则越倾向于此；对于"外迁分散安置"，家庭规模大者对此更不认同。③不同生计方式者的迁移意愿存在差异。在迁移行动意向上，以"畜牧""外出打工"为主要生计方式者的迁移行动意向更强，而以"在本地打零工""其他"为主要生计方式者的意向则相对更弱；在迁移方式意向上，与以"传统种植""本地打零工""外出打工"为主要生计方式者相比较，未以此为主要生计方式者对于"外迁集中安置"的偏好更明显，而其对"外迁分散安置"的意向表现恰好相反。④不同收入者的迁移意愿存在显著差异。在迁移行动意向上，家庭年收入低者在此方面的意向更强；在迁移方式意向上，家庭年收入2万元及以下和5万元以上者更倾向于"外迁集中安置"，3万~5万元者更倾向于"外迁分散安置"，2万~3万元者对外迁集中安置"和"外迁分散安置"无明显偏好。⑤不同生活环境条件者的迁移意愿存在显著差异。在迁移行动意向上，生活环境条件越差，人们越倾向于愿意搬迁，反之亦然；在迁移方式意向上，现居地生活环境"差"者的"外迁集中安置"意向更强，而"外迁分散安置"的意向则更弱。这里尤其值得关注的是，收入越低、生活环境条件越差以及外出打工者等迁移意愿更加强烈，可能表明他们将迁移视为改变生存状态或生存环境的一种途径。

第四，不同灾害损失、灾害影响感受、灾害担心度者迁移意愿差异性。①不同灾害损失者迁移意愿存在部分差异。灾害损失情况与迁移方式意向不相关，不同灾害损失者在此方面无显著差异。但在迁移行动意向上，灾害造成的损失大小与人们的迁移行为意愿有所差别，但差别不是很大。可能的原因是，付诸迁移行动是由多方面因素决定的，不是由单纯自然灾害所决定，除非长期面对巨大灾害损失。②不同灾害影响感受者的迁移意愿存在显著差异。在迁移行动意向上，人们感受的灾害影响越大则越倾向于愿意搬迁，反之亦然；在迁移方式意向上，感受灾害影响大者更倾向于"外迁集中安置"，感受灾害影响小者更倾向于"外迁分散安置"，感受灾害影响度一般者对外迁两种方式没表现出十分明显的偏好。③不同灾害担心度者的迁移意愿存在显著差异。在迁移行动意向上，人们越担心今后发生灾害的情况就越倾向于愿意搬迁，反之亦然；在迁移方式意向上，人们对现居地未来发生灾害的担心度越高，就越倾向于"外迁集中安置"。由此可见，对灾害影响感受强者以及担心以后发生自然灾害者，其迁移意愿和迁移行动都更强，并且都倾向于"外迁集中安置"，这基本符合我们的经验判断。

# 第七节　本章小结

本章主要通过抽样调查数据，分析了农村气候贫困人口受灾和生计情况，围绕农村气候贫困人口在迁移认知、迁移感受、期望支持、迁移意向 4 个方面的迁移意愿情况进行了总体分析。在此基础上，对样本区域四川、云南、贵州、广东的迁移意愿情况进行比较分析，并且，针对不同人口特征者、不同生计情况者、不同受灾情况者，就迁移行动意向和迁移方式意向的差异性进行具体的描述性统计分析。研究发现，农村气候贫困人口的迁移认知状况不甚理想，许多人缺乏对国家相关迁移政策及其工作目的基本认识；农村气候贫困人口对移民必要性有一定的认同，关心涉及未来因可能搬迁而涉及的相关工作；农村气候贫困人口期望迁移后能得到基本生计发展支持，尤其是资金扶持、工作、培训、子女教育等方面基本生计发展支持，同时也需要尊重村民搬迁意愿等；农村气候贫困人口有一定的搬迁意向，且大多愿意"外迁集中安置"，反映易地扶贫搬迁这种以集中安置和分散安置相结合的方式具有较为广泛的群众基础，应是一种可行的政策选择。

而在对农村气候贫困人口迁移意愿差异性比较研究方面，本章综合对农村气候贫困人口个体特征与其迁移意愿状况的双变量相关分析和假设检验结果，可知不同个体特征者的迁移行动意向和迁移方式意向总体存在显著差异，验证了本书作出的"不同自然、社会特征、受灾现实的农村气候贫困人口的迁移意愿存在显著差异"这一基本假设。

# 第六章 农村气候贫困人口迁移社会适应性调查

## ——以滇、黔、川为例

气候贫困导致的有组织、有计划的人口迁移作为一项复杂的系统工程，其不仅是人口居所的搬迁，同时也是迁移个体和群体一整套生存发展系统（社会、经济、文化和心理）的综合变迁和持续适应过程，而移民的社会适应性牵涉个体的生存发展并对区域人口重建和经济社会可持续发展产生影响。因此在农村气候贫困人口迁移过程中，需要在前期人口迁移规划部署工作基础上，将移民后期社会适应问题提上议事日程。

## 第一节 调查设计

### 一、概念界定及操作

对个体社会适应性的逻辑结构区分，目前国内外学界仍然存在着较大争议。国外侧重对社会适应中心理和人格适应等内容的认定属于心理学的主张，而强调文化适应范畴则属于人类学的主张。在国内社会学界，社会适应结构内容被细分为经济的、政治的、社会的以及文化等的适应，抑或是生产的、生活的、心理的以及人际关系等的适应，但学者们主张针对不同的移民群体需要相应考察其在不同侧面和内容上的社会适应性。例如，对城市流动人口，更多地关注其心理认同和经济层面等适应；对水利工程移民则一般强调生产、生活以及人际关系等适应；对生态移民一般侧重强调其文化和生计发展适应。出于这样的认识，结合农村气候贫困迁移人口特征，本书认为在实质上社会适应是个体继续社会化和再社会化的过程，是移民在其社会化过程中对生产、生活和人际交往技能等不断学习和内化，及其在新环境下心理调适的结果①。综合移民适应性相关研究经验，研究认为"社会适应性"是个体社会适应在特定时间点上表现出的结果，即将其界定为移民为适应各种环境改变而作出的各种调适行为后所呈现出的生活状态。基于此，本次调查期望通过对调查对象的各层面生活状况及其满意度、未来预期，以及移民对自身社会适应相关层面的主观认知和评价状况进行详细考察，以评价移民在各个层面的社会适应性水平。在此基础上，调查具体将"社会适应性"操作分为 4 个维度，包括"生计发展适应性""基本生活适应性""人际交往适应性"以及"心理适应性"②，并相应发展次级指标。

具体操作化内容见图 6-1。

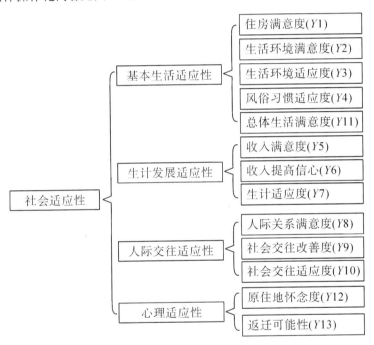

图6-1 农村气候贫困迁移人口社会适应性操作化

---

① 周炎炎，杨世箐. 灾后移民社会适应状况评价：基于北川等地的调查 [J]. 西北农林科技大学学报（社会科学版），2016，16（6）：81-86，93.
② 考虑到文化内涵的丰富性、多样性和较强的外部关联性，文化适应内容大都以物质的、精神的和行为实践的方式呈现在个体的心理、生产、生活和人际交往适应中，故调查在操作化过程中没有专门发展文化适应维度，而将反映其状况的各项指标变量内含于生计、基本生活、人际交往等维度下。

为适应研究需要，问卷相应设计了包括上述操作化因变量在内的 7 个部分的内容：

第 1 部分为调查对象基本情况，包括诸如性别、年龄、民族、文化程度、婚姻状况、政治面貌、家庭人口等自然和社会的个体基本特征；第 2 部分为调查对象基本搬迁情况，包括搬迁年限、搬迁方式、搬迁政策了解度和住房类型及住房来源等变量；第 3 部分为生活环境情况，包括搬迁前后的居住地点、搬迁后的生活便利性、搬迁前后生活环境对比、搬迁后生活环境满意度、搬迁后生活环境适应度、搬迁前后区域风俗习惯差别和搬迁后风俗习惯适应度等变量；第 4 部分为生计状况，包括搬迁前后生产劳动差别、就业技能培训状况、谋生技能掌握状况、搬迁前后家庭收入状况、搬迁后主要经济来源、搬迁后生活水平提高状况、搬迁后收入满意度以及搬迁后生计适应状况等指标；第 5 部分为人际关系和社会支持情况，包括邻里关系满意度、搬迁后结交新朋友和原住民新朋友状况、人际关系变动状况、人际交往适应状况、遇到困难时的求助意愿以及各主体对家庭的帮助情况等变量；第 6 部分为政策评价，包括对社区的评价状况以及对政府政策执行和落实的满意度状况等变量；第 7 部分为发展意愿情况，包括搬迁后的主要困难、总体适应情况、原居地怀念情况、返迁意愿以及对政府工作的期望等变量。

## 二、数据来源及样本概况

通过前期调研，结合相关研究，本书在对国内气候贫困移民具体情况进行较为充分的了解和把握后，结合对国内农村气候贫困人口迁移较为集中区域的客观研判，选取西部 11 个省（区）进入第一阶段抽样框，并运用简单随机抽样的方式抽取出四川、云南和贵州 3 个省份。第二阶段抽样中，课题组在前期实地调研等基础上，在斟酌和反复听取专家及相关省（区、市）主管移民的政府部门人员意见的基础上，判断抽取四川、云南和贵州 3 个省份中最具代表性的农村气候贫困人口迁移区域作为样本区域。其中，四川抽取了都江堰和北川两地，贵州抽取了咸宁、纳雍、大方和百里杜鹃管理区四地，云南抽取了富宁和延津两地。第三阶段则采用实地抽取样本的方式，进入第二阶段抽取出的 9 个地区农村气候贫困人口集中迁移安置区进行户内抽样，最终对调查对象开展农村气候贫困人口迁移的社会适应性问卷调查。由于此次调查区域范围广，调查对象分布于 4 省份 11 个市（县），因此实际调查执行时间跨度较大，于

2013 年 5 月开始实施试调查，并根据调查反馈修正完善最终问卷，在 2013 年 7 月至 2015 年 3 月进行了正式调查，并于 2016 年、2017 年、2018 年三年的暑期进行了补充入户调查，由此完成整个实际调查过程。调查实际发放问卷 1 050 份，回收问卷 1 000 份，其中有效问卷 989 份，回收率和有效回收率分别为 95.2%、94.2%，达到了既定的目标要求。同时，为了获取更为丰富的资料，以期通过调查达成定性分析与定量分析相互补充、相互支撑的目的，本书在问卷调查的过程中根据调查员的实时判断，在每个调查地区各选取 2~3 例典型对象开展深度访谈，其中四川完成 6 例，贵州完成 11 例，云南完成 5 例，访谈内容主要在问卷问题的基础上进行。

关于样本的人口学特征情况，调查结果（见表 6-1）显示：在四川、云南、贵州 3 省共 989 名被调查者中，性别方面，男性的人数比率较高，占近 63%；女性的人数比率相对较低，不足 37%；0.5% 的人未答。年龄方面，半数以上为 35~55 岁者；其次是 35 岁以下者，人数比率也超过 30%；56 岁及以上者的比率较低，不足 14.5%；2.4% 的人未答；被调查者的平均年龄为 40.4 岁，以中青年为主，年龄结构较为合理。政治面貌方面，群众的人数比率最高，近 84%；中共党员和共青团员的比率较低，均占 6% 左右；民主党派的比率更低，不足 1%；另有 3.2% 的人未答。民族方面，"汉族"者居多，人数比率超过 63%；"少数民族"则占 36%；0.9% 的人未答。婚姻状况方面，绝大多数被调查者是"已婚"，人数比率超过 81%；其次是"未婚"，不足 9.5%，比"离异""丧偶"者的人数比率分别高 4.3%、6.1%；1.1% 的人未答。受教育程度方面，"小学及以下""初中"者的人数比率居前两位，均超过 41%；"高中/中专/中技"者的比率较低，不足 11%；"大专及以上"者的比率更低，不足 6%；0.6% 的人未答。家庭总人口（指吃住在一起的人口，下同）数方面，30.5% 的人选择"4 人"；其次是"5 人""6 人及以上""3 人"的，均占 19.5% 左右；选择"2 人"的人数比率很低，不足 7%，比"1 人"的高 3.7%；另有 1.4% 的人未答；被调查者的家庭平均人口数为 4.2 人。

表 6-1　样本人口特征概况（$N=989$）

| 样本特征 | | 频数 | 百分比/% | 样本特征 | | 频数 | 百分比/% |
|---|---|---|---|---|---|---|---|
| 地区 | 四川 | 244 | 24.7 | 性别 | 男 | 620 | 62.7 |
| | 云南 | 591 | 59.8 | | 女 | 364 | 36.8 |
| | 贵州 | 154 | 15.6 | | 未答 | 5 | 0.5 |
| 政治面貌 | 中共党员 | 72 | 7.3 | 年龄 | 35 岁以下 | 298 | 30.1 |
| | 共青团员 | 49 | 5.0 | | 35~55 岁 | 527 | 53.3 |
| | 群众 | 829 | 83.8 | | 56 岁及以上 | 140 | 14.2 |
| | 民主党派 | 7 | 0.7 | | 未答 | 24 | 2.4 |
| | 未答 | 32 | 3.2 | 民族 | 汉族 | 624 | 63.1 |
| 婚姻状况 | 未婚 | 93 | 9.4 | | 少数民族 | 356 | 36.0 |
| | 已婚 | 802 | 81.1 | | 未答 | 9 | 0.9 |
| | 离异 | 50 | 5.1 | 家庭总人口数 | 1 人 | 32 | 3.2 |
| | 丧偶 | 33 | 3.3 | | 2 人 | 68 | 6.9 |
| | 未答 | 11 | 1.1 | | 3 人 | 183 | 18.5 |
| 受教育程度 | 小学及以下 | 413 | 41.8 | | 4 人 | 302 | 30.5 |
| | 初中 | 412 | 41.7 | | 5 人 | 206 | 20.8 |
| | 高中/中专/中技 | 105 | 10.6 | | 6 人及以上 | 184 | 18.6 |
| | 大专及以上 | 53 | 5.4 | | 未答 | 14 | 1.4 |
| | 未答 | 6 | 0.6 | | | | |

注：1. 调查问卷个别问题出现缺答情况，以"未答"显示；

2. 本表中百分比为总体百分比，下文不进行备注说明的百分比均是有效百分比。

关于样本搬迁的基本情况，调查结果（见表 6-2）显示：绝大多数被调查者表示在搬迁前政府征求过其搬迁意见（74.4%），并进行了政策说明（74.3%），可见政府在此方面做了不少工作；超过半数（56.4%）的人表示"了解"（包括非常了解和比较了解）政府相关政策，但仍有相当一部分人对此的了解度"一般"或"不了解"（包括不太了解和很不了解），说明该项工作有待于进一步加强。在搬迁方式上，多数被调查者选择了"外迁集中安置"，人数比率超过 56%；22% 的人选择了"外迁分散安置"，比"其他方式"的比率高 6.6%；选择"找工作或投靠亲友"的比率很低，不足 6%；另有0.6% 的人未答；可见外迁（集中迁移和分散安置）是其主要的搬迁方式。在搬迁年限上，被调查者选择"6 年及以上"的人数比率最高，超过 23%；其次是"2 年""1 年"的，均占 19% 左右；选择"5 年"者的比率较低，不足 15%，比"3 年""4 年"的分别高 3.1%、4.4%；2.5% 的人未答；平均搬迁年限为 3.8 年。

表 6-2　样本搬迁概况（*N* = 989）

| 样本特征 | | 频数 | 百分比/% | 样本特征 | | 频数 | 百分比/% |
|---|---|---|---|---|---|---|---|
| 是否征求意见 | 是 | 736 | 74.4 | 搬迁方式 | 外迁集中安置 | 559 | 56.5 |
| | 否 | 235 | 23.8 | | 外迁分散安置 | 218 | 22.0 |
| | 未答 | 18 | 1.8 | | 找工作或投靠亲友 | 54 | 5.5 |
| 是否说明政策 | 是 | 735 | 74.3 | | 其他 | 152 | 15.4 |
| | 否 | 232 | 23.5 | | 未答 | 6 | 0.6 |
| | 未答 | 22 | 2.2 | 搬迁年限 | 1 年 | 180 | 18.2 |
| 政策了解度 | 非常了解 | 166 | 16.8 | | 2 年 | 197 | 19.9 |
| | 比较了解 | 392 | 39.6 | | 3 年 | 114 | 11.5 |
| | 一般 | 247 | 25.0 | | 4 年 | 101 | 10.2 |
| | 不太了解 | 129 | 13.0 | | 5 年 | 144 | 14.6 |
| | 很不了解 | 51 | 5.2 | | 6 年及以上 | 228 | 23.1 |
| | 未答 | 4 | 0.4 | | 未答 | 25 | 2.5 |

注：1. 调查问卷个别问题出现缺答情况，以"未答"显示；
　　2. 本表中百分比为总体百分比，下文不进行备注说明的百分比均是有效百分比。

# 第二节　农村气候贫困人口迁移社会适应性的基本状况

本书中考察的社会适应性是指气候贫困人口搬迁后为适应各种环境改变做出调试行为后呈现的生活各方面状态，因此，调查中围绕基本生活适应性、生计发展适应性、人际交往适应性和心理适应性 4 个维度，并结合当地居民的特点设计各类主客观指标综合考察被调查者的社会适应性情况。

## 一、基本生活适应状况

农村气候贫困迁移人口的社会适应性不仅体现在生计发展方面，还体现在基本生活的方方面面，生活适应是其社会适应的主要内容。调查中通过询问社区生活环境状况及评价、文化习俗适应等问题来考察调查对象基本生活的适应状况。

1. 生活环境状况

迁移人口搬迁后居住地类型很大程度上决定了其所在社区生活环境的条件，调查结果（见表 6-3）显示：搬迁前绝大多数被调查者住在"村"里，人数比率占近 86%；住在"镇"上的比率较低，不足 9%，比"县城"的高

4.4%；住在"城市近郊""城市"者的比率更低，均占 0.5% 左右。搬迁后被调查者住在"村""城市近郊"的人数比率居前两位，均占 32% 左右；其次是住在"镇"上的，占近 20%，比"县城"的比率高 6.6%；住在"城市"的人数比率最低，不足 4%。可见，搬迁前迁移人口主要住在村里，搬迁后则分散在"村""城市近郊"和"镇"上。

表 6-3　搬迁前后居住地点类型分布

| | 搬迁前 | | 搬迁后 | |
|---|---|---|---|---|
| | 频数 | 百分比/% | 频数 | 百分比/% |
| 县城 | 40 | 4.2 | 122 | 12.8 |
| 镇 | 82 | 8.6 | 185 | 19.4 |
| 村 | 820 | 85.8 | 310 | 32.6 |
| 城市近郊 | 10 | 1.0 | 302 | 31.7 |
| 城市 | 4 | 0.4 | 33 | 3.5 |
| $N$ | 956 | 100.0 | 952 | 100.0 |

交通、子女教育、亲朋往来、购物、医疗等诸方面生活环境的便利性，是考察迁移人口生活适应的主要内容。调查结果（见表 6-4）显示：交通方面，77.3% 的被调查者认为"好"（包括很好和较好，下同）；认为"一般"的人数比率相对较低，不足 20%；认为"差"的比率更低，不足 4%。孩子上学方面，76% 的被调查者认为"好"；但仍有近 20% 的人认为"一般"；只有 4.5% 的人认为"差"。亲朋往来方面，多数被调查者认为"好"，人数比率占 68.5%；超过 25% 的人认为"一般"；只有 5.7% 的人认为"差"。购物方面，认为"好"的人数比率最高，超过 71%；其次是"一般"的，也占近 23%；认为"差"的人数比率很低，不足 6%。看病方面，认为"好"的人数比率最高，超过 65%；其次是"一般"的，也占近 28%；认为"差"的比率很低，不足 7.5%。娱乐方面，半数以上的被调查者认为"好"，人数比率占近 57%；但认为"一般"的人数比率也超过 31%；只有 11.9% 的人认为"差"。社区治安方面，60.4% 的人认为"好"；另有近三分之一的人认为"一般"；认为"差"的人数比率很低，不足 7.5%。总体而言，被调查者认为当前生活环境诸方面便利性较好；生活环境诸方面按（均值）便利性由低到高的排序是：交通性（1.87）、孩子上学（1.90）、购物（2.01）、亲朋往来（2.07）、看病（2.08）、社区治安（2.17）、娱乐（2.30）。

表 6-4　生活环境诸方面便利性

| | | 很好 | 较好 | 一般 | 较差 | 很差 | $N$ |
|---|---|---|---|---|---|---|---|
| 交通 | 频数 | 413 | 349 | 184 | 15 | 24 | 985 |
| | 百分比/% | 41.9 | 35.4 | 18.7 | 1.5 | 2.4 | |
| 孩子上学 | 频数 | 383 | 363 | 191 | 35 | 9 | 981 |
| | 百分比/% | 39.0 | 37.0 | 19.5 | 3.6 | 0.9 | |
| 亲朋来往 | 频数 | 318 | 356 | 253 | 33 | 23 | 983 |
| | 百分比/% | 32.3 | 36.2 | 25.7 | 3.4 | 2.3 | |
| 购物 | 频数 | 349 | 356 | 225 | 37 | 20 | 987 |
| | 百分比/% | 35.4 | 36.1 | 22.8 | 3.7 | 2.0 | |
| 看病 | 频数 | 358 | 284 | 269 | 48 | 24 | 983 |
| | 百分比/% | 36.4 | 28.9 | 27.4 | 4.9 | 2.4 | |
| 娱乐 | 频数 | 293 | 263 | 304 | 67 | 49 | 976 |
| | 百分比/% | 30.0 | 26.9 | 31.1 | 6.9 | 5.0 | |
| 社区治安 | 频数 | 319 | 268 | 316 | 41 | 28 | 972 |
| | 百分比/% | 32.8 | 27.6 | 32.5 | 4.2 | 2.9 | |

　　调查中通过询问"搬迁后生活环境与搬迁前的比较""对当前生活环境满意度评价",具体考察调查对象对生活环境及其变化的主观适应情况。结果(见表6-5)显示:与搬迁前相比较,绝大多数被调查者认为当前生活环境更"好",人数比率超过78%;认为"一般"的比率较低,占16%;认为更"差"的比率最低,不足6%。对于当前生活环境,72.3%的被调查者表示"满意";但仍有超过22%的人认为"一般";表示"不满意"的人数比率很低,不足5.5%。可见,对于当前生活环境,绝大多数被调查者认可其比搬迁前好,并对此较为满意。

表 6-5　对生活环境的评价

| | | 好很多 | 好一些 | 差不多 | 差一些 | 差很多 | $N$ |
|---|---|---|---|---|---|---|---|
| 与搬迁前相比较当前生活环境 | 频数 | 232 | 541 | 158 | 46 | 12 | 989 |
| | 百分比/% | 23.5 | 54.7 | 16.0 | 4.7 | 1.2 | |
| | | 非常满意 | 比较满意 | 一般 | 不太满意 | 很不满意 | $N$ |
| 对当前环境满意度 | 频数 | 156 | 558 | 222 | 38 | 14 | 988 |
| | 百分比/% | 15.8 | 56.5 | 22.5 | 3.8 | 1.4 | |

访谈结果也验证了该描述性统计结论，发现 22 例受访对象均表示搬迁后的生活环境较搬迁前有较大程度的改善。进一步深入询问发现，迁移性质为集中安置的受访者主要认同交通、孩子上学、购物和看病 4 项环境的较大改善，而分散安置和投亲靠友的受访者则相对更认同交通和购物方面的环境改善。总体而言，所有受访者均一致认同搬迁后的交通环境改善：

"以前从家里走山路到村上需要很长时间，现在搬下来出门就是公路了。"（访谈资料整理 SY020101）

"以前孩子上学早上 5 点钟要起床，走两个多小时才到学校，后来村上有学校了，要好点，……跟现在肯定没法比，现在家家孩子上学方便多了……"（访谈资料整理 SY030102）

"以前也方便，不过现在都集中在一起了，各方面比以前都要方便不少……交通条件好了，出门什么都方便，上学什么的，看病什么的也很方便。"（访谈资料整理 SY010201）

"……这个（生活环境）肯定是要好不少，要不然为啥自己要搬出来嘛？……主要就是交通好多了，买个东西也方便多了。"（访谈资料整理 SY020201）

2. 风俗习惯适应状况

农村气候贫困人口的基本生活适应不仅包括对生活环境各方面的适应，还包括对风俗习惯等主观层面的适应，对此调查中通过询问风俗习惯的差别及其适应性评价来进行考察。结果（见表 6-6）显示：对于搬迁前后两地风俗习惯的比较，被调查者中表示差别"大"（包括很大和较大）的人数比率占 34.7%，比"一般""小"的略高 1.6%、2.4%。对于现居地风俗习惯的适应度，被调查者中表示"适应"的人数比率最高，占 69.3%；其次是表示"一般"的，占 27%；只有 3.7% 的人对此表示"不适应"。可见，被调查者认为搬迁前后两地风俗习惯虽有一些差别，但并不显著；其对现居地风俗习惯的适应性较好。

表 6-6　对风俗习惯的感受

| | | 差别很大 | 差别较大 | 一般 | 差别较小 | 差别很小 | $N$ |
|---|---|---|---|---|---|---|---|
| 风俗习惯<br>差别评价 | 频数 | 94 | 247 | 325 | 171 | 146 | 983 |
| | 百分比/% | 9.6 | 25.1 | 33.1 | 17.4 | 14.9 | |
| | | 非常适应 | 比较适应 | 一般 | 不太适应 | 很不适应 | $N$ |
| 现居地<br>习俗适应 | 频数 | 130 | 553 | 266 | 29 | 8 | 986 |
| | 百分比/% | 13.2 | 56.1 | 27.0 | 2.9 | 0.8 | |

通过进一步访谈发现，调查对象在整体上主要是由于没有搬迁出特定文化圈，因此即使在问卷中表示搬迁前后文化差异"大"和"较大"者，也基本不存在文化适应不良的情况，尤其是整体搬迁的受访者均表示"互相都认识""周围的人大家习惯都差不多"，在文化适应层面自然"也就没什么了"。当然，访谈中仍然发现有极少数受访者表示虽然语言上不存在明显的障碍，但在生活习惯或某些习俗方面仍然需要进一步适应。

3. 基本生活适应总体状况

在详细收集上述基本生活适应具体资料的基础上，本书进一步通过如图6-1所示能够反映基本生活适应状况的指标数据进行赋值分析。分析结果（见表6-7）显示：绝大多数被调查者表示"适应"，人数比率占近73%；还有超过20%的人认为"一般"；"不适应"者的比率很低，不足5%。可见，调查对象总体基本生活适应程度中等偏上。

表6-7　基本生活适应总体状况（$N = 987$）

| | 很适应 | 比较适应 | 一般 | 不太适应 | 很不适应 |
|---|---|---|---|---|---|
| 频数 | 144 | 572 | 224 | 33 | 14 |
| 百分比/% | 14.6 | 58.0 | 22.7 | 3.3 | 1.4 |

注：1. 五个指标变量均按相同次序排列处理，赋值取值范围在5~25区间，得分5~9赋值为1，表示"很适应"；得分9~13赋值为2，表示"比较适应"；得分13~17赋值为3，表示"一般"；得分17~21赋值为4，表示"不太适应"；得分21~25赋值为5，表示"很不适应"；所有数据操作均在SPSS中完成，系统默认上限不在内原则。

2. 后文的双变量分析都采用该表中的变量及数据。

## 二、生计发展适应状况

考察农村气候贫困迁移人口的社会适应性首先要了解其生计发展适应的情况，这是社会适应重要的物质基础。调查中通过询问住房、生产劳动、收入等相关问题了解农村气候贫困迁移人口生计发展适应的客观情况。

1. 住房状况

农村气候贫困人口迁移后在新居住地首先要解决的是住房问题，没有"安居"则很难"乐业"，住房问题解决的好坏很大程度上影响了迁移人口生计发展适应的状况，是生计发展适应的重要维度之一。

对于住房来源，调查结果（见表6-8）显示：被调查者中选择"自建"的人数比率最高，超过36%；其次是"政府统一分配""政府补助购买"，均占四分之一左右；选择"其他""自己购买"者的比率很低，均占7%左右。可见，政府资助（包括政府统一分配和政府补助购买）与自建是迁移人口解决住房问题的主要途径。

表 6-8　迁移人口住房来源（$N = 979$）

|  | 自建 | 自己购买 | 政府补助购买 | 政府统一分配 | 其他 |
|---|---|---|---|---|---|
| 频数 | 356 | 56 | 228 | 259 | 80 |
| 百分比/% | 36.4 | 5.7 | 23.3 | 26.5 | 8.2 |

对于住房类型，调查结果（见表6-9）显示：搬迁前，多数被调查者住在"平房，单门独户，有院子"的住房里，人数比率超过56%；其次是"楼房，单门独户，有院子"，占近20%；"其他""平房，单门独户，无院子"的比率很低，均占9%左右；而"楼房，单门独户，无院子"的比率更低，仅占4.3%，比"居民区单元房"的略高2.8%。搬迁后，被调查者住在"楼房，单门独户，无院子"的人数比率最高，超过41%；其次是"平房，单门独户，无院子"，人数比率也超过20%，比"居民区单元房"的高3.9%；选择"楼房，单门独户，有院子""平房，单门独户，有院子"者的比率很低，均占10%左右；选择"其他"者的比率更低，不足2%。可见，搬迁前的住房类型主要是"单门独户，有院子"（平房和楼房），搬迁后的住房类型主要是"单门独户，无院子"（平房和楼房），这与实际调查时的观察结果相一致。

表 6-9　住房类型

|  | 搬迁前 | | 搬迁后 | |
|---|---|---|---|---|
|  | 频数 | 百分比/% | 频数 | 百分比/% |
| 平房，单门独户，有院子 | 526 | 56.4 | 81 | 8.7 |
| 平房，单门独户，无院子 | 80 | 8.6 | 189 | 20.3 |
| 楼房，单门独户，有院子 | 179 | 19.2 | 107 | 11.5 |
| 楼房，单门独户，无院子 | 40 | 4.3 | 385 | 41.3 |
| 居民区单元房 | 14 | 1.5 | 153 | 16.4 |
| 其他 | 93 | 10.0 | 17 | 1.8 |
| $N$ | 932 | 100.0 | 932 | 100.0 |

对于住房的主观评价，调查结果（见表6-10）显示：有关搬迁前后住房条件的比较，绝大多数被调查者认为现在住房条件比以前更好（包括好很多和好一些），人数比率占79%；认为"差不多"者的比率较低，不足15%；只有6.4%的人认为条件更差（包括差一些和差很多）。有关当前住房的满意度，70.2%的被调查者表示"满意"（包括非常满意和比较满意）；但认为"一般"者的人数比率亦不低，占24%；只有5.8%的人对此表示"不满意"（包括不太满意和很不满意）。

表 6-10　住房的主观评价

| | | 好很多 | 好一些 | 差不多 | 差一些 | 差很多 | $N$ |
|---|---|---|---|---|---|---|---|
| 与前住房条件比较 | 频数 | 270 | 505 | 143 | 38 | 25 | 981 |
| | 百分比/% | 27.5 | 51.5 | 14.6 | 3.9 | 2.5 | |
| | | 非常满意 | 比较满意 | 一般 | 不太满意 | 很不满意 | $N$ |
| 当前住房满意度 | 频数 | 203 | 490 | 237 | 38 | 19 | 987 |
| | 百分比/% | 20.6 | 49.6 | 24.0 | 3.9 | 1.9 | |

调查中通过实地观察发现，调查对象迁移后总体上的住房条件均较迁移前有不同程度的改善，但访谈中也发现了1例在住房满意度上表示很不满意的受访者。通过深入提问发现，其居住条件在客观上较迁移前有明显改善，但由于其从传统的散居状态转变为单元楼聚居，导致他在住房适应层面出现问题并由此主观认定住房状况"不满意"：

"（对现在的住房状况）不是很满意，比以前差不少……不习惯，不清静，做什么事情都不方便，……比如说天天（楼上）咚咚响，……也不能养猪养鸡什么的。"（访谈资料整理 SY020202）

**2. 生产劳动状况**

生产劳动是个体参与社会分工、获取合理物质报酬的主要途径，也是考察农村气候贫困迁移人口生计发展适应性的内容之一。

调查首先考察搬迁前后生产劳动的差别，调查结果（见表6-11）显示：接近半数的被调查者搬迁前后生产劳动的差别大（包括很大和较大），人数比率占48.7%；而表示差别"一般"的比率也较高，占近31%；表示差别小（包括较小和很小）者的比率相对较低，约占20%。可见，搬迁前后绝大多数迁移人口的生产劳动存在一定的差别。

表 6-11　搬迁前后生产劳动差别（$N=984$）

| | 差别很大 | 差别较大 | 一般 | 差别较小 | 差别很小 |
|---|---|---|---|---|---|
| 频数 | 114 | 365 | 304 | 145 | 56 |
| 百分比/% | 11.6 | 37.1 | 30.9 | 14.7 | 5.7 |

在了解调查对象生产劳动变动基础上，调查通过询问"就业技能培训""新技能掌握"情况来考察迁移人口对这种变动的调适状况，结果（见表6-12）显示：只有不足半数的被调查者接受过就业技能培训，人数比率占42.1%；但搬迁后掌握新谋生技能者的比率相对稍高，占55.4%。可见，迁移人口对生产劳动变动的调适情况不太理想。

表 6-12　接受技能培训及掌握新技能情况

| | | 频数 | 百分比/% | N |
|---|---|---|---|---|
| 是否接受过就业技能培训 | 是 | 415 | 42.1 | 985 |
| | 否 | 570 | 57.9 | |
| 是否掌握新的谋生技能 | 是 | 429 | 44.6 | 962 |
| | 否 | 533 | 55.4 | |

22 例受访者中，明确表示接受过政府、社区或其他社会组织等举办的技能培训的仅不足 10 例，同时表示自己在搬迁后"没有更好的（谋生）技术"者有 14 例，上述情况也侧面印证了问卷调查的数据分析结果。

3. 收入状况

收入是社会成员生计发展适应性的重要衡量标准，是考察农村气候贫困迁移人口生计发展适应性的内容之一。

调查首先考察迁移人口的主要生活来源，结果（见表6-13）显示：选择"打工并务农"的人数比率最高，超过67%；其次是选择"务农"的，也占近22%，比"政府低保""做生意""其他""工资收入"的比率分别高 3.1%、5.2%、10.6%、11.3%；选择"土地补偿金""子女和亲戚贴补"者的比率很低，均占6%左右。可见，迁移人口的主要生活来源依靠打工和务农。

表 6-13　主要生活来源

| | 选择"是"的 | | 选择"否"的 | | N |
|---|---|---|---|---|---|
| | 频数 | 百分比/% | 频数 | 百分比/% | |
| 务农 | 214 | 21.6 | 775 | 78.4 | 989 |
| 打工并务农 | 664 | 67.3 | 322 | 32.7 | 986 |
| 工资收入 | 102 | 10.3 | 887 | 89.7 | 989 |
| 子女和亲戚贴补 | 48 | 4.9 | 941 | 95.1 | 989 |
| 政府低保 | 183 | 18.5 | 805 | 81.5 | 988 |
| 做生意 | 162 | 16.4 | 826 | 83.6 | 988 |
| 土地补偿金 | 69 | 7.0 | 920 | 93.0 | 989 |
| 其他 | 109 | 11.0 | 880 | 89.0 | 989 |

在了解主要生活来源的基础上详细询问被调查者的家庭年收入，结果（见表6-14）显示：搬迁前被调查者的家庭年收入，最低为 0.02 万元左右、最高为40万元，平均约1.4万元，标准差约为 2.4 万元；搬迁后的家庭年收入，最低0.05万元左右、最高超过90万元，平均约2.3万元，标准差约为

5.0万元；搬迁后迁移人口家庭平均年收入较搬迁前有所增长，增幅为69.4%。可见，与搬迁前相比，搬迁后家庭年收入呈现了分化趋势，但迁移人口的家庭整体收入是上升的。

表6-14　家庭年收入　　　　　　　　　　　单位：元

|  | 最小值 | 最大值 | 均值 | 标准差 | $N$ |
|---|---|---|---|---|---|
| 搬迁前家庭平均年收入 | 200 | 400 000 | 13 764 | 23 547 | 913 |
| 搬迁后家庭平均年收入 | 500 | 900 100 | 23 312 | 50 238 | 904 |

调查中通过询问"搬迁后收入与搬迁前收入比较""搬迁后收入与当地居民收入比较""对自身收入的满意度"和"收入增长的信心"，综合考察调查对象对收入变化的主观适应情况。结果（见表6-15）显示：与当地居民相比较，被调查者认为收入"差不多"的人数比率最高，占44%；而认为"高"（包括高一些和高很多，下同）和"低"（包括低一些和低很多）者的比率亦不低，均占28%左右。与搬迁前相比较，绝大多数被调查者认为收入"高"了，人数比率占66%；其次是"差不多"的，也超过27%；只有6.7%的人收入更"低"了。对于收入满意度，被调查者中表示"满意"（包括非常满意和比较满意）的人数比率最高，超过42%，比满意度"一般"的高6.2%；"不满意"（包括不太满意和很不满意）者的比率相对稍低，不足22%。对于未来收入提高，67.2%的人表示"有信心"（包括很有信心和较有信心）；26.8%的人表示"一般"；只有6%的人表示"没信心"（包括较没信心和很没信心）。可见，迁移人口的当前收入，与当地居民相比较差异不明显，与搬迁前相比较则有所提升，对此人们表现出一定的满意度但尚有很大的提升空间，对未来收入的增长表现出较大的信心。

表6-15　对收入的主观评价

| | | 高很多 | 高一些 | 差不多 | 低一些 | 低很多 | $N$ |
|---|---|---|---|---|---|---|---|
| 与当地居民相比较 | 频数 | 50 | 243 | 431 | 198 | 58 | 980 |
| | 百分比/% | 5.1 | 24.8 | 44.0 | 20.2 | 5.9 | |
| | | 高很多 | 高一些 | 差不多 | 低一些 | 低很多 | $N$ |
| 收入与搬迁前比较 | 频数 | 114 | 536 | 269 | 36 | 30 | 985 |
| | 百分比/% | 11.6 | 54.4 | 27.3 | 3.7 | 3.0 | |
| | | 非常满意 | 比较满意 | 一般 | 不太满意 | 很不满意 | $N$ |
| 对当前收入满意度 | 频数 | 36 | 380 | 356 | 166 | 47 | 985 |
| | 百分比/% | 3.7 | 38.6 | 36.1 | 16.9 | 4.8 | |

表6-15(续)

| | | 很有信心 | 较有信心 | 一般 | 较没信心 | 很没信心 | $N$ |
|---|---|---|---|---|---|---|---|
| 对收入<br>的信心 | 频数 | 129 | 532 | 263 | 42 | 17 | 983 |
| | 百分比/% | 13.1 | 54.1 | 26.8 | 4.3 | 1.7 | |

与前述接受技能培训情况相对的是，即使较大比例受访者表示自己没接受过技能培训或缺乏新的谋生技能，但大部分均承认各自在搬迁后家庭收入不同程度地提高了，同时多数受访者也表示出对未来收入提高的较大信心。进一步询问得知，其信心来源更多是基于迁移后各项生活条件的改善实际。"条件这么好了，（以后）还有什么不好的，不好的话也只能说自己没本事了……"，大部分受访者均持有类似观点。

4. 生计发展适应性总体评价

在详细收集上述生计发展适应性具体资料基础上，调查进一步通过对如表6-16所示能够反映生计发展适应状况的 3 个指标数据进行赋值分析，结果（见表6-16）显示：多数被调查者对此表示能够"适应"（包括很适应和比较适应，下同），人数比率占60%；但仍有三分之一的人适应度"一般"；另有6.7%的人表示"不适应"。可见，调查对象总体生计发展适应程度中等偏上。

**表6-16　生计发展适应总体状况　($N=984$)**

| | 很适应 | 比较适应 | 一般 | 不太适应 | 很不适应 |
|---|---|---|---|---|---|
| 频数 | 103 | 487 | 328 | 51 | 15 |
| 百分比/% | 10.5 | 49.5 | 33.3 | 5.2 | 1.5 |

注：1. 三个指标变量均按相同次序排列处理，赋分取值范围在5~15区间。得分 5~7 赋值为 1，表示"很适应"；得分 7~9 赋值为 2，表示"比较适应"；得分 9~11 赋值为 3，表示"一般"；得分 11~13 赋值为 4，表示"不太适应"；得分 13~15 赋值为 5，表示"很不适应"；所有数据操作均在 SPSS 中完成，系统默认上限不在内原则。

2. 后文的双变量分析都采用该表中的变量及数据。

### 三、人际交往适应状况

人际交往是个体在社会活动中建立的一种社会关系，农村气候贫困迁移人口的人际交往状况体现了其社会适应的程度，调查中主要从人际关系和社会支持两个层面进行考察。

1. 人际关系状况

迁移人口在搬迁后的人际交往对象会发生一定的变动，迁入地原住民以及周围居民（共同搬迁后的群体）可能是其工作和生活中关系密切的两类群体，本书以此为切入点，通过询问搬迁后交友状况、不同群体人际关系变动、人际交往感受来考察农村气候贫困迁移人口的人际关系状况。

对于搬迁后的交友情况，调查结果（见表6-17）显示：绝大多数被调查者搬迁后结交了新朋友，人数比率占78%，这些新朋友中90%是当地原住民。可见，被调查者在搬迁后人际交往对象发生了较大变化。

表6-17　搬迁后的交友状况

| | | 频数 | 百分比/% | N |
|---|---|---|---|---|
| 搬迁后是否结交了新朋友 | 是 | 765 | 78.0 | 981 |
| | 否 | 216 | 22.0 | |
| 新朋友中有没有当地原住民 | 是 | 687 | 90.0 | 763 |
| | 否 | 76 | 10.0 | |

迁移人口交往对象的变动会带来人际关系的变化，调查中详细询问迁移人口与刚搬来时相比，其与不同群体之间关系的变化，结果（见表6-18）显示：与当地原住民关系上，半数以上的被调查者认为"更好了"，人数比率占近51%，比"差不多"的略高2.6%；只有1%的人认为关系"更差了"。与社区工作人员关系上，被调查者中认为"差不多"的人数比率接近57%；其次是认为"更好了"的也超过40%；认为关系"更差了"的比率很低，仅占2.5%。与邻居关系上，被调查者认为关系"差不多""更好了"的人数比率居前两位，均占49%左右；只有1.6%的人认为关系"更差了"。与朋友的关系上，被调查者中认为关系"差不多"的人数比率最高，占近55%，比认为"更好了"的高12.8%；只有3.4%的人认为关系"更差了"。与亲戚的关系上，52.3%的人认为关系"差不多"，比"更好了"的比率高8.9%；认为关系"更差了"的比率很低，不足4.5%。可见，迁移人口与交往群体的人际关系呈现出稳定中上升的变化态势。

表6-18　与他人关系的变化

| | | 更好了 | 差不多 | 更差了 | N |
|---|---|---|---|---|---|
| 与当地原住民的关系 | 频数 | 499 | 473 | 10 | 982 |
| | 百分比/% | 50.8 | 48.2 | 1.0 | |
| 与社区工作人员的关系 | 频数 | 402 | 556 | 25 | 983 |
| | 百分比/% | 40.9 | 56.6 | 2.5 | |
| 与邻居的关系 | 频数 | 480 | 488 | 16 | 984 |
| | 百分比/% | 48.8 | 49.6 | 1.6 | |

表6-18(续)

| | | 更好了 | 差不多 | 更差了 | N |
|---|---|---|---|---|---|
| 与朋友的关系 | 频数 | 413 | 539 | 33 | 985 |
| | 百分比/% | 41.9 | 54.7 | 3.4 | |
| 与亲戚的关系 | 频数 | 427 | 515 | 42 | 984 |
| | 百分比/% | 43.4 | 52.3 | 4.3 | |

进一步考察搬迁后人际交往变动的感受，调查结果（见表6-19）显示：对于交往圈子的变动度，超过半数的被调查者表示变动"大"，人数比率超过54%；其次是"一般"的，也占近30%；表示变动"少"的比率相对较低，不足17%。对于现居住地歧视或欺负移民现象的频率，71%的被调查者表示"少"；而表示"一般""多"的人数比率相对较低，均占14.5%左右。对于当前人际关系的整体满意度，绝大多数被调查者表示"满意"，人数比率占近77%；其次是"一般"的，也超过20%；"不满意"者的比率非常低，仅占2%。可见，绝大多数被调查者认可交往圈子产生的变动（且变动程度不小），对当前人际关系的满意度较高，现居地原住民偶有歧视或欺负移民的现象。

表6-19  人际交往的感受

| | | 变动很大 | 变动较大 | 一般 | 变动较少 | 变化很少 | N |
|---|---|---|---|---|---|---|---|
| 交往圈子的变动度 | 频数 | 123 | 410 | 289 | 132 | 29 | 983 |
| | 百分比/% | 12.5 | 41.7 | 29.4 | 13.4 | 3.0 | |
| | | 很多 | 较多 | 一般 | 较少 | 很少 | N |
| 现居地歧视欺负移民的现象 | 频数 | 78 | 51 | 156 | 251 | 445 | 981 |
| | 百分比/% | 8.0 | 5.2 | 15.9 | 25.6 | 45.4 | |
| | | 非常满意 | 比较满意 | 一般 | 不太满意 | 很不满意 | N |
| 当前人际关系的满意度 | 频数 | 175 | 579 | 211 | 15 | 5 | 985 |
| | 百分比/% | 17.8 | 58.8 | 21.4 | 1.5 | 0.5 | |

通过进一步访谈发现，集中安置和投亲靠友的受访者在人际关系适应层面总体明显高于分散安置和其他类型迁移者，尤其表现在与迁移地原住民的交往层面。其可能更多的归结为邻里和亲朋好友的社会支持发挥了更多的作用。

"以前就是熟人，自己打交道没啥变化，跟周边的人感觉也没什么矛盾，偶尔接触一下，……"（访谈资料整理 SY030102）

"感觉没什么，该怎么样还怎么样，也没人说要欺负你，也交了不少朋友，自己不去惹事就行了。"（访谈资料整理 SY020101）

"（被歧视的情况）还是有，尤其是刚搬来的时候，毕竟都不认识，别人看你都感觉怪怪的，时间长了可能要好一些，……毕竟你不是这里人嘛，正常的。"（访谈资料 SY020102）

2. 社会支持状况

人际交往对个体发展具有重要功能（包括正功能和负功能），正功能发挥到一定程度可构成对个体的社会支持，调查中通过询问社会支持的主观基础和客观行动来进行考察。

农村气候贫困迁移人口向亲朋好友及有关部门寻求帮助的意愿构成了其社会支持主观基础的重要内容。调查结果（见表 6-20）显示：搬迁后遇到困难时，愿意向"亲戚""朋友"求助的人数比率居前两位，均占 64% 左右；其次是愿意向"政府相关部门"求助的，也占近 56%；愿意向"社区"求助的比率相对稍低，不足 38%；而寻求"其他"帮助的比率更低，不足 3.5%。可见，亲朋好友和政府相关部门是被调查者寻求帮助的首选。

表 6-20　寻求他人帮助的意愿

| | | 频数 | 百分比/% | N |
|---|---|---|---|---|
| 亲戚 | 是 | 647 | 65.4 | 989 |
| | 否 | 342 | 34.6 | |
| 朋友 | 是 | 618 | 62.5 | 989 |
| | 否 | 371 | 37.5 | |
| 社区 | 是 | 371 | 37.5 | 989 |
| | 否 | 618 | 62.5 | |
| 政府相关部门 | 是 | 552 | 55.9 | 988 |
| | 否 | 436 | 44.1 | |
| 其他 | 是 | 30 | 3.1 | 975 |
| | 否 | 945 | 96.9 | |

迁移人口社会支持的发挥依赖于实际行动，调查中通过询问"搬迁后遇到困难时获得不同人群帮助的情况"来进行考察，结果（见表 6-21）显示：在获得亲戚帮助上，78.1% 的被调查者表示"多"（包括帮助很多和帮助较多，下同）；表示"一般"的比率较低，不足 18%；表示帮助"少"的比率更低，不足 5%。在获得朋友帮助上，72.5% 的被调查者表示"多"；超过 20%的人表示"一般"；只有 6.3% 的人表示帮助"少"。在获得社区帮助上，半数以上的被调查者表示"多"，人数比率占 50.2%，比"一般"的高 13.1%；表示"少"的比率较低，不足 13%。在政府相关部门帮助上，半数以上的被调

查者表示"多"，人数比率占50.9%，比"一般"的高18.9%；表示"少"的比率相对较低，不足17.5%。在"其他"帮助上，52.3的被调查者表示"多"；但还有近32%的人表示"一般"；另有16%的人表示帮助"少"。可见，亲朋好友是移民社会支持发挥作用的重要支柱。

表6-21　实际获得的他人帮助

|  |  | 帮助很多 | 帮助较多 | 一般 | 帮助较少 | 很少或没有 | N |
|---|---|---|---|---|---|---|---|
| 亲戚 | 频数 | 428 | 342 | 170 | 29 | 18 | 987 |
|  | 百分比/% | 43.4 | 34.7 | 17.2 | 2.9 | 1.8 | |
| 朋友 | 频数 | 277 | 438 | 210 | 43 | 19 | 987 |
|  | 百分比/% | 28.1 | 44.4 | 21.3 | 4.4 | 1.9 | |
| 社区 | 频数 | 232 | 264 | 366 | 63 | 62 | 987 |
|  | 百分比/% | 23.5 | 26.7 | 37.1 | 6.4 | 6.3 | |
| 政府相关部门 | 频数 | 223 | 279 | 316 | 88 | 81 | 987 |
|  | 百分比/% | 22.6 | 28.3 | 32.0 | 8.9 | 8.2 | |
| 其他 | 频数 | 83 | 87 | 103 | 25 | 27 | 325 |
|  | 百分比/% | 25.5 | 26.8 | 31.7 | 7.7 | 8.3 | |

访谈对象也均表示在有困难的时候主要是找"亲戚朋友帮忙"，同时22例受访者也都明确表示有些困难会去找政府，实际上"政府能帮的也都帮了一些"。此外，像迁移人口在一些社区事务和权利方面的需求，"社区也帮忙解决"。总体而言，受访者认为搬迁以后，无论是正式支持如政府、社区，还是非正式支持如邻里和亲朋好友等都能够在其困难的时候施以援手，只是可能因个体内部和外部环境因素的作用各自的社会支持主要作用发挥主体有所差异。

3. 人际交往适应总体状况

在详细收集上述人际交往适应具体资料的基础上，调查进一步对如图6-1所示的能够反映人际交往适应状况的3个指标数据进行赋值分析，分析结果（见表6-22）显示：被调查者中表示"适应"的人数比率最高，占65.1%；但还有近三分之一的人表示"一般"；表示"不适应"者的比率很低，不足4%。可见，调查对象人际交往适应总体程度中等偏上。

表6-22　人际交往适应总体状况（N=981）

| | 很适应 | 比较适应 | 一般 | 不太适应 | 很不适应 |
|---|---|---|---|---|---|
| 频数 | 90 | 548 | 307 | 33 | 3 |
| 百分比/% | 9.2 | 55.9 | 31.3 | 3.4 | 0.3 |

注：1. 三个指标变量均按相同次序排列处理，赋分取值范围在5-15区间。得分5-7赋值为1，表示"很适应"；得分7-9赋值为2，表示"比较适应"；得分9-11赋值为3，表示"一般"；得分11-13赋值为4，表示"不太适应"；得分13-15赋值为5，表示"很不适应"；所有数据操作均在SPSS中完成，系统默认上限不在内原则。

2. 后文的双变量分析都采用该表中的变量及数据。

## 四、心理适应状况

迁移人口的心理适应性内含于其生计发展适应性、基本生活适应性和人际交往适应性的方方面面，因此在问卷设计中并没有单独展开心理适应维度，而是在上述3类适应性中分别体现，再进行具体说明。本部分即主要通过"原居住地怀念程度"和"返迁意愿"来明确揭示迁移人口的心理适应状况。

### 1. 思乡状况

对于原住地的怀念度，调查结果（见表6-23）显示：54.9%的被调查者表示"怀念"（包括非常怀念和比较怀念，下同），其中11.7%的人表示非常怀念；怀念度"一般"的人数比率也超过28%；而不怀念（包括不太怀念和很不怀念，下同）者的比率较低，不足17%。可见，调查对象呈现出一定的思乡情绪。

表6-23　原住地怀念度（N=982）

| | 非常怀念 | 比较怀念 | 一般 | 不太怀念 | 很不怀念 |
|---|---|---|---|---|---|
| 频数 | 115 | 424 | 277 | 54 | 112 |
| 百分比/% | 11.7 | 43.2 | 28.2 | 5.5 | 11.4 |

### 2. 返迁意愿状况

返迁意愿状况是迁移人口在各层面社会适应性和诸多内外部因素综合作用下直接呈现出的一种个体心理表现，是考察其心理适应的重要指标，调查结果（见表6-24）显示：44.5%的被调查者表示"肯定不会"搬回原居住地，比"看情况，可能会也可能不会"的比率略高1.2%；但还有10.4%的人表示肯定会反迁。而气候贫困人口之所以搬迁，是因为原住地有不适于人们生存发展的外部环境条件，在这种情况下仍有部分被调查者愿意返迁或持保留态度，其实说明了其具备一定的返迁意愿。

表 6-24　返迁意愿（N=970）

| | 肯定会 | 可能会也可能不会 | 肯定不会 | 没想过或说不清 |
|---|---|---|---|---|
| 频数 | 101 | 420 | 432 | 17 |
| 百分比/% | 10.4 | 43.3 | 44.5 | 1.8 |

访谈中发现，很多受访者或多或少地存在思乡情绪：

"说不想是假的，有时候还是会想，也想回去看看，毕竟生活了这么多年了，……可能孩子不太想，但我知道的，我们这个年纪的（中年）都会想，……一些年纪再大的也都会想。"（访谈资料整理 SY030201）

3. 心理适应总体状况

在了解上述心理适应状况的基础上，进一步考察迁移人口心理适应的总体感受，赋值分析结果（见表 6-25）显示：被调查者心理适应度"一般""不适应"的比率居前两位，均占 36.5% 左右；而"适应"者的比率相对稍低，不足 27%。可见，调查对象总体心理适应程度较低。

表 6-25　心理适应总体状况（N=969）

| | 很适应 | 比较适应 | 一般 | 不太适应 | 很不适应 |
|---|---|---|---|---|---|
| 频数 | 132 | 126 | 364 | 267 | 80 |
| 百分比/% | 13.6 | 13.0 | 37.6 | 27.6 | 8.3 |

注：1. 对思乡状况按怀念、一般、不怀念依次赋 1、2、3 分，对返迁意愿按肯定会、可能会（含没想过）、肯定不会依次赋 1、2、3 分，相加合并每个个案 2 个问题的得分即为最终得分；

2. 得分越低说明心理适应度越低，得分越高说明心理适应度越高；

3. 后文的双变量分析都采用该表中的变量及数据。

## 五、社会适应性自评情况

在详细了解迁移人口生计发展适应、基本生活适应、心理适应和人际交往适应状况之后，综合考察移民主观上对自身社会适应的总体感受，主要取用总体生活满意度和生活适应性自评指标变量来反映其社会适应性。

对于搬迁后各方面的总体满意度，调查结果（见表 6-26）显示：多数被调查者对此表示"满意"，人数比率占近 61%；但仍有超过 30% 的人满意度"一般"；"不满意"者的比率较低，不足 9%。可见，被调查者的总体满意度中等偏上。

表 6-26　总体满意度评价（N=979）

|  | 非常满意 | 比较满意 | 一般 | 不太满意 | 很不满意 |
|---|---|---|---|---|---|
| 频数 | 103 | 493 | 296 | 72 | 15 |
| 百分比/% | 10.5 | 50.4 | 30.2 | 7.4 | 1.5 |

对于搬迁后各方面的总体适应性，调查结果（见表 6-27）显示：多数被调查者表示"适应"，人数比率占 60.5%；超过三分之一的人认为"一般"；只有 5% 的人表示"不适应"。可见，被调查者的总体适应性中等偏上，这与上述生计发展适应状况、基本生活适应状况、心理适应状况、人际交往适应状况的结果相符合。

表 6-27　总体适应性评价　（N=971）

|  | 很适应 | 比较适应 | 一般 | 不太适应 | 很不适应 |
|---|---|---|---|---|---|
| 频数 | 115 | 473 | 334 | 46 | 3 |
| 百分比/% | 11.8 | 48.7 | 34.4 | 4.7 | 0.3 |

# 第三节　农村气候贫困人口的迁移感受

农村气候贫困人口的迁移感受主要是指其搬迁后对政策工作的评价以及关于未来发展的想法，这部分内容虽不属于迁移人口当前社会适应的内容，但在很大程度上反映并影响了其后续社会适应的状况。

## 一、政策工作评价

本部分中的政策工作评价主要包括政府迁移工作评价、相关政策评价和社区相关工作评价。

关于政府迁移工作的评价，调查结果（见表 6-28）显示：在迁移方式上，多数被调查者认可"外迁集中安置"，人数比率超过 64%；其次是"不外迁""外迁分散安置"，均占 15% 左右；认可"其他方式"者的比率很低，不足 5%，比"自己投靠亲友或找工作"的略高 3.2%。可见，被调查者最为认可的迁移方式是"外迁集中安置"。在政府对移民关心度上，表示"关心"的人数比率最高，超过 65%；近四分之一的人表示"一般"；只有 9.3% 的人表示"不关心"。可见，多数被调查者认可政府对其的关心，但该项工作有待进一步提升。在迁入地选址上，57.8% 的被调查者表示"满意"；近三分之一的人满意度"一般";有9.2%的人对此表示"不满意"。在资金补助上，47.9%的被调查者表示"满意"，比"一般"的比率高13.4%；"不满意"者的比率相对较低，不足18%。在生产技能培训上，42.5%的人表示"满意"，比"一般"的比率高5.7%；另有超过五分之一的人对此表示"不满意"。在就业服务上，40.3%的人表示"满意"，比"一般"的比率高5.1%；还有近四分之一的人对此表示"不满意"。可见，被调查者对迁入地选址、资金补助、技能培训、就业服务工作的满意度中等，提升的空间较大；4项工作满意度（按均值）由高到低的排序是：迁入地选址（2.31）、资金补助（2.60）、生产技能培训（2.74）、就业服务（2.82）。

表6-28　对政府迁移工作评价

|  |  | 不外迁 | 外迁集中安置 | 外迁分散安置 | 投亲靠友或工作 | 其他 | N |
|---|---|---|---|---|---|---|---|
| 认同的迁移方式 | 频数 | 151 | 617 | 135 | 14 | 45 | 962 |
|  | 百分比/% | 15.7 | 64.1 | 14.0 | 1.5 | 4.7 |  |
|  |  | 非常关心 | 比较关心 | 一般 | 不太关心 | 很不关心 | N |
| 政府对移民关心度评价 | 频数 | 144 | 505 | 246 | 51 | 40 | 986 |
|  | 百分比/% | 14.6 | 51.2 | 24.9 | 5.2 | 4.1 |  |
|  |  | 非常满意 | 比较满意 | 一般 | 不太满意 | 很不满意 | N |
| 迁入地选址满意度 | 频数 | 235 | 336 | 326 | 51 | 39 | 987 |
|  | 百分比/% | 23.8 | 34.0 | 33.0 | 5.2 | 4.0 |  |
| 资金补助满意度 | 频数 | 174 | 299 | 341 | 92 | 81 | 987 |
|  | 百分比/% | 17.6 | 30.3 | 34.5 | 9.3 | 8.2 |  |
| 生产技能培训满意度 | 频数 | 141 | 278 | 363 | 111 | 94 | 987 |
|  | 百分比/% | 14.3 | 28.2 | 36.8 | 11.2 | 9.5 |  |
| 就业服务满意度 | 频数 | 136 | 262 | 347 | 127 | 115 | 987 |
|  | 百分比/% | 13.8 | 26.5 | 35.2 | 12.9 | 11.7 |  |

关于迁移政策的评价，调查结果（见表6-29）显示：第一，对政策益处的评价，66%的被调查者认为移民政策"好"；但还有超过四分之一的人认为"一般"；只有7.1%的人认为移民政策"差"。可见，被调查者对当前的移民政策评价较高。第二，对政策实施的评价，在移民搬迁政策传达上，表示"满意"的人数比率最高，超过23%的人认为"一般"，"不满意"者的比率仅占9.3%；在政策透明和公平性上，57%的人表示"满意"，但还有近30%的人认为"一般"，只有13.4%的人对此"不满意"；在政策具体落实上，

56.7%的人表示"满意",超过 30%的人认为"一般",只有 12.8%的人对此"不满意"。可见,被调查者对相关政策实施的评价不太高,3 项工作的满意度(按均值)由高到低的排序依次是:移民搬迁政策传达(2.19)、政策透明和公平(2.38)、政策具体落实(2.40)。

表 6-29　对政策及移民工作评价

|  |  | 很好 | 较好 | 一般 | 较差 | 很差 | N |
|---|---|---|---|---|---|---|---|
| 移民政策益处的评价 | 频数 | 244 | 408 | 265 | 54 | 16 | 987 |
|  | 百分比/% | 24.7 | 41.3 | 26.8 | 5.5 | 1.6 | |
|  |  | 非常满意 | 比较满意 | 一般 | 不太满意 | 很不满意 | N |
| 移民搬迁政策传达满意度 | 频数 | 266 | 398 | 231 | 58 | 34 | 987 |
|  | 百分比/% | 27.0 | 40.3 | 23.4 | 5.9 | 3.4 | |
| 政策透明和公平性满意度 | 频数 | 225 | 338 | 292 | 87 | 45 | 987 |
|  | 百分比/% | 22.8 | 34.2 | 29.6 | 8.8 | 4.6 | |
| 政策的具体落实满意度 | 频数 | 204 | 355 | 302 | 79 | 47 | 987 |
|  | 百分比/% | 20.7 | 36.0 | 30.6 | 8.0 | 4.8 | |

关于社区相关工作评价,调查结果(见表 6-30)显示:第一,在社区移民工作落实上,大多数被调查者表示"满意",人数比率超过 60%;其次是"一般"的,也占近 30%;"不满意"者的比率较低,仅占 10%。第二,在现居住地社区干群关系上,表示"满意"的人数比率最高,超过 65%;但"一般"的比率也占近 30%;只有 5.3%的人对此表示"不满意"。第三,在社区干部总体评价上,58%的被调查者的评价"好",人数比率最高;其次是"一般"的,也占近 36%;评价"差"的比率很低,仅占 6%。可见,调查对象对社区落实移民工作满意度、社区干部和干群关系的评价均尚可,但仍有很大提升空间。

表 6-30　对社区相关工作评价

|  |  | 非常满意 | 比较满意 | 一般 | 不太满意 | 很不满意 | N |
|---|---|---|---|---|---|---|---|
| 社区移民工作落实满意度 | 频数 | 143 | 452 | 294 | 60 | 38 | 987 |
|  | 百分比/% | 14.5 | 45.8 | 29.8 | 6.1 | 3.9 | |
|  |  | 非常满意 | 比较满意 | 一般 | 不太满意 | 很不满意 | N |
| 现居地社区干群关系满意度 | 频数 | 145 | 498 | 292 | 39 | 13 | 987 |
|  | 百分比/% | 14.7 | 50.5 | 29.6 | 4.0 | 1.3 | |
|  |  | 很好 | 较好 | 一般 | 较差 | 很差 | N |
| 对社区干部的总体评价 | 频数 | 169 | 404 | 354 | 33 | 27 | 987 |
|  | 百分比/% | 17.1 | 40.9 | 35.9 | 3.3 | 2.7 | |

## 二、发展意愿

本部分中的迁移人口发展意愿主要包括其当前的关心事项、主要困难和期望政府给予的帮助。

对于当前最关心的事项，调查结果（见表6-31）显示：选择"自己和家人工作""家庭收入"的人数比率居前两位，均占70.5%左右；其次是"子女问题"，也占近45%；选择"住房"者的比率相对较低，不足27%，比"政府相关政策落实""生活环境"的分别高6.2%、14.9%；选择"人际关系""其他"者的比率更低，均不足3.5%。可见，被调查者当前最关心的问题是"自己和家人工作""家庭收入"和"子女问题"，也是最基本的生存与发展问题。

表6-31　当前最关心的问题（$N=989$）

| | | 频数 | 百分比/% |
|---|---|---|---|
| 住房 | 是 | 258 | 26.1 |
| | 否 | 731 | 73.9 |
| 自己和家人的工作 | 是 | 704 | 71.2 |
| | 否 | 285 | 28.8 |
| 家庭收入 | 是 | 686 | 69.4 |
| | 否 | 303 | 30.6 |
| 子女问题 | 是 | 442 | 44.7 |
| | 否 | 547 | 55.3 |
| 生活环境 | 是 | 111 | 11.2 |
| | 否 | 878 | 88.8 |
| 人际关系 | 是 | 32 | 3.2 |
| | 否 | 957 | 96.8 |
| 政府相关政策落实 | 是 | 197 | 19.9 |
| | 否 | 792 | 80.1 |
| 其他 | 是 | 27 | 2.7 |
| | 否 | 962 | 97.3 |

对于当前最主要的困难，调查结果（见表6-32）显示：选择"没有稳定的经济来源""生活成本增加"的人数比率居前两位，均超过75%；其次是"找不到合适的工作"的，也占45%；选择"和亲戚朋友离得远"的比率较低，不足12%；选择"不习惯这里的生活环境""和这里的人处不好""其他"者的比率更低，均不足6%。可见，被调查者当前最主要的困难是"没有稳定

的经济来源""生活成本增加"和"找不到合适的工作",涉及的是基本的生存问题。

表 6-32　当前最主要的困难（N=989）

| | | 频数 | 百分比/% |
|---|---|---|---|
| 没有稳定的经济来源 | 是 | 757 | 76.5 |
| | 否 | 232 | 23.5 |
| 生活成本增加 | 是 | 748 | 75.6 |
| | 否 | 241 | 24.4 |
| 不习惯这里的生活环境 | 是 | 55 | 5.6 |
| | 否 | 934 | 94.4 |
| 和亲戚朋友离得远 | 是 | 116 | 11.7 |
| | 否 | 873 | 88.3 |
| 和这里的人处不好 | 是 | 36 | 3.6 |
| | 否 | 953 | 96.4 |
| 找不到合适的工作 | 是 | 445 | 45.0 |
| | 否 | 544 | 55.0 |
| 其他 | 是 | 21 | 2.1 |
| | 否 | 968 | 97.9 |

对于最希望政府提供的帮助,调查结果（见表 6-33）显示:选择"提供工作机会"的人数比率最高,占近 56%;其次是"保证子女教育""提供资金支持",均占 42.5% 左右;选择"知识技能培训"的比率相对较低,不足 19%,比"搞好基础设施建设""提供足够的土地""搞好治安环境"分别高 3.9%、10.1%、11.2%;选择"其他"者的比率非常低,不足 2%。可见,被调查者最希望政府给予的帮助是"提供工作机会""保证子女教育"和"提供资金支持"。

表 6-33　最希望政府提供的帮助（N=989）

| | | 频数 | 百分比/% |
|---|---|---|---|
| 保证子女教育 | 是 | 428 | 43.3 |
| | 否 | 561 | 56.7 |
| 提供工作机会 | 是 | 550 | 55.6 |
| | 否 | 439 | 44.4 |

表6-33（续）

| | | 频数 | 百分比/% |
|---|---|---|---|
| 知识技能培训 | 是 | 187 | 18.9 |
| | 否 | 802 | 81.1 |
| 提供资金支持 | 是 | 411 | 41.6 |
| | 否 | 578 | 58.4 |
| 搞好基础设施建设 | 是 | 148 | 15.0 |
| | 否 | 841 | 85.0 |
| 搞好治安环境 | 是 | 76 | 7.7 |
| | 否 | 913 | 92.3 |
| 提供足够的土地 | 是 | 87 | 8.8 |
| | 否 | 902 | 91.2 |
| 其他 | 是 | 14 | 1.4 |
| | 否 | 975 | 98.6 |

# 第四节　农村气候贫困人口迁移社会适应性差异特征

农村气候贫困迁移人口的社会适应状况可能由于个体自身特征不同而表现出显著的差异，本部分选择其中可能与迁移人口社会适应性存在相关性的因素，通过双变量的相关分析和假设检验具体考察不同自然特征及社会特征者在社会适应各层面的差异性情况。同时，这也可以为后续针对迁移人口社会适应性影响因素的因果分析奠定前期分析基础。按照实证研究的基本范式，本书首先设定基本假设：不同人口特征和搬迁状况迁移人口的社会适应性存在显著差异。具体假设分别为地区、性别、年龄、民族、文化程度、婚姻状况、政治面貌、家庭规模、收入、搬迁年限、搬迁方式、搬迁政策了解度不同的移民，其生计发展适应、基本生活适应、人际交往适应和心理适应的状况存在显著差异。

## 一、生计发展适应的个体差异性特征

（一）不同人口特征者的生计发展适应差异

1. 不同地区者生计发展适应的差异

分析结果（见表6-34）显示：四川地区的迁移人口对当前生计发展状况表示"适应"（包括非常适应和比较适应，下同）的人数比率最高，占近

68%，比云南地区的高 5.2%；贵州地区者表示"适应"的人数比率相对较低，不足 37%。可见，地区与迁移人口生计发展适应（通过检验）相关，四川、云南地区者的生计发展适应水平更高，而贵州地区者的则更低。

表 6-34　地区与生计发展适应（$N=984$）　　　　单位:%

| 地区 | 非常适应 | 比较适应 | 一般 | 不太适应 | 很不适应 |
|---|---|---|---|---|---|
| 四川 | 7.8 (19) | 60.1 (146) | 28.0 (68) | 2.9 (7) | 1.2 (3) |
| 云南 | 11.7 (69) | 51.0 (300) | 34.4 (202) | 2.4 (14) | 0.5 (3) |
| 贵州 | 9.8 (15) | 26.8 (41) | 37.9 (58) | 19.6 (30) | 5.9 (9) |
| | $\lambda=0.034$ | $\chi^2=123.512$ | df=8 | $p<0.01$ | |

注：括号内为人数，后表同。

2. 不同性别者生计发展适应的差异

分析结果（见表 6-35）显示：多数男性对当前生计发展状况表示"适应"，人数比率超过 61%，比女性的略高 4.2%。但迁移人口的性别与生计发展适应（未通过检验）不相关，不同性别者在此方面的差异并不显著。

表 6-35　性别与生计发展适应（$N=979$）　　　　单位:%

| 性别 | 非常适应 | 比较适应 | 一般 | 不太适应 | 很不适应 |
|---|---|---|---|---|---|
| 男 | 12.3 (76) | 49.1 (303) | 32.3 (199) | 4.7 (29) | 1.6 (10) |
| 女 | 7.2 (26) | 50.0 (181) | 35.4 (128) | 6.1 (22) | 1.4 (5) |
| | $\tau_y=0.001$ | $\chi^2=7.387$ | df=4 | $p>0.05$ | |

3. 不同年龄者生计发展适应的差异

分析结果（见表 6-36）显示：35~55 岁、56 岁及以上者对当前生计发展状况表示"适应"的人数比率居前两位，均占 63% 左右；35 岁以下者的这个比率相对稍低，不足 54%。可见，迁移人口的年龄与生计发展适应（通过检验）相关，不同年龄者在此方面存在显著差异，年轻者的生计发展适应水平相对更低。

表 6-36　年龄与生计发展适应（$N=960$）　　　　单位:%

| 年龄 | 非常适应 | 比较适应 | 一般 | 不太适应 | 很不适应 |
|---|---|---|---|---|---|
| 35 岁以下 | 12.9 (38) | 41.0 (121) | 38.6 (114) | 6.4 (19) | 1.0 (3) |
| 35~55 岁 | 9.5 (50) | 53.9 (283) | 31.2 (164) | 3.8 (20) | 1.5 (8) |
| 56 岁及以上 | 7.9 (11) | 55.0 (77) | 26.4 (37) | 7.9 (11) | 2.9 (4) |
| | $G=-0.052$ | $\chi^2=22.048$ | df=8 | $p<0.01$ | |

### 4. 不同民族者生计发展适应的差异

分析结果（见表6-37）显示：少数民族者中表示"适应"当前生计发展状况的人数比率占近66%，比汉族的高9.1%。可见，迁移人口的民族与生计发展适应（通过检验）低度相关，不同民族者在此方面存在差异，少数民族的生计发展适应水平相对更高。

表6-37　民族与生计发展适应（N=975）　　　　　单位:%

| 民族 | 非常适应 | 比较适应 | 一般 | 不太适应 | 很不适应 |
|------|----------|----------|------|----------|----------|
| 汉族 | 11.3（70） | 45.3（282） | 37.3（232） | 5.3（33） | 0.8（5） |
| 少数民族 | 9.3（33） | 56.4（199） | 26.6（94） | 5.1（18） | 2.5（9） |
| $\tau_y=0.009$ | | $\chi^2=18.800$ | df=4 | $p<0.01$ | |

### 5. 不同文化程度者生计发展适应的差异

分析结果（见表6-38）显示：文化程度为高中/中专/中技者中表示"适应"当前生计发展状况的人数比率最高，超过62%，比小学及以下、大专及以上者的分别高1.8%、2.1%；初中者的这个比率相对稍低，占58%。可见，迁移人口的文化程度与生计发展适应（通过检验）低度相关，不同文化程度者在此方面存在差异，初中者的生计发展适应水平相对更低，文化程度越高越能更好适应当前生计发展状况。

表6-38　文化程度与生计发展适应（N=978）　　　　　单位:%

| 文化程度 | 非常适应 | 比较适应 | 一般 | 不太适应 | 很不适应 |
|----------|----------|----------|------|----------|----------|
| 小学及以下 | 6.8（28） | 53.9（222） | 33.3（137） | 4.1（17） | 1.9（8） |
| 初中 | 13.0（53） | 45.0（184） | 35.0（143） | 5.9（24） | 1.2（5） |
| 高中/中专/中技 | 11.5（12） | 51.0（53） | 26.9（28） | 9.6（10） | 1.0（1） |
| 大专及以上 | 18.9（10） | 41.5（22） | 37.7（20） | 0.0（0） | 1.9（1） |
| $G=-0.038$ | | $\chi^2=26.120$ | df=12 | $p<0.05$ | |

### 6. 不同婚姻状况者生计发展适应的差异

分析结果（见表6-39）显示：丧偶者对当前生计发展状况表示"适应"的人数比率最高，占近67%；其次是已婚者，也超过60%（其中"非常适应"的比率居首位，占10.5%）；而离异、未婚者的这个比率相对稍低，均占52%左右。可见，迁移人口的婚姻状况与生计发展适应（通过检验）低度相关，不同婚姻状况者在此方面存在差异，已婚、丧偶者的生计发展适应水平更高，而未婚、离异者的则更低。

表 6-39　婚姻状况与生计发展适应（$N=973$）　　　　单位:%

| 婚姻状况 | 非常适应 | 比较适应 | 一般 | 不太适应 | 很不适应 |
|---|---|---|---|---|---|
| 未婚 | 9.7（9） | 41.9（39） | 34.4（32） | 9.7（9） | 4.3（4） |
| 已婚 | 10.5（84） | 50.2（400） | 33.5（267） | 4.9（39） | 0.9（7） |
| 离异 | 6.0（3） | 46.0（23） | 40.0（20） | 2.0（1） | 6.0（3） |
| 丧偶 | 6.1（2） | 60.6（20） | 27.3（9） | 3.0（1） | 3.0（1） |
| $\tau_y=0.003$ | | $\chi^2=23.505$ | df=12 | | $p<0.05$ |

7. 不同政治面貌者生计发展适应的差异

分析结果（见表6-40）显示：绝大多数中共党员表示"适应"当前的生计发展状况，人数比率占75%；其次是群众，也占近60%，比共青团员的比率高15.8%；民主党派成员由于人数太少，在此不做分析（下同）。可见，迁移人口的政治面貌与生计发展适应（通过检验）相关，不同政治面貌者在此方面存在显著差异，中共党员的生计发展适应水平更高。

表 6-40　政治面貌与生计发展适应（$N=952$）　　　　单位:%

| 政治面貌 | 非常适应 | 比较适应 | 一般 | 不太适应 | 很不适应 |
|---|---|---|---|---|---|
| 中共党员 | 15.3（11） | 59.7（43） | 22.2（16） | 1.4（1） | 1.4（1） |
| 共青团员 | 15.6（5） | 28.1（9） | 46.9（15） | 9.4（3） | 0.0（0） |
| 群众 | 9.6（81） | 49.9（420） | 33.7（283） | 5.2（44） | 1.5（13） |
| 民主党派 | 0.0（0） | 28.6（2） | 57.1（4） | 0.0（0） | 14.3（1） |
| $\tau_y=0.017$ | | $\chi^2=25.650$ | df=12 | | $p<0.05$ |

8. 不同家庭规模者生计发展适应的差异

分析结果（见表6-41）显示：家庭人口数为2人者表示"适应"当前的生计发展状况的人数比率最高，占63.3%，比1人、5人、4人的分别高0.8%、0.8%、3.1%；家庭人口数为3人者这个比率相对稍低，不足59%，比6人及以上的高2.8%。可见，迁移人口的家庭规模与生计发展适应（通过检验）相关，不同家庭规模者在此方面存在显著差异，家庭人口数越少（2人及以下）则生计发展适应水平越高，这可能是由于家庭经济压力相对更小的缘故。

表 6-41　　家庭规模与生计发展适应（$N=970$）　　　　单位:%

| 家庭规模 | 非常适应 | 比较适应 | 一般 | 不太适应 | 很不适应 |
|---|---|---|---|---|---|
| 1 人 | 9.4（3） | 53.1（17） | 34.4（11） | 3.1（1） | 0.0（0） |
| 2 人 | 7.4（5） | 55.9（38） | 26.5（18） | 10.3（7） | 0.0（0） |
| 3 人 | 9.3（17） | 49.5（90） | 36.8（67） | 3.3（6） | 1.1（2） |
| 4 人 | 11.7（35） | 48.5（145） | 37.8（113） | 1.7（5） | 0.3（1） |
| 5 人 | 12.7（26） | 49.8（102） | 30.7（63） | 6.3（13） | 0.5（1） |
| 6 人及以上 | 7.6（14） | 48.4（89） | 27.7（51） | 10.3（19） | 6.0（11） |
| $G=0.047$ | | $\chi^2=61.214$ | | df=20 | $p<0.01$ |

9. 不同收入者生计发展适应的差异

分析结果（见表 6-42）显示：家庭年收入在 30 001～40 000 元、20 001～30 000 元者对当前生计发展状况表示"适应"的人数比率居前两位，均占 78.5%左右；40 001～50 000 元者的这个比率占 66.7%，比 10 001～20 000 元、50 000 元以上者的高 2%、8.1%；10 000 元及以下者表示"适应"的比率相对稍低，占 47.2%。可见，迁移人口的收入与生计发展适应（通过检验）有一定程度的相关性，不同收入者在此方面存在显著差异，家庭年收入在 2～4 万元者的生计发展适应水平更高，这可能与此收入区间的替代性工作较易找到有关。

表 6-42　　收入与生计发展适应（$N=900$）　　　　单位:%

| 收入 | 非常适应 | 比较适应 | 一般 | 不太适应 | 很不适应 |
|---|---|---|---|---|---|
| 10 000 元及以下 | 12.4（48） | 34.8（135） | 44.8（174） | 6.2（24） | 1.8（7） |
| 10 001～20 000 元 | 8.3（20） | 56.4（136） | 31.5（76） | 3.7（9） | 0.0（0） |
| 20 001～30 000 元 | 4.1（7） | 73.7（126） | 19.9（34） | 1.8（3） | 0.6（1） |
| 30 001～40 000 元 | 4.5（2） | 75.0（33） | 15.9（7） | 2.3（1） | 2.3（1） |
| 40 001～50 000 元 | 20.0（3） | 46.7（7） | 26.7（4） | 6.7（1） | 0.0（0） |
| 50 000 元以上 | 17.1（7） | 41.5（17） | 29.3（12） | 4.9（2） | 7.3（3） |
| $G=-0.224$ | | $\chi^2=109.848$ | | df=20 | $p<0.01$ |

（二）不同搬迁状况者的生计发展适应差异

1. 不同搬迁年限者生计发展适应的差异

分析结果（见表 6-43）显示：搬迁年限为 6 年及以上者表示"适应"当前的生计发展状况的人数比率非常高，超过 80%；其次是 4 年的，占 68.0%，比 5 年的比率高 13.8%；搬迁年限为 2 年、1 年、3 年者的这个比率相对稍低，均占 50% 左右。可见，迁移人口的搬迁年限与生计发展适应（通过检验）有一定的相关性，不同搬迁年限者在此方面存在显著差异，搬迁年限越长则生计发展适应水平越高。

表 6-43　搬迁年限与生计发展适应（$N=959$）　　　　单位:%

| 搬迁年限 | 非常适应 | 比较适应 | 一般 | 不太适应 | 很不适应 |
|---|---|---|---|---|---|
| 1 年 | 7.2（13） | 43.3（78） | 40.6（73） | 7.8（14） | 1.1（2） |
| 2 年 | 10.3（20） | 41.0（80） | 39.5（77） | 8.7（17） | 0.5（1） |
| 3 年 | 14.9（17） | 34.2（39） | 38.6（44） | 7.0（8） | 5.3（6） |
| 4 年 | 31.0（31） | 37.0（37） | 26.0（26） | 3.0（3） | 3.0（3） |
| 5 年 | 3.5（5） | 50.7（73） | 43.1（62） | 2.8（4） | 0.0（0） |
| 6 年及以上 | 6.6（15） | 73.9（167） | 16.4（37） | 1.8（4） | 1.3（3） |
| $G=-0.192$ | | $\chi^2=155.609$ | | df=20 | $p<0.01$ |

**2. 不同搬迁方式者生计发展适应的差异**

分析结果（见表 6-44）显示：外迁集中安置者对当前生计发展状况表示"适应"的人数比率最高，占近 68%，比其他方式的高 7.6%；外迁分散安置者的这个比率相对较低，不足 45%，比自己找工作或投靠亲友的略高 5.8%。可见，迁移人口的搬迁方式与生计发展适应（通过检验）相关，不同搬迁方式者在此方面存在显著差异，外迁集中安置者的生计发展适应水平更高，而自己找工作或投靠亲友者的则更低。

表 6-44　搬迁方式与生计发展适应（$N=978$）　　　　单位:%

| 搬迁方式 | 非常适应 | 比较适应 | 一般 | 不太适应 | 很不适应 |
|---|---|---|---|---|---|
| 外迁集中安置 | 12.9（72） | 54.9（305） | 26.8（149） | 4.0（22） | 1.4（8） |
| 外迁分散安置 | 6.5（14） | 38.2（83） | 44.7（97） | 9.2（20） | 1.4（3） |
| 找工作或投靠亲友 | 7.4（4） | 31.5（17） | 57.4（31） | 3.7（2） | 0.0（0） |
| 其他 | 7.9（12） | 52.3（79） | 32.5（49） | 4.6（7） | 2.6（4） |
| $\lambda=0.057$ | | $\chi^2=56.363$ | | df=12 | $p<0.01$ |

**3. 不同政策了解度者生计发展适应的差异**

分析结果（见表 6-45）显示：对搬迁政策非常了解者"适应"当前的生计发展状况的人数比率很高，占 85%；其次是比较了解的，也超过 74%；一般、不太了解者的这个比率相对较低，均不足 39%；很不了解者表示"适应"

的人数比率最低，不足24%。可见，迁移人口的政策了解度与生计发展适应（通过检验）有较强的相关性，不同政策了解度者在此方面存在显著差异，对搬迁政策越了解则生计发展适应度越高。

表6-45　政策了解度与生计发展适应（$N=980$）　　　单位:%

| 政策了解度 | 非常适应 | 比较适应 | 一般 | 不太适应 | 很不适应 |
|---|---|---|---|---|---|
| 非常了解 | 38.6（64） | 46.4（77） | 12.7（21） | 1.8（3） | 0.6（1） |
| 比较了解 | 6.4（25） | 67.7（264） | 24.9（97） | 1.0（4） | 0.0（0） |
| 一般 | 1.6（4） | 37.3（91） | 54.1（132） | 5.7（14） | 1.2（3） |
| 不太了解 | 4.7（6） | 34.1（44） | 41.1（53） | 15.5（20） | 4.7（6） |
| 很不了解 | 2.0（1） | 21.6（11） | 47.1（24） | 19.6（10） | 9.8（5） |
| | $G=0.591$ | $\chi^2=376.820$ | df=16 | $p<0.01$ | |

## 二、基本生活适应的个体差异性特征

（一）不同人口特征者的基本生活适应差异

1. 不同地区者基本生活适应的差异

分析结果（见表6-46）显示：四川地区绝大多数被调查者"适应"当前的基本生活，人数比率超过80%，比云南地区的高6.2%；贵州地区者的这个比率相对稍低，不足52.5%。可见，地区与迁移人口基本生活适应（通过检验）相关，四川、云南地区者的基本生活适应水平更高，而贵州地区者的则更低。

表6-46　地区与基本生活适应（$N=987$）　　　单位:%

| 地区 | 非常适应 | 比较适应 | 一般 | 不太适应 | 很不适应 |
|---|---|---|---|---|---|
| 四川 | 12.8（31） | 67.9（165） | 17.3（42） | 1.2（3） | 0.8（2） |
| 云南 | 13.2（78） | 61.3（362） | 23.5（139） | 1.0（6） | 1.0（6） |
| 贵州 | 22.9（35） | 29.4（45） | 28.1（43） | 15.7（24） | 3.9（6） |
| | $\tau_y=0.036$ | $\chi^2=131.166$ | df=8 | $p<0.01$ | |

2. 不同性别者基本生活适应的差异

分析结果（见表6-47）显示：男性对当前基本生活表示"适应"的人数比率较高，占近76%，比女性的高8.9%。可见，迁移人口的性别与基本生活适应（通过检验）低度相关，不同性别者在此方面存在差异，男性的基本生活适应水平相对更高。

表 6-47　性别与基本生活适应（$N=982$）　　　　　　单位:%

| 性别 | 非常适应 | 比较适应 | 一般 | 不太适应 | 很不适应 |
|---|---|---|---|---|---|
| 男 | 15.2（94） | 60.5（374） | 20.4（126） | 2.8（17） | 1.1（7） |
| 女 | 13.5（49） | 53.3（194） | 26.9（98） | 4.4（16） | 1.9（7） |
| $\tau_y=0.004$ | $\chi^2=9.683$ | df=4 | $p<0.05$ | | |

**3. 不同年龄者基本生活适应的差异**

分析结果（见表6-48）显示：56岁及以上、35～55岁者"适应"当前基本生活的人数比率居前两位，均超过75%；35岁以下者的这个比率相对稍低，占66%。可见，迁移人口的年龄与基本生活适应（通过检验）相关，不同年龄者在此方面存在显著差异，年轻者的基本生活适应水平相对更低，随着年龄增长其适应水平亦相应提高。

表 6-48　年龄与基本生活适应（$N=963$）　　　　　　单位:%

| 年龄 | 非常适应 | 比较适应 | 一般 | 不太适应 | 很不适应 |
|---|---|---|---|---|---|
| 35岁以下 | 14.8（44） | 51.2（152） | 27.3（81） | 5.4（16） | 1.3（4） |
| 35～55岁 | 14.4（76） | 61.2（322） | 20.9（110） | 1.9（10） | 1.5（8） |
| 56岁及以上 | 15.7（22） | 60.0（84） | 17.9（25） | 5.0（7） | 1.4（2） |
| $G=-0.104$ | $\chi^2=16.448$ | df=8 | $p<0.05$ | | |

**4. 不同民族者基本生活适应的差异**

分析结果（见表6-49）显示：少数民族者中"适应"当前基本生活的人数比率较高，超过78%，比汉族的这个比率高9.3%。可见，迁移人口的民族与基本生活适应（通过检验）低度相关，不同民族者在此方面存在差异，少数民族迁移人口的基本生活适应水平相对更高。

表 6-49　民族与基本生活适应（$N=978$）　　　　　　单位:%

| 民族 | 非常适应 | 比较适应 | 一般 | 不太适应 | 很不适应 |
|---|---|---|---|---|---|
| 汉族 | 13.6（85） | 55.4（345） | 26.6（166） | 3.2（20） | 1.1（7） |
| 少数民族 | 16.6（59） | 61.7（219） | 16.1（57） | 3.7（13） | 2.0（7） |
| $\tau_y=0.006$ | $\chi^2=15.317$ | df=4 | $p<0.01$ | | |

**5. 不同文化程度者基本生活适应的差异**

分析结果（见表6-50）显示：文化程度为小学及以下者"适应"当前基本生活的人数比率最高，超过79%，比大专及以上的高4.1%；初中、高中/中专/中技者的这个比率相对稍低，均不足67%。可见，迁移人口的文化程度与基本生活适应（通过检验）相关，不同文化程度者在此方面存在差异，初中、高中者的基本生活适应水平相对更低。

表6-50　文化程度与基本生活适应（$N=981$）　　　　单位:%

| 文化程度 | 非常适应 | 比较适应 | 一般 | 不太适应 | 很不适应 |
|---|---|---|---|---|---|
| 小学及以下 | 12.4（51） | 66.7（275） | 15.3（63） | 4.6（19） | 1.0（4） |
| 初中 | 15.5（64） | 51.2（211） | 28.6（118） | 2.4（10） | 2.2（9） |
| 高中/中专/中技 | 17.1（18） | 49.5（52） | 29.5（31） | 2.9（3） | 1.0（1） |
| 大专及以上 | 21.2（11） | 53.8（28） | 23.1（12） | 1.9（1） | 0.0（0） |
| $G=0.060$ | | $\chi^2=38.766$ | | $df=12$ | $p<0.01$ |

6. 不同婚姻状况者基本生活适应的差异

分析结果（见表6-51）显示：已婚、丧偶者对当前基本生活表示"适应"的人数比率居前两位，均占73%左右；未婚、离异者的这个比率相对稍低，均不足65%。可见，迁移人口的婚姻状况与基本生活适应（通过检验）低度相关，不同婚姻状况者在此方面存在差异，已婚、丧偶者的基本生活适应水平更高，而未婚、离异者的则更低。

表6-51　婚姻状况与基本生活适应（$N=976$）　　　　单位:%

| 婚姻状况 | 非常适应 | 比较适应 | 一般 | 不太适应 | 很不适应 |
|---|---|---|---|---|---|
| 未婚 | 11.8（11） | 52.7（49） | 22.6（21） | 10.8（10） | 2.2（2） |
| 已婚 | 14.9（119） | 58.9（471） | 22.8（182） | 2.4（19） | 1.1（9） |
| 离异 | 6.0（3） | 58.0（29） | 28.0（14） | 2.0（1） | 6.0（3） |
| 丧偶 | 24.2（8） | 48.5（16） | 21.2（7） | 6.1（2） | 0.0（0） |
| $\tau_y=0.004$ | | $\chi^2=34.367$ | | $df=12$ | $p<0.01$ |

7. 不同政治面貌者基本生活适应的差异

分析结果（见表6-52）显示：中共党员对当前基本生活表示"适应"的人数比率最高，超过83%；其次是群众，也占近73%，比共青团员的比率略高3.4%。但迁移人口的政治面貌与基本生活适应（未通过检验）不相关，不同政治面貌者在此方面的差异并不显著。

表6-52　政治面貌与基本生活适应（$N=955$）　　　　单位:%

| 政治面貌 | 非常适应 | 比较适应 | 一般 | 不太适应 | 很不适应 |
|---|---|---|---|---|---|
| 中共党员 | 29.2（21） | 54.2（39） | 15.3（11） | 0.0（0） | 1.4（1） |
| 共青团员 | 9.4（3） | 59.4（19） | 25.0（8） | 6.2（2） | 0.0（0） |

表6-52(续)

| 政治面貌 | 非常适应 | 比较适应 | 一般 | 不太适应 | 很不适应 |
|---|---|---|---|---|---|
| 群众 | 13.4（113） | 58.8（496） | 23.3（197） | 3.2（27） | 1.3（11） |
| 民主党派 | 14.3（1） | 57.1（4） | 28.6（2） | 0.0（0） | 0.0（0） |
| | $\tau_y = 0.004$ | $\chi^2 = 18.405$ | df = 12 | $p > 0.05$ | |

8. 不同家庭规模者基本生活适应的差异

分析结果（见表6-53）显示：家庭人口数为1人者"适应"当前基本生活的人数比率最高，超过78%；以下依次是5人、4人、2人、6人及以上，人数比率在69.8%~74.1%。可见，迁移人口的家庭规模与基本生活适应（通过检验）相关，不同家庭规模者在此方面存在显著差异，单身家庭者的基本生活适应水平更高，这可能是由于其家庭经济压力相对更小的缘故。

表6-53　家庭规模与基本生活适应（$N = 973$）　　　单位:%

| 家庭规模 | 非常适应 | 比较适应 | 一般 | 不太适应 | 很不适应 |
|---|---|---|---|---|---|
| 1人 | 21.9（7） | 56.2（18） | 15.6（5） | 3.1（1） | 3.1（1） |
| 2人 | 13.2（9） | 58.8（40） | 20.6（14） | 4.4（3） | 2.9（2） |
| 3人 | 9.9（18） | 59.9（109） | 27.5（50） | 2.2（4） | 0.5（1） |
| 4人 | 14.2（43） | 58.9（178） | 23.8（72） | 2.3（7） | 0.7（2） |
| 5人 | 18.0（37） | 56.1（115） | 22.9（47） | 1.5（3） | 1.5（3） |
| 6人及以上 | 15.2（28） | 56.0（103） | 17.9（33） | 8.2（15） | 2.7（5） |
| | $G = -0.018$ | $\chi^2 = 33.485$ | df = 20 | $p < 0.05$ | |

9. 不同收入者基本生活适应的差异

分析结果（见表6-54）显示：家庭年收入在20 001~30 000元、40 001~50 000元、30 001~40 000元者对当前基本生活表示"适应"的人数比率居前三位，均占87.5%左右；其次是10 001~20 000元、50 000元以上的，也超过73%；10 000元及以下者的这个比率最低，不足63%。可见，迁移人口的收入与基本生活适应（通过检验）有一定程度的相关性，不同收入者在此方面存在显著差异，家庭年收入在2万~5万元者的基本生活适应水平更高。

表6-54　收入与基本生活适应（$N = 902$）　　　单位:%

| 收入 | 非常适应 | 比较适应 | 一般 | 不太适应 | 很不适应 |
|---|---|---|---|---|---|
| 10 000元及以下 | 16.8（65） | 46.0（178） | 33.3（129） | 2.3（9） | 1.6（6） |
| 10 001~20 000元 | 9.5（23） | 65.7（159） | 21.1（51） | 2.1（5） | 1.7（4） |

表6-54(续)

| 收入 | 非常适应 | 比较适应 | 一般 | 不太适应 | 很不适应 |
|---|---|---|---|---|---|
| 20 001~30 000元 | 11.0（19） | 77.9（134） | 9.9（17） | 1.2（2） | 0.0（0） |
| 30 001~40 000元 | 11.4（5） | 75.0（33） | 6.8（3） | 2.3（1） | 4.5（2） |
| 40 001~50 000元 | 31.2（5） | 56.2（9） | 6.2（1） | 6.2（1） | 0.0（0） |
| 50 000元以上 | 19.5（8） | 53.7（22） | 12.2（5） | 12.2（5） | 2.4（1） |
| $G=-0.182$ | | $\chi^2=100.682$ | | df=20 | $p<0.01$ |

（二）不同搬迁状况者的基本生活适应差异

1. 不同搬迁年限者基本生活适应的差异

分析结果（见表6-55）显示：搬迁年限为6年及以上者"适应"当前基本生活的人数比率最高，超过87%，比4年的高5%；以下依次是1年、5年、2年的，均占67.5%左右；搬迁年限为3年的这个比率相对稍低，不足58%。可见，迁移人口的搬迁年限与基本生活适应（通过检验）有一定的相关性，不同搬迁年限者在此方面存在显著差异，基本上搬迁年限越长则基本生活适应水平越高。

表6-55　搬迁年限与基本生活适应（$N=962$）　单位:%

| 搬迁年限 | 非常适应 | 比较适应 | 一般 | 不太适应 | 很不适应 |
|---|---|---|---|---|---|
| 1年 | 16.1（29） | 52.2（94） | 23.9（43） | 6.1（11） | 1.7（3） |
| 2年 | 13.3（26） | 53.6（105） | 26.5（52） | 5.1（10） | 1.5（3） |
| 3年 | 13.2（15） | 44.7（51） | 34.2（39） | 5.3（6） | 2.6（3） |
| 4年 | 29.7（30） | 52.5（53） | 13.9（14） | 3.0（3） | 1.0（1） |
| 5年 | 8.3（12） | 59.7（86） | 30.6（44） | 0.7（1） | 0.7（1） |
| 6年及以上 | 12.3（28） | 74.9（170） | 11.0（25） | 0.4（1） | 1.3（3） |
| $G=-0.122$ | | $\chi^2=85.308$ | | df=20 | $p<0.01$ |

2. 不同搬迁方式者基本生活适应的差异

分析结果（见表6-56）显示：外迁集中安置者对当前基本生活表示"适应"的人数比率最高，占近81%；其次是"其他"方式的，占64.4%，比外迁分散安置的比率高3.1%；找工作或投靠亲友的比率最低，不足52%。可见，迁移人口的搬迁方式与基本生活适应（通过检验）相关，不同搬迁方式者在此方面存在显著差异，外迁集中安置者的基本生活适应水平更高，而自己找工作或投靠亲友者的则更低。

表 6-56　搬迁方式与基本生活适应（$N=981$）　　　单位:%

| 搬迁方式 | 非常适应 | 比较适应 | 一般 | 不太适应 | 很不适应 |
|---|---|---|---|---|---|
| 外迁集中安置 | 20.1（112） | 60.8（339） | 14.9（83） | 2.7（15） | 1.6（9） |
| 外迁分散安置 | 5.5（12） | 55.8（121） | 32.7（71） | 5.5（12） | 0.5（1） |
| 找工作或投靠亲友 | 5.6（3） | 46.3（25） | 42.6（23） | 3.7（2） | 1.9（1） |
| 其他 | 10.5（16） | 53.9（82） | 30.9（47） | 2.6（4） | 2.0（3） |
| $\tau_y=0.025$ | | $\chi^2=75.432$ | | df=12 | $p<0.01$ |

3. 不同政策了解度者基本生活适应的差异

分析结果（见表 6-57）显示：对搬迁政策比较了解者"适应"当前基本生活的人数比率很高，超过 87%，比非常了解的高 3.4%；一般了解者的这个比率相对稍低，占 60.1%，比不太了解的高 9%；很不了解者表示"适应"的人数比率更低，不足 39.5%。可见，迁移人口的政策了解度与基本生活适应（通过检验）有较强的相关性，不同政策了解度者在此方面存在显著差异，大体上对搬迁政策越了解则基本生活适应度越高。

表 6-57　政策了解度与基本生活适应（$N=983$）　　　单位:%

| 政策了解度 | 非常适应 | 比较适应 | 一般 | 不太适应 | 很不适应 |
|---|---|---|---|---|---|
| 非常了解 | 41.6（69） | 42.2（70） | 11.4（19） | 2.4（4） | 2.4（4） |
| 比较了解 | 9.2（36） | 78.0（305） | 12.3（48） | 0.3（1） | 0.3（1） |
| 一般 | 7.7（19） | 52.4（129） | 37.4（92） | 1.6（4） | 0.8（2） |
| 不太了解 | 11.6（15） | 39.5（51） | 36.4（47） | 10.9（14） | 1.6（2） |
| 很不了解 | 7.8（4） | 31.4（16） | 33.3（17） | 17.6（9） | 9.8（5） |
| $G=0.470$ | | $\chi^2=314.255$ | | df=16 | $p<0.01$ |

### 三、人际交往适应的个体差异性特征

（一）不同人口特征者的人际交往适应差异

1. 不同地区者人际交往适应的差异

分析结果（见表 6-58）显示：四川地区的迁移人口对当前人际交往状况表示"适应"的人数比率最高，占近 71%，比云南地区者的高 4.4%；贵州地区者的这个比率相对稍低，占 50%。可见，地区与迁移人口人际交往适应（通过检验）相关；四川、云南地区的迁移人口的人际交往适应水平更高，而贵州地区的则更低。

表 6-58　地区与人际交往适应（N=981）　　　　　　单位:%

| 地区 | 非常适应 | 比较适应 | 一般 | 不太适应 | 很不适应 |
|------|---------|---------|------|---------|---------|
| 四川 | 6.6（16） | 64.3（157） | 28.3（69） | 0.4（1） | 0.4（1） |
| 云南 | 8.0（47） | 58.5（342） | 30.6（179） | 2.7（16） | 0.2（1） |
| 贵州 | 17.8（27） | 32.2（49） | 38.8（59） | 10.5（16） | 0.7（1） |
| $\lambda=0.023$ | | $\chi^2=68.705$ | df=8 | $p<0.01$ | |

**2. 不同性别者人际交往适应的差异**

分析结果（见表 6-59）显示：男性对当前人际交往状况表示"适应"的人数比率稍高，占近 67%，比女性的略高 5%。但迁移人口的性别与人际交往适应（未通过检验）不相关，不同性别者在此方面不存在显著差异。

表 6-59　性别与人际交往适应（N=976）　　　　　　单位:%

| 性别 | 非常适应 | 比较适应 | 一般 | 不太适应 | 很不适应 |
|------|---------|---------|------|---------|---------|
| 男 | 9.1（56） | 57.8（356） | 29.9（184） | 3.1（19） | 0.2（1） |
| 女 | 9.4（34） | 52.5（189） | 33.6（121） | 3.9（14） | 0.6（2） |
| $\tau_y=0.002$ | | $\chi^2=3.766$ | df=4 | $p>0.05$ | |

**3. 不同年龄者人际交往适应的差异**

分析结果（见表 6-60）显示：35~55 岁、56 岁及以上者"适应"当前人际交往状况的人数比率相对较高，均占 67.2%，比 35 岁以下者的高 5.9%。可见，迁移人口的年龄与人际交往适应（通过检验）相关，不同年龄者在此方面存在显著差异，年轻者的人际交往适应水平相对更低。

表 6-60　年龄与人际交往适应（N=957）　　　　　　单位:%

| 年龄 | 非常适应 | 比较适应 | 一般 | 不太适应 | 很不适应 |
|------|---------|---------|------|---------|---------|
| 35 岁以下 | 13.3（39） | 48.0（141） | 34.0（100） | 4.1（12） | 0.7（2） |
| 35~55 岁 | 7.5（39） | 59.7（312） | 29.6（155） | 3.1（16） | 0.2（1） |
| 56 岁及以上 | 8.6（12） | 58.6（82） | 29.3（41） | 3.6（5） | 0.0（0） |
| $G=-0.028$ | | $\chi^2=15.524$ | df=8 | $p<0.05$ | |

**4. 不同民族者人际交往适应的差异**

分析结果（见表 6-61）显示：少数民族者中表示"适应"当前人际交往状况的人数比率占近 73%，比汉族的高 12.7%。可见，迁移人口的民族与人际交往适应（通过检验）相关，不同民族者在此方面存在差异，少数民族的人际交往适应水平更高。

表 6-61　民族与人际交往适应（N=972）　　　　单位:%

| 民族 | 非常适应 | 比较适应 | 一般 | 不太适应 | 很不适应 |
|------|---------|---------|------|---------|---------|
| 汉族 | 7.9（49） | 52.3（323） | 36.4（225） | 3.2（20） | 0.2（1） |
| 少数民族 | 11.3（40） | 61.6（218） | 22.9（81） | 3.7（13） | 0.6（2） |
| $\tau_y = 0.011$ | | $\chi^2 = 20.695$ | df=4 | $p<0.01$ | |

**5. 不同文化程度者人际交往适应的差异**

分析结果（见表 6-62）显示:文化程度为小学及以下者"适应"当前人际交往状况的人数比率最高,超过 69%;其次是高中/中专/中技、初中者,均占 62.5%左右;大专及以上者的这个比率相对稍低,不足 60.5%。可见,迁移人口的文化程度与人际交往适应（通过检验）相关,不同文化程度者在此方面存在差异,大号及以上者的人际交往适应水平相对更低,大体上文化程度越低越能更好适应当前人际交往状况。

表 6-62　文化程度与人际交往适应（N=975）　　　　单位:%

| 文化程度 | 非常适应 | 比较适应 | 一般 | 不太适应 | 很不适应 |
|---------|---------|---------|------|---------|---------|
| 小学及以下 | 6.3（26） | 62.8（258） | 27.3（112） | 3.4（14） | 0.2（1） |
| 初中 | 10.1（41） | 52.2（212） | 34.0（138） | 3.4（14） | 0.2（1） |
| 高中/中专/中技 | 12.4（13） | 50.5（53） | 33.3（35） | 2.9（3） | 1.0（1） |
| 大专及以上 | 18.9（10） | 41.5（19） | 35.8（） | 3.8（2） | 0.0（0） |
| $G=0.026$ | | $\chi^2 = 22.917$ | df=12 | $p<0.05$ | |

**6. 不同婚姻状况者人际交往适应的差异**

分析结果（见表 6-63）显示:已婚者"适应"当前人际交往状况的人数比率最高,超过 66%,比离异者的高 2.3%;未婚者的这个比率相对稍低,占 57%,比丧偶者的高 7%。但迁移人口的婚姻状况与人际交往适应（未通过检验）不相关,不同婚姻状况者在此方面无显著差异。

表 6-63　婚姻状况与人际交往适应（N=970）　　　　单位:%

| 婚姻状况 | 非常适应 | 比较适应 | 一般 | 不太适应 | 很不适应 |
|---------|---------|---------|------|---------|---------|
| 未婚 | 11.8（11） | 45.2（42） | 37.6（35） | 4.3（4） | 1.1（1） |
| 已婚 | 8.7（69） | 57.6（458） | 30.2（240） | 3.3（26） | 0.3（2） |
| 离异 | 10.0（5） | 54.0（27） | 34.0（17） | 2.0（1） | 0.0（0） |
| 丧偶 | 12.5（4） | 37.5（12） | 43.8（14） | 6.2（2） | 0.0（0） |
| $\lambda=0.005$ | | $\chi^2 = 12.240$ | df=12 | $p>0.05$ | |

**7. 不同政治面貌者人际交往适应的差异**

分析结果（见表6-64）显示：绝大多数中共党员表示"适应"当前的人际交往状况，人数比率占近74%；其次是共青团员，占68.7%，比群众的这个比率略高4.3%。但迁移人口的政治面貌与人际交往适应（未通过检验）不相关，不同政治面貌者在此方面的差异并不显著。

表6-64　政治面貌与人际交往适应（$N=949$）　　　单位:%

| 政治面貌 | 非常适应 | 比较适应 | 一般 | 不太适应 | 很不适应 |
|---|---|---|---|---|---|
| 中共党员 | 16.7（12） | 56.9（41） | 23.6（17） | 2.8（2） | 0.0（0） |
| 共青团员 | 15.6（5） | 53.1（17） | 31.2（10） | 0.0（0） | 0.0（0） |
| 群众 | 8.6（72） | 55.8（468） | 32.0（268） | 3.2（27） | 0.4（3） |
| 民主党派 | 0.0（0） | 71.4（5） | 28.6（2） | 0.0（0） | 0.0（0） |
| $\tau_y=0.002$ | $\chi^2=10.162$ | | df=12 | $p>0.05$ | |

**8. 不同家庭规模者人际交往适应的差异**

分析结果（见表6-65）显示：家庭人口数为2人者表示"适应"当前人际交往状况的人数比率最高，占近69%；其次是4人、5人、6人及以上、3人，人数比率在62.4%～66.9%；家庭人口数为1人者的这个比率最低，不足53.5%。但迁移人口的家庭规模与人际交往适应（未通过检验）不相关，不同家庭规模者在此方面没有显著差异。

表6-65　家庭规模与人际交往适应（$N=967$）　　　单位:%

| 家庭规模 | 非常适应 | 比较适应 | 一般 | 不太适应 | 很不适应 |
|---|---|---|---|---|---|
| 1人 | 9.4（3） | 43.8（14） | 43.8（14） | 3.1（1） | 0.0（0） |
| 2人 | 14.9（10） | 53.7（36） | 28.4（19） | 3.0（2） | 0.0（0） |
| 3人 | 9.4（17） | 53.0（96） | 33.1（60） | 4.4（8） | 0.0（0） |
| 4人 | 8.4（25） | 58.5（175） | 29.8（89） | 3.0（9） | 0.3（1） |
| 5人 | 7.8（16） | 57.1（117） | 32.7（67） | 2.0（4） | 0.5（1） |
| 6人及以上 | 9.3（17） | 55.2（101） | 30.1（55） | 4.9（9） | 0.5（1） |
| $G=0.004$ | $\chi^2=11.711$ | | df=20 | $p>0.05$ | |

**9. 不同收入者人际交往适应的差异**

分析结果（见表6-66）显示：家庭年收入在40 001～50 000元者对当前人际交往状况表示"适应"的人数比率最高，超过87%，比30 001～40 000元、20 001～30 000元的分别高3.3%、6.1%；10 001～20 000元、50 000元以上者的这个比率相对较低，均占62%左右；10 000元及以下者表示"适应"

的比率更低，不足57%。可见，迁移人口的收入与人际交往适应（通过检验）有一定程度的相关性，不同收入者在此方面存在显著差异，家庭年收入在2万~5万元者的人际交往适应水平更高。

表6-66　收入与人际交往适应（N=897）　　　　　单位:%

| 收入 | 非常适应 | 比较适应 | 一般 | 不太适应 | 很不适应 |
|---|---|---|---|---|---|
| 10 000元及以下 | 11.7 (45) | 44.7 (172) | 39.5 (152) | 3.6 (14) | 0.5 (2) |
| 10 001~20 000元 | 5.4 (13) | 58.1 (140) | 33.6 (81) | 2.9 (7) | 0.0 (0) |
| 20 001~30 000元 | 1.8 (3) | 79.5 (136) | 15.8 (27) | 2.3 (4) | 0.6 (1) |
| 30 001~40 000元 | 2.3 (1) | 81.8 (36) | 15.9 (7) | 0.0 (0) | 0.0 (0) |
| 40 001~50 000元 | 31.2 (5) | 56.2 (9) | 12.5 (2) | 0.0 (0) | 0.0 (0) |
| 50 000元以上 | 22.5 (9) | 37.5 (15) | 32.5 (13) | 7.5 (3) | 0.0 (0) |
| $G=-0.190$ | | $\chi^2=104.445$ | df=20 | $p<0.01$ | |

（二）不同搬迁状况者的人际交往适应差异

1. 不同搬迁年限者人际交往适应的差异

分析结果（见表6-67）显示：搬迁年限为6年及以上者表示"适应"当前人际交往状况的人数比率非常高，超过82%；其次是4年、2年、5年的，均占62.5%左右；1年者的这个比率相对较低，占56.1%，仅比3年者的略高3.4%。可见，迁移人口的搬迁年限与人际交往适应（通过检验）有一定的相关性，不同搬迁年限者在此方面存在显著差异，搬迁年限越长则人际交往适应水平越高。

表6-67　搬迁年限与人际交往适应（N=956）　　　　　单位:%

| 搬迁年限 | 非常适应 | 比较适应 | 一般 | 不太适应 | 很不适应 |
|---|---|---|---|---|---|
| 1年 | 10.0 (18) | 46.1 (83) | 37.8 (68) | 6.1 (11) | 0.0 (0) |
| 2年 | 13.4 (26) | 50.5 (98) | 32.5 (63) | 3.6 (7) | 0.0 (0) |
| 3年 | 9.1 (10) | 43.6 (48) | 40.0 (44) | 6.4 (7) | 0.9 (1) |
| 4年 | 12.0 (12) | 52.0 (52) | 34.0 (34) | 2.0 (2) | 0.0 (0) |
| 5年 | 4.2 (6) | 56.9 (82) | 36.8 (53) | 2.1 (3) | 0.0 (0) |
| 6年及以上 | 7.5 (17) | 74.6 (170) | 16.2 (37) | 0.9 (2) | 0.9 (2) |
| $G=-0.147$ | | $\chi^2=72.268$ | df=20 | $p<0.01$ | |

2. 不同搬迁方式者人际交往适应的差异

分析结果（见表6-68）显示：外迁集中安置者对当前人际交往状况表示"适应"的人数比率最高，占近72%，比"其他"方式的高10.8%；外迁分散安置者的这个比率相对较低，占 53.2%，仅比自己找工作或投靠亲友的略高 1.4%。可见，迁移人口的搬迁方式与人际交往适应（通过检验）相关，不同搬迁方式者在此方面存在显著差异，外迁集中安置者的人际交往适应水平更高，而外迁分散安置和自己找工作或投靠亲友者的则更低。

表 6-68　搬迁方式与人际交往适应（N=975）　　　　单位:%

| 搬迁方式 | 非常适应 | 比较适应 | 一般 | 不太适应 | 很不适应 |
|---|---|---|---|---|---|
| 外迁集中安置 | 11.3（63） | 60.6（337） | 25.0（139） | 3.1（17） | 0.0（0） |
| 外迁分散安置 | 6.9（15） | 46.3（100） | 41.7（90） | 4.2（9） | 0.9（2） |
| 找工作或投靠亲友 | 3.7（2） | 48.1（26） | 46.3（25） | 1.9（1） | 0.0（0） |
| 其他 | 6.7（10） | 54.4（81） | 34.2（51） | 4.0（6） | 0.7（1） |
| $\tau_y = 0.018$ | | $\chi^2 = 38.204$ | | df=12 | $p<0.01$ |

3. 不同政策了解度者人际交往适应的差异

分析结果（见表 6-69）显示：对搬迁政策非常了解和比较了解者"适应"当前的人际交往状况的人数比率居前两位，均占 77.5%左右；其次是一般了解的，不足 55%；很不了解者表示"适应"的比率相对较低，占 46%，仅比不太了解的高 5.8%。可见，迁移人口的政策了解度与人际交往适应（通过检验）有较强的相关性，不同政策了解度者在此方面存在显著差异，对搬迁政策越了解则人际交往适应度越高。

表 6-69　政策了解度与人际交往适应（N=977）　　　　单位:%

| 政策了解度 | 非常适应 | 比较适应 | 一般 | 不太适应 | 很不适应 |
|---|---|---|---|---|---|
| 非常了解 | 29.5（49） | 49.4（82） | 18.7（31） | 2.4（4） | 0.0（0） |
| 比较了解 | 4.9（19） | 71.1（278） | 22.0（86） | 2.0（8） | 0.0（0） |
| 一般 | 3.3（8） | 51.4（125） | 43.2（105） | 1.6（4） | 0.4（1） |
| 不太了解 | 7.9（10） | 32.3（41） | 50.4（64） | 7.9（10） | 1.6（2） |
| 很不了解 | 6.0（3） | 40.0（20） | 40.0（20） | 14.0（7） | 0.0（0） |
| $G=0.424$ | | $\chi^2 = 210.471$ | | df=16 | $p<0.01$ |

## 四、心理适应的个体差异性特征

（一）不同人口特征者的心理适应差异

1. 不同地区者心理适应的差异

分析结果（见表 6-70）显示：云南地区者表示当前心理上"适应"的人数比率最高，超过 35%；其次是贵州地区者，也占近四分之一（值得注意的是，贵州地区者当前心理上"不适应"的人数比率占50.7%，居首位）；四川地区者的这个比率很低，不足8%。可见，地区与迁移人口心理适应（通过检验）低度相关；云南地区者的心理适应水平相对更高，而四川、贵州地区者的则更低。

表6-70　地区与心理适应（$N=969$）　　　　　单位:%

| 地区 | 非常适应 | 比较适应 | 一般 | 不太适应 | 很不适应 |
|------|---------|---------|------|---------|---------|
| 四川 | 0.4（1） | 7.5（18） | 49.2（118） | 34.6（83） | 8.3（20） |
| 云南 | 18.4（106） | 17.0（98） | 35.7（206） | 26.0（150） | 2.9（17） |
| 贵州 | 16.4（25） | 6.6（10） | 26.3（40） | 22.4（34） | 28.3（43） |
| $\lambda=0.005$ | | $\chi^2=172.758$ | | df=8 | $p<0.01$ |

**2. 不同性别者心理适应的差异**

分析结果（见表6-71）显示：男性中表示当前心理上"适应"的人数比率占29%，比女性的高6.7%。可见，迁移人口的性别与心理适应（通过检验）低度相关，不同性别者在此方面存在差异，男性的心理适应水平相对更高。

表6-71　性别与心理适应（$N=964$）　　　　　单位:%

| 性别 | 非常适应 | 比较适应 | 一般 | 不太适应 | 很不适应 |
|------|---------|---------|------|---------|---------|
| 男 | 16.3（99） | 12.7（77） | 37.5（227） | 25.9（157） | 7.6（46） |
| 女 | 8.9（32） | 13.4（48） | 37.7（135） | 30.4（109） | 9.5（34） |
| $\tau_y=0.003$ | | $\chi^2=11.819$ | | df=4 | $p<0.05$ |

**3. 不同年龄者心理适应的差异**

分析结果（见表6-72）显示：35～55岁、35岁以下者表示当前心理上"适应"的人数比率居前两位，均占27%左右；56岁及以上者的这个比率相对较低，不足五分之一。可见，迁移人口的年龄与心理适应（通过检验）相关，不同年龄者在此方面存在显著差异，老年人的心理适应水平更低。

表6-72　年龄与心理适应（$N=945$）　　　　　单位:%

| 年龄 | 非常适应 | 比较适应 | 一般 | 不太适应 | 很不适应 |
|------|---------|---------|------|---------|---------|
| 35岁以下 | 9.6（28） | 17.1（50） | 37.5（110） | 27.0（79） | 8.9（26） |
| 35～55岁 | 16.0（82） | 11.1（57） | 36.5（187） | 28.7（147） | 7.8（40） |
| 56岁及以上 | 13.7（19） | 5.8（8） | 43.2（60） | 27.3（38） | 10.1（14） |
| $G=0.015$ | | $\chi^2=18.861$ | | df=8 | $p<0.05$ |

4. 不同民族者心理适应的差异

分析结果（见表6-73）显示：少数民族者中表示当前心理上"适应"的人数比率占27.3%，仅比汉族的略高1.2%；而表示"不适应"的人数比率占41.4%，比汉族的高8.8%。可见，迁移人口的民族与心理适应（通过检验）低度相关，不同民族者在此方面存在差异，少数民族的心理适应水平相对更低。

表6-73　民族与心理适应（N=961）　　　　单位:%

| 民族 | 非常适应 | 比较适应 | 一般 | 不太适应 | 很不适应 |
|---|---|---|---|---|---|
| 汉族 | 11.6（71） | 14.5（89） | 41.3（253） | 25.1（154） | 7.5（46） |
| 少数民族 | 17.5（61） | 9.8（34） | 31.3（109） | 31.9（111） | 9.5（33） |
| $\lambda=0.003$ | | $\chi^2=20.211$ | | df=4 | $p<0.01$ |

5. 不同文化程度者心理适应的差异

分析结果（见表6-74）显示：文化程度为初中、高中/中专/中技者中表示当前心理上"适应"的人数比率居前两位，均超过28%；其次是小学及以下，占25.1%，比大专及以上者的这个比率略高2.4%。但迁移人口的文化程度与心理适应（未通过检验）不相关，不同文化程度者在此方面没有显著差异。

表6-74　文化程度与心理适应（N=964）　　　　单位:%

| 文化程度 | 非常适应 | 比较适应 | 一般 | 不太适应 | 很不适应 |
|---|---|---|---|---|---|
| 小学及以下 | 15.5（63） | 9.6（39） | 40.4（164） | 25.6（104） | 8.9（36） |
| 初中 | 14.4（58） | 14.1（57） | 36.0（145） | 28.3（114） | 7.2（29） |
| 高中/中专/中技 | 7.8（8） | 20.6（21） | 37.3（38） | 26.5（27） | 7.8（8） |
| 大专及以上 | 5.7（3） | 17.0（9） | 30.2（16） | 35.8（19） | 11.3（6） |
| $G=0.022$ | | $\chi^2=20.553$ | | df=12 | $p>0.05$ |

6. 不同婚姻状况者心理适应的差异

分析结果（见表6-75）显示：已婚、丧偶者中表示当前心理上"适应"的人数比率居前两位，均占27.5%左右；其次是离异者，也占22%；未婚者的这个比率较低，不足13.5%。可见，迁移人口的婚姻状况与心理适应（通过检验）低度相关，不同婚姻状况者在此方面存在差异，已婚、丧偶者的心理适应水平更高，而未婚者的则更低。

表 6-75 　婚姻状况与心理适应（N=958）　　　　　　　单位:%

| 婚姻状况 | 非常适应 | 比较适应 | 一般 | 不太适应 | 很不适应 |
|---|---|---|---|---|---|
| 未婚 | 7.7（7） | 5.5（5） | 49.5（45） | 26.4（24） | 11.0（10） |
| 已婚 | 14.5（114） | 13.4（105） | 36.6（287） | 28.1（220） | 7.4（58） |
| 离异 | 4.0（2） | 18.0（9） | 32.0（16） | 28.0（14） | 18.0（9） |
| 丧偶 | 12.1（4） | 15.2（5） | 45.5（15） | 18.2（6） | 9.1（3） |
| $\tau_y = 0.006$ | $\chi^2 = 24.388$ | | df=12 | $p<0.05$ | |

7. 不同政治面貌者心理适应的差异

分析结果（见表 6-76）显示：中共党员中表示当前心理上"适应"的人数比率最高，超过三分之一；其次是群众，也占近 27%；共青团员的这个比率较低，不足 13.5%。但迁移人口的政治面貌与心理适应（未通过检验）不相关，不同政治面貌者在此方面没有显著差异。

表 6-76 　政治面貌与心理适应（N=937）　　　　　　　单位:%

| 政治面貌 | 非常适应 | 比较适应 | 一般 | 不太适应 | 很不适应 |
|---|---|---|---|---|---|
| 中共党员 | 22.5（16） | 11.3（8） | 35.2（25） | 25.4（18） | 5.6（4） |
| 共青团员 | 6.7（2） | 6.7（2） | 33.3（10） | 40.0（12） | 13.3（4） |
| 群众 | 13.1（109） | 13.5（112） | 38.2（317） | 26.9（223） | 8.2（68） |
| 民主党派 | 0.0（0） | 28.6（2） | 42.9（3） | 14.3（1） | 14.3（1） |
| $\lambda = 0.003$ | $\chi^2 = 13.377$ | | df=12 | $p>0.05$ | |

8. 不同家庭规模者心理适应的差异

分析结果（见表 6-77）显示：家庭人口数为 5 人者表示当前心理上"适应"的人数比率最高，占近三分之一，比 4 人的高 3%；其次是 1 人、6 人及以上的，均占 25%左右；家庭人口数为 3 人、2 人的这个比率相对较低，均不足 18.5%。可见，迁移人口的家庭规模与心理适应（通过检验）相关，不同家庭规模者在此方面存在显著差异，家庭人口规模小者（3 人及以下家庭，单身家庭除外）的心理适应水平相对更低。

表 6-77 　家庭规模与心理适应（N=955）　　　　　　　单位:%

| 家庭规模 | 非常适应 | 比较适应 | 一般 | 不太适应 | 很不适应 |
|---|---|---|---|---|---|
| 1 人 | 12.9（4） | 12.9（4） | 54.8（17） | 9.7（3） | 9.7（3） |
| 2 人 | 7.4（5） | 10.3（7） | 52.9（36） | 20.6（14） | 8.8（6） |
| 3 人 | 8.0（14） | 10.2（18） | 47.2（83） | 29.5（52） | 5.1（9） |

表6-77(续)

| 家庭规模 | 非常适应 | 比较适应 | 一般 | 不太适应 | 很不适应 |
|---|---|---|---|---|---|
| 4 人 | 16.9 (50) | 13.2 (39) | 37.8 (112) | 25.7 (76) | 6.4 (19) |
| 5 人 | 17.3 (35) | 15.8 (32) | 27.7 (56) | 28.7 (58) | 10.4 (21) |
| 6 人及以上 | 12.6 (23) | 11.5 (21) | 29.7 (54) | 34.1 (62) | 12.1 (22) |
| | $G=0.043$ | $\chi^2=48.739$ | $df=20$ | $p<0.01$ | |

9. 不同收入者心理适应的差异

分析结果（见表6-78）显示：家庭年收入在 40 001~50 000 元者表示当前心理上"适应"的人数比率最高，超过 31%；其次是 10 000 元及以下、50 000 元以上、30 001~40 000 元的，均占 29.5%左右；10 001~20 000 元者的比率相对较低，不足 26%；20 001~30 000 元者的比率更低，不足 22.5%。可见，迁移人口的收入与心理适应（通过检验）相关，不同收入者在此方面存在显著差异，家庭年收入在 1 万~3 万元者的心理适应水平相对更低。

表6-78　收入与心理适应（$N=884$）　　　　单位:%

| 收入 | 非常适应 | 比较适应 | 一般 | 不太适应 | 很不适应 |
|---|---|---|---|---|---|
| 10 000 元及以下 | 15.9 (61) | 14.9 (57) | 35.0 (134) | 26.6 (102) | 7.6 (29) |
| 10 001~20 000 元 | 10.2 (24) | 15.3 (36) | 39.1 (92) | 27.2 (64) | 8.1 (19) |
| 20 001~30 000 元 | 14.4 (24) | 7.8 (13) | 40.7 (68) | 34.1 (57) | 3.0 (5) |
| 30 001~40 000 元 | 16.7 (7) | 11.9 (5) | 42.9 (18) | 9.5 (4) | 19.0 (8) |
| 40 001~50 000 元 | 18.8 (3) | 12.5 (2) | 31.2 (5) | 18.8 (3) | 18.8 (3) |
| 50 000 元以上 | 22.0 (9) | 7.3 (3) | 36.6 (15) | 24.4 (10) | 9.8 (4) |
| | $G=0.034$ | $\chi^2=36.733$ | $df=20$ | $p<0.05$ | |

（二）不同搬迁状况者的心理适应差异

1. 不同搬迁年限者心理适应的差异

分析结果（见表6-79）显示：搬迁年限为 4 年者表示当前心理上"适应"的人数比率最高，超过半数；其次是 3 年的，占 31.0%，比 6 年及以上、2 年、1 年的分别高 3.2%、3.5%、9.8%；搬迁年限为 5 年者的这个比率较低，不足 11.5%。可见，迁移人口的搬迁年限与心理适应（通过检验）有一定的相关性，不同搬迁年限者在此方面存在显著差异，搬迁年限在 4 年以内（含 4 年）者随着时间推移心理适应水平提高，而搬迁 5 年者则在心理上表现出明显的不适应。

表 6-79　搬迁年限与心理适应（N=947）　　　　单位:%

| 搬迁年限 | 非常适应 | 比较适应 | 一般 | 不太适应 | 很不适应 |
|---|---|---|---|---|---|
| 1 年 | 9.5（17） | 11.7（21） | 41.3（74） | 25.1（45） | 12.3（22） |
| 2 年 | 17.1（33） | 10.4（20） | 30.1（58） | 30.6（59） | 11.9（23） |
| 3 年 | 15.5（17） | 15.5（17） | 33.6（37） | 27.3（30） | 8.2（9） |
| 4 年 | 21.2（21） | 29.3（29） | 31.3（31） | 11.1（11） | 7.1（7） |
| 5 年 | 1.4（2） | 9.8（14） | 42.7（61） | 44.8（64） | 1.4（2） |
| 6 年及以上 | 17.9（40） | 9.9（22） | 42.2（94） | 22.4（50） | 7.6（17） |
| $G=-0.057$ | | $\chi^2=102.173$ | | $df=20$ | $p<0.01$ |

**2. 不同搬迁方式者心理适应的差异**

分析结果（见表6-80）显示：外迁分散安置者表示当前心理上"适应"的人数比率最高，占39.0%；其次是外迁集中安置的，也超过25%；自己找工作或投靠亲友、其他方式搬迁者的这个比率较低，均占17%左右。可见，迁移人口的搬迁方式与心理适应（通过检验）相关，不同搬迁方式者在此方面存在显著差异，外迁分散安置者的心理适应水平更高，而自己找工作或投靠亲友和其他方式搬迁者的则更低。

表 6-80　搬迁方式与心理适应（N=964）　　　　单位:%

| 搬迁方式 | 非常适应 | 比较适应 | 一般 | 不太适应 | 很不适应 |
|---|---|---|---|---|---|
| 外迁集中安置 | 13.1（72） | 12.2（67） | 38.5（212） | 28.9（159） | 7.3（40） |
| 外迁分散安置 | 23.0（49） | 16.0（34） | 31.9（68） | 19.2（41） | 9.9（21） |
| 找工作或投靠亲友 | 3.8（2） | 13.5（7） | 51.9（27） | 23.1（12） | 7.7（4） |
| 其他 | 5.4（8） | 11.4（17） | 37.6（56） | 36.2（54） | 9.4（14） |
| $\tau_y=0.012$ | | $\chi^2=43.558$ | | $df=12$ | $p<0.01$ |

**3. 不同政策了解度者心理适应的差异**

分析结果（见表6-81）显示：对搬迁政策了解度一般者表示当前心理上"适应"的人数比率最高，占40.5%，比非常了解、不太了解的分别高5.5%、7.7%；很不了解者的这个比率较低，不足20%；比较了解者的比率更低，不足14%。相比较而言，对搬迁政策不太了解、很不了解者表示当前心理上"不适应"的人数比率居前两位，均占43%左右；其次是比较了解的，占38.0%，比非常了解的高5.5%；了解度一般者的这个比率相对较低，不足28%。可见，迁移人口的政策了解度与心理适应（通过检验）有较强的相关性，不同政策了解度者在此方面存在显著差异，政策了解度越低则越可能产生心理上的不适应。

表 6-81　政策了解度与心理适应 （*N*=965）　　　　单位:%

| 政策了解度 | 非常适应 | 比较适应 | 一般 | 不太适应 | 很不适应 |
|---|---|---|---|---|---|
| 非常了解 | 20.0 （32） | 15.0 （24） | 32.5 （52） | 23.1 （37） | 9.4 （15） |
| 比较了解 | 2.1 （8） | 11.6 （45） | 48.3 （188） | 34.4 （134） | 3.6 （14） |
| 一般 | 26.7 （64） | 13.8 （33） | 31.7 （76） | 21.2 （51） | 6.7 （16） |
| 不太了解 | 16.8 （21） | 16.0 （20） | 22.4 （28） | 28.0 （35） | 16.8 （21） |
| 很不了解 | 13.7 （7） | 5.9 （3） | 39.2 （20） | 13.7 （7） | 27.5 （14） |
| $G=-0.014$ | | $\chi^2=160.324$ | | df=16 | $p<0.01$ |

# 第五节　结论

根据对农村气候贫困迁移人口社会适应性状况的单变量描述统计和双变量描述统计，获得以下结论：

## 一、社会适应性基本状况的相关结论

（一）生计适应性、生活适应性、人际交往适应性较好

生计适应性、生活适应性、人际交往适应性是农村气候贫困人口社会适应性最重要的几个方面。

其一，农村气候贫困迁移人口的生计发展适应性状况较为理想（60%的被调查者表示"适应"），但适应的范围和程度有待提升（只有10.5%的被调查者表示"很适应"）。其在住房来源、生产劳动、收入状况方面的具体适应状况如下：①在现居地住房来源上，政府资助（49.8%）与自建（36.4%）是迁移人口解决住房问题的主要途径；迁移人口住房的主要类型由原来的"单门独户，有院子"（平房和楼房）转变成搬迁后的"单门独户，无院子"（平房和楼房），79%的被调查者认为现在住房条件比以前更好；70.2%的被调查者对当前住房表示"满意"。但仍有29.8%的人对此满意度一般或不高，非常满意的人数比率仅占20.6%，说明该项工作有较大提升空间。可见，政府在解决迁移人口住房问题上所做工作整体上获得群众较大认可，进一步实现政府资助与自建的有机结合非常关键。②在生产劳动状况上，多数（79.6%）被调查者表示搬迁前后生产劳动存在一定差别，只有20.4%的人表示差别不大；而迁移人口对生产劳动变动的适应状况则不太理想，只有42.1%的被调查者接受过就业技能培训，55.4%的被调查者掌握了新的谋生技能，表明就业技能培训面还

需要进一步扩大、新的谋生技能还需要进一步强化，以增强适应就业和谋生的能力。③在收入状况上，迁移人口搬迁后主要生活来源依靠打工和务农（88.9%）；家庭平均年收入由搬迁前约1.4万元变为搬迁后约2.3万元，增幅为69.4%，当前收入与当地居民的差异不明显，但与搬迁前相比较则有所提升；迁移人口对未来收入的增长表现出较大信心（67.2%的人表示有信心），但满意度则有待于大幅提升（只有42.3%的人表示满意，其中3.7%的人非常满意）。这表明越是有住房保障、生产发展条件、就业支持、保障收入增长等条件，或越是与迁入地或当地居民享有的待遇、条件一致，搬迁人口的社会适应能力就越强，就越能稳定下来并获得发展。

其二，农村气候贫困迁移人口大多能够适应迁移后的基本生活（72.6%的被调查者表示"适应"），但非常适应的人数比率较低，只有14.6%；其在社区生活环境、风俗习惯方面的具体适应状况如下：①在社区生活环境上，迁移人口由搬迁前主要住在村里转变为搬迁后分散在村、城市近郊、镇上；人们对居住环境变化的适应状况较好，生活环境诸方面按（均值）便利性由高到低的排序是：交通性（1.87）、孩子上学（1.90）、购物（2.01）、亲朋往来（2.07）、看病（2.08）、社区治安（2.17）、娱乐（2.30）；78.2%被调查者认可现有居住环境比搬迁前好，72.3%被调查者对此较为满意。②在风俗习惯适应上，虽然搬迁前后两地的风俗习惯存在差别（67.8%的人认为有一定差别），但并不显著（只有9.6%的人认为差别很大）；多数迁移人口（69.3%）对现居地风俗习惯的适应性较好（只有3.7%的人对此表示不适应）。这表明迁入地风俗习惯对迁移人口的影响不大，迁移人口能够接受当地的风俗习惯，大大减轻了政府对于他们社会适应担忧的压力。同时，人们对居住环境变化的适应状况较好，这表明与迁出地相比，政府为迁入地人口提供了更好的交通、孩子上学、购物、看病、社区治安、娱乐等生活环境，增强了迁移人口的社会适应能力，提高了其对政府的满意度。

其三，农村气候贫困迁移人口的人际交往适应性尚可（65.1%的被调查者表示"适应"），但非常适应的人数比率很低，只有9.2%；其在人际关系、社会支持方面的具体适应状况如下：①在人际关系状况上，被调查者在搬迁后人际交往对象发生了较大变化，78%的被调查者搬迁后结交了新朋友，新朋友中90%是当地原住民；交往对象的变动带来人际关系的变化（83.6%的人认可其交往圈子产生了变动），迁移人口的人际关系呈现出稳定中上升的变化态势（只有不足5%的人认为当前其与原住民、社区工作人员、邻居、朋友、亲戚的关系比搬迁前更差了）；虽然现居地偶有原住民歧视或欺负移民的现象，但迁移人口对当前人际关系仍表现出一定的满意度（77%的人表示满意，其中

17.8%的人非常满意，表明这种满意度的提升空间较大）。这种人际关系社会适应性状况则反映了交往社会的时代特征，交通和信息网络传播媒介发达等缩短了人们交往的空间距离和心里距离，使其社会交往适应能力越来越强，只要政府努力搭建更好的交往平台，迁移人口社会适应能力将更强。②在社会支持状况上，搬迁后遇到困难时，迁移人口最倾向于求助的对象/部门是亲戚（65.4%）、朋友（62.5%）和政府相关部门（55.9%），而实际获得的帮助大多来源于亲戚（78.1%）和朋友（72.5%）。其实，向政府寻求帮助的比例也并不低，一方面表明迁移人口对政府的信任，另一方面也表明很多实际问题可能也需要找政府才能够得到解决，政府应加强与迁移人口的交流和沟通，及时发现和解决问题。这样可以增强迁移人口对政府或组织的信任，进而增强其自身的社会适应力。

（二）心理适应度不高

统计发现，社会适应四维度按（均值）由高到低排序是：基本生活适应（2.19）、人际交往适应（2.30）、生计发展适应（2.38）、心理适应（3.04），其中，农村气候贫困迁移人口的心理适应度尤其不高（只有26.6%的被调查者表示"适应"，其中"很适应"的仅占13.6%）。具体而言：①在原住地的怀念度上，部分迁移人口呈现出思乡情绪，54.9%的被调查者表示"怀念"。②在返迁意愿上，虽然数据显示的情况比较理想（44.5%的人明确表示不会返迁），但在原住地存在不适于人们生存发展外部环境条件的情况下仍有部分人愿意返迁或持保留态度，说明迁移人口具备一定的返迁意愿。

但综合分析可知，农村气候贫困迁移人口的总体社会适应程度中等偏上，多数人基本能够适应迁移后的生计发展、基本生活和人际交往状况；但非常适应的人数比率较低，心理适应程度中等偏下，说明社会适应度有待大幅提升。值得强调的是，政府需要认真对待迁移人口的返迁意愿问题，这既是社会适应问题在迁移问题上的反映，也是可能影响扶贫搬迁政策实施效果的一个关键问题。政府需要加强调研，加强对返迁潜在人群的积极引导和调控，以避免因为返迁潜在人群社会适应能力不强而出现较大规模的返迁。

**二、社会适应性差异分析的相关结论**

综合对农村气候贫困迁移人口个体特征与其社会适应状况的双变量相关分析和假设检验结果，可知不同特征个体4个方面的社会适应状况总体存在显著差异，验证了本书作出的"不同人口特征和搬迁状况与迁移人口的社会适应性存在显著差异"这一基本假设，具体假设验证情况及结论如下：

第一，农村气候贫困迁移人口的地区与其社会适应状况相关，不同地区者的社会适应状况存在显著差异。具体而言：四川、云南地区者的生计发展适应、基本生活适应、人际交往适应水平更高，贵州地区者的则更低；云南地区者的心理适应水平相对更高，而四川、贵州地区的则更低。

第二，农村气候贫困迁移人口的性别与其社会适应状况部分相关，不同性别者的基本生活适应、心理适应状况存在显著差异。具体而言：男性的基本生活适应、心理适应水平相对更高，女性的则更低；但性别与人们的生计发展适应、人际交往适应状况不相关，不同性别者在此两方面均没有显著差异。

第三，农村气候贫困迁移人口的年龄与其社会适应状况相关，不同年龄者的社会适应状况存在显著差异。具体而言：年轻者的生计发展适应、基本生活适应、人际交往适应水平更低，年长者的则更高；老年人的心理适应水平相对更低。

第四，农村气候贫困迁移人口的民族与其社会适应状况相关，不同民族者的社会适应状况存在显著差异。少数民族的生计发展适应、基本生活适应、人际交往适应水平相对更高，而心理适应水平则更低。

第五，农村气候贫困迁移人口的文化程度与其社会适应状况大部分相关，不同文化程度者的生计发展适应、基本生活适应、人际交往适应状况存在显著差异。具体而言：初中者的生计发展适应、基本生活适应、人际交往适应水平相对更低；大体上文化程度越高者越能更好适应当前生计发展状况，文化程度越低者越能更好适应当前人际交往状况，文化程度两极者更能适应当前的基本生活；但文化程度与人们的心理适应状况不相关，不同文化程度者在此方面的差异并不显著。

第六，农村气候贫困迁移人口的婚姻状况与其社会适应状况大部分相关，不同婚姻状况者的生计发展适应、基本生活适应、心理适应状况存在显著差异。具体而言：已婚、丧偶者的生计发展适应、基本生活适应、心理适应水平更高，而未婚者的则更低；但婚姻状况与人们的人际交往适应状况不相关，不同婚姻状况者在此方面无显著差异。

第七，农村气候贫困迁移人口的政治面貌与其社会适应状况少部分相关，不同婚姻状况者的生计发展适应状况存在显著差异。具体而言：中共党员的生计发展适应水平更高；但政治面貌与人们的基本生活适应、人际交往适应、心理适应状况不相关，不同婚姻状况者在此三方面不存在显著差异。

第八，农村气候贫困迁移人口的家庭人口数与其社会适应状况大部分相关，不同家庭规模者的生计发展适应、基本生活适应、心理适应状况存在显著差异。具体而言：家庭人口数少者的生计发展适应水平越高，但心理适应水平则更低（单身家庭除外），单身家庭（1人）者的基本生活适应水平更高（这可能是其家庭经济压力相对更小的缘故）；但家庭人口数与人们的人际交往适应状况不相关，不同家庭规模者在此方面的差异并不显著。

第九，农村气候贫困迁移人口的收入与其社会适应状况相关，不同收入者的社会适应状况存在显著差异。具体而言：家庭年收入在2万~4万元者的生计发展适应水平更高，2万~5万元者的基本生活适应、人际交往适应水平更高，这可能与此收入区间的替代性工作较易找到有关；但家庭年收入在1万~3万元者的心理适应水平相对更低。

第十，农村气候贫困迁移人口的搬迁年限与其社会适应状况相关，不同搬迁年限者的社会适应状况存在显著差异。具体而言：搬迁年限长越长则生计发展适应、基本生活适应、人际交往适应水平越高；搬迁年限4年以内者随着时间推移心理适应水平提高，而搬迁5年者则在心理上表现出明显的不适应。

第十一，农村气候贫困迁移人口的搬迁方式与其社会适应状况相关，不同搬迁方式者的社会适应状况存在显著差异。具体而言：外迁集中安置者的生计发展适应、基本生活适应、人际交往适应水平更高；外迁分散安置者的心理适应水平更高；而自己找工作或投靠亲友者在4个方面的适应性均更低；外迁分散安置者的人际交往适应水平相对更低。

第十二，农村气候贫困迁移人口的政策了解度与其社会适应状况相关，不同政策了解度者的社会适应状况存在显著差异。具体而言：人们对搬迁政策越了解则生计发展适应、基本生活适应和人际交往适应度越高，对政策了解度越低则越可能产生心理上的不适应。

综上所述，本书在验证研究假设的同时也对气候贫困迁移人口社会适应状况的个体差异性特征做出了直观的统计学判断，上述结论有助于为进一步深入发现和剖析气候贫困迁移人口社会适应状况中存在的问题提供客观现实依据，同时也为后续相关研究的拓展和深化做出一定的研究准备。

# 第六节 本章小结

本章通过对调查数据单、双变量的描述性和推论统计以及对访谈资料的归纳分析总结了迁移人口的社会适应状况和差异性特征，探讨了农村气候贫困迁移人口社会适应状况的诸多影响因素，并呈现其中存在的现实问题。

单变量的分析结果表明，调查对象在生计发展、基本生活和人际交往上适应良好，在具体适应状况上有所差异，其中生计发展适应水平相对最高，基本生活和人际交往适应水平相对较高，心理适应水平相对较差。

双变量的相关分析和假设检验结果表明，研究所作出的基本假设"不同自然和社会特征的迁移人口的社会适应状况存在显著差异"被证明。具体而言，第一，不同性别者在社会适应4方面存在显著的差异；第二，不同年龄者在社会适应4方面存在显著差异；第三，不同民族者在基本生活适应、人际交往适应方面存在显著的差异，在生计发展适应、心理适应方面无显著差异；第四，不同宗教信仰者在社会适应4方面存在显著差异；第五，不同受教育程度者在社会适应4方面存在显著差异；第六，不同婚姻状况者在社会适应4方面存在显著差异；第七，不同政治面貌者在基本生活适应、心理适应方面存在显著差异，在生计发展适应、人际交往适应方面无显著差异；第八，不同职业者在社会适应4方面存在显著差异；第九，不同家庭人口数者在心理适应、人际交往适应方面存在显著差异，在生计发展适应、基本生活适应方面无显著差异；第十，不同家庭年收入者在社会适应4方面存在显著的差异。

# 第七章 农村气候贫困人口迁移社会适应性、迁移稳定性实证

## 第一节 迁移社会适应性实证

对农村气候贫困移民社会适应的具体状况进行直观的现状描述、特征总结和问题呈现，有助于让我们把握客观现实，以便在证据为本的基础上深入剖析相关问题的深层原因。而统计学的相关分析考察的是变量之间的连带性而非因果关系，因此前述对迁移人口社会适应的差异性特征考察并不能够直接推论对迁移人口社会适应状况因变量产生直接作用的影响因素。同时，在实证研究中，相关统计分析手段的确是进行因果分析的重要途径，但对于影响因素的探究，并不能全然单一地按照变量间的数理联系进行统计推论，研究者必须首先通过经验分析以确定可能对事物产生影响作用的自变量，建立诸多研究假设，进而通过对各类实证资料的综合分析去验证假设，从实证的角度提供具备说服力的论据。

本章迁移社会适应性实证数据来源与第六章数据来源相同。

### 一、因变量的统计处理

（一）方法与步骤

本书根据收集到的具体数据，并采用适当的统计分析方法进行调整，最终构建社会适应性状况影响因素的量化评价模型。基于此，本书应用因子分析对前述操作化出的能够反映移民生计发展适应、基本生活适应、人际适应和心理适应状况的 13 个因变量进行主成份分析，结果见表 7-1、表 7-2、表 7-3、表 7-4 和图 7-1。

表 7-1　KMO 和 Bartlett 的检验

| 取样足够度的 Kaiser-Meyer-Olkin 度量 | 0.913 |
|---|---|
| 近似卡方 | 4 443.912 |
| Bartlett 的球形度检验 df | 78 |
| Sig. | 0.000 |

表 7-2　公因子方差

| 指标 | 初始 | 提取 |
|---|---|---|
| 住房满意度（Y1） | 1.000 | 0.633 |
| 生活环境满意度（Y2） | 1.000 | 0.690 |
| 生活环境适应度（Y3） | 1.000 | 0.678 |
| 风俗习惯适应度（Y4） | 1.000 | 0.658 |
| 收入满意度（Y5） | 1.000 | 0.692 |
| 收入提高信心（Y6） | 1.000 | 0.642 |
| 生计适应度（Y7） | 1.000 | 0.687 |
| 人际关系满意度（Y8） | 1.000 | 0.483 |
| 社会交往改善度（Y9） | 1.000 | 0.772 |
| 社会交往适应度（Y10） | 1.000 | 0.588 |
| 现居地总体生活满意度（Y11） | 1.000 | 0.578 |
| 原住地怀念度（Y12） | 1.000 | 0.756 |
| 返迁可能性（Y13） | 1.000 | 0.657 |

提取方法：主成分分析法。

表 7-3　公因子解释的总方差

| 成分 | 初始特征值 | | | 提取平方和载入 | | | 旋转平方和载入 | | |
|---|---|---|---|---|---|---|---|---|---|
| | 合计 | 方差% | 累积% | 合计 | 方差% | 累积% | 合计 | 方差% | 累积% |
| 1 | 5.354 | 41.185 | 41.185 | 5.354 | 41.185 | 41.185 | 3.175 | 24.425 | 24.425 |
| 2 | 1.339 | 10.297 | 51.482 | 1.339 | 10.297 | 51.482 | 2.411 | 18.547 | 42.972 |
| 3 | 0.958 | 7.366 | 58.848 | 0.958 | 7.366 | 58.848 | 1.531 | 11.773 | 54.745 |
| 4 | 0.863 | 6.639 | 65.487 | 0.863 | 6.639 | 65.487 | 1.396 | 10.724 | 65.487 |
| … | … | … | … | … | … | … | … | … | … |
| 13 | 0.329 | 2.529 | 100.000 | | | | | | |

提取方法：主成分分析法。

表 7-4　因子载荷矩阵

| 指标 | 成分 | | | |
|---|---|---|---|---|
| | 1 | 2 | 3 | 4 |
| 住房满意度（Y1） | 0.592 | 0.522 | -0.051 | -0.081 |
| 生活环境满意度（Y2） | 0.718 | 0.364 | 0.160 | -0.127 |
| 生活环境适应度（Y3） | 0.768 | 0.259 | 0.143 | -0.017 |
| 风俗习惯适应度（Y4） | 0.791 | 0.015 | 0.154 | -0.090 |
| 收入满意度（Y5） | 0.114 | 0.777 | 0.185 | -0.203 |
| 收入提高信心（Y6） | 0.288 | 0.667 | 0.317 | 0.114 |
| 生计适应度（Y7） | 0.465 | 0.668 | 0.148 | -0.044 |
| 人际关系满意度（Y8） | 0.484 | 0.188 | 0.456 | 0.075 |
| 社会交往改善度（Y9） | 0.058 | 0.181 | 0.839 | -0.180 |
| 社会交往适应度（Y10） | 0.458 | 0.196 | 0.579 | 0.067 |
| 现居地总体生活满意度（Y11） | 0.565 | 0.452 | 0.214 | -0.093 |
| 原住地怀念度（Y12） | -0.115 | 0.115 | -0.007 | 0.854 |
| 返迁可能性（Y13） | -0.020 | -0.344 | -0.095 | 0.727 |

注：提取方法为主成分分析法。

旋转法为具有 Kaiser 标准化的正交旋转法。

旋转在 5 次迭代后收敛。

表 7-1 的 KMO 和球形 Bartlett 检验结果显示，13 个变量所包含的信息重叠程度较高（KMO＞0.9），同时球形 Bartlett 检验值呈显著性水平（$P = 0.000$），因此适合利用因子提取对各指标变量起作用但不能被直接测量的公因子。

表 7-2 显示 13 个变量的共同度（"提取"列）基本都达到 0.5 或 0.6 和 0.7 以上，可以认为后续提取出的公因子对各变量具有较强的解释力。

表 7-3 显示，按照既定需要提取 4 个公因子，其累积方差贡献率超过 65%，虽然特征根大于 1 的只有两个公因子[①]，但考虑到研究需要，在综合判断累积贡献率和特征根大小且结合表 7-4 因子载荷矩阵发现，后两个公因子

① 特征根大小是公因子选取的重要标准，一般要求特征根大于 1，但这一标准在因子分析中并不绝对，实际应用中可以结合方差累计贡献率等因素综合考虑，必要时也可以保留特征根小于 1 但在专业上有明确含义的公因子。具体解释参见张文彤等主编的《SPSS 统计分析高级教程（第二版）》（高等教育出版社，2013）有关因子分析章节。

所控制的变量指标有明确的维度区分，即可视该两个公因子在研究中具有明确意义，故而研究综合判定提取前 4 个公因子即可概括全部变量的信息。

表 7-4 列出旋转后的因子载荷矩阵，显示 4 个公因子分别对各变量的影响程度，最终可以据此写出 4 个公因子的方程表达式如下：

$$F1 = 0.592Y1 + 0.718Y2 + 0.768Y3 + 0.791Y4 + 0.114Y5 + 0.288Y6 + 0.465Y7 + 0.484Y8 + 0.058Y9 + 0.458Y10 + 0.565Y11 - 0.115Y12 - 0.020Y13 \tag{7-1}$$

$$F2 = 0.522Y1 + 0.364Y2 + 0.259Y3 + 0.015Y4 + 0.777Y5 + 0.667Y6 + 0.668Y7 + 0.188Y8 + 0.181Y9 + 0.196Y10 + 0.452Y11 + 0.115Y12 - 0.344Y13 \tag{7-2}$$

$$F3 = -0.051Y1 + 0.160Y2 + 0.143Y3 + 0.154Y4 + 0.185Y5 + 0.317Y6 + 0.148Y7 + 0.456Y8 + 0.839Y9 + 0.579Y10 + 0.214Y11 - 0.007Y12 - 0.095Y13 \tag{7-3}$$

$$F4 = -0.081Y1 - 0.127Y2 - 0.017Y3 - 0.090Y4 - 0.203Y5 + 0.114Y6 - 0.044Y7 + 0.075Y8 - 0.180Y9 + 0.067Y10 - 0.093Y11 + 0.854Y12 + 0.727Y13 \tag{7-4}$$

（二）实证分析模型确立

进一步对表 7-4 分析发现，第 1 个公因子 F1 对住房满意度（Y1）、生活环境满意度（Y2）、生活环境适应度（Y3）、风俗习惯适应度（Y4）和现居地总体生活满意度（Y11）5 个可以反映基本生活适应性情况的指标变量上具有较大的载荷，由此可以将 F1 命名为基本生活适应因子；第 2 个公因子 F2 在住房满意度（Y1）、收入满意度（Y5）、收入提高信心（Y6）和生计适应度（Y7）3 个可以反映生计发展适应性情况的指标变量上具有较大的载荷，由此可以将 F2 命名为生计发展适应因子；第 3 个公因子 F3 在社会交往改善度（Y9）、社会交往适应度（Y10）两个指标变量具有较大载荷，同时在人际关系满意度（Y8）指标变量上也具有一定的载荷，此 3 个指标主要用于反映人际交往适应性情况，因此可以将 F3 命名为人际交往适应因子；第 4 个公因子 F4 在原住地怀念度（Y12）和返迁可能性（Y13）两个能够反映思乡情绪等心理层面的适应性情况具有较大载荷，由此可将 F4 命名为心理适应因子。

最终，研究在问卷操作化的基础上，根据对数据收集后指标变量进行因子分析的实际结果，确定了气候贫困迁移人口社会适应性影响因素的因变量，最终实证分析框架（图 7-1），并由此可以计算出 4 个社会适应因子得分，作为影响因素分析中的四个因变量。

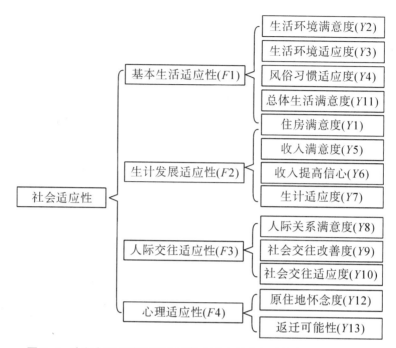

图 7-1　农村气候贫困迁移人口社会适应性实证分析框架（因变量）

**二、影响因素的经验假设**

（一）经验假设

迁移人口社会适应的影响因素既包括内因，也有外因，换句话说，正是在个人的因素和外部环境因素的综合作用下导致灾害迁移人口社会适应的具体状况。风笑天（2004）通过对 1999 年、2000 年和 2001 年 3 次调查数据的因子分析和多元回归分析后认为安置方式、安置地环境和人际交往等是制约三峡库区迁移人口的主要影响因素；程瑜（2004）从人类学的视角认为制约三峡迁移人口社会适应状况的主要原因是迁移人口社会网络的割裂；苏红等（2005）认为原有社会网络和关系资源的缺失和迁移人口自身的客观条件等因素综合叠加导致迁移人口的社会适应困难；郝玉章等（2005）通过统计分析经济收入的差异、当地居民的态度、与当地人交流的困难程度、政府关心状况、迁入地治安状况和住房条件的差异共 6 个变量构成与迁移人口社会适应状况相关的主要因素；任善英等（2014）则认为迁移人口的经济收入、文化水平和传统习惯以及政府的政策与行为是降低生态迁移人口社会适应性的主要原因；与上述这些研究类似，众多研学者在分析迁移人口社会适应问题的时候，大都基于系统论视角，对迁移人口个体内外部的主客观影响因素进行综合探讨。

在此，本书从系统论的视角出发，认为农村气候贫困移民社会适应性的影响因素应该包括个体内部系统、外部微观系统、外部中观系统和外部宏观系统的诸要素。在个体内部系统中，迁移人口的个体的自然和社会特征如性别、年龄、文化程度、职业、收入等可能会对其社会适应状况产生影响；在外部微观系统中，迁移人口与其他个体的人际关系状况可能对其社会适应产生重要影响；在外部中观系统中，家庭因素等如家庭成员数、家庭类型以及工作学习的组织环境等可能构成迁移人口社会适应性的影响因素；最后，外部宏观系统中的社会环境如政策环境、风俗习惯、交通、治安环境等也可能对迁移人口社会适应性产生重大影响。

（二）研究设定

1. 自变量的设定

根据上述经验假设并结合调查问卷的变量设置状况，本书将社会适应的影响因素具体操作为 4 个维度：个体特征、人际关系网络构成、生活环境变动、政府行为。在经验逻辑上初步设置其下属自变量：将性别（$X1$）、年龄（$X2$）、民族（$X3$）、文化程度（$X4$）、婚姻状况（$X5$）和收入变动状况（$X6$）和搬迁年限（$X7$）7 个自变量归入个体特征；将家庭人口数（$X8$）、是否结交新朋友（$X9$）、是否有原住民新朋友（$X10$）和人际关系圈子变动（$X11$）4 个自变量纳入人际关系网络构成维度；将住房条件变化（$X12$）、生活环境便利性（$X13$）、生活环境变化（$X14$）、风俗习惯差别（$X15$）和生产劳动差异度（$X16$）5 个自变量纳入生活环境变动维度；将搬迁方式（$X17$）、是否征求搬迁意愿（$X18$）、是否普及搬迁政策（$X19$）、干群关系（$X20$）、政府关心度（$X21$）和政策落实程度（$X22$）6 个自变量纳入政府行为维度。初步设置的自变量及其归属见表 7-5。

表 7-5　社会适应影响因素的自变量设置

| | 维度 | 指标（自变量） |
| --- | --- | --- |
| 移民社会适应影响因素 | 个人特征 | 性别（$X1$）；年龄（$X2$）；民族（$X3$）；文化程度（$X4$）；婚姻状况（$X5$）；收入变动状况（$X6$）；搬迁年限（$X7$） |
| | 人际关系网络构成 | 家庭人口数（$X8$）；是否结交新朋友（$X9$）；是否有原住民新朋友（$X10$）；人际关系圈子变动（$X11$） |
| | 生活环境变动 | 住房条件变化（$X12$）；生活环境便利性（$X13$）；生活环境变化（$X14$）；风俗习惯差别（$X15$）；生产劳动差异度（$X16$） |
| | 政府行为 | 搬迁方式（$X17$）；是否征求搬迁意愿（$X18$）；是否普及搬迁政策（$X19$）；干群关系（$X20$）；政府关心度（$X21$）；政策落实程度（$X22$） |

2. 自变量筛选

在调查过程中，并不能先入为主得出主观预期调查结论，因此为了获取较为详实、丰富和多样化的数据，前期问卷设计时对自变量的设计应在指标代表性的基础上充分考虑指标的丰富性。由此，本书在调查问卷设计时初步设置的自变量多达 22 个，在对指标变量数实际获取后的数据分析过程中，诸多自变量相互之间难免会存在较强的相关性和交互影响，为了简化操作，减少无谓增加的工作量，本书在经验设定的每个维度下应用变量聚类①的方式选取代表性变量，同时这也为研究后续的回归分析做好相对独立变量选取的基础准备。基于研究的实际需要，对变量聚类的使用原则是在简化指标变量的同时又要保证指标变量最终选取的丰富性，寻求简约化和丰富性的相对平衡。因此并没有将所有变量一起代入进行聚类（否则最后保留的自变量指标相对会非常少，同时按照这一做法，根据所有自变量间的数理联系得出的结果也很有可能破坏自变量在经验分析层次上的维度归属），而是依据前述经验设定的维度将其下属自变量指标分批代入选取代表性指标。

在自变量的具体选取路径上，本书对采用欧式距离平方法和皮尔逊相关系数法两种度量方法生成的聚类树形图进行比较分析，探寻符合经验分析和具备现实依据的最佳聚类结果，以保证数据分析与理论分析的有机统一；同时，由于在统计分析层面，因果关系的满足必须首先要求自变量和因变量间存在相关关系，所以根据聚类分析结果选取自变量时，必须要同时考察选取的指标变量与因变量之间是否具备相关关系，且自变量与因变量的相关关系越强，后续的回归分析预测才会相对越准确。因此，基于变量聚类对回归分析的作用，本书在对聚类结果比较的同时也会参考自变量与因变量的相关关系状况实际选取指标变量②。

（1）个人特征类代表性指标选取

首先，在反映个人特征的指标变量中，根据欧氏距离平方法计算生成的聚

---

① 变量聚类又称为 R 型聚类，其实质是一种通过降维手段选取变量的有效途径，主要用于在变量众多时寻找有代表性的变量的简化变量统计方法，其在以少量、有代表性变量替代大变量集时损失信息很少，可以有效减少工作量和节省测量时间，但不会影响测量结果。同时由于回归分析中自变量共线性问题的存在，往往也会要求在回归分析前需要对自变量进行变量聚类以初步筛选出彼此独立的代表性自变量。具体参见卢纹岱编著的《SPSS for Windows 统计分析（第二版）》，电子工业出版社 2002 年出版。

② 相关矩阵中所有非定距层次自变量均在 SPSS 中进行虚拟哑变量操作，以满足极距相关系数计算和后续回归分析的统计数据要求。

类树形图（图7-2）发现：性别（X1）、民族（X3）、婚姻状况（X5）、收入变动状况（X6）、文化程度（X4）和搬迁年限（X7）6个变量首先被聚为一类，进而其又与年龄变量（X2）被最终聚为一类；而根据以皮尔逊相关系数法计算生成的聚类树形图（图7-3）发现，年龄（X2）和婚姻状况（X5）变量首先被聚为一类，进而其与搬迁年限（X7）变量聚为一类，而性别（X1）和民族（X3）变量被聚为一类，进而又与文化程度（X4）变量聚为一类，此类又与收入变动状况（X6）变量聚为一类，最终上述两类又被聚为一大类。

上述两种方法从经验上无法判断哪一种更符合现实情况，故而进一步结合表7-6个体特征与社会适应相关系数矩阵分析。因后文所做回归分析的前提是首先满足相关关系，因此可剔除无显著相关的指标变量，在此基础上，对比皮尔逊相关系数法聚类树形图发现，第一大类中，年龄（X2）和婚姻状况（X4）可任选其一代表两个变量数据特征，而婚姻状况因与4个因变量基本不存在显著性相关关系，故而被剔除，此类中选取年龄（X2）作为代表性变量，其进一步与搬迁年限（X7）共同构成同类代表性变量；同理第二大类中选取收入变动状况（X6）作为该类代表性变量以概括所有变量数据特性；最终，研究综合选取年龄（X2）、收入变动状况（X6）和搬迁年限（X7）3个指标作为个体特征维度下的代表性自变量。

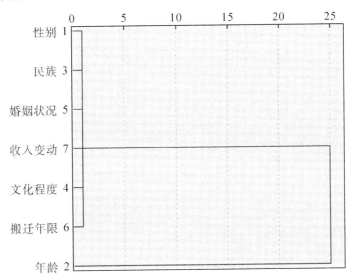

**图7-2　个体特征聚类树形图（欧氏距离平方方法）**

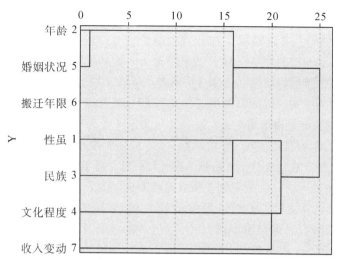

**图 7-3　个体特征聚类树形图（皮尔逊相关系数法）**

**表 7-6　个体特征与其社会适应相关系数矩阵**

| 自变量 | 因变量 | | | |
|---|---|---|---|---|
| | 基本生活适应（F1） | 生计发展适应（F2） | 人际交往适应（F3） | 心理适应（F4） |
| 性别（X1）：男 | −0.109** | −0.145** | −0.090** | −0.012 |
| 年龄（X2） | −0.085** | −0.044** | −0.041 | 0.078** |
| 民族（X3）：汉族 | 0.101** | 0.063 | 0.078* | −0.013 |
| 文化程度（X4）：小学及以下 | −0.092 | −0.050 | −0.049 | 0.071 |
| 文化程度（X4）：初中 | 0.054 | 0.022 | 0.007 | −0.064 |
| 文化程度（X4）：高中 | 0.049 | 0.029 | 0.048 | −0.025 |
| 婚姻状况（X5）：未婚 | 0.097** | 0.070* | −0.079 | 0.025 |
| 婚姻状况（X5）：已婚 | −0.091** | −0.062 | 0.071 | −0.068 |
| 婚姻状况（X5）：离异 | 0.021 | 0.012 | 0.000 | 0.063 |
| 收入变动（X6）：增加 | −0.298** | −0.335** | −0.290** | −0.070** |
| 收入变动（X6）：减少 | 0.311** | 0.334** | 0.267** | 0.080** |
| 搬迁年限（X7） | −0.181** | −0.216** | −0.243** | 0.085** |

注：* 代表在 0.05 水平下显著相关，** 代表在 0.01 水平下显著相关，无 * 代表不相关；同时，表中非定距测量层次的自变量均已通过 SPSS 操作生成哑变量，相关系数计算采用积距相关系数 $r$ 运算得出（0、1 编码的自变量此处视为定距测量层次）。

（2）人际关系网络构成类代表性指标选取

在人际关系网络构成维度下，图 7-4 采用欧氏距离平方法计算生成的聚类树形图和采用皮尔逊相关系数法计算生成的聚类树形图（见图7-5）显示类似的结果，是否结交新朋友（X9）和是否有原住民新朋友（X10）首先被聚为一类，两个指标二选一即可概括此类变量数据特性，然后其与人际关系圈子变动（X11）被聚为一类，最后又与家庭人口数聚为一大类。结合表7-7人际关系网络与社会适应相关系数矩阵分析，研究最终选取是否有原住民新朋友（X10）和人际关系圈子变动（X11）两个指标作为人际关系维度的代表性自变量。

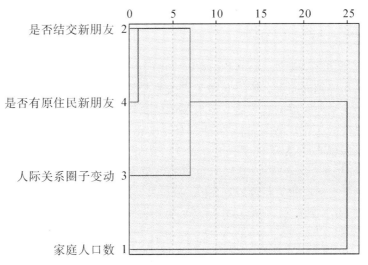

**图7-4　人际关系网络聚类树形图（欧氏距离平方法）**

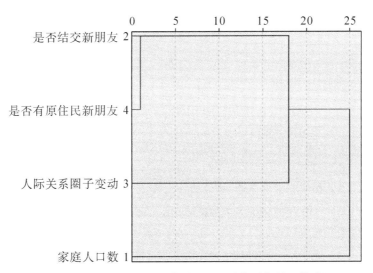

**图7-5　人际关系网络聚类树形图（皮尔逊相关系数法）**

表 7-7　人际关系网络与社会适应相关系数矩阵

| 自变量 | 因变量 | | | |
|---|---|---|---|---|
| | 基本生活适应（F1） | 生计发展适应（F2） | 人际交往适应（F3） | 心理适应（F4） |
| 家庭人口数（X8） | 0.059 | 0.079* | 0.040 | 0.004 |
| 是否结交新朋友（X9）：是 | −0.116** | −0.160** | 0.202** | −0.100** |
| 是否有原住民新朋友（X10）：是 | −0.218** | −0.237** | −0.257** | 0.166** |
| 人际关系圈子变动（X11）：大 | −0.371** | −0.419** | −0.510** | 0.115** |
| 人际关系圈子变动（X11）：小 | 0.388** | 0.433** | 0.516** | −0.119** |

（3）生活环境类代表性指标选取

在生活环境维度下，图 7-6 和 7-7 分别是采用欧式距离平方方法和皮尔逊相关系数法聚类生成的树形图，从对图形的比较发现，二者聚类过程基本相似，均是住房条件变化（X12）和生活环境变化（X14）两个变量最先凝聚为一类，然后再与生活环境便利性（X13）聚为一类，进而与风俗习惯差别（X15）和生产劳动差异度（X16）组成的一类聚为最终大类。结合表 7-8 生活环境与社会适应相关系数矩阵分析，研究最终在生活环境维度中选取生活环境变化（X14）和风俗习惯差别（X15）为代表性自变量。

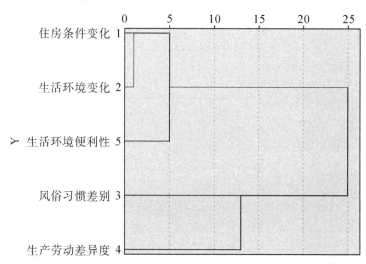

图 7-6　生活环境聚类树形图（欧氏距离平方方法）

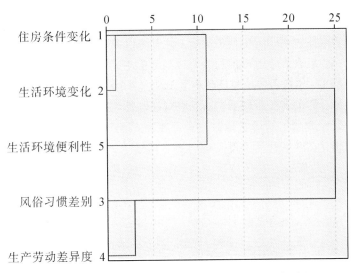

**图 7-7　生活环境聚类树形图（皮尔逊相关系数法）**

**表 7-8　生活环境与社会适应相关系数矩阵**

| 自变量 | 因变量 | | | |
| --- | --- | --- | --- | --- |
| | 基本生活适应（$F1$） | 生计发展适应（$F2$） | 人际交往适应（$F3$） | 心理适应（$F4$） |
| 住房条件变化（$X12$）：变好 | −0.582** | −0.545** | −0.481** | 0.119** |
| 住房条件变化（$X12$）：变差 | 0.392** | 0.378** | 0.309** | −0.002 |
| 生活环境便利性（$X13$）：好 | −0.439** | −0.458** | −0.439** | −0.016 |
| 生活环境便利性（$X13$）：差 | 0.302** | 0.284** | 0.275** | −0.011 |
| 生活环境变化（$X14$）：变好 | −0.594** | −0.538** | −0.531** | 0.104** |
| 生活环境变化（$X14$）：变差 | 0.518** | 0.472** | 0.438** | −0.028 |
| 风俗习惯差别（$X15$）：大 | −0.177** | −0.221** | −0.207** | −0.021 |
| 风俗习惯差别（$X15$）：小 | −0.143** | −0.001 | −0.050 | 0.263** |
| 生产劳动差异度（$X16$）：大 | −0.132** | −0.165** | −0.213** | −0.049 |
| 生产劳动差异度（$X16$）：小 | −0.130** | −0.051 | −0.051 | 0.202** |

（4）政府行为类代表性指标选取

在政府行为维度下，通过比较欧氏距离平方法和皮尔逊相关系数法聚类计算得出的树形图（图 7-8、图 7-9）。可以发现，虽然聚类过程不同，但两种结果也大致呈现相似倾向，即都先将是否征求搬迁意愿（$X18$）、是否普及搬迁政策（$X19$）和政府关心度（$X21$）、政策落实度（$X22$）分别聚为一类，然后干群关系（$X20$）再和政府关心度和政策落实度一类继续聚为一类，而搬迁方式在图 7-7 中是先与是否征求搬迁意愿和是否普及搬迁政策类指标聚为一类，图7-8中则最后与其他类指标最终聚为一类，上述两种聚类结果都可以相应找到经验依据说明，无论何种搬迁方式都可以单独纳入代表性指标变量进行考量，进一步结合表7-9政府行为与社会适应相关系数矩阵分析，是否征求搬迁意愿（X18）和是否普及搬迁政策（X19）两个变量均与4个因变量呈显著的相关关系，但前者关系较强，因此可以选取是否征求搬迁意愿（X18）作为该小类代表性变量，同理选取政府关心度（X21）作为另一小类中代表性变量，最终研究在政府行为维度下综合选取搬迁方式（X17）、是否征求搬迁意愿（X18）和政府关心度（X21）3个指标作为代表性自变量。

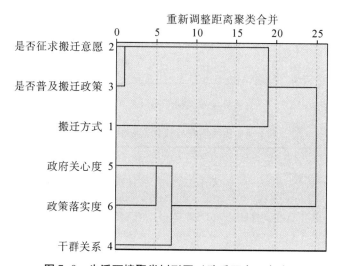

**图7-8  生活环境聚类树形图（欧氏距离平方法）**

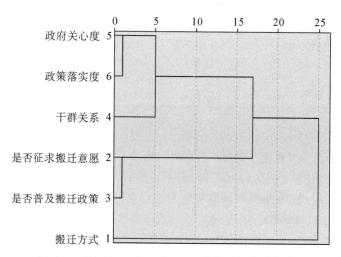

**图7-9  生活环境聚类树形图（皮尔逊相关系数法）**

表 7-9　政府行为与社会适应相关系数矩阵

| 自变量 | 因变量 | | | |
|---|---|---|---|---|
| | 基本生活适应（F1） | 生计发展适应（F2） | 人际交往适应（F3） | 心理适应（F4） |
| 搬迁方式（X17）：集中安置 | -0.235** | -0.259** | -0.242** | 0.164** |
| 搬迁方式（X17）：分散安置 | 0.179* | 0.151** | 0.141** | -0.174** |
| 搬迁方式（X17）：投亲靠友 | 0.112** | 0.108** | 0.123** | -0.032 |
| 是否征求搬迁意愿（X18）：是 | -0.304** | -0.263** | -0.239** | 0.318** |
| 是否普及搬迁政策（X19）：是 | -0.286** | -0.254** | -0.226** | 0.296** |
| 干群关系（X20）：满意 | -0.620** | -0.605** | -0.592** | 0.214** |
| 干群关系（X20）：不满意 | 0.490** | 0.469** | 0.419** | -0.051 |
| 政府关心度（X21）：关心 | -0.635** | -0.593** | -0.547** | 0.346** |
| 政府关心度（X21）：不关心 | 0.541** | 0.550** | 0.458** | -0.040 |
| 政策落实度（X22）：好 | -0.534** | -0.518** | -0.430** | 0.304** |
| 政策落实度（X22）：差 | 0.496** | 0.513** | 0.409** | -0.017 |

（5）社会适应影响因素自变量最终构成

通过上述变量聚类的降维处理，本书最终选取年龄（X2）、收入变动状况（X6）和搬迁年限（X7），是否有原住民新朋友（X10）和人际关系圈子变动（X11），生活环境变化（X14）和风俗习惯差别（X15），搬迁方式（X17）、是否征求搬迁意愿（X18）和政府关心度（X21）作为分别代表个人特征、人际关系网络、生活环境和政府行为4个层面的10个指标作为移民社会适应性影响因素分析中的代表性自变量进行实际分析（图7-10）。

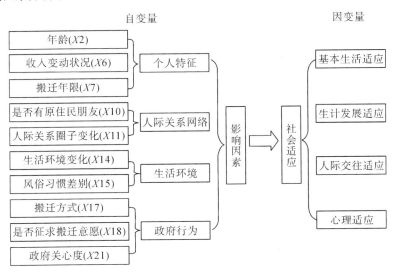

图 7-10　社会适应性影响因素分析

### 三、影响因素的实证分析

#### （一）方法与步骤

在前述自变量和因变量的实证分析框架确立基础上，本书通过多元回归分析方法对农村气候贫困迁移人口社会适应性的影响因素进行实证分析和检验。首先提出4个基本书假设。

假设1：迁移人口个人特征影响其社会适应性。假设1a：迁移人口个人特征影响其基本生活适应性；假设1b：迁移人口个人特征影响其生计发展适应性；假设1c：迁移人口个人特征影响其人际交往适应性；假设1d：迁移人口个人特征影响其心理适应性。

假设2：迁移人口人际关系网络影响其社会适应性。假设2a：迁移人口个人际关系网络影响其基本生活适应性；假设2b：迁移人口人际关系网络影响其生计发展适应性；假设2c：迁移人口人际关系网络影响其人际交往适应性；假设2d：迁移人口的人际关系网络影响其心理适应性。

假设3：生活环境影响迁移人口的社会适应性。假设3a：生活环境影响迁移人口的基本生活适应性；假设3b：生活环境影响迁移人口的生计发展适应性；假设3c：生活环境影响迁移人口的人际交往适应性；假设3d：生活环境影响迁移人口的心理适应性。

假设4：政府行为影响迁移人口的社会适应性。假设4a：政府行为影响迁移人口的基本生活适应性；假设4b：政府行为影响迁移人口的生计发展适应性；假设4c：政府行为影响迁移人口的人际交往适应性；假设4d：政府行为影响迁移人口的心理适应性。

进而将能够分别代表和反映个人特征、人际关系网络、生活环境和政府行为四类状况信息的指标变量作为自变量，将能够反映生计发展适应、基本生活适应、心理适应和人际交往适应状况的 $F2$ 因子、$F4$ 因子、$F3$ 因子和 $F4$ 因子作为因变量代入 SPSS 20.0 进行多元线性回归分析，所有非定距测量层次自变量均做虚拟变量处理，虚拟后的自变量以"块状"（Block）方式选入复选框以保证隶属于特定原始自变量虚拟后的一组变量共进共出，最后以逐步回归（Stepwise）分析得出最终模型[①]，见表7-10、表7-11、表7-12和表7-13。

---

① 逐步回归分析每一步变量代入步骤聚会输出相应模型结果，本书仅列出最终步骤后输出的模型结果。

表 7-10　基本生活适应影响因素的回归分析

| 类型 | 指标变量 | | 常数 | $B$ | Beta | $P$ | 容许度 | VIF |
|---|---|---|---|---|---|---|---|---|
| | | | 9.835 | | | 0.000 | | |
| 个人特征 | 年龄（X2） | | | | | | | |
| | 收入变动（X6） | | | | | | | |
| | | 收入变动：增加 | | −0.346 | −0.063 | 0.041 | 0.628 | 1.592 |
| | | 收入变动：减少 | | 0.848 | 0.102 | 0.001 | 0.620 | 1.612 |
| | 搬迁年限（X7） | | | | | | | |
| 人际关系网络 | 是否有原住民朋友（X10） | | | | | | | |
| | | 是否有原住民朋友：是 | | | | | | |
| | 人际关系圈子变化（X11） | | | | | | | |
| | | 人际关系圈子变化：大 | | | | | | |
| | | 人际关系圈子变化：小 | | | | | | |
| 生活环境 | 生活环境变化（X14） | | | | | | | |
| | | 生活环境变化：变好 | | −1.306 | −0.248 | 0.000 | 0.672 | 1.487 |
| | | 生活环境变化：变差 | | 1.391 | 0.147 | 0.000 | 0.675 | 1.481 |
| | 风俗习惯差别（X15） | | | | | | | |
| | | 风俗习惯差别：大 | | −0.678 | −0.149 | 0.000 | 0.635 | 1.576 |
| | | 风俗习惯差别：小 | | −0.662 | −0.144 | 0.000 | 0.620 | 1.612 |
| 政府行为 | 搬迁方式（X17） | | | | | | | |
| | | 搬迁方式：集中安置 | | −0.537 | −0.122 | 0.000 | 0.395 | 2.531 |
| | | 搬迁方式：分散安置 | | −0.472 | −0.093 | 0.004 | 0.422 | 2.371 |
| | | 搬迁方式：投亲靠友 | | −0.346 | −0.037 | 0.137 | 0.719 | 1.390 |
| | 是否征求搬迁意愿（X18） | | | | | | | |
| | | 是否征求搬迁意愿：是 | | | | | | |
| | 政府关心度（X21） | | | | | | | |
| | | 政府关心度：关心 | | −1.495 | −0.327 | 0.000 | 0.620 | 1.613 |
| | | 政府关心度：不关心 | | 1.351 | 0.175 | 0.000 | 0.665 | 1.504 |
| $R^2 = 0.680$　Adjust $R^2 = 0.674$　$P = 0.000$ | | | | | | | | |

注：仅列出模型保留变量的各项计数值，因变量此处是计算出因子得分的定距测量层次（数值型）变量，数值由小到大表示适应性水平由高到低；下表同。

表 7-11 生计发展适应影响因素的回归分析

| 类型 | 指标变量 | 常数 | $B$ | Beta | $P$ | 容许度 | VIF |
|---|---|---|---|---|---|---|---|
| | | 8.052 | | | 0.000 | | |
| 个人特征 | 年龄（X2） | | | | | | |
| | 收入变动（X6） | | | | | | |
| | 收入变动：增加 | | −0.431 | −0.093 | 0.001 | 0.620 | 1.614 |
| | 收入变动：减少 | | 0.352 | 0.049 | 0.081 | 0.603 | 1.658 |
| | 搬迁年限（X7） | | | | | | |
| 人际关系网络 | 是否有原住民朋友（X10） | | | | | | |
| | 是否有原住民朋友：是 | | | | | | |
| | 人际关系圈子变化（X11） | | | | | | |
| | 人际关系圈子变化：大 | | | | | | |
| | 人际关系圈子变化：小 | | | | | | |
| 生活环境 | 生活环境变化（X14） | | | | | | |
| | 生活环境变化：变好 | | −1.033 | −0.229 | 0.000 | 0.672 | 1.487 |
| | 生活环境变化：变差 | | 0.805 | 0.099 | 0.000 | 0.675 | 1.481 |
| | 风俗习惯差别（X15） | | | | | | |
| | 风俗习惯差别：大 | | −0.455 | −0.117 | 0.000 | 0.635 | 1.576 |
| | 风俗习惯差别：小 | | −0.047 | −0.012 | 0.666 | 0.620 | 1.612 |
| 政府行为 | 搬迁方式（X17） | | | | | | |
| | 搬迁方式：集中安置 | | −0.677 | −0.180 | 0.000 | 0.395 | 2.531 |
| | 搬迁方式：分散安置 | | −0.568 | −0.131 | 0.000 | 0.422 | 2.371 |
| | 搬迁方式：投亲靠友 | | −0.406 | −0.050 | 0.053 | 0.719 | 1.390 |
| | 是否征求搬迁意愿（X18） | | | | | | |
| | 是否征求搬迁意愿：是 | | | | | | |
| | 政府关心度（X21） | | | | | | |
| | 政府关心度：关心 | | −1.193 | −0.306 | 0.000 | 0.620 | 1.613 |
| | 政府关心度：不关心 | | 1.287 | 0.195 | 0.000 | 0.665 | 1.504 |
| | $R^2 = 0.645$ Adjust $R^2 = 0.638$ $P = 0.000$ | | | | | | |

表 7-12　人际交往影响因素的回归分析

| 类型 | 指标变量 | | 常数 | $B$ | Beta | $P$ | 容许度 | VIF |
|---|---|---|---|---|---|---|---|---|
| | | | 5.615 | | | 0.000 | | |
| 个人特征 | 年龄（$X2$） | | | | | | | |
| | 收入变动（$X6$） | | | | | | | |
| | | 收入变动：增加 | | −0.115 | −0.038 | 0.037 | 0.606 | 1.650 |
| | | 收入变动：减少 | | 0.170 | 0.037 | 0.081 | 0.600 | 1.667 |
| | 搬迁年限（$X7$） | | | | | | | |
| 人际关系网络 | 是否有原住民朋友（$X10$） | | | | | | | |
| | | 是否有原住民朋友：是 | | −0.274 | −0.087 | 0.000 | 0.881 | 1.135 |
| | 人际关系圈子变化（$X11$） | | | | | | | |
| | | 人际关系圈子变化：大 | | | | | | |
| | | 人际关系圈子变化：小 | | | | | | |
| 生活环境 | 生活环境变化（$X14$） | | | | | | | |
| | | 生活环境变化：变好 | | −0.652 | −0.223 | 0.000 | 0.664 | 1.507 |
| | | 生活环境变化：变差 | | 0.450 | 0.086 | 0.002 | 0.671 | 1.490 |
| | 风俗习惯差别（$X15$） | | | | | | | |
| | | 风俗习惯差别：大 | | −0.310 | −0.123 | 0.005 | 0.632 | 1.583 |
| | | 风俗习惯差别：小 | | −0.205 | −0.081 | 0.115 | 0.620 | 1.613 |
| 政府行为 | 搬迁方式（$X17$） | | | | | | | |
| | | 搬迁方式：集中安置 | | | | | | |
| | | 搬迁方式：分散安置 | | | | | | |
| | | 搬迁方式：投亲靠友 | | | | | | |
| | 是否征求搬迁意愿（$X18$） | | | | | | | |
| | | 是否征求搬迁意愿：是 | | | | | | |
| | 政府关心度（$X21$） | | | | | | | |
| | | 政府关心度：关心 | | −0.611 | −0.242 | 0.000 | 0.663 | 1.509 |
| | | 政府关心度：不关心 | | 0.544 | 0.127 | 0.000 | 0.881 | 1.135 |
| | $R^2 = 0.618$　Adjust $R^2 = 0.611$　$P = 0.000$ | | | | | | | |

表 7-13　心理适应影响因素的回归分析

| 类型 | 指标变量 | | 常数 | *B* | Beta | *P* | 容许度 | VIF |
|---|---|---|---|---|---|---|---|---|
| | | | 1.632 | | | 0.000 | | |
| 个人特征 | 年龄（X2） | | | | | | | |
| | 收入变动（X6） | | | | | | | |
| | 收入变动：增加 | | | | | | | |
| | 收入变动：减少 | | | | | | | |
| | 搬迁年限（X7） | | | 0.045 | 0.153 | 0.000 | 0.921 | 1.085 |
| 人际关系网络 | 是否有原住民朋友（X10） | | | | | | | |
| | 是否有原住民朋友：是 | | | | | | | |
| | 人际关系圈子变化（X11） | | | | | | | |
| | 人际关系圈子变化：大 | | | | | | | |
| | 人际关系圈子变化：小 | | | | | | | |
| 生活环境 | 生活环境变化（X14） | | | | | | | |
| | 生活环境变化：变好 | | | | | | | |
| | 生活环境变化：变差 | | | | | | | |
| | 风俗习惯差别（X15） | | | | | | | |
| | 风俗习惯差别：大 | | | 0.090 | 0.059 | 0.139 | 0.637 | 1.571 |
| | 风俗习惯差别：小 | | | 0.306 | 0.198 | 0.000 | 0.621 | 1.611 |
| 政府行为 | 搬迁方式（X17） | | | | | | | |
| | 搬迁方式：集中安置 | | | | | | | |
| | 搬迁方式：分散安置 | | | | | | | |
| | 搬迁方式：投亲靠友 | | | | | | | |
| | 是否征求搬迁意愿（X18） | | | | | | | |
| | 是否征求搬迁意愿：是 | | | 0.300 | 0.173 | 0.000 | 0.682 | 1.467 |
| | 政府关心度（X21） | | | | | | | |
| | 政府关心度：关心 | | | 0.430 | 0.280 | 0.005 | 0.571 | 1.752 |
| | 政府关心度：不关心 | | | 0.277 | 0.153 | 0.000 | 0.701 | 1.426 |
| | $R^2 = 0.252$　Adjust $R^2 = 0.238$　$P = 0.000$ | | | | | | | |

（二）实证结果分析

表 7-10~表 7-13 的多元线性分析结果显示：

首先，个人特征、生活环境和政府行为 3 类因素下相关指标均对移民的基本生活适应构成重要影响，影响因素研究的具体假设 1a、2a 和 4a 被证明，人际关系网络因素下无指标对基本生活适应构成影响，具体假设 3a 被证伪。具体到代表性指标层面，收入变动（$X2$）、生活环境变化（$X14$）、风俗习惯差别（$X15$）、搬迁方式（$X17$）和政府关心度（$X21$）5 个指标变量对基本生活适应因子起到影响作用，按标准回归系数 Beta 的数值绝对值排序，政府关心度（$X21$）和生活环境变化（$X14$）对迁移人口基本生活适应的影响程度分居前两位，风俗习惯差别（$X15$）和搬迁方式（$X17$）也具备较大的影响力度，收入变动（$X6$）指标的影响程度则相对最小。由于选取的自变量可以概括同类指标数据的总体信息，因此可以认为政府行为因素对迁移人口的基本生活适应性影响相对最强，其次是生活环境因素，个人特征则相对影响最小。

第二，个人特征、生活环境和政府行为 3 类因素下相关指标均对迁移人口的生计发展适应发生作用，影响因素的具体假设 1b、3b 和 4b 均被证明，同时人际关系网络类指标并不对生计发展适应因子发生作用，由此具体假设 2b 被证伪。具体到代表性指标层面，收入变动（$X2$）、生活环境变化（$X14$）、风俗习惯差别（$X15$）、搬迁方式（$X17$）和政府关心度（$X21$）5 个指标变量对生计发展适应因子起到影响作用，按标准回归系数 Beta 的数值绝对值排序，政府关心度（$X21$）和生活环境变化（$X14$）对迁移人口生计发展适应性的影响程度仍然分居前两位，此外搬迁方式（$X17$）和风俗习惯差别（$X15$）也具备一定的影响力度，收入变动（$X6$）指标的影响程度则相对最小。由于选取的自变量可以概括同类指标数据的总体信息，因此可以认为政府行为因素对迁移人口的基本生活适应性影响相对最强，其次是生活环境因素，个人特征则相对影响最小。

第三，迁移人口人际关系适应性的四个层面的影响因素在本次实证分析中从统计学意义上被证实，基本假设 1c、2c、3c 和 4c 均被证明。具体到指标层面，收入变动（$X6$）、是否有原住民新朋友（$X10$）、人际关系圈子变动（$X11$）、生活环境变化（$X14$）、风俗习惯差别（$X15$）和政府关心度（$X21$）6 个指标变量对人际交往适应因子构成因果关系，按照标准回归系数 $B$ 的绝对值大小排序发现，政府关心度（$X21$）对迁移人口人际交往适应性的作用程度依然相对最大，生活环境变化（$X14$）和人际关系圈子变动（$X11$）也相对对迁移人口人际交往适应性具备较强的影响，而收入变动（$X6$）等其他指标变量的影响程度相对较低，由于这些特征类指标均能有效代表各自隶属维度变量数据的基本信息，由此可认为政府行为因素对迁移人口人际交往依然发挥最大影响，迁移人口的生活环境因素和人际关系网络因素次之，个人特征因素的影响作用相对最小。

第四，仅有搬迁年限（$X7$）、风俗习惯差别（$X15$）、是否征求搬迁意愿

（X18）和政府关心度（X21）4个指标变量对迁移人口的心理适应因子构成影响，人际关系网络类指标对迁移人口心理适应没有构成统计意义上的因果关系，按这些指标变量代表的各影响因素维度可以做出结论，个人特征、生活环境和政府行为类影响因素对迁移人口的心理适应发挥作用，迁移人口影响因素的具体假设1d、3d和4d被证明，而人际关系网络影响因素对迁移人口心理适应性没有构成实际影响，具体假设2d被证伪。其中，指标变量层面的影响程度由大到小分别为政府关心度（X21）、生活习惯差别（X15）、搬迁年限（X7）和是否征求搬迁意愿（X18），上升到指标代表的影响因素维度层面，政府行为对迁移人口心理适应依然发挥最大作用。

最后，从指标层面分析，所有经过合理统计分析方法选取的代表性指标中，仅有风俗习惯差别（X15）、政府关心度（X21）两个指标变量在统计学意义上对迁移人口4个层面的社会适应均构成因果关系；收入变动（X6）和生活环境变化（X14）两个指标变量分别对基本生活适应性、生计发展适应和人际交往适应性3个层面的社会适应性起到影响作用，对心理适应性不构成统计学意义上的因果关系；搬迁方式（X17）分别对基本生活适应性和生计发展适应2个层面的社会适应性产生影响，对人际交往适应性和心理适应性不构成实际影响；而搬迁年限（X7）和是否有原住民新朋友（X10）仅分别对心理适应性和人际交往适应性起到实际影响；年龄（X2）和人际关系圈子变化（X11）则对4个层面的社会适应性均不构成实际影响。各指标变量对迁移人口4个层面社会适应性的实际作用发挥具体如表7-14。

表7-14　各影响因素维度下代表性指标对社会适应性的影响分布

| 影响因素（自变量） | | 因变量 | | | |
| --- | --- | --- | --- | --- | --- |
| 因素 | 代表指标 | 基本生活适应性 | 生计发展适应性 | 人际交往适应性 | 心理适应性 |
| 个人特征 | X2 | | | | |
| | X6 | ● | ● | ● | |
| | X7 | | | | ● |
| 人际关系网络 | X10 | | | ● | |
| | X11 | | | | |
| 生活环境 | X14 | ● | ● | ● | |
| | X15 | ● | ● | ● | ● |
| 政府行为 | X17 | ● | ● | | |
| | X18 | | | | ● |
| | X21 | ● | ● | ● | ● |

### 四、结论与启示

本书将农村气候贫困人口社会适应性分为基本生活适应性、生计发展适应性、人际交往适应性和心理适应性4个层面作为因变量，以个人特征、人际关系网络、生活环境和政府行为作为自变量，采用多元回归模型开展实证，研究获得的基本发现和结论是：政府行为类因素对迁移人口社会适应性4个层面均在统计学意义上构成重要影响，其主要通过政府关心度指标变量具体呈现；生活环境因素也是影响迁移人口社会适应性各层面的重要因素，主要通过风俗习惯差别指标变量具体呈现；个人特征则具体通过收入变动指标变量对3个层面的社会适应性发挥实际作用，同时迁移人口的搬迁年限也对迁移人口心理适应性构成重要影响；人际关系网络对迁移人口社会适应性4个层面的影响相对并不明显，仅通过"是否有原住民新朋友"这一指标变量对人际交往适应性发挥一定影响。

这种结论与发现，加深了我们对农村气候贫困人口迁移社会适应性规律的认识，探究到了迁移社会适应性的种种影响因素，有利于为扶贫搬迁提出更合理的政策参考。当然，通过上述研究，我们更获得了新的启发和认识。无论是什么因素或者这些因素在多大程度上对农村气候贫困人口社会适应性产生了影响，这都只是问题的一个方面；更重要的是，我们必须找到培育他们社会适应能力的有效途径。第一，我们需要帮助农村气候贫困迁移人口认识到迁移不仅是人口搬迁的问题，更是加快农村贫困地区脱贫致富的一项时代战略工程，是由传统"输血"扶贫转向"造血"脱贫的新模式，是致富奔小康的国家关怀，从而使他们从"意义感"上增强社会适应的主动性，而不是被动适应。第二，推动迁移人口自主发展和现代社会转型的主体性可能才是最好的适应。社会适应转型过程，既应源自外源性、政策性的动力，更应源自移民自主性、内源性的动力，即除了政府的必要支持和帮助之外，移民自己也要主动融入新的自然环境和社会环境，消除"等、靠、要"的依赖心理，增强自主生产生活、自主创业和致富能力。第三，农村气候贫困人口迁移的社会适应基本面，不应只是居住地的改变问题，还将面对生活环境、生活方式等改变，或者因应对这种改变做出及时反应而带来的一系列新矛盾、新问题和新冲突，从而有可能使他们中的一部分人陷入对社会的疏离而不是适应的困境。这需要政府层面、移民主体层面、社会层面、社区层面等的通力合作、协调一致，才能更好预防或化解这些新矛盾、新问题和新冲突，进而提升迁移人口的社会适应能力。

## 第二节　迁移稳定性实证

从一定意义上讲，迁移稳定性也是迁移社会适应性的一种反映。迁移社会适应性水平越高，迁移稳定性也越强。但在这里，本书并不打算探讨迁移社会适应性和迁移稳定性的关系，而是对迁移稳定性进行实证，尝试使用逐步回归模型检验究竟是哪些具体因素更容易影响迁移稳定性，发现迁移稳定性的规律，即需要满足怎样的条件才更有可能使迁移人口在迁入地稳定下来。

本章迁移稳定性实证的数据来源与第六章数据来源相同。

### 一、研究假设与变量解释

#### 1. 研究假设

习近平总书记（2016）指出，对易地扶贫搬迁工作，不仅要使贫困人口"搬得出"，还要"稳得住"（指迁移稳定性）。这充分说明迁移稳定性对易地扶贫搬迁工作和贫困人口迁移具有非常重要的意义和作用。但结合本书而言，面对那些气候自然灾害频发区域已迁移人口，究竟怎样才能使他们在迁入地"稳得住"呢？从理论和经验事实判断，一定的经济社会条件、政策因素等与迁移稳定性密切相关。因此研究提出假设：农村气候灾害迁移人口所获取的一定经济社会条件、政策因素等对迁移稳定性存在影响。

#### 2. 因变量（被解释变量）

本书以农村气候贫困人口迁移年限代表迁移稳定性，作为因变量。以因变量来表明搬迁群众搬迁后居住年限越长，搬迁群众在迁入地生活、生存、发展状况就越好，迁移稳定性也越强，因而也更少再发生搬迁行为；同时也以因变量来表明迁入地经济社会条件能够吸引迁出地居民在迁入地长期居住和稳定下来。

#### 3. 自变量（解释变量）

能够影响农村气候贫困人口迁移年限的因素很多，包括迁移后迁移人群的生活、生计、生产环境，其所拥有的以社会关系为特征的社会资本，迁移状况和居住环境，迁移政策和自身发展意愿等，都可能影响到迁移年限或迁移稳定性。但具体是哪些因素更能影响迁移年限或迁移稳定性，本书拟采用逐步回归方法，通过反复建模实证分析来决定。

## 二、模型方法及实证

逐步回归（Stepwise Regression）是多元回归（Multiple Regression Analysis）的一种。使用回归分析来研究多变量间的依存关系，而逐步回归分析通常用来建立"最优"回归模型以加深对变量间的依存关系的研究。因此，逐步回归是多种学科研究中自变量或影响因素选择的重要方法。在人口学研究中，逐步回归用得不多，但在经济研究中较为多见，常用来选择和实证经济、财税收入、商品价格等的影响因素（宋建民，陈敏江，2008；刘荣，2012；刘宇静，2017）。在本书中，我们使用 SPSS 软件，尝试利用逐步回归来选择和实证迁移稳定性的影响因素。

遵循逐步回归的基本原则、步骤和检验方法，利用逐步回归筛选并剔除引起多重共线性的变量，经过若干步直到不能再引入新变量为止，从而使最后所得到的解释变量集是最优的，即这时回归模型中所有变量对因变量都是显著的，又没有严重多重共线性。

逐步回归法选择变量过程依照的步骤是：第一，从回归模型中剔出经检验不显著的变量；第二，使用向前法或向后法引入新变量到回归模型中（王元，文兰，等，2010）。本书使用向前逐步回归法（Forward Stepwise Regression），基本方法为变量由少到多，每次增加一个，直至没有可引入的变量为止。具体步骤为：

步骤 1：对 $p$ 个回归自变量 $X_1$，$X_2$，$\cdots$，$X_p$，分别同因变量 $Y$ 建立一元回归模型：

$$Y = \beta_0 + \beta_i X_i + \varepsilon, \ i = 1, \ \cdots, \ p$$

计算变量 $X_i$，相应地，回归系数的 F 检验统计量的值记为 $F_1^{(1)}$，$\cdots$，$F_p^{(1)}$，取其中最大值 $F_{i_1}^{(1)}$，即：

$$F_{i_1}^{(1)} = \max \ \{F_1^{(1)}, \ \cdots, \ F_p^{(1)}\}$$

对给定的显著性水平 $\alpha$，记相应的临界值为 $F^{(1)}$，$F_{i_1}^{(1)} \geqslant F^{(1)}$，则将 $X_{i_1}$ 引入回归模型，记 $I_1$ 为选入变量指标集合。

步骤 2：建立因变量 $Y$ 与自变量子集 $\{X_{i_1}, \ X_1\}$，$\cdots$，$\{X_{i_1}, \ X_{i-1}\}$，$\{X_{i_1}, \ X_{i+1}\}$，$\cdots$，$\{X_{i_1}, \ X_p\}$ 的二元回归模型（即此回归模型的回归元为二元的），共有 $p-1$ 个。计算变量的回归系数 F 检验的统计量值，记为 $F_k^{(2)}$（$k \notin I_1$），选其中最大者，记为 $F_{i_2}^{(2)}$，对应自变量脚标记为 $i_2$，即：

$$F_{i_2}^{(2)} = \max \ \{F_1^{(2)}, \ \cdots, \ F_{i-1}^{(2)}, \ F_{i+1}^{(2)}, \ \cdots, \ F_p^{(2)}\}$$

对给定的显著性水平 $\alpha$，记相应的临界值为 $F^{(2)}$，$F_{i_2}^{(1)} \geqslant F^{(2)}$ 则变量 $X_{i_2}$ 引入回归模型。否则，终止变量引入过程。

步骤3：考虑因变量对变量子集 $\{X_{i_1}, X_{i_2}, X_k\}$ 的回归，重复步骤2。依此方法重复进行，每次从未引入回归模型的自变量中选取一个，直到经检验没有变量引入为止。

本书以问卷调查为依据，以搬迁年限为被解释变量，通过经验判断列出可能会影响迁移稳定性（搬迁年限）的解释变量（见表7-15），再利用逐步回归模型进行筛选和剔除。

表 7-15　可能会影响迁移稳定性（搬迁年限）的解释变量

| 序号 | 解释变量指标类型 | 变量指标内容 |
|---|---|---|
| 1 | 个体基本情况 | 个体基本的自然和社会特征，如性别、年龄、民族、文化程度、婚姻状况、政治面貌、家庭人口等变量 |
| 2 | 基本搬迁情况 | 搬迁方式、搬迁政策了解度和住房类型及住房来源等变量 |
| 3 | 生活环境情况 | 搬迁前后的居住地点、搬迁后的生活便利性、搬迁前后生活环境对比，搬迁后生活环境满意度、搬迁后生活环境适应度、搬迁前后区域风俗习惯差别和搬迁后风俗习惯适应度等变量 |
| 4 | 生活生计状况 | 搬迁前后生产劳动差别、就业技能培训状况、谋生技能掌握状况、搬迁前后家庭收入状况、搬迁后主要经济来源、搬迁后生活水平提高状况、搬迁后收入满意度以及搬迁后生计适应状况等变量 |
| 5 | 人际关系和社会支持情况 | 邻里关系满意度、搬迁后结交新朋友和原住民新朋友状况、人际关系变动状况、人际交往适应状况、遇到困难时的求助意愿以及各主体对家庭的帮助情况等变量 |
| 6 | 政策评价 | 对社区的评价状况以及对政府政策执行和落实的满意度状况等变量 |
| 7 | 发展意愿情况 | 搬迁后的主要困难、总体适应情况、原居地怀念情况、返迁意愿以及对政府工作的期望等变量 |

通过逐步回归，获取了变量重要性预测信息：纵坐标为影响重要性变量从高到低排序，横坐标为重要程度指数。在七大类多个解释变量中，最终满足逐步回归条件得到最优解释变量集（回归模型中所有变量对因变量都是显著的，又没有严重多重共线性），按影响迁移年限重要性程度排名，依次为移民迁移政策透明度、住房来源、迁移方式认同、与亲戚关系（随时间变化）、与当地居民人际交往适应度、与社区工作人员关系、住房类型、亲戚帮助、住房安置类型、人际交往程度，即这些解释变量显著影响迁移稳定性，只是存在影响重要性程度差异（见图7-11）。

Target: 搬迁年限

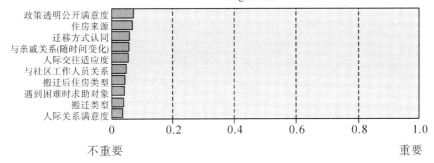

政策透明公开满意度
住房来源
迁移方式认同
与亲戚关系(随时间变化)
人际交往适应度
与社区工作人员关系
搬迁后住房类型
遇到困难时求助对象
搬迁类型
人际关系满意度

0    0.2    0.4    0.6    0.8    1.0

不重要                                                    重要

图 7-11    模型预测重要性程度情况

同时，通过对纵坐标搬迁年限的预测（观测值）与横坐标搬迁年限的比较（见图 7-12），发现搬迁年限在 1~6 年的颜色较深，说明预测这段时期搬迁较为集中，在 6 年以上或 6 年以后，搬迁行为就大为减少，即搬迁人群更容易稳定下来。另外，用于实证自变量与因变量关系的回归模型拟合度也较高，这从输出的观测积累概率得到显示（见图 7-13）。图中黑色圆圈为残差分布，越接近对角线说明残差控制越好，模型拟合效率越高。实证结果见表 7-16。

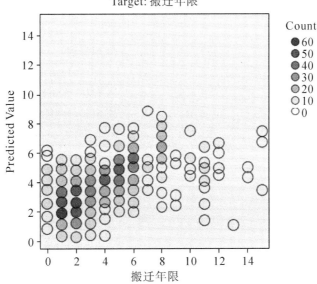

Predicted by Observed
Target: 搬迁年限

图 7-12    搬迁年限观测值的预测趋势图

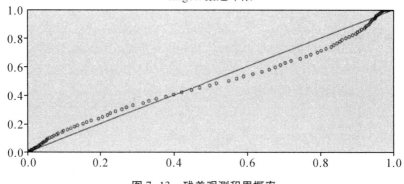

图 7-13　残差观测积累概率

表 7-16　模型整体回归实证结果

| source | sum of squares | df | mean square | $f$ | sig | importance |
|---|---|---|---|---|---|---|
| corrected model | 2 456.701 | 58 | 42.357 | 9.532 | 0.00 | 0.00 |
| residual | 4 132.737 | 930 | 4.444 | — | — | — |
| corrected taotal | 5 589.438 | 988 | — | — | — | — |
| A(政策透明公开满意度) | 105.563 | 2 | 52.782 | 11.878 | 0.00 | 0.072 |
| B(住房来源) | 99.238 | 3 | 33.079 | 7.444 | 0.00 | 0.068 |
| C(迁移方式认同度) | 85.841 | 3 | 28.614 | 6.439 | 0.00 | 0.059 |
| D(与亲戚关系随时间变化) | 83.045 | 1 | 83.045 | 18.688 | 0.00 | 0.057 |
| E(与当地人际交往适应度) | 78.632 | 3 | 26.211 | 5.898 | 0.00 | 0.054 |
| F(与社区工作人员关系) | 71.615 | 1 | 71.615 | 16.116 | 0.00 | 0.049 |
| G(住房类型) | 64.729 | 4 | 16.182 | 3.642 | 0.01 | 0.044 |
| H(亲戚帮助) | 62.196 | 1 | 62.196 | 13.996 | 0.00 | 0.042 |
| I(搬迁类型) | 56.322 | 1 | 56.322 | 12.674 | 0.00 | 0.038 |
| J(人际交往程度) | 53.871 | 3 | 17.957 | 4.041 | 0.00 | 0.037 |
| residual | 4 132.737 | 930 | 4.444 | — | — | |

## 三、实证结果分析

表 7-16 为模型整体回归结果，表 7-16 中显示 corrected model，F 模型整体统计为 9.532，显著性 sig 为 0.000<0.05，说明模型在 95% 的显著水平下显著地拒绝模型结果不显著的原假设。这说明影响因素模型整体结果显著。模型

回归分析结果，按顺序如下：

A 对应模型 F 统计量为 11.878，sig 为 0.000，重要性系数为 0.072。

B 对应模型 F 统计量为 7.444，sig 为 0.000，重要性系数为 0.068。

C 对应模型 F 统计量为 6.439，sig 为 0.000，重要性系数为 0.059。

D 对应模型 F 统计量为 18.688，sig 为 0.000，重要性系数为 0.057。

E 对应模型 F 统计量为 5.898，sig 为 0.000，重要性系数为 0.054。

F 对应模型 F 统计量为 16.116，sig 为 0.000，重要性系数为 0.049。

G 对应模型 F 统计量为 3.642，sig 为 0.000，重要性系数为 0.044。

H 对应模型 F 统计量为 13.996，sig 为 0.000，重要性系数为 0.042。

I 对应模型 F 统计量为 12.674，sig 为 0.000，重要性系数为 0.038。

J 对应模型 F 统计量为 4.041，sig 为 0.007，重要性系数为 0.037。

这应证了研究提出的假设：农村气候灾害迁移人口所获取的一定经济社会条件、政策因素等对迁移稳定性存在显著影响。按影响重要性排列，将一定经济社会条件、政策因素等自变量具体化为迁移的政策透明公开满意度、住房来源、迁移方式认同度、与亲戚关系随时间发展的变化、与当地居民人际交往适应度、与社区工作人员关系、住房类型、亲戚帮助、搬迁类型、人际交往，它们不同程度地影响了迁移年限或迁移稳定性。

1. 针对迁移政策透明公开满意度的影响分析发现，随着对政策透明公开满意程度的逐步提高，农村气候贫困人口更容易接受搬迁，即认为搬迁政策越透明、越好的群众，越能在更短时间内发生迁移行为并稳定下来，说明近年来政府迁移宣传效果也将逐步得到提高。

2. 针对住房来源的影响分析发现，农村气候贫困人口搬迁对搬迁后的住房来源的选择将影响搬迁年限。住房来源项选项分别为自建、全款购买、政府补助以及政府统一安排。分析结果显示，搬迁群众住房来源是政府统一安排的，群众搬迁年限较长，说明早期政府包办式搬迁为气候贫困人口迁移的主要形态。

3. 针对迁移方式认同度的影响分析发现，农村气候贫困人口对搬迁方式的认同度将影响搬迁年限。无论是外迁集中安置、外迁分散安置，还是投靠亲戚及其他方式，只要认同度越高，就越有可能在迁入地居住更长的时间，或者在迁入地长期稳定下来。分析结果还显示，随着迁移方式的逐步分散自由化，搬迁年限将呈现出逐渐缩短的趋势。这说明搬迁方式的分散化将不利于搬迁居住年限的延长。

4. 针对与亲戚关系随时间发展的变化的影响分析发现，气候贫困人口搬迁后与亲戚关系随时间发展的变化情况，将对搬迁年限产生影响。选项分别为为更好、差不多、更差。分析结果显示，随着与亲戚关系随时间发展而逐步由好变差，搬迁年限呈现出逐年变长。这也与现实发生情况相符合。

5. 针对与当地居民人际交往适应度的影响分析发现，气候贫困人口搬迁后人际交往的适应程度将影响搬迁后的居住年限。人际交往适应度的选项为非常适应、比较适应、一般、不太适应、非常不适应。分析结果显示，与迁入地居民人际交往越好，搬迁居住年限越久。这说明农村气候贫困人口迁移后人际交往适应性对迁移稳定性非常重要。

6. 针对与社区工作人员关系的影响分析发现，农村气候贫困人口迁移后与社区工作人员关系更好、一般或更差，都将影响搬迁居住年限。分析结果显示，搬迁群众与社区工作人员的关系随时间变化更好，搬迁居住年限则更长；否则将更短。这说明搬迁群众与社区工作人员关系将影响搬迁居住年限。可以猜测在搬迁初期由于搬迁群众需要更多帮助，所以与社区工作人员关系较好，但是随着搬迁年限的增加，许多不可解决的固有问题将逐渐暴露，社区工作人员与搬迁群众关系将逐渐变差，不利于搬迁稳定性。

7. 针对住房类型的影响分析发现，农村气候贫困人口迁移后平房单门独户有院子、平房单门独户无院子、楼房单门独户有院子、楼房单门独户无院子、居民区单元房、其他等住房类型不同，将影响搬迁居住年限长短。分析结果显示随着搬迁后住房类型逐渐城市化，搬迁居住年限将逐步增加。这说明搬迁后住房类型对搬迁居民的居住稳定性有重要作用。

8. 针对亲戚帮助的影响分析发现，农村气候贫困人口迁移后是否得到亲戚朋友帮助将影响搬迁后的居住年限。得到亲戚帮助越多，越有利于增加搬迁后的居住年限；否则将缩短搬迁居住年限。这说明未来政策需要建立农村气候贫困人口迁移后的亲朋互助帮扶机制，从而提高搬迁稳定性。

9. 针对搬迁类型的影响分析发现，气候贫困人口搬迁后搬迁类型的选择将影响搬迁年限。无论哪种搬迁类型，如果能够得到亲戚朋友的帮助，搬迁后居住年限都将逐步增加，表现出自变量影响气候贫困人口迁移搬迁年限的内生化特征。

10. 针对人际交往的影响分析发现，农村气候贫困人口迁移后对迁入地人际关系的满意度（非常满意、比较满意、一般、不太满意、很不满意）也会影响搬迁居住年限。分析结果显示，随着搬迁人际关系满意程度的逐渐提升，搬迁居住年限将逐渐延长；否则将逐渐缩短。表明迁移政策应重点关注搬迁人群搬迁后与迁入地人群人际关系的构建。

## 四、结论与启示

本书以经济社会条件、政策因素等作为自变量（具体为多种影响因素），以农村气候贫困人口迁移年限代表迁移稳定性作为被解释变量，采用向前逐步回归模型筛选出 7 项最优子集指标为解释变量进行回归实证和检验，研究的发现和结论是：农村气候灾害迁移人口所获取的一定经济社会条件、政策因素等对迁移稳定性存在显著影响。按影响重要性排列，迁移的政策透明公开满意度、住房来源、迁移方式认同度、与亲戚关系随时间发展的变化、与当地居民人际交往适应度、与社区工作人员关系、住房类型、亲戚帮助、搬迁类型、人际交往，它们不同程度地影响搬迁年限或迁移稳定性。

上述研究发现和结论引出几个更令人关注且带启发性的推论：①搬迁年限往往体现迁移稳定性，而迁移稳定性所反映的问题在其实质上同样也就是一个社会适应问题，搬迁居住年限越长，表明移民社会适应度越高。因此，我们也可以从搬迁居住年限长短看到社会适应度的高低。②搬迁居住年限长短，实际上也可以成为我们衡量农村气候贫困人口扶贫搬迁政策实施效果好坏的重要参考，这与我们寻求帮助移民实现"搬得出、稳得住、能致富"的目标具有契合性。因此，政府积极提高迁移政策透明公开满意度，优化住房来源，满足不同人群的迁移安置方式等，都能增强移民搬迁人群的社会适应度，使搬迁人群在迁入后以"稳得住、能致富"的方式稳定发展、长期聚住下来，成为真正意义上的当地居民。若如此，也就彰显了气候贫困人口扶贫搬迁政策的实施效果。③农村气候贫困人口搬迁到迁入地的年限长短，除了受上述一些因素影响外，也许在搬迁工作刚开始时就在一定意义上被锁定了。比如，移民搬迁安置对接工作不仅仅影响移民对当前移民工作水平和质量的看法，更可能对其未来居住产生影响。如果从政策移民角度讲，除了应及时维护移民在医疗卫生、社会救助、养老保险、文化教育等方面与当地居民享有同等权利外，还需要围绕移民具体的搬迁安置、户籍核查、务工就业、劳务培训、子女教育及社会保障的接续等重点工作，在迁入地与迁出地政府间构建多方合作管理机制，强化移民搬迁安置对接工作[①]。开始的移民满意度惯性将推高移民在迁入地的满意度，进而更可能使移民在面对困难和问题时积极对待，保持对未来生活的信心，从而在当地稳定生活。

---

① 束锡红. 宁夏南部山区回族聚居区生态移民的社会适应研究 [J]. 北方民族大学学报（哲学社会科学版），2015（4）：58-61.

## 第三节　本章小结

本章开展了农村气候贫困人口迁移社会适应性、迁移稳定性的实证研究。一是对农村气候贫困人口迁移社会适应性实证。以主成分分析法获取 4 类社会适应指数为因变量，采用欧式距离平方方法和皮尔逊相关系数法确定的个人特征、人际关系网络构成、生活环境变动、政府行为为自变量，进行回归分析。二是对农村气候贫困人口迁移稳定性实证。以农村气候贫困人口迁移年限代表迁移稳定性作为因变量，采用向前逐步回归模型筛选出 7 类最优子集指标为自变量进行回归实证。本章主要回答如何"搬得出"并且"稳得住""能适应"的问题，通过实证方法证明究竟是哪些因素影响了迁移稳定性和迁移社会适应性，为"稳得住""能适应"提供科学依据。

# 第八章 农村气候贫困人口易地扶贫搬迁政策实施效果

如前所述,资源承载力严重不足地区、国家禁止或限制开发地区、地质灾害频发易发地区,同时也是公共服务严重滞后且建设成本过高地区,它们都是主要气候自然灾害频发易发的中西部农村地区,受综合影响而易于陷入恶性循环的贫困境地。因此,易地扶贫搬迁是解决农村气候贫困人口问题的基本途径。由此提出的一个重要问题是,已开展的农村气候贫困人口易地扶贫搬迁,搬迁农户对其政策实施效果满意程度或评价如何?影响机制怎样?研究和回答清楚这些问题,有助于政府制定针对性更强、效果更佳的政策措施,进而有助于更顺利地推进易地扶贫搬迁工作的开展。基于此,本书以实施易地扶贫搬迁的乌蒙山区 9 个贫困县,以及其中古蔺县的 10 个镇为调研对象。

## 第一节 基于乌蒙山区 9 个贫困县(市、区)的实证

### 一、研究区域概况

乌蒙山区是我国集中连片特困地区,区域范围包括四川、贵州、云南 3 省毗邻地区的 38 个县(市、区)。其中:四川省 13 个县;贵州省 10 个县(市、区);云南省 15 个县(市、区)(见表8-1)。该区总面积为 10.7 万平方千米。2010 年第六次人口普查数据显示,总人口在 2010 年年末为 2 292.0 万人,其中 585.81 万人为城镇人口,2 005.1 万人为乡村人口;20.5%的人口为少数民族人口。2016 年,乌蒙山区农村贫困人口为 272 万人,贫困发生率达到13.5%,该地区属于 14 个集中连片特困地区之一。

表 8-1　乌蒙山区集中连片特困地区行政区域分布

| 分区 | 省名 | 地市名 | 县名 |
|---|---|---|---|
| 乌蒙山区<br>(38个县) | 四川<br>(13个县) | 泸州市 | 叙永县、古蔺县 |
| | | 乐山市 | 沐川县、马边彝族自治县 |
| | | 凉山彝族自治州 | 普格县、布拖县、金阳县、昭觉县、喜德县、越西县、美姑县、雷波县 |
| | | 宜宾市 | 屏山县 |
| | 贵州<br>(10个县) | 遵义市 | 桐梓县、习水县、赤水市 |
| | | 毕节市 | 七星关区、大方县、黔西县、织金县、纳雍县、威宁彝族回族自治县（含钟山区大湾镇）、赫章县 |
| | 云南<br>(15个县) | 昆明市 | 禄劝彝族苗族自治县、寻甸回族彝族自治县 |
| | | 曲靖市 | 会泽县、宣威市 |
| | | 昭通市 | 昭阳区、鲁甸县、巧家县、盐津县、大关县、永善县、绥江县、镇雄县、彝良县、威信县 |
| | | 楚雄彝族自治州 | 武定县 |

乌蒙山区位于云贵高原与四川盆地结合部，山高谷深，地势陡峻，属于典型的高原山地构造地形和亚热带、暖温带高原季风气候，降水时空分布不均。诸如干旱、洪涝、风雹、凝冻、低温冷害、滑坡、泥石流等自然灾害频发，受灾面积、受灾人口规模和经济损失大。生态环境脆弱，人均耕地少，适农适牧土地产出低。石漠化面积占总面积的16%，属于25度以上的坡耕地占耕地总面积的比重较大；整体来说，水土流失严重、土壤极其瘠薄、人口增长较快，人地关系或人口资源环境矛盾尖锐，贫困程度深，有贫困人口373万，贫困发生率为18.5%[①]。片区交通等基础设施薄弱，片区内交通主干道网络尚未形成并且道路等级低，31.3%的行政村不通公路；已存在的资源性缺水、工程性缺水问题突出而影响农户生产生活，仅为37.2%面积的基本农田能够有效灌溉，高达32%的农户存在饮水困难；存在师资力量不足和教育设施落后，以及医疗卫生条件差和妇幼保健力量弱等情况。经济发展和产业发展滞后，市场体系不完善，社会发育程度低，基本公共服务不足，农村饮水和住房困难突出，是脱贫攻坚难啃的"硬骨头"。片区38个县（市、区）中有32个国家扶贫开发工作重点县，6个省重点县。可见，当地居民生活生计生产环境恶劣，实施易地

---

① 凝聚合力主攻乌蒙山片区贫困"堡垒"[J/OL]. https://zhidao.baidu.com/question/522287566854355045.html.

扶贫搬迁是一种合理的选择。

## 二、研究假设

物质保障对易地扶贫搬迁政策实施效果评价影响机理体现在：①村民搬迁的动力足，对物质保障有更高的预期，提升了搬迁政策评价的满意度。村民易地扶贫搬迁的动力机制主要体现为四力的合力，即迁出地生存条件相对恶劣形成的推动力、安置地优越条件的吸引力、政府扶贫政策所形成的支持力、村民自身易地搬迁的驱动力。②搬迁后个人发展前景的相对广阔影响对易地扶贫搬迁政策效果的评价。贫困户易地搬迁后，原来宅基地有偿退出，土地通过整理与流传，建设农业产业园和扶贫公寓。村民的住房条件改善，村民积极融入城镇化进程中，视野开拓，工作机会增加，工作环境得到一定程度改善，增收途径进一步拓展，这将提升村民的幸福感，并进而增加村民对易地扶贫搬迁政策的满意度。基于此，本书用人均年收入、人均住房面积、增收渠道、工作状况、养老保障这5个变量代表易地扶贫搬迁群众的物质保障维度。

据此，本书提出假设1：物质保障与易地扶贫搬迁实施效果评价相关。人均年收入对易地扶贫搬迁实施效果评价存在最显著正向影响。假设2：人均住房面积、增收渠道、工作状况、养老保障这些变量对易地扶贫搬迁实施效果评价有正相关影响。

社会环境对易地扶贫搬迁政策实施效果评价影响机理体现在：①搬迁后村民之间的交流沟通会影响地扶贫搬迁政策效果评价。家人、邻里之间相处融洽往往有利于搬迁者更快适应新环境，进而提升易地扶贫搬迁政策评价的满意度。②迁入地环境的优化会提升搬迁者对易地扶贫搬迁政策评价的满意度。村民会通过对搬迁前后生产情况、基础设施、卫生状况、孩子上学、就医等方面的变化做一个对比，得到一个直观感受，环境的优越性强化了搬迁者对易地搬迁政策的认可。③国家扶贫政策了解程度加深会增加村民对易地搬迁的关注度，同时反过来会增强村民对该政策实施效果的预期，从而对易地扶贫搬迁政策的实施效果提出更高要求。基于此，根据相关研究文献和问卷实际，本书用邻里关系、基础设施、公共服务、环境卫生、扶贫政策知晓度来反映易地扶贫搬迁群众的社会环境变化情况。

据此，本书提出假设3：社会环境与易地扶贫搬迁实施效果评价相关且这5个变量对易地扶贫搬迁实施效果评价有显著影响，且基础设施影响最大。

往往来自贫困人口多、地理环境恶劣、贫困程度深、自然灾害频繁发生的国家重点县的村民对易地搬迁有强烈的意愿。据此，本书提出假设4：贫困程度与易地扶贫搬迁政策实施效果评价相关，来自深度贫困县的村民对易地扶贫搬迁实施效果评价显著。

### 三、数据、变量和实证模型

#### (一) 数据来源

数据来自 2017 年 7—8 月对集中连片特困区"易地扶贫搬迁农户调查"的问卷。2011 年国家将连片特困地区作为我国扶贫的主要战场，考虑到"十三五"期间易地扶贫搬迁对象涉及 22 个省约 1 400 个县级单位，为了节约时间和成本，因此本书调研对象选取为具有地域代表性的行政区划跨云南、贵州、四川 3 省的乌蒙山区 9 个贫困县。本次调研按照分层随机抽样法，问卷调查法、入户访谈法相结合的方式进行。为了让调研数据更具有代表性，在选取调研地点上按贫困程度由高到低分成 3 组，每组抽取 3 个贫困县，共 36 个易地搬迁安置点（见表 8-2）；每个安置点发放 50 份，共发放 1 800 份，问卷回收后经课题组成员对全部问卷资料审核，实际得到有效问卷 1 595 份，有效率为 88.6%。本书调研组对问卷进行信度和效度分析，测得信度系数 Cronbach's α 系数值为 0.836，说明问卷可信度较高。然后进行效度分析，被测问卷的 KMO 统计值为 0.753，均在 1% 的统计水平上显著，说明问卷具有较好的结构效度。

表 8-2　调研地点和有效问卷量

| 贫困程度 | 抽样县（市、区） | 有效问卷量/份 | 占总体样本比重/% |
|---|---|---|---|
| 深度贫困 | 叙永、古蔺县、马边县 | 559 | 35.04 |
| 重度贫困 | 沐川县、桐梓县、屏山县 | 492 | 30.82 |
| 一般贫困 | 习水县、赤水市、七星关区 | 544 | 26.14 |

#### (二) 样本描述性统计分析

在受访的 1 595 名易地扶贫搬迁村民中，对易地扶贫搬迁实施效果评价具有"感觉满意"的村民有 1 227 人，占 76.9%，"感觉一般"的村民 264 人，占 16.5%，而"感觉不满意"的村民人数为 104 人，占 6.6%。总体来说，村民对易地扶贫搬迁实施效果评价比较满意。在性别分布上，男性占受访村民的 41.5%。婚姻状况方面，未婚受访者（482 人）人数是已婚者受访者（1 113 人）人数的 1/3。文化程度方面，具有小学及以下的人数占一半多一点（929 人）。家庭人口规模方面，4~5 人家庭规模的占比超过 60%。从年龄分层上看，以 20~60 岁和 60 岁以上的老人年龄段村民为主，这两个年龄范围分别占总数的 51.6%、36.3%。在政治身份上，非党员人数占到绝大部分（1 489 人）。从人均年收入上看，受访者年收入在 4 001~6 000 元占到 52.9%。在人均住房面积方面，受访者的住房面积 25~30 m² 占到 58.9%。大多数受访者认为易地搬迁后群众的增收渠道增加了、工作状态改善了，比例达到62.3%、54.1%。购买和没有购买养老保险的受访者比例接近3比2。绝大部分受访者认为与邻居关系比较和谐（94.9%）。调研样本中分别有58.3%、54.6%、57.3%的受访者对易地扶贫搬迁点的基础设施、公共服务、环境卫生感到满意；有64.5%的受访者对国家的扶贫政策呈一般了解状态，只有8.8%的受访者对国家扶贫政策不了解。样本基本信息及调查结果如表8-3所示。

表8-3　调查样本的基本情况（$N=1\,595$）

| 调查项目 | 各项指标 | 人数/人 | 比重/% | 调查项目 | 各项指标 | 人数/人 | 比重/% |
|---|---|---|---|---|---|---|---|
| 性别 | 男 | 663 | 41.5 | 增收渠道 | 没增加 | 127 | 7.9 |
| | 女 | 932 | 49.5 | | 一般 | 427 | 26.8 |
| 婚姻状况 | 未婚 | 482 | 30.2 | | 增加 | 1 041 | 62.3 |
| | 已婚 | 1 113 | 69.8 | 就业环境状况 | 没改善 | 243 | 15.8 |
| 政治身份 | 中共党员 | 81 | 5.1 | | 一般 | 496 | 30.1 |
| | 非党员 | 1 514 | 94.9 | | 改善 | 856 | 54.1 |
| 年龄 | 20岁以下 | 194 | 12.1 | 养老保险 | 没购买 | 1 057 | 66.3 |
| | 20岁~60岁 | 818 | 51.6 | | 购买 | 538 | 33.7 |
| | 60岁以上 | 583 | 36.3 | 邻里关系 | 和谐 | 1 085 | 68.1 |
| 文化程度 | 小学及以下 | 929 | 58.2 | | 一般 | 429 | 26.8 |
| | 初中和高中（中专） | 582 | 36.4 | | 不和谐 | 81 | 5.1 |
| | 大专及以上 | 84 | 5.4 | 基础设施 | 满意 | 931 | 58.3 |
| 家庭人口规模 | 规模小（3人及以下） | 429 | 26.8 | | 一般 | 419 | 26.2 |
| | 规模中等（4~6人） | 964 | 60.6 | | 不满意 | 245 | 15.5 |
| | 规模大（6人以上） | 202 | 12.6 | 公共服务 | 满意 | 872 | 54.6 |
| 人均年收入 | 4 000元以内 | 293 | 18.4 | | 一般 | 437 | 27.4 |
| | 4 001~6 000元 | 843 | 52.9 | | 不满意 | 286 | 18.0 |
| | 6 000元以上 | 459 | 28.7 | 环境卫生 | 满意 | 915 | 57.3 |
| 人均住房 | 25 m²以内 | 252 | 15.8 | | 一般 | 429 | 26.8 |
| | 25~35 m² | 941 | 58.9 | | 不满意 | 251 | 15.9 |
| | 35 m²以上 | 402 | 25.3 | 扶贫政策了解度 | 很了解 | 427 | 26.7 |
| 总体政策评价 | 满意 | 1 227 | 76.9 | | 一般 | 1 029 | 64.5 |
| | 一般 | 264 | 16.5 | | 不了解 | 139 | 8.8 |
| | 不满意 | 104 | 6.6 | | | | |

（三）变量选择与说明

1. 被解释变量为政策实施效果评价，即农户对易地扶贫搬迁政策实施效果的满意程度（assess）。被解释变量设置为不满意、一般、满意三个类别，分别赋值1、2、3。因此被解释变量为按照农户对易地扶贫搬迁政策实施效果满意程度的离散数，赋值越高，代表农户的满意度越高。

2. 主要解释变量为物质保障和社会环境。一般从经济学角度认为物质保障（material）为影响个体效用的关键性因素，物质保障变量对应的问题设计包括：人均年收入、人均住房面积、增收渠道、工作状况、养老保障5个。受访者选择人均年收入类型包括4 000元以内、4 001~6 000元、6 000元以上，分别赋值1、2、3。选择人均住房面积类型包括25 m²以内、25~35 m²、35 m²以上，分别赋值1、2、3。

3. 选择增收渠道类型包括没增加、一般、增加，分别赋值1、2、3。选择工作状况类型包括没改善、一般、改善，分别赋值1、2、3。选择养老保障类型包括没购买养老保险、购买养老保险，分别赋值0、1。

另一个解释变量为社会环境（social），对应的问题设计包括邻里关系、基础设施、公共服务、环境卫生、扶贫政策了解度。受访者选择类型分别包括不满意（不和谐）、一般、满意（和谐），分别赋值1、2、3。赋值越高，代表受访者对某项越满意。

4. 其他控制变量。结合相关文献和调查问卷，本书的控制变量为性别、婚姻状况、政治身份、年龄、文化程度、家庭人口规模数。其中将性别、婚姻状况和政治身份设置虚拟变量，男性赋值为1，女性赋值为0，已婚赋值为1，未婚赋值为0，党员身份赋值为1，非党员身份赋值为0。年龄分为20岁以下、20岁~60岁、60岁以上，分别赋值1、2、3。家庭人口规模分为规模小、规模中等、规模大，别赋值1、2、3，赋值越大，代表受访者家庭人口数越多。

变量的统计描述性结果见表8-4。

表8-4 变量赋值及分布情况

| 类别 | 变量名称 | 赋值与说明 | 均值 | 标准差 |
|------|---------|-----------|------|--------|
| 被解释变量 | 政策实施效果评价 | 不满意=1，一般=2，满意=3 | 2.27 | 0.592 |
| 个体特征 | 性别 | 女=0，男=1 | 0.72 | 0.380 |
| | 婚姻状况 | 未婚=0，已婚=1 | 0.48 | 0.325 |
| | 政治身份 | 非党员=0，党员=1 | 0.16 | 0.217 |
| | 年龄 | 20岁以下=1，20岁~60岁=2，60岁以上=3 | 2.53 | 0.463 |
| | 文化程度 | 小学及以下=1，初中和高中（或中专）=2，大专及以上=3 | 1.05 | 0.486 |
| | 家庭人口数 | 3人及以下=1，4~6人=2，6人以上）=3 | 1.89 | 0.562 |

表8-4(续)

| 类别 | 变量名称 | 赋值与说明 | 均值 | 标准差 |
|------|---------|-----------|------|-------|
| 物质保障 | 人均年收入 | 4 000 元以内 = 1,4 001~6 000 元 = 2,6 000 元以上 = 3 | 1.74 | 0.668 |
| | 人均住房 | 25 m² 以内 = 1,25~35 m² = 2,35 m² 以上 = 3 | 1.05 | 0.529 |
| | 增收渠道 | 没增加 = 1,一般 = 2,增加 = 3 | 2.17 | 0.410 |
| | 就业环境状况 | 没改善 = 1,一般 = 2,改善 = 3 | 2.08 | 0.406 |
| | 养老保障 | 没购买养老保险 = 0,购买养老保险 = 1 | 0.86 | 0.329 |
| 社会环境 | 邻里关系 | 不和谐 = 1,一般 = 2,和谐 = 3 | 2.33 | 0.516 |
| | 基础设施 | 不满意 = 1,一般 = 2,满意 = 3 | 2.46 | 0.537 |
| | 公共服务 | 不满意 = 1,一般 = 2,满意 = 3 | 2.39 | 0.627 |
| | 环境卫生 | 不满意 = 1,一般 = 2,满意 = 3 | 2.16 | 0.594 |
| | 扶贫政策了解度 | 不了解 = 1,一般了解 = 2,很了解 = 3 | 2.21 | 0.601 |

（四）模型构建

本书所研究的易地扶贫搬迁政策实施效果评价问题属于农户的主观意识问题，被解释变量是一种有序分类变量。根据受访者对问卷中的问题"您对政府的易地扶贫搬迁政策实施效果满意吗？"答案设置为："很满意""比较满意""一般""不太满意""不满意"。为分析便利，将五种情况归纳为三种，考虑到政策实施效果评价选项之间存在递进的有序关系（不满意、一般、满意），因此宜采用有序响应 Probit 模型进行计量分析。模型的基本形式为

$$\text{Assess}_i * = \beta_1 \text{Material}_i + \beta_2 \text{Social}_i + \sum_{i=1}^n r_i \text{Control}_i + \varepsilon_i \qquad (8-1)$$

式中，$\text{Material}_i$、$\text{Social}_i$ 分别代表易地扶贫搬迁后个体村民的物质保障情况和社会环境变化情况，$\text{Control}_i$ 为影响个体对实施效果评价的控制变量。$\beta$ 为待估计系数，$\varepsilon_i$ 是服从独立正态分布的随机误差项，即：$\varepsilon_i \mid X \backsim N(0，1)$。$\text{Assess}_i *$ 为潜变量，它对应一个评价等级变量 $\text{Assess}_i$，该等级变量与潜变量之间的关系如下：

$$\text{Assess}_i = \begin{cases} 1，\text{如果 } \text{Assess}_i * = \mu_1 \\ 2，\text{如果 } \mu_1 < \text{Assess}_i * \le \mu_2 \\ 3，\text{如果 } \text{Assess}_i * > \mu_3 \end{cases} \qquad (8-2)$$

式中，$\mu_i(i=1，2，3)$ 为潜变量的门槛值。假设随机误差项 $\varepsilon_i$ 的分布函数为 $\Phi(X)$，则 Assess 取选择值的条件概率为

$$\text{Prob}(\text{Assess}_i = 1 \mid X) = \text{Prob}(\text{Assess}_i * \le \mu_1 \mid X) = \Phi(\mu_1 - \beta X)$$

Prob $(Assess_i = 2 \mid X) = Prob (\mu_1 < Assess_i * \le \mu_2 \mid X) = \Phi (\mu_2 - \beta X) - \Phi (\mu_1 - \beta X)$

Prob $(Assess_i = 3 \mid X) = Prob (Assess_i * > \mu_3 \mid X) = 1 - \Phi (\mu_3 - \beta X)$

本书采用极大似然估计法来对 Probit 模型的模型参数 $\beta$ 和 $\mu_i$ 进行估计，其似然函数的对数为

$$LnL = \sum_{i=1}^{n} \sum_{j=1}^{n} Assess_{ij} \ln P(Assess_i = j \mid x_i)$$

$$\sum_{i=1}^{n} \sum_{j=1}^{n} Assess_{ij} \ln [\varphi(\mu_j - \beta X) - \varphi(\mu_{j-1} - \beta X)]$$

### 四、实证回归结果与分析

通过最大似然估计法对 Probit 模型的回归参数进行估计，也利用分析工具（SPSS20.0 软件）对 1 595 个样本数据进行有序 Probit 回归处理。对于数据的处理，本书主要将比如性别、年龄、家庭人口数、婚姻状况、政治面貌、文化程度等个体特征变量作为控制变量加以考虑，并分别引入物质保障变量、社会环境变量获得模型 1、模型 2，再将这两大变量共同引入模型得到模型 3，最后将易地扶贫搬迁政策实施评价研究的检测估计值及显著性整理如表 8-5 所示。

表 8-5　物质保障、社会环境对易地扶贫搬迁政策实施效果影响的有序 Probit 回归结果

| 变量 | | 模型 1 系数 | 模型 2 系数 | 模型 3 系数 |
|---|---|---|---|---|
| 控制变量 | 男性 | 0.015(0.135) | 0.007(0.201) | 0.013(0.108) |
| | 已婚 | 0.341**(0.107) | 0.218**(0.138) | 0.187**(0.132) |
| | 党员 | 0.297**(0.063) | 0.273**(0.082) | 0.223**(0.065) |
| | 年龄 | 0.153(0.087) | 0.158(0.093) | 0.173**(0.132) |
| | 文化程度 | 0.174(0.029) | 0.204(0.075) | 0.184**(0.032) |
| | 家庭人口规模 | 0.221**(0.087) | 0.167**(0.076) | 0.186**(0.098) |
| 物质保障 | 人均年收入 6 000 元以上 | 0.752***(0.217) | — | 0.683***(0.201) |
| | 人均年收入 4 000~6 000 元 | 0.641**(0.185) | — | 0.638**(0.192) |
| | 增收渠道增加 | 0.601***(0.099) | — | 0.664***(0.063) |
| | 增收渠道一般 | 0.597**(0.062) | — | 0.585**(0.059) |
| | 人均住房 30 m² 以上 | 0.417**(0.207) | — | 0.462**(0.249) |
| | 人均住房 25~30 m² | 0.382*(0.211) | — | 0.381*(0.209) |
| | 购买养老保险 | 0.429**(0.206) | — | 0.417**(0.192) |
| | 就业环境改善 | 0.132(0.048) | — | 0.141(0.043) |
| | 就业环境一般 | 0.135(0.052) | — | 0.191(0.066) |

表8-5(续)

| 变量 | | 模型 1 系数 | 模型 2 系数 | 模型 3 系数 |
|---|---|---|---|---|
| 社会环境 | 公共服务满意 | — | 0.615 *** (0.047) | 0.622 *** (0.057) |
| | 公共服务一般 | — | 0.548 *** (0.090) | 0.546 *** (0.096) |
| | 基础设施满意 | — | 0.587 ** (0.201) | 0.574 ** (0.199) |
| | 基础设施一般 | — | 0.494 ** (0.089) | 0.497 ** (0.085) |
| | 邻里关系和谐 | — | 0.374 ** (0.251) | 0.372 ** (0.247) |
| | 邻里关系一般 | — | 0.328 ** (0.218) | 0.323 ** (0.225) |
| | 环境卫生满意 | — | 0.304 ** (0.042) | 0.322 ** (0.068) |
| | 环境卫生一般 | — | 0.257 * (0.027) | 0.258 * (0.021) |
| | 扶贫政策很了解 | — | 0.073 (0.017) | 0.081 (0.029) |
| | 扶贫政策一般了解 | — | 0.054 (0.014) | 0.059 (0.025) |
| 样本数 | | 1 595 | 1 595 | 1 595 |
| 卡方检验 | | 81.26 *** | 75.29 *** | 80.54 *** |

注：括号中的数字为稳健标准误，\*\*\*、\*\*、\* 分别代表在 1%、5% 和 10% 的统计水平上显著。

（一）物质保障对易地扶贫搬迁政策实施效果的影响

1. 人均收入对易地扶贫搬迁政策效果评价有最显著影响。人均收入变量在模型 1 中通过 1% 和在模型 3 中通过 5% 水平的显著性检验，且其系数都为正，表明在其他条件不变的情况下，较之于人均收入较少组，人均收入较多的村民更趋向于有满意的评价，且人均收入越高，政策实施效果评价越好，这一结果与本书的研究假设 1 相符。很多学者都从经济学角度讨论了满意度与收入之间呈正相关关系（李青青 等，2011），有 20% 的受访群众表示搬迁后人均收入是搬迁前的 10 多倍，良好的收入状况是贫困户脱贫的重要基础，因而对易地扶贫搬迁政策效果评价有影响。

2. 增收渠道对易地扶贫搬迁政策效果评价有重要影响。增收渠道变量在模型 1 和模型 3 中均通过 5% 水平的显著性检验，并且其系数都为正。表明在其他条件不变的情况下，与"增收渠道没有增加"组相比，增收渠道增加较多的村民更倾向于满意评价，这一结果与研究假设 2 相符。在调查问卷中设有"增收渠道内容"一题，通过统计分析可知，选择依靠建筑、餐饮和运输业等第三产业发展增收占样本总量比重的 41.3%，选择规模种植、养殖业、村级公益岗位等增收渠道的占样本总量的 21.7%，有 15% 左右的劳动力通过参加各类培训，外出打工，经济收入显著提高。易地扶贫搬迁不仅是挪穷窝，更要着眼于换穷业、斩穷根（任浩华，2015），故通过大多数易地搬迁后的村民走上亦农、亦工、亦商的多样化致富之路，其对易地扶贫搬迁政策有更多的认同感。

3. 人均住房面积对易地扶贫搬迁政策效果评价有重要影响。模型 1 和模型 3 的结果表明其都通过 5% 水平的显著性检验且其系数均为正。在其他条件不变的情况下，较之于人均住房面积低于 25 $m^2$ 的易地扶贫搬迁农户，人均住房面积为 25~30 $m^2$ 的村民选择政策评价满意的概率更大，这一结果与研究假设 2 相符。其主要原因是目前很多省份规定易地搬迁人口人均住房面积不得超过 25 平方米，作为居住环境恶劣致贫的贫困户，有必要进行易地扶贫搬迁，这也是精准扶贫工作重点之一（金梅，祁丽，2016），很多搬迁贫困户从破烂的旧家换到了拥有精致的院子、宽敞的客厅、配以新式的厨房和厕所的新家，良好的住房条件是其搬迁的动力之一，因而对易地搬迁评价有较高认同感。

4. 养老保障对易地扶贫搬迁政策效果评价有重要影响。养老保险变量在模型 1 和模型 3 中都通过 5% 水平的显著性检验且其系数均为正，与"没有购买养老保险"对照组相比，已经购买养老保险的村民更倾向于满意评价，这一结果与研究假设 2 相符。可能的原因是完善的养老体系有利于受访群众形成对未来生活的良好预期，因而对生活的满意度感受强烈，从而对易地扶贫搬迁政策正向评价有显著的和间接的效应。

5. 就业环境状况不是影响易地扶贫搬迁政策效果评价的重要因素。就业环境状况变量在模型 1 和模型 3 中没有通过显著性检验，说明就业环境状况不是影响易地扶贫搬迁政策评价的重要因素。这与本书提出的假设 2 以及很多学者所研究的结论不同，可能的原因是易地扶贫搬迁是打赢脱贫攻坚战的重要抓手，人均收入、人均住房面积、增收渠道等因素对该政策实施效果评价的影响程度远远胜过就业环境状况。且易地搬迁群众大多是来自于生存条件恶劣地区的贫困人口，他们往往对生活环境的艰苦习以为常，就业环境的改善难以提升他们对易地扶贫搬迁政策的满意度。

（二）社会环境对易地扶贫搬迁政策实施效果的影响

1. 公共服务对易地扶贫搬迁政策效果评价影响。公共服务变量在模型 2 以及模型 3 中均通过 5% 水平的显著性检验，并且其系数均为正。说明在其他条件不变的情况下，与"公共服务不满意"组相比，对公共服务较满意的村民更倾向于满意评价，这一结果与研究假设 3 相符。依托易地扶贫搬迁工程实施，配套建成的村级组织活动场所、卫生所、学校、敬老院、农家书屋、文化活动广场等，使医疗、教育、文化、环保等公共服务能力进一步提升，有效解决了群众就医难、上学难等问题，因而村民对易地扶贫搬迁政策实施效果有较满意的评价。

2. 基础设施对易地扶贫搬迁政策效果评价影响。模型 2 和模型 3 的结果表明，在其他条件不变的情况下，基础设施对村民的易地扶贫搬迁政策满意度有显著影响，且村民对基础设施情况越满意，对易地扶贫搬迁政策就有越高的认可度，这一结果与研究假设3相符。分析原因主要是易地搬迁的贫困群众从前居住的地方自然条件比较差，而现在搬迁到基础设施较为完善、生活环境较好的地方，这与搬迁前相比他们的吃水难、行路难、赶集难等问题得到了有效解决，后顾之忧得到妥善的安排，这些改变极大地转变了群众的思想观念和生活生产方式，使他们能够加快融入现代社会，为彻底脱贫致富，并同全国人民同步小康创造了条件。

3. 邻里关系对易地扶贫搬迁政策效果评价影响。模型2和模型3的结果表明，在其他条件不变的情况下，邻里关系和谐对易地扶贫搬迁政策效果评价有显著影响，且关系越和谐，易地扶贫搬迁政策效果评价越满意，这一结果与研究假设3相符。因为受访者选择比较和谐选项占94.9%，可能这个数据拔高了和谐选项的比例，但一定程度上反映了和谐的人际关系能使群众快速融入迁入地，从而提高了他们对易地搬迁政策的认可度。

4. 环境卫生对易地扶贫搬迁政策效果评价影响。环境卫生变量在模型2和模型3中都通过5%水平的显著性检验，并且其系数均为正。说明在其他条件不变的情况下，与"环境卫生不满意"组相比，对环境卫生满意的村民更倾向于满意评价，这一结果与研究假设3相符。其主要原因是易地搬迁改变了过去人们生活环境卫生太差的状况，安置点垃圾分类明确，杂物堆放更合理，搬迁户住得更舒心，从而极大提升了易地扶贫搬迁政策的满意度。

5. 扶贫政策认知度不是影响易地扶贫搬迁政策效果评价的重要因素。扶贫政策认知度变量在模型2和模型3中没有通过显著性检验，说明扶贫政策认知度不是影响易地扶贫搬迁政策评价的重要因素，这与本书提出的假设3不同。可能的原因是，近60%的受访者文化程度在小学及以下，他们很少关心国家大事，也不擅长用新媒体接受新信息，进而没有吃透国家相关扶贫政策，难以提升他们对易地扶贫搬迁政策的满意度。

最后需要说明的是在6个控制变量中，家庭人口数、党员身份、已婚变量均通过了5%水平的显著性检验，并且其系数显著为正。表明在其他条件不变的情况下，已婚的受访者和党员身份受访者对易地扶贫搬迁政策有更高的满意度，家庭人口规模越多的受访者对易地搬迁政策评价越高。究其原因，已婚受访者的家庭人口规模往往较大，对搬迁前后生产生活的变化直观感受获益较多，对易地搬迁政策评价的积极影响较大。党员身份的受访者往往对国家的扶贫方针比一般群众更了解，进而提升了对易地扶贫搬迁政策的满意度。性别、年龄和文化程度变量未通过显著性检验，且表明男性对易地搬迁政策评价要低于女性，反映易地扶贫搬迁后男性可能承担了更大的经济社会压力，从而获得更低的满意度。

（三）分贫困程度的回归结果

本书以按受访对象来自贫困程度不同的县为例，考察贫困程度对易地扶贫搬迁政策实施效果评价的不同，以验证假设4。按贫困程度差异将受访者分为来自深度贫困县、来自重度贫困县、来自一般贫困县3组，以来自一般贫困县为参照组。本书采用普通有序 Probit 模型和 Order Probit 模型进行分项验证。表8-6为两模型回归结果。根据回归系数结果分析，两模型在影响方向上一致，但总体上 Order Probit 模型估计值要略高于 Probit 回归估计值。回归数据表明来自深度和重度贫困县的样本均通过5%水平的显著性检验，并且其系数均为正。说明在其他条件不变的情况下，与"来自一般贫困县"组相比，来自贫困程度越深的县的受访者，对易地扶贫搬迁政策效果越满意。这样假设4得到验证。

表8-6　分贫困程度的回归系数结果

| 变量（参照组：来自一般贫困县） | Probit 模型系数（标准误差） | Order Probit 模型系数（标准误差） | 样本数 |
|---|---|---|---|
| 来自深度贫困县 | 0.615*** （0.027） | 0.622*** （0.027） | 559 |
| 来自重度贫困县 | 0.452** （0.021） | 0.455** （0.023） | 492 |

注：括号中的数字为稳健标准误，***、**、*分别代表在1%、5%和10%的统计水平上显著。

# 第二节　基于乌蒙山区四川古蔺县个案的实证

为了进一步验证气候自然灾害农村气候贫困人口易地扶贫搬迁政策实施效果，本书借助《全国"十三五"易地扶贫搬迁规划》框架构建影响贫困人口对易地扶贫搬迁政策评价的指标体系，选择经济状况、基础设施、公共服务3个维度共15个指标，运用 SEM 模型测算各指标对易地扶贫搬迁政策实施效果的作用路径及大小，并依据计量模型对影响易地扶贫搬迁政策实施效果评价的因素进行分析，进而为政策优化提供经验证据。

## 一、研究区域概况

作为乌蒙山区集中连片特困地区，古蔺县位于云贵高原北麓，四川盆地的南缘，地域呈半岛形嵌入贵州北部。它的西面同叙永县接壤，东、南、北三面同贵州的毕节市、金沙县、仁怀县、习水县、赤水县毗邻。在不同地域，其气温分布存在较大差异，既有贵州高原乍寒乍暖的特点，也有四川盆地南部高温的特点。全县面积 3 184 平方千米，乡镇（其中民族乡 3 个）26 个、行政村 269 个，人口规模 87 万人左右，是全省较多杂散居少数民族人口的区域，汉、苗、彝、回等 26 个民族居住境内。

全县在地理上划分为 3 大区域：生态环境恢复区、生态经济发展区和生态环境保护区。从古蔺河河流污染治理角度划分为 4 个区域：上游水源涵养区、环境污染控制区、农业生态经济开发区和工业生态经济开发区。近些年，虽然经济社会发展状况不断向好，但受气候自然灾害频发、生态环境脆弱性强的巨大影响，处于被动性"空间贫困陷阱"之中，农村贫困人口问题依然突出，应对政策措施之一在于易地扶贫搬迁。早在"十二五"时期，古蔺县就启动和实施了易地扶贫搬迁工作，并且成效显著。根据《古蔺县"十三五"易地扶贫搬迁规划》，古蔺县易地扶贫搬迁涉及全县 26 个乡镇 264 个行政村，包括：省定重点贫困村 117 个，搬迁人口 12 652 户 51 991 人，其中建卡贫困人口 9 829 户 38 335 人。这无疑是一项浩大艰巨的工程，对其实施效果的评价显得极为重要。

### 二、理论分析与假设

从成本收益视角分析贫困人口搬迁后获得的收益。按照程丹、王兆清的主张①，搬迁后增量的提升主要来自 4 个方面，包括人力资本、物质资本、社会资本和公共服务。搬迁贫困人口的人力资本主要是家庭劳动力因受到教育、培训、实践经验、迁移等方面影响而获得的知识和技能的积累，从而带来工资等收益。实现"搬得出、稳得住、能致富"，努力增加搬迁贫困人口的收入关系到易地扶贫搬迁的成效，要通过人力资本的提升，促进搬迁贫困人口经济状况的好转。《全国"十三五"易地扶贫搬迁规划》指出要根据搬迁对象的实际情况，通过统筹整合财政和相关涉农资金，支持发展特色农牧业、劳务经济、现代服务业、探索资产收益等，确保搬迁贫困人口有业可就、实现稳定脱贫。易地扶贫搬迁不仅是从根本上挪穷窝，更要着眼于可持续发展，大多数贫困人口通过易地搬迁后走上亦农、亦工、亦商的多样化致富之路，故对易地扶贫搬迁政策有更多的认同感。因此，我们提出第一个假设。

假设 1：搬迁贫困人口经济状况的好转对易地扶贫搬迁政策实施效果评价具有正向作用，而经济状况好转的完全落空对实施效果评价有负向作用。

将生活在自然条件艰苦地区的贫困群众搬迁到基础设施较为完善、公共服

---

① 程丹，王兆清. 易地扶贫搬迁背景下贫困人口移民搬迁决策机制研究：基于成本收益理论分析框架 [J]. 天津农业科学，2015，21（3）：24-27.

务及就业资源较为丰富的地方是易地扶贫搬迁政策的导向。《全国"十三五"易地扶贫搬迁规划》指出按照"规模适宜、功能合理、经济安全、环境整洁、宜居宜业"的原则，配套建设安置区住房、水、电、路、电信网络、污水处理等基础设施。各地在制订规划时，将产业扶持、基础设施配套与安置社区同步规划、一体建设、整体推进。房屋是其最主要的物质资本。贫困人口在搬迁后虽然住房面积减少了，但是住房质量和其市场价值明显提高。通过易地扶贫搬迁政策，将生活在自然条件比较差的地方的人口搬迁到拥有较完善基础设施、离城镇较近的地方，这与搬迁前相比，他们的吃水难、行路难、赶集难等问题得到了有效解决，这些改变极大转变了搬迁贫困人口的思想观念和生活生产方式。因此有必要判断在本书涉及的样本内究竟哪些基础设施指标对易地扶贫搬迁政策实施效果评价更明显。为此我们提出假设2。

假设2：迁入地基础设施对易地扶贫搬迁政策实施效果评价具有正向影响，且住房条件最为显著。

《全国"十三五"易地扶贫搬迁规划》指出按照"缺什么，补什么"和"适当留有余地"的原则，在充分利用现有基本公共服务职能的基础上，统筹考虑今后一个时期人口流向，同步规划，同步建设一批教育、卫生、文化体育、以及商业网点、便民超市等公共服务设施。集中安置，集中配置，完善学校、医院、文化广场等公共服务设施，提升城镇化、公共服务均等化水平。很多搬迁贫困人口在安置点都能够得到更好的医疗、教育、卫生、文化等公共服务，而在既定的公共服务水平下搬迁贫困人口的个体特征情况会使不同的贫困人口有不同的公共服务需求。如有孩子就学的家庭就更看重教育水平的提升，家里有病人则更看重医疗水平等。因此公共服务维度对易地扶贫搬迁政策实施效果评价的影响还需实证作进一步检验，于是我们提出假设3。

假设3：迁入地公共服务显著影响易地扶贫搬迁政策实施效果评价，呈正相关关系。

基于以上文献综述和相关理论分析，本书提出如图8-1的易地扶贫搬迁政策实施效果测度及影响因素假设模型。

图8-1　易地扶贫搬迁政策实施效果评价影响因素假设模型

### 三、数据、变量与模型

#### (一) 数据来源

古蔺县为确保到 2018 年如期完成脱贫计划，采取强势方式推进易地扶贫搬迁。2016 年全县实施易地扶贫搬迁人数为 13 762 人，2017 年全县实施易地扶贫搬迁人数为 24 015 人。鉴于该县很多搬迁贫困人口已经在集中居住点生活较长时间，在生活过程中贫困人口感知易地扶贫搬迁政策实施效果具有一定的代表性。

本书数据来源于 2017 年 7—8 月对古蔺县 35 个安置点的调查结果。经查阅相关文献，根据本书需要，并针对模型中提出的各项假说设计问卷，问卷题目主要借鉴李克特量表，量表设计采用 Likert 1、2、3、4、5 五级评价倾向调查，分别以"非常不满意""不满意""一般""满意""非常满意"代表受调查者对调查项目的评价，然后基于调研实际对问卷进行修正。利用问卷调查法、入户访谈法等方法获得了有关易地扶贫搬迁政策实施效果的第一手资料，一共收回贫困人口调查问卷 500 份。问卷回收后，课题组成员对全部问卷资料审核，对有关键遗漏项及有明显逻辑错误的问卷予以排除，最终得到 459 份有效问卷 (见表 8-7)。

**表 8-7  调查样本分布情况**

| 调研乡镇 | 调研样本数/个 | 比例/% | 调研乡镇 | 调研样本数/个 | 比例/% |
|---|---|---|---|---|---|
| 古蔺镇 | 58 | 12.6 | 大村镇 | 38 | 8.3 |
| 德耀镇 | 42 | 9.2 | 丹桂镇 | 43 | 9.4 |
| 永乐镇 | 45 | 9.8 | 鱼化镇 | 48 | 10.5 |
| 双沙镇 | 51 | 11.1 | 石宝镇 | 50 | 10.8 |
| 永乐镇 | 47 | 10.2 | 东新镇 | 37 | 8.1 |

#### (二) 变量选择

1. 内生潜变量

本书的目的为测度易地扶贫搬迁政策实施效果及其影响因素。在问卷中，将问题设为"易地扶贫搬迁政策实施效果评价"。在调查的 459 份问卷中，82.7% 的搬迁贫困人口对易地扶贫搬迁政策实施效果评价"满意"和"非常满意"，11.6% 的搬迁贫困人口评价一般，5.7% 的搬迁贫困人口评价"不满意"和"非常不满意"。

2. 可观测变量选择与说明

为深入探讨影响易地扶贫搬迁政策实施效果影响因素，在借鉴相关研究成果并结合研究区域贫困人口特点基础上，本书将影响因素分为经济状况、基础设施和公共服务三大类型。

（1）经济状况。主要包括生产性增收、工资性增收、经营性增收、政策性增收、资产性增收。经济基础决定上层建筑，易地扶贫搬迁贫困人口最关心的就是自己的经济利益能否得到保障。如果搬迁后经济状况好转，家庭收入得到提升，往往更认可该项政策的实施效果。同时该项也是贫困人口在易地扶贫搬迁前后感知价值变化最明显的因素，这往往直接体现着贫困人口增收的能力和增收途径。

（2）基础设施。主要包括住房条件、饮水用电、垃圾处理、电信网络、道路交通这 5 个可观测变量。一般来说，住房是搬迁贫困人口最大的物质资本，安置点地理区位优越，市场化程度高，物流交通便捷，人口聚居度提高，使得住房价值明显提升。安置区配套建设水、电、路、电信网络、污水处理等基础设施让搬迁群众的生产生活水平有所提高，贫困人口可能对该项政策的实施评价度有所提高。

（3）公共服务。主要包括医疗卫生、文化体育、孩子入学、商业网点、其他服务这 5 个可观测变量。对于公共服务而言，搬迁贫困人口往往更看重搬迁后所带来便捷的就学、就医以及商贸服务。一般情况下，贫困人口在迁入点往往更能得到更好的医疗、教育、卫生等公共服务，贫困人口的生活水平大幅度提高，从而可能更加认可易地扶贫搬迁政策。

上述三类影响因素变量统计性描述见表 8-8。

表 8-8　测量变量及描述性统计

| 潜变量 | 具体问项 | 符号 | 最小值 | 最大值 | 均值 | 标准差 |
|---|---|---|---|---|---|---|
| 实施效果 | 政策实施效果整体评价 | $y$ | 1 | 5 | 3.69 | 0.82 |
| 经济状况（$y_1$） | 生产性增收 | $x_1$ | 1 | 5 | 3.73 | 1.01 |
| | 工资性增收 | $x_2$ | 1 | 5 | 3.87 | 0.87 |
| | 政策性增收 | $x_3$ | 1 | 5 | 3.38 | 0.84 |
| | 经营性增收 | $x_4$ | 1 | 5 | 3.61 | 0.93 |
| | 资产性增收 | $x_5$ | 1 | 5 | 3.29 | 0.82 |
| 基础设施（$y_2$） | 住房条件 | $x_6$ | 1 | 5 | 3.82 | 0.78 |
| | 饮水用电 | $x_7$ | 1 | 5 | 3.80 | 0.86 |
| | 垃圾处理 | $x_8$ | 1 | 5 | 3.52 | 1.01 |
| | 电信网络 | $x_9$ | 1 | 5 | 3.44 | 0.98 |
| | 道路交通 | $x_{10}$ | 1 | 5 | 3.79 | 0.87 |

表8-8(续)

| 潜变量 | 具体问项 | 符号 | 最小值 | 最大值 | 均值 | 标准差 |
|---|---|---|---|---|---|---|
| | 医疗卫生 | $x_{11}$ | 1 | 5 | 3.74 | 0.95 |
| | 文化体育 | $x_{12}$ | 1 | 5 | 3.67 | 0.82 |
| 公共服务<br>（$y_3$） | 孩子就学 | $x_{13}$ | 1 | 5 | 3.89 | 1.03 |
| | 商业网点 | $x_{14}$ | 1 | 5 | 3.41 | 0.96 |
| | 其他服务 | $x_{15}$ | 1 | 5 | 3.35 | 1.07 |

（三）模型构建

本书的变量中，调研易地扶贫搬迁政策实施效果影响因素如经济状况、基础设施、公共服务，这显然无法用单一指标来评估。由于对搬迁贫困人口进行评价可能带有主观性并且也没有办法直接测量，因此必须避免测量误差，而采用结构方程模型（简称 SEM）就是避免测量误差的一种可行方法——它能为直接观测的潜变量提供一个可以观测和处理的途径，并可将误差纳入模型之中进行分析。为此，本书应用 SEM 对贫困人口对易地扶贫搬迁政策实施效果评价影响因素进行分析。本书的结构方程模型的数学表达式为

$$y_1 = \gamma_{11} x_1 + \gamma_{12} x_2 + \gamma_{13} x_3 + \gamma_{14} x_4 + \gamma_{15} x_5 + \varepsilon_1 \tag{8-1}$$

$$y_2 = \gamma_{21} x_6 + \gamma_{22} x_7 + \gamma_{23} x_8 + \gamma_{24} x_9 + \gamma_{25} x_{10} + \varepsilon_2 \tag{8-2}$$

$$y_3 = \gamma_{31} x_{11} + \gamma_{32} x_{12} + \gamma_{33} x_{13} + \gamma_{34} x_{14} + \gamma_{35} x_{15} + \varepsilon_3 \tag{8-3}$$

$$y = \beta_1 y_1 + \beta_2 y_2 + \beta_3 y_3 + \varepsilon_4 \tag{8-4}$$

其中式（8-1）、式（8-2）、式（8-3）都是测量方程，式（8-4）为结构方程。$y_1$、$y_2$、$y_3$ 分别代表内生潜变量易地扶贫搬迁后贫困人口的经济状况、搬迁点的基础设施、公共服务；$y$ 代表外生潜变量易地扶贫搬迁政策实施效果评价；$x_1 \sim x_{15}$ 分别代表 15 个可观测变量。潜变量之间的路径系数用 $\beta$ 表示，可观测变量与潜变量之间的路径系数用 $\gamma$ 代表，残差项用 $\varepsilon$ 代表。

## 四、模型检验与模型路径分析

（一）信度和效度检验

进一步对以上易地扶贫搬迁政策实施效果影响因素的 16 个问项数据进行信度和效度检验。运用 SPSS 22.0 计量软件进行 Cronbach's α 系数检验和 KOM 检验。当 Cronbach's α 系数大于等于 0.7 时，说明问卷具有高信度；当 KOM 大于 0.7 时，说明问卷基本能包括影响易地扶贫搬迁政策实施效果的主要因素，

具有一定的代表性和可靠性。测量结果见表8-9,易地扶贫搬迁政策实施效果、经济状况、基础设施、公共服务的 Cronbach's α 值和 KOM 值均大于 0.7,表明整体及各类变量具有较好的可信度和良好的结构效度。

**表 8-9　信度、效度分析结果**

| 因素 | 政策实施效果 | 经济状况 | 基础设施 | 公共服务 |
|---|---|---|---|---|
| Cronbach's α 值 | 0.81 | 0.83 | 0.76 | 0.79 |
| KOM 值 | 0.72 | 0.75 | 0.74 | 0.75 |

（二）模型适配度检验

判断采用结构方程模型是否适当,需要对模型的拟合指数进行检验,即评价模型的适配度。为此,本书对模型进行拟合（使用 Amos17.0 软件）,对模型各项拟合指标和路径系数进行分析,最终得到修正拟合的模型图。本书选取的适配度指标包括 GFI、NFI、CFI、PCFI、PGFI,适配值如表 8-10 所示。从模型的绝对拟合效果指标来看,其中 GFI 值为 0.924,超过了 0.9,是一个理想状态。相对拟合效果的 NFI 和 CFI 指标值基本达到 0.9 的可接受水平。简约拟合指数中,PCFI、PGFI 均超过 0.9 水平,达到理想状态。CN、卡方自由度比也达到了理想水平。整体来说该拟合模型主要指标均达到了较好的适配效果。

**表 8-10　模型适配度评价和拟合结果**

| 统计检验值 | 含义 | 修正模型结果 | 标准 | 拟合结果 |
|---|---|---|---|---|
| GFI | 拟合优度指数 | 0.924 | >0.9 | 理想 |
| NFI | 规范拟合指数 | 0.879 | >0.9 | 接近 |
| CFI | 比较拟合指数 | 0.892 | >0.9 | 接近 |
| PCFI | 调整后比较指数 | 0.495 | >0.5 | 理想 |
| PGFI | 简约适配度指数 | 0.547 | >0.5 | 理想 |
| CN | 样本数 | 459 | >200 | 理想 |
| CMIN/DF | 卡方自由度比 | 2.648 | <3 | 理想 |

（三）模型路径分析

在修正模型拟合指标整体通过检验之后,模型进入路径分析阶段,结果如表 8-11 所示。从表中可知,经济状况对易地扶贫搬迁政策实施效果的 β 值为 0.728,P 值小于 0.001,表明经济状况对易地扶贫搬迁政策实施效果具有正向的影响作用，假设 1 成立；基础设施对易地扶贫搬迁政策实施效果的 $\beta$ 值为 0.547，$P$ 值小于 0.001，表明基础设施对易地扶贫搬迁政策实施效果具有正向的影响作用，假设 2 成立；公共服务对易地扶贫搬迁政策实施效果的 $\beta$ 值为 0.594，$P$ 值小于 0.001，表明公共服务对易地扶贫搬迁政策实施效果具有正向的影响作用，假设 3 成立。所以经济状况对易地扶贫搬迁政策实施效果影响最大。

表 8-11　模型拟合结果

| 作用路径 | 影响方向 | 未标准化路径系数 | S. E. | C. R 值 | $P$ | 标准化路径系数 |
|---|---|---|---|---|---|---|
| 实施效果 ← 经济状况 | + | 0.818 | 0.037 | 20.121 | *** | 0.728 |
| 实施效果 ← 基础设施 | + | 0.705 | 0.035 | 17.228 | *** | 0.547 |
| 实施效果 ← 公共服务 | + | 0.701 | 0.029 | 15.118 | *** | 0.594 |
| 工资性增收 ← 经济状况 | + | 0.879 | 0.124 | 9.549 | *** | 0.752 |
| 生产性增收 ← 经济状况 | + | 0.749 | 0.127 | 8.274 | *** | 0.674 |
| 经营性增收 ← 经济状况 | + | 0.427 | 0.087 | 7.309 | *** | 0.522 |
| 政策性增收 ← 经济状况 | + | 0.351 | 0.086 | 8.023 | *** | 0.475 |
| 资产性增收 ← 经济状况 | + | 0.328 | 0.094 | 6.249 | 0.001 | 0.378 |
| 住房条件 ← 基础设施 | + | 0.778 | 0.228 | 12.021 | *** | 0.672 |
| 饮水用电 ← 基础设施 | + | 0.628 | 0.110 | 9.028 | *** | 0.538 |
| 道路交通 ← 基础设施 | + | 0.529 | 0.093 | 9.001 | *** | 0.509 |
| 垃圾处理 ← 基础设施 | + | 0.809 | 0.081 | 8.992 | *** | 0.407 |
| 电信网络 ← 基础设施 | + | 0.759 | 0.087 | 6.581 | 0.002 | 0.379 |
| 孩子就学 ← 公共服务 | + | 0.806 | 0.127 | 14.021 | *** | 0.668 |
| 医疗卫生 ← 公共服务 | + | 0.879 | 0.095 | 13.247 | *** | 0.602 |
| 文化体育 ← 公共服务 | + | 0.756 | 0.084 | 13.052 | *** | 0.559 |
| 商业网点 ← 公共服务 | + | 0.801 | 0.086 | 9.007 | *** | 0.452 |
| 其他服务 ← 公共服务 | + | 0.624 | 0.072 | 7.357 | 0.002 | 0.403 |

注：***、**、* 分别为 1%、5%、10% 的显著水平。

结构方程模型途径系数见图 8-2。

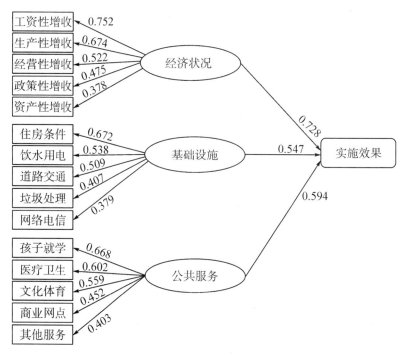

图 8-2　结构方程模型途径系数

根据结构方程模型的途径系数图，对各观察变量的分析具体如下：

第一，在反映经济状况的5个可观测指标中，工资性增收、生产性增收、经营性增收、政策性增收、资产性增收都对经济状况影响显著，这些指标与经济状况之间的标准化路径系数依次减小，标准化路径系数分别为0.752、0.674、0.522、0.475、0.378，也就是说这些增收越明显，其易地扶贫搬迁政策实施效果就越好。从本书的实证结果可知，经济状况越好，搬迁贫困人口对易地扶贫搬迁政策实施效果评价就越高。本书选取影响经济状况的指标，不仅从搬迁贫困人口获得人力资本的角度考察，而且为政府解决搬迁群众后续产业发展和就业增收问题提供了理论依据与政策支持。选取生产性增收、工资性增收、经营性增收、政策性增收、资产性增收等方面来考察搬迁贫困人口的增收渠道，具有一定的引导意义和政策导向。

第二，在反映公共服务的5个可观测指标中，孩子就学、医疗卫生、文化体育、商业网点、其他服务对公共服务的影响逐渐减弱。这些指标的标准化路径系数分别为0.668、0.602、0.559、0.452、0.403。从本书的实证结果可知，公共服务越健全，搬迁贫困人口对易地扶贫搬迁政策实施效果评价就越高。距离孩子就读学校越近、迁入点医疗水平越先进、文化体育越丰富、商业网点越便捷，其易地扶贫搬迁政策实施效果就越明显。因为依托易地扶贫搬迁工程实施，配套建成的村级组织活动场所、卫生所、学校、敬老院、农家书屋、文化活动广场等的投入使用，使医疗、教育、文化、环保等公共服务能力进一步提升，有效解决了群众就医难、上学难等问题，因而村民对易地扶贫搬迁政策实施效果有较满意的评价。

第三，在反映基础设施的 5 个可观测指标中，对基础设施影响由大到小的变量分别是住房条件、饮水用电、道路交通、垃圾处理、电信网络。这些指标的标准化路径系数分别为 0.672、0.538、0.509、0.407、0.379。从本书的实证结果可知，基础设施越完善，搬迁贫困人口对易地扶贫搬迁政策实施效果评价就高。住房条件越好、饮水用电越方便、道路交通越顺畅、垃圾处理设施越到位、网络电信越发达，其易地扶贫搬迁政策实施效果就越明显。这 5 个指标均对易地扶贫搬迁政策实施效果产生显著影响，呈正相关关系。究其原因是很多搬迁贫困人口从破烂的旧家换到了精致的新家，宽敞的客厅配以新式的厨房和厕所，良好的住房条件成为他们搬迁的动力之一。出门交通更加方便，饮水卫生状况得到提升，搬迁后改变了过去生活环境卫生太差的状况，安置点垃圾处理设施完善，这些都极大提升了政策实施效果满意度。

## 第三节 主要结论和政策建议

### 一、基于乌蒙山区 9 个县的实证结论和政策建议

利用易地扶贫搬迁群众的调查数据，本书从物质保障和社会环境维度构建了影响搬迁群众对易地扶贫搬迁政策实施效果评价的有序 Probit 实证模型，主要结论和政策建议如下：

1. 物质保障维度对易地扶贫搬迁政策实施效果有显著影响

其中，人均年收入与易地扶贫搬迁政策实施效果评价有最显著关系；其次与之有显著的正向影响关系的因素依次是增收渠道、人均住房、养老保障，而就业环境与易地扶贫搬迁政策实施效果评价没有显著关系。因此政府要发挥主体和主导作用，坚持搬迁与发展两手抓，以就业和增收为核心，着力提高易地扶贫搬迁群众后续可持续发展能力。要将搬迁后的困难群众按有无劳动能力进行分类，并针对不同的群体给与扶贫政策支持。第一，对于失能及半失能的搬迁贫困群众，主张运用社会保护政策予以生活基本保障，加大政府转移支付力度，建立动态贫困标准调整机制，提高困难群众购买力。第二，对有劳动能力的搬迁群众，要充分利用安置区的特色优势资源，培育发展就业容量大的产

业，各地政府要通过财政扶贫资金和其他资金支持，带动更多安置点群众就业；加大力度扶持农民专业合作社、扶贫龙头企业，从而带动和帮助搬迁群众发展生产、增加收入；还可以通过就业服务和实施技能就业培训，以增加搬迁群众的非农收入。

2. 社会环境维度对易地扶贫搬迁政策实施效果有显著影响

其中，公共服务与易地扶贫搬迁政策实施效果评价有最显著关系；其次与之有显著的正向影响关系的因素依次是基础设施、邻里关系、环境卫生，而扶贫政策了解度与易地扶贫搬迁政策实施效果评价没有显著关系。因此应紧紧围绕精准扶贫发力，以提升扶贫搬迁点公共服务、基础设施作为新的突破口，调动搬迁群众充分参与扶贫过程，激发其脱贫的内生动力。一是逐步增加各级政府易地搬迁财政投入，完善与搬迁点群众生存和发展有着最直接关系的水电、交通、文化教育、医疗卫生等公共服务和基础设施，着力解决好搬迁群众住房、医疗、社保、子女就学等问题。二是充分调动搬迁群众参与扶贫的积极性，发动群众积极参与扶贫项目设计、决策、实施和监督过程。三是加强思想扶贫，破除群众"等、靠、要"思想，以自力更生引导搬迁贫困人口从"要我脱贫致富"转变到"我要脱贫致富"的轨道上来。

3. 来自深度贫困县的搬迁群众对易地扶贫搬迁实施效果评价更显著

通过调研发现深度贫困地区的群众主要致贫的原因是自然生态环境恶劣、基础设施和社会发展滞后、人力资本存量少、社会文明程度低等。2017 年 6 月 23 日习近平总书记在深度贫困地区脱贫攻坚座谈会上的讲话表明深度贫困地区是脱贫攻坚的坚中之坚，必须强化支撑保障体系，加大政策倾斜力度，确保深度贫困地区人口同全国人民一道进入全面小康社会。因此除了对搬迁安置点的投资，着力解决发展产业增加收入、健全公共服务、建设基础设施等改善搬迁群众的生产生活条件和加大后续扶持外，最为根本的还是要从人身上下功夫，提高人口素质，加强人力资源开发。一是确保贫困家庭的孩子都能接受正规教育，以教育扶贫斩断"穷根"。二是提高搬迁群众的营养健康，加强和完善新型农村合作医疗制度。只有这样真正重视人力资本积累才能促进搬迁群众的自我发展能力提升。

## 二、基于四川古蔺县 10 个镇的实证结论和建议

本书以结构化方程模型为基础，对大量信息、事实进行归纳和总结，运用国家级扶贫县四川古蔺县的观测调查数据，实证测度了易地扶贫搬迁政策实施效果，并从经济状况、基础设施、公共服务三个维度分析了易地扶贫搬迁政策实施效果的影响因素与影响作用。主要结论如下：

1. 搬迁贫困人口对易地扶贫搬迁实施效果评价为 3.69

说明当前国家主导的易地扶贫搬迁政策实施效果整体较好。易地扶贫搬迁是一种政府主导的外部力量推动的安置方式，搬迁与生态移民一样，遮蔽了搬迁对象的主体性和主动性，所以更要注重政策的实施效果。易地扶贫搬迁政策实施效果可以通过"经济状况""基础设施""公共服务"三个指标来衡量，且为正向影响；搬迁贫困人口的经济状况、安置点基础设施与公共服务正向显著影响易地扶贫搬迁政策实施效果。

2. 结构方程模型的分析结果

经济状况每提高 1 个单位，易地扶贫搬迁政策实施效果就增加 0.728 个单位；基础设施每提高 1 个单位，易地扶贫搬迁政策实施效果就增加 0.547 个单位；公共服务每提高 1 个单位，易地扶贫搬迁政策实施效果就增加 0.594 个单位。经济状况对易地扶贫搬迁政策实施效果的影响更强。

3. 可测指标与经济状况的路径系数

工资性增收、生产性增收、经营性增收、政策性增收、资产性增收越明显，其易地扶贫搬迁政策实施效果评价就越高，其中工资性增收对易地扶贫搬迁政策实施效果的影响更强。从公共服务的路径看，孩子就学、医疗卫生、文化体育、商业网点、其他服务等公共服务水平越高，其易地扶贫搬迁政策实施效果评价就越高，其中孩子就学对易地扶贫搬迁政策实施效果的影响更强。从基础设施的路径看，住房条件、饮水用电、道路交通、垃圾处理、电信网络等各种设施越健全，其易地扶贫搬迁政策实施效果评价就越高，其中住房条件对易地扶贫搬迁政策实施效果的影响更强。

根据研究结论，本书提出三个方面的政策建议：

（1）政府要发挥主体和主导作用，坚持搬迁与发展两手抓，以就业和增收为核心，着力提高易地扶贫搬迁群众后续可持续发展能力。一是要增加就业渠道，促进工资性增收。比如根据搬迁群众个体情况，发展搬迁聚居点服务岗位等第三产业就业。劳动力通过参加各类培训，外出打工，增加劳务收入等方式，做到人人有事做、有钱赚。二是发展持续性产业促进生产性增收。培育壮大旅游、畜牧等特色优势产业，不断增强种植、养殖产业增收能力。三是增量奖补促政策性增收。除了搬迁补贴之外，还要对年度预脱贫对象，推行"增量奖补法"，最大限度调动搬迁对象发展增收致富产业的积极性、主动性，激发群众搬迁的自觉性。

（2）贯彻党的二十大精神，巩固拓展脱贫攻坚成果。要牢牢守住不发生规模性返贫的底线。要及时发现、及时预警、及时干预，防止出现搬迁群众返贫现象，切实维护和巩固脱贫攻坚战的伟大成就。

（3）紧紧围绕精准扶贫发力，以乡村振兴战略为契机，统筹推进基础设施建设上一个新台阶。一是要结合群众意愿，统筹考虑向村、乡、镇的易地扶贫点搬迁集中安置，科学规划，抓好基础设施配套，确保集中安置点建一个成一个。二是逐步增加各级政府易地搬迁财政投入，完善与搬迁点群众生存和发展有着最直接关系的水、电、路等基础设施，着力解决好搬迁群众住房、出行、生活生产等存在的困难。三是充分调动搬迁群众参与扶贫过程的积极性，发动群众积极参与扶贫项目监督过程。

## 第四节　本章小结

农村气候贫困人口易地扶贫搬迁政策实施满意度评价。首先，基于乌蒙山区9个县的实证。从个人特质、物质保障和社会环境维度（解释变量），构建了影响搬迁群众对易地扶贫搬迁政策实施效果评价（满意度为被解释变量）的有序 Probit 模型进行实证，目的在于从面上分析论证易地扶贫搬迁政策实施效果评价的影响因素和作用。其次，基于四川古蔺县10个镇的实证。建立结构方程模型，从经济状况、基础设施、公共服务三个维度（解释变量）实证了易地扶贫搬迁政策实施效果（被解释变量）的影响因素与影响作用，目的在于从点上分析论证影响因素与影响作用。通过点面结合的阐释论证，为国家更有效、有质地推动农村气候贫困人口易地扶贫搬迁，提供具有代表性和实践价值的地方案例。

事实上，正是在党和国家统一部署、科学规划下，通过全国各地方的努力实践探索，作为解决农村气候贫困人口迁移问题的基本途径，气候灾害频发区域贫困人口易地扶贫搬迁工作取得了伟大成就。2020年12月3日国务院新闻发布会披露，在"十三五"期间，"全国累计投入各类资金约6 000亿元，建成集中安置区约3.5万个；建成安置住房266万余套，总建筑面积2.1亿平方米，户均住房面积80.6平方米；配套新建或改扩建中小学和幼儿园6 100多所、医院和社区卫生服务中心1.2万多所、养老服务设施3 400余个、文化活动场所4万余个"。易地扶贫搬迁既是针对贫困人口实施的一项专项扶贫工程，也是积极应对气候变化、解决气候灾害频发区域农村气候贫困迁移问题的积极路径和重大举措，其历史性成就集中反映为：通过实施易地扶贫搬迁，使近1 000万贫困人口或农村气候贫困人口入驻新房，"两不愁三保障"问题得到有效解决，全国近1/5贫困人口或农村气候贫困人口的脱贫攻坚任务得以圆满完成，为中国减贫事业以及实现第一个百年奋斗目标做出了重要贡献。与此同时，还充分体现了经济、社会、生态等多方面的综合效益，夯实了解决区域性整体贫困、促进脱贫地区高质量发展的基础。包括农村气候贫困人口在内的易地扶贫搬迁直接投资，再加上撬动的地方财政资金、东西部扶贫协作和社会帮扶等资金，总投资达到 1 万亿元以上，不仅有力拉动了气候灾害频发区域的贫困地区固定资产投资和相关产业的发展，使这些贫困地区教育、医疗、文化等设施条件得到全面改善，基本公共服务水平得到大幅提升，迁出区生态环境得到明显改善（各地复垦复绿搬迁后的旧宅基地达到 100 多万亩），更有力地彰显了集中力量办大事难事的中国特色社会主义制度优势，为世界减贫事业贡献了中国智慧和中国方案。

# 第九章　农村气候贫困人口迁移演变、政策、规划部署和地方探索

农村气候贫困人口的迁移问题，不仅涉及个体迁移过程及其行为表现，而且突出反映了人口迁移相关顶层设计和制度安排的科学性和合理性。在中国特色的社会主义制度下，对农村气候贫困人口进行规模性迁移，必须在借鉴国内外相关人口迁移研究与实践经验的基础上，首先在宏观层面进行相应的政策体系构建和相关的机制建设，才能有效保障迁移工作后续顺利开展。本章将重点探讨我国气候贫困人口迁移的历史演变和现行的相关政策机制，客观呈现迄今国内在气候贫困人口迁移工作中的经验和教训，从研究层面为未来逐步开展的相关人口迁移工作提供决策参考。

## 第一节　气候贫困人口迁移的历史演变

在传统社会，我国的大规模人口迁移主要体现为人们为了躲避战乱、瘟疫和饥荒而自发产生的迁徙现象，是人们为了寻求基本生存而采取的被动措施。新中国成立以来，随着国家反贫困战略的持续实施和深化，党和政府相继在一些偏远农村区域开展气候贫困人口的扶贫搬迁工作，这是为了消灭农村绝对贫困，追求区域人口与经济社会发展的主动选择。可以说，传统社会下我国的相关人口迁移更多地表现为灾害移民，是应对自然和社会灾害的被动选择；而农村气候贫困人口迁移，是新中国为了实现农村反贫困战略目标，达成区域人口和经济社会可持续发展的主动扶贫行为，同时这一具体举措也随着党和国家发展理念的持续深化而与时俱进。

## 一、传统社会的气候贫困人口迁移

中国传统社会一直就处于战乱不断的局面，加之生产力水平低下和自然灾害的多重作用，饥荒、瘟疫盛行于多个年代，灾荒也成为中国历史不可避开的一个议题，"大灾之后必有大逃亡""中国历史既是一部灾荒史，也是一部受灾人口流迁史"①。可以说，在我国传统社会中，自然灾害频发是导致人口迁移的一个主要因素，对相关历史资料的统计显示：西周东周历时的 867 年间，较大自然灾害有 89 次；秦汉两代历时 440 年，较大的自然灾害有 375 次；三国两晋历时约 200 年，较大的自然灾害有 306 次；南北朝在 169 年中，较大的自然灾害有 315 次；隋唐在 318 年中，较大的自然灾害有 515 次；五代十国在 54 年间，较大的自然灾害有 51 次；北宋南宋在 487 年中，较大的自然灾害有 874 次；元朝在 100 余年中，较大的自然灾害有 533 次；明朝在 276 年中，较大的自然灾害有 1 011 次；清朝在 296 年中，较大的自然灾害有 1 121 次②。据史料记载，我国的气候贫困人口迁移最早可追溯到奴隶制社会，"旻天疾威，天笃降丧。瘨我饥馑，民卒流亡。我居圉卒荒"③，就描述了周幽王时期的公元前 858—公元前 853 年，连续 6 年的大旱灾时出现的人口逃亡流徙现象，但在那个历史阶段，人口迁移更多地表现为奴隶在奴隶主压迫和黑暗统治下以及下层人民在战乱发生时的一种集体逃亡现象。到了封建社会，气候等原因导致的自然灾害与战乱一起成为人口迁移的主要动因，"枯旱霜蝗，饥馑荐臻，百姓困乏，流离道路，于春尤甚"④、"中原民户近者流至梁、益、荆、扬、豫等州，远者流至宁州、交州，据统计，当时见于记载的流亡户数约 30 万户"⑤ 等都记录了当时的灾害移民现象。民国时期，我国气候贫困人口迁移现象也十分普遍，据统计⑥，自 1912 年民国建立至 1937 年的 26 年间，我国共计发生自然灾

---

① 陈勇等：《我国历史灾害移民及相关政策研究》，西部发展论坛 2014 论文集，63。

② 根据"孟昭华编著的《中国灾荒史记》中国社会出版社，1999 年版"所述数据二次分析得出。

③ 《诗·大雅·召旻》，转引自江立华等著：《中国流民史（古代卷）》，安徽人民出版社，2001 年版，7。

④ 《汉书》卷 99，（王莽传），转引自江立华等著：《中国流民史（古代卷）》，安徽人民出版社，2001 年版，21。

⑤ 江立华等著：《中国流民史（古代卷）》，安徽人民出版社，2001 年版，27-28。

⑥ 根据"孟昭华编著的《中国灾荒史记》中国社会出版社，1999 年版"所述数据二次分析得出。

害 77 次，每年都有区域性重特大自然灾害发生，典型如 1920 年晋、冀、鲁、豫和陕 5 省大旱，灾民达 2 000 万，死亡人口达 50 万，流民不计其数。

总的来说，在我国传统社会中，贫困是发生在广大劳动人民身上的普遍现象，气候贫困人口的迁移，其目的也仅停留在生存权的追求层面，人口迁移主要是人们为了躲避灾害而采取的自发行为，加之当时社会环境条件等制约，即使迁移，移民也并不一定就能获得较好的生存和发展条件，移民的未来充满着不可预期性。很多人在迁移中死亡。也有很多人频繁迁移，持续处于逃亡和流徙状态之中而不能定居，更不用说"安居乐业"。这可能也是史学界惯用"流民"而非"灾害移民"来表述我国传统时期移民个体的原因之一。

## 二、中华人民共和国成立后的气候贫困人口迁移演变

中华人民共和国成立以后，党和国家始终高度重视民生社会发展和反贫困的工作，在应对重大自然灾害的过程中，也采取了一些移民措施保障灾民的后续生存发展，典型的如唐山大地震后的整体迁移。从中华人民共和国成立后到改革开放之前，国内也出现过一些因气候、生态环境问题产生的人口迁移现象，但因数量相对较少而并未受到广泛关注。改革开放以后，随着发展观的不断深化和反贫困形势的要求，各地相应开展了一些兼具因气候生态问题和扶贫目的的农村贫困人口迁移工程，到今天，对农村气候贫困人口进行易地扶贫搬迁，已经构成党和政府精准扶贫的一个主要内容。

由于气候贫困人口迁移从改革开放以来才开始有组织、成规模地陆续开展，或者说是从 20 世纪 80 年代起我国才开始出现真正意义上的气候贫困人口迁移现象；因此我们主要根据改革开放后气候贫困人口迁移实践历程，将其分为几个不同的阶段：

第一个阶段是试点时期，时间上可以界定在 20 世纪 80 年代。这一时期国内开始出现在特定区域的气候贫困人口迁移试点工作，典型的如 20 世纪 80 年代开始的宁夏回族吊庄移民和甘肃的"三西建设"等。在这一阶段，人口迁移主要采取的是先试点，后分阶段进行，并成功地总结探讨出一些经验和教训，以此为后续的迁移工作提供经验借鉴。

第二个阶段为发展时期，时间上可以界定在 20 世纪 90 年代。这一时期主要是云南、广西、广东、内蒙古和新疆等省份和自治区的生态脆弱区农村气候贫困人口的生态移民工程。这一阶段的特点就是在借鉴以往移民实践的经验基础上根据具体地情进行形式多样的人口迁移实践，一定程度上保障了移民效果。

第三个阶段为深化推进阶段，时间上可以界定为 21 世纪初以来。这一时

期以三江源地区生态移民和全国各地广泛开展的易地扶贫搬迁工程为代表。三江源地区生态移民主要考虑到对生态环境的保护和恢复，易地扶贫搬迁结合生态、农村贫困以及城镇化发展要求进行。在这一阶段，在宏观主体功能区和人口功能区规划部署基础上，充分考虑到人口、经济社会和资源环境的协调可持续发展需求，妥善调控和引导人口布局，并结合新的反贫困形势对连片贫困区因气候等生态因素造成的农村贫困人口进行扶贫搬迁，尤其是在精准扶贫理念提出后，按照"搬得出、稳得住、能致富"目标和"群众自愿、规模适度、梯度安排"的原则，对生态环境恶劣地区农村居民开展移民搬迁，帮助贫困农户致富。2016 年 10 月 31 日，国家发展改革委进一步发布《全国"十三五"易地扶贫搬迁规划》，拟总投资约 9 463 亿元，到 2020 年实现约 1 000 万建档立卡贫困人口搬迁安置，进一步预示着未来我国相关的气候贫困人口迁移工作将不断深化推进和持续完善。

## 第二节　当时气候贫困人口迁移的相关政策、规划部署

气候贫困人口与灾害、贫困之间有着紧密的联系，我国现行的气候贫困人口迁移政策也分散于灾害人口迁移和易地扶贫搬迁等政策体系中。从目前的情况看，我国贫困人口迁移的相关政策相对较为系统，多层次、多类别的政策体系正在日趋深化和完善，同时在相关政策的指导下，各地在开展具体的迁移工作时也日趋建立完善了一套稳定的工作机制。

### 一、现行气候贫困人口迁移的相关政策

（一）灾害迁移类人口安置的法律和政策

我国防灾减灾政策体系相对比较完善，具体的人口迁移安置政策及相关规定首先可以从防灾减灾类政策规划中梳理和总结出。2003 年国务院第 394 号令《地质灾害防治条例》[①]，主要涉及"第十九条""第二十九条""第三十三条"的相关规定，基本规定主要涉及灾害防治统筹规划、受灾地区重建工作安排。2006 年国务院批复的《全国山洪灾害防治规划》，其核心思想是搬迁避让灾害，对处于生存条件恶劣、地势低洼而治理困难、山洪灾害危险区的居民实施永久搬迁。2007 年出台的《中华人民共和国突发事件应对法》[②]，明确将

---

① http://www.mlr.gov.cn/zwgk/flfg/dzhjgl/200406/t20040625_13574.htm.

② http://www.npc.gov.cn/wxzl/wxzl/2008-12/15/content_1462097.htm.

突发自然灾害纳入突发事件，对自然灾害事件在内的突发事件后的人口转移安置进行了若干规定，主要包括"第十九条""第六十一条"等规定。2008年修订的《中华人民共和国防震减灾法》① 对震后转移安置居民点和易地重建地点的选址和建设工作等进行了详尽而明确的规定，主要包括"第五十九条""第六十条""第六十六条""第六十七条""第七十条""第七十二条"等规定。2010年国务院31号文件《关于切实加强中小河流治理和山洪地质灾害防治的若干意见》② 在第三条第八点明确提出加快实施搬迁避让和重点治理（配套政策有2012年国家《中小河流治理和病险水库除险加固、山洪地质灾害防御和综合治理总体规划》③ ）。2010年国务院570号令《气象灾害防御条例》④ 明确了受灾人群搬迁转移等准备工作以及对受到灾害威胁的人员进行转移、疏散和开展自救事项，主要是"第十八条""第三十六条"的规定。2011年国务院20号文件《关于加强地质灾害防治工作的决定》⑤ 重点强调加强搬迁安置点选址评估，以及将灾害防治与扶贫开发、生态移民等有机结合。2012年国家《全国地质灾害防治"十二五"规划》⑥ 与《关于加强地质灾害防治工作的决定》基本一致，但作了更具体、更进一步的要求。2016年出台了《中华人民共和国防洪法（修正版）》⑦ 具体规定了对相关泄洪区域进行人口迁移的责任单位及其法律义务和责任，主要包括"第二十四条""第三十二条"的规定。

（二）扶贫搬迁类政策

"十五"期间，国家就已开始针对农村贫困人口进行易地扶贫搬迁的试点工作，经国务院批准，2001年开始，国家发展改革委员会安排专项资金在全国范围内开展易地扶贫搬迁工程。以此为标志，我国易地扶贫搬迁政策体系在真正意义上开始逐渐丰富、统一和深化完善。2015年，国家发展改革委、扶贫办会同财政部、国土资源部、人民银行，五部门联合印发《"十三五"时期易地扶贫搬迁工作方案》，以改革创新为主线，明确了"十三五"时期易地扶贫搬迁工作的总体要求、搬迁对象与安置方式、建设内容与补助标准、资金筹措、职责分工、政策保障等，成为在新时期我国新一轮易地扶贫搬迁工作的行

---

① http://www.cea.gov.cn/publish/dizhenj/465/527/528/20120216093821109166053/index.html.

② http://wenku.baidu.com/view/6b55f0f0f61fb7360b4c659d.html.

③ http://jz.docin.com/p-391928065.html

④ http://www.china.com.cn/policy/txt/2010-02/01/content_19345224.htm.

⑤ http://www.gov.cn/zwgk/2011-06/17/content_1886569.htm

⑥ http://www.zjmz.gov.cn/il.htm? a=si&id=4028e4814c5c9d94014c6ddd779a01c5.

⑦ http://www.360doc.com/content/16/0814/21/7499155_583239158.shtml.

动指南。2016 年 9 月 22 日，国家发展改革委员会印发《全国"十三五"易地扶贫搬迁规划》（以下简称《规划》），计划五年内对全国范围内近 1 000 万建档立卡贫困人口实施易地扶贫搬迁，着力解决居住在"一方水土养不起一方人"地区的贫困人口的脱贫问题。从目前的情况看，在国家和地方层面都有相应的易地扶贫搬迁政策陆续出台，现有的相关政策内容主要以财政补助政策、住房和土地政策、户籍管理政策、产业和就业扶助政策以及社会保障政策等为主，贯穿于搬迁对象确定、搬迁与安置方式和保障措施等各个具体操作环节。

1. 财政补助政策

2016 年的《规划》① 涉及的财政补助政策内容包括资金测算、资金筹措、补助标准和资金运作等方面。资金测算上，《规划》对"十三五"期间全国易地扶贫搬迁项目所需资金并分条目详细列出："十三五"期间全国易地扶贫搬迁工程总投资约 9 463 亿元。其中，建档立卡搬迁人口住房建设投资约为 3 094 亿元，安置区配套基础设施建设投资为 1 962 亿元，基本公共服务设施建设投资为 866 亿元，共计 5 922 亿元，占 62.58%；同步搬迁人口住房（配套基础设施和基本公共服务设施与建档立卡搬迁人口共享）建设投资约为 2 640 亿元，占 27.9%；土地整治、生态修复等其他费用为 901 亿元，占 9.52%。

《规划》在资金筹措上细分了六大渠道及其主要用途：一是中央预算内投资，主要用于规划范围内建档立卡搬迁人口住房建设；二是地方政府债务资金，主要用于规划范围内建档立卡搬迁人口住房建设，以及包括同步搬迁人口在内的安置区配套基础设施、公共服务设施建设；三是专项建设基金，通过国家开发银行、中国农业发展银行发行专项建设债券设立的专项建设基金，主要用于规划范围内建档立卡搬迁人口住房建设，以及包括同步搬迁人口在内的安置区配套基础设施、公共服务设施建设；四是低成本长期贷款，由国家开发银行和中国农业发展银行提供一般不超过 20 年的长期贷款，中央财政对贷款给予适当贴息，主要用于规划范围内建档立卡搬迁人口住房建设，以及包括同步搬迁人口在内的安置区配套基础设施、公共服务设施建设；五是农户自筹资金，建档立卡搬迁人口在稳定脱贫前，不得自行贷款或借款扩大住房建设面积；六是地方自筹及整合其他资金，主要用于规划范围内同步搬迁人口住房，以及包括土地整治、生态修复等其他工程建设，安置区建设用地征地费用主要由地方政府自筹及整合其他资金解决。

---

① http://www.sdpc.gov.cn/zcfb/zcfbghwb/201610/W020161031520838587005.pdf.

《规划》也相应规定了各地的易地扶贫搬迁补助标准，按照区域类型实行差异化补助政策。其中：河北、山西、吉林、安徽、福建、江西、山东、河南、湖北、湖南 10 个东、中部省份，按人均 7 000 元标准补助；内蒙古、广西、重庆、贵州、陕西、宁夏 6 个西部省份和四川、云南、甘肃 3 省非涉藏地区，按人均 8 000 元标准补助；新疆、西藏、青海和四川、云南、甘肃 3 省涉藏地区，按人均 10 000 元标准补助。《规划》规定各地在确保有房可住、有业可就、稳定脱贫的前提下，可采取货币化安置方式给予现金补助，补助标准应与上述标准做好衔接，同步搬迁人口建房补助标准，由地方政府在统筹相关资源、搬迁对象自筹资金等基础上自行确定，中央预算内投资不得用于补助同步搬迁人口住房建设。

《规划》还进一步明确了搬迁资金的运作模式，包括资金运作主体、资金运作流程和信贷资金运作模式等指导性规定。《规划》指出：在资金运作主体上，按照市场化运作原则，通过新设立、改造或在现有综合性投融资公司中设立子公司等方式，组建省级投融资主体，并同步组建市（县）项目实施主体；也相应规定了包括中央预算内投资、专项建设基金、地方政府债券资金和低成本长期贷款的统一建房资金运作流程和模式，同时规定农户自建住房资金运作模式与统一建房总体相同，对自行建设住房的建档立卡搬迁人口，省级投融资主体可将符合条件的资金按一定的标准依法合规予以补助。

近年来，在国家层面的相应政策精神和规定的基础上，各地也出台了具体的易地扶贫搬迁在财政补助和资金管理上的地方性政策文件。如河南省政府办公厅 2016 年下发的《关于进一步加快推进易地扶贫搬迁工作的若干意见》①，规定在搬迁入住时人均补助 2 万元，拆除旧房后人均再补助 1 万元，即"2+1"模式，并明确原定由搬迁农户自筹的资金由省、市、县三级财政负担，省直管县市的市级负担部分由省级财政承担，搬迁农户不再自筹资金。山东省发展改革委员会 2016 年 9 月印发的《山东省易地扶贫搬迁省级财政补助资金管理办法》，从资金的计划、使用到监督，给出了若干指导性规定。其他省、自治区和直辖市也相应陆续出台了易地扶贫搬迁的资金管理办法。

2. 住房和土地政策

住房问题是易地扶贫搬迁要解决的重要内容，因此国家和地方政策中基本都细致地规定了相关的住房标准。2016 年《全国"十三五"易地扶贫搬迁规划》（简称《规划》）及各地的相关政策，对住房人均享有面积、住房类型等都做出了细致而差别化的规定。各地还相应出台了对通过投亲靠友、自主搬

---

① http://news.163.com/16/1018/16/C3M2EJBK00014AEE.html.

迁、融入城镇化等方式安置的农村建档立卡贫困户的住房补助政策。

对于土地分配和管理，《规划》并没有详细的规定，只在第五章土地整治一节规定了：对迁出区宅基地等建设用地，以及腾退、废弃土地进行复垦，适宜耕作的优先用于补充耕地资源。组织实施高标准农田、土地整理等工程建设，增加耕地数量，提高耕地质量，尽可能保障搬迁对象农业生产的基本土地（耕地、牧场、林地）等生产资料。建设标准遵从国家相关行业标准。土地事关贫困搬迁农户的安居和正常的生产生活，因此各地政府大都根据自身实际，制定了易地扶贫搬迁的土地管理与补偿政策。

贵州省2016年配套的土地政策规定①：充分利用城乡建设用地增减挂钩政策支持易地扶贫搬迁工作，各村要及时组织搬迁群众自行拆除旧房和复垦旧宅基地，经有关部门组织验收合格后兑现人均1.5万元补助资金，对原有承包地的处置要充分尊重移民意愿，符合退耕还林的土地要纳入退耕还林，争取国家退耕还林政策支持，不能退耕的土地可以进行土地流转，移民土地流转后继续享受原各项支农惠农政策和相关补助补贴政策。

广西壮族自治区2016年出台的土地补偿办法②，对拥有合法农村住房及宅基地的贫困户，按照宅基地管理相关规定自愿退出其宅基地及地上附着建筑物适用相关政策。如自愿退出宅基地且今后不再申请安排宅基地的，按每亩4万~6万元予以补偿，超出法定最高标准的按照每亩2万~3万元予以补偿；对自愿退出宅基地但需要重新申请且安排的宅基地低于原面积的，法定面积范围内差额按照每亩4万~6万元予以补偿，超出的按照每亩2万~3万元予以补偿；贫困户自行复垦的，经相关部门验收合格后可以获得复垦补助；贫困户自愿退出宅基地上的建筑物等合法财产，参照退出时所在地征地补偿政策予以一次性补偿。

此外，云南省2016年印发的《关于保障易地扶贫搬迁用地的意见》③则从选址、用地规划和调配，以及用地报批等层面提出了确保全省易地扶贫搬迁安置点新村建设用地需求的多项规定。四川省也具体规定了④在集中连片特困地区、国家扶贫开发工作重点县和开展易地扶贫搬迁的贫困老区开展增减挂钩的政策，允许将城乡建设用地增减挂钩结余指标在省域范围内流转使用，同时规定所有搬迁的建档立卡贫困户都要与当地政府签订建新拆旧及宅基地复垦协议，25度以上坡耕地实行退耕还林，并按有关政策给予支持。

---

① http://www.gzgov.gov.cn/xwzx/djfb/201601/t20160127_370237.html.

② http://www.mlr.gov.cn/xwdt/dfdt/201609/t20160912_1416728.htm.

③ http://www.gov.cn/xinwen/2016-08/25/content_5102189.htm.

④ http://www.sdpc.gov.cn/fzgggz/jyysr/dfjy/201606/t20160630_809804.html.

3. 户籍政策与社会保障政策、产业和就业扶助政策

长久以来，户籍政策始终是制约我国人口迁移和流动的主要制度障碍，但经过多年的探索与实践，目前有关易地扶贫搬迁的户籍管理政策日趋完善。一般情况下，各地在进行易地扶贫搬迁过程中，户口迁移由迁出地公安部门统一办理迁移和注销手续，并及时移交迁入地实行属地管理。相应的，由户籍而来的社会保障权利，从国家到地方层面也都做出了指导性的规定。由于易地扶贫搬迁的首要目的是解决人口贫困问题，因此产业和就业辅助政策也构成了易地扶贫搬迁政策的主要内容，国家到地方的政策文件中也往往在这一方面进行了详细的规定和说明。《规划》在第九章的建档立卡搬迁人口脱贫发展中提出的发展特色农林业、发展劳务经济、发展现代服务业和利用资产收益等均是事关产业和就业扶助类的政策指导。

## 二、现行气候贫困人口迁移的规划部署、组织协调和监督保障

从本质上分析，我国气候贫困人口迁移从属于易地扶贫搬迁范畴，而随着我国易地扶贫搬迁政策体系的日趋完善和相关具体试点、推广和深化工作持续开展，气候贫困人口迁移的机制也正逐渐形成和完善。总的来说，现行气候贫困人口迁移机制特指其稳定开展运行的模式，参照现行的易地扶贫搬迁机制，我国现行气候贫困人口迁移机制的具体内容可以按阶段划分为事前的规划部署机制等、事中的组织协调和监督保障机制等，以及事后的扶贫扶持机制等。

（一）气候贫困人口迁移的规划部署

由于贫困人口搬迁是一个复杂的系统工程，因此必须在事前从战略层面进行细致的规划部署工作。从目前的情况看，无论是国家层面还是各级地方政府层面，在推动一定时期内贫困人口迁移工作开展之前，都会在已有的政策体系前提下，根据既定的发展形势，补充出台一些带有决策指导和条件约束的政策性规划文件，在夯实政策保障基础、完善决策规划和进行工作指导的同时也详尽阐释了贫困人口迁移的现实意义和政策含义，大体形成了统一和稳定的事前规划部署机制。从流程上看，大致要经历摸排前期情况、研判形势、制定具体方案，直至出台最终的决策规划；从决策内容上看，主要包括搬迁区域和对象的确定、迁移安置方式选择、资金预算及使用和管理、确定责任主体及其职能分工，以及提出相关的保障措施等。以 2016 年国家发改委发布的《全国"十三五"易地扶贫搬迁规划》为例，其首先详细回顾了 2001 年以来我国贫困人口易地扶贫搬迁的工作成绩，同时对以后工作面临的形势做出了合理的研判，在此基础上，提出了"十三五"时期贫困人口易地扶贫搬迁规划的总体思路、原则和目标，明确界定了迁出区的选择条件、迁出区范围、搬迁方式、安置方

式等。在此基础上，根据各种因素的综合测算对迁移资金进行了详细的预算，并对资金筹措和运作模式等方面做出了指导性要求。最终提出了5大类移民脱贫发展方式，并相应给出了包括加强组织领导、加大政策支持、强化监督管理、建立考核机制和开展宣传动员在内的保障机制建设内容。

（二）气候贫困人口迁移的组织协调和监督保障

在贫困人口迁移工作的具体实施过程中的具体工作机制，主要形成了以中央统筹、省负总责、市县抓落实的工作格局，省级政府对本省易地扶贫搬迁工作负总责，组织编制省级规划、确定目标任务、制定配套政策和资金筹措方案、监督检查、考核验收等，建立并完善省内工作协调机制，层层落实责任。作为易地扶贫搬迁的组织实施主体，市县政府主要负责搬迁对象的组织动员、审查认定、安置区选址，以及落实建设用地和工程组织实施，统筹做好土地调整、迁出区生态修复和土地复垦、户籍迁移、上学就医、社会保障、社会管理等相关工作。在具体工作任务中，各地会相应采用以党政领导主抓，发展改革委员会统筹组织协调，多部门联动的工作机制，也会组建较为高效的工作组专门负责等。

在监督保障机制层面，各地政策也在探索深化的过程中逐渐完善。以国家政策精神为要求，易地扶贫搬迁项目严格按照投资项目相关管理规定执行，简化审批手续，优化审批流程，认真落实项目公告公示制度，主动接受社会监督。建立和完善项目建设信息统计报告制度，定期汇总上报工程建设进度、投资安排使用、建档立卡搬迁人口脱贫效果等情况。加强项目管理，建立健全项目档案制度。对建档立卡搬迁人口和同步搬迁人口的资金安排及使用实行分类管理。具体措施层面有三个：一是建立目标管理制度，确保奖惩兑现；二是建立巡查督办制度，确保责任落实；三是建立审计纪检制度，确保廉洁扶贫。

# 第三节　地方探索——以四川凉山州金阳县为例

近年来，国家相继出台了对包括因气候因素致贫的农村贫困人口实施易地扶贫搬迁的若干政策，各地也在政策规划部署下相继开展了具体的移民工程。为了进一步了解我国当前现实中实施的气候贫困人口迁移工作的开展情况，在对相关政策和机制进行梳理和总结的基础上，本书选取了四川凉山彝族自治州11个国家级深度贫困县进行实地调研，这里以2016年金阳县实施易地扶贫搬迁为典型案例，对我国现行气候贫困人口迁移特定区域的地方探索和实践进行分析和总结。

## 一、总体概况

金阳县地处四川省西南部，凉山彝族自治州东南部边缘，金沙江北岸大小凉山交界带，全县辖区面积 1 587 平方千米，其中山地面积占比超过 97%，呈现典型的山地地貌特征。截至 2014 年年底，凉山州金阳县全县户籍人口为20.4 万人，常住人口为 16.8 万人，其中彝族人口占到 90% 左右，全县城镇化率为 14.48%。由于特殊的山地地貌特征和恶劣的山地气候条件等因素制约，金阳县的经济社会发展水平相对较低。作为国家级贫困县，2014 年，全县地区生产总值达 2.8 亿元，人均地区生产总值不足 2 000 元，全县就业人口 9.79万人，其中第一产业就业人口比例超过 78%。

近年来，在四川省和凉山州政府的领导和支持下，金阳县始终将反贫困作为头等大事，严格按照相关文件精神安排部署并大力开展对因高山地理气候条件等因素致贫的贫困农户的易地扶贫搬迁工作。据相关部门精准识别，金阳县在"十三五"时期共需要进行易地扶贫搬迁人口 22 148 人，迁移人口基本集中在深山区、石山区和高寒山区这些气候条件恶劣地区。2016 年，金阳县易地扶贫搬迁建档立卡贫困户达 1 076 户共 4 773 人，涉及 23 个乡镇 38 个贫困村。根据测算，全年易地扶贫搬迁工程计划总投资约 29 724 万元，其中申请中央预算内投资 3 818 万元，承接省级投融资主体项目资金 8 124 万元，承接省国农公司转贷的长期低息贷款资金 16 705 万元，农村建档立卡贫困户自筹建房资金 1 076 万元。

## 二、工作开展情况

### (一) 规划部署

为了保障农村贫困人口迁移工作的顺利实施，金阳县首先根据自身情况相应制定了《金阳县 2016 年易地扶贫搬迁工程实施方案》，确立了贫困人口迁移的指导思想、基本原则和目标任务，并相应界定了搬迁范围和迁移对象，确定了集中安置和分散安置相结合的迁移安置方式，同时明确界定了住房建设内容、建房补助标准、资金兑付条件及资金来源渠道，最终提出了进度要求和保障监督措施。在此基础上，金阳县人民政府进一步颁布了《金阳县易地扶贫搬迁项目资金管理实施细则》，对易地扶贫搬迁资金的资金管理、资金使用和拨付以及资金监督等作出了详细的规定。

### (二) 准备工作

#### 1. 政策宣传

在人口扶贫搬迁工作开展之前，政府大力开展了宣传动员工作。相关部门充分利用了网络、广播、电视、手机短信等宣传载体，加大对中央、省州有关易地扶贫搬迁政策的宣传力度。采取召开会议和进村入户宣传等多种方式认真宣传《中共中央国务院关于打赢脱贫攻坚战的决定》、国家发改委等五部委《关于印发"十三五"时期易地扶贫搬迁工作方案的通知》、省发改委等五部门关于印发《四川省支持易地扶贫搬迁的有关政策》的通知、凉山州人民政府印发的《凉山州"十三五"移民扶贫搬迁工作的指导意见》和金阳县政府印发的《金阳县2016年易地扶贫搬迁工程实施方案》等政策性文件，并通过政策解读，进一步明确了实施易地扶贫搬迁的有关政策支持，从资金筹集、使用偿还、补助标准、建房面积、整合资金、基础设施、公共服务、产业发展、土地和财政及社会保障政策等方面，确保了易地扶贫搬迁工作的顺利推进。

2. 搬迁人口复核

根据州脱贫攻坚指挥部关于认真复核易地扶贫搬迁工作的有关要求，金阳县发改局按照实事求是的要求牵头组织了各乡镇进行搬迁人口复核工作，为了精准掌握2016年度易地扶贫搬迁居住地分布情况，针对性组织开展了搬迁人口居住地海拔调查，同时通过入户走访和实地调查的方式对搬迁户进行复核，并认真复核了"七个一批"脱贫攻坚行动计划中的"移民搬迁安置一批"扶贫项目，确保了易地扶贫搬迁人口精准。

3. 资金承接

金阳县发改局在金阳县委和县政府的领导和上级发改委部门的指导下，积极会同县财政局，协调指导县级投融资平台公司和州委、州政府确定的易地扶贫搬迁地方政府债务资金、专项建设基金、长期低利息贷款3项资金经办银行，开设了易地扶贫搬迁工程银行专用账户，及时与州国投公司对接，确保了除中央预算内投资补助外的3项资金及时承接到位。

（三）工作举措

1. 明确职能分工

易地扶贫搬迁是一项艰巨复杂的系统工程，涉及搬迁对象确定、迁入地选址、住房建设、后续发展、生态环境恢复等诸多事项，必须加强组织领导，由此，金阳县成立了易地扶贫搬迁领导小组，由县委书记和县长任组长，县委分管副书记和政府分管副县长任副组长，相关单位主要负责人为成员，领导小组下设办公室牵头负责搬迁的各项具体事务。在具体职能分工上也作出了明确的规定：

（1）乡镇人民政府职责

一是负责易地扶贫搬迁政策宣传，让搬迁政策家喻户晓，人人明白。

二是负责易地扶贫搬迁对象的确定、审核和把关工作，承担易地扶贫搬迁项目的实施主体、责任主体和工作主体职能。

三是负责搬迁户的安置方式、安置地规划布局、建房标准，全力解决搬迁过程中存在的困难和问题，确保农村社会稳定。

四是负责项目公示，工程建设中需在项目区设立临时工程建设公告牌，工程竣工后需在项目区设立永久性工程公告牌。

五是负责搬迁户住房建设质量监管、资金拨付和使用监督。

六是负责配合相关部门做好配套基础设施和公共服务设施建设规划、设计和资金拨付，并与县国投公司签订项目代建合同。

七是负责项目档案精细化管理。建立易地扶贫搬迁台账，严格落实"一户一档"要求，加强"痕迹管理"，做好"项目实施前、工程建设中、搬迁入住后"等各个重要环节的文档、图片等资料收集整理，分类做好档案登记、建档入库等工作，确保档案资料完整、准确和规范。

（2）县级有关部门职责

县发展改革和经济信息化局主要负责易地扶贫搬迁日常工作，做好项目规划、资金协调、计划下达、信息收集等工作，牵头组织相关部门对工程进行竣工验收。

县扶贫移民工作局主要负责搬迁规模、搬迁对象认定和调整工作，参与监督项目质量、检查资金使用和竣工验收等相关工作。

县财政局主要负责项目资金使用的审查、拨付和监督管理工作，指导乡镇财政所规范建账，参与项目检查和竣工验收等相关工作。

县公安局主要负责加快推进户籍制度改革相关工作。按照"全放开、零门槛"的要求，全面放开县内落户限制条件，切实解决搬迁人员的户籍问题。

金阳泰兴农业有限公司是金阳县"十三五"时期易地扶贫搬迁工程县级投融资主体，主要负责承接州国投公司划拨的易地扶贫搬迁资金，并按项目建设进度和资金管理要求拨付，参与项目检查和竣工验收等相关工作。

县国土资源管理局主要负责迁出地宅基地及附属设施用地复垦，指导乡镇人民政府做好安置地选址、土地增减挂钩、土地开发、土地整治、土地流转、建设用地、土地权属调整等相关工作，参与项目检查和竣工验收等相关工作。

县城乡规划和住房建设保障局主要负责安置地规划选址、村落布局、房屋设计、工程质量监管工作，确保住房安全舒适，参与项目检查和竣工验收等相关工作。

县林业局主要负责迁出区生态修复，参与项目检查和竣工验收等相关工作。

县水务局主要负责安置地安全饮水项目的前期工作，把好工程质量，参与项目检查和竣工验收等相关工作。

县交通运输局主要负责安置地通村通组公路项目的前期工作，把好工程质量，参与项目检查和竣工验收等相关工作。

县委农工办主要负责安置区产业发展和后续扶持，参与项目检查和竣工验收等相关工作。

县国投公司主要负责易地扶贫搬迁集中安置地配套基础设施和公共服务设施建设，并与项目使用单位签订代建合同，参与工程建设技术指导、质量把关和竣工验收等相关工作。

县督办主要负责项目建设进度督查督办，参与项目检查和竣工验收等相关工作。

县档案局主要负责指导乡镇档案收集、归档、整理和检查督导工作。

各县级行业部门需要按照行业职责，各司其职，主动参与易地扶贫搬迁集中安置地配套基础设施和公共服务设施建设。

县级联乡（镇）单位要主动作为，积极支持协助乡镇全面完成易地扶贫搬迁工程目标任务。

2. 住房建设

严格按照"保障基本、安全适用"的要求，对具备基本入住条件的贫困户给予相应的政策补助，不让其因搬迁而负债。建房面积上，对建档立卡贫困户的安全住房，建设面积分为40、60和80平方米三类，建房户视人口、资金等情况选择适合面积，且最低不少于40平方米，最高不超过80平方米，厨房和圈舍等附属设施不超过30平方米，对其他搬迁户，允许有需求且有一定经济能力的适当放宽标准，自主选择户型和房屋面积。在建房户型上，无论是集中安置还是分散安置，2016年户型实现精准对应到户，户型设计为一楼一底、错层式和庭院式三种类型。建房方式上，充分尊重了群众意愿，引导群众自主选择建房方式，鼓励群众投工投劳参与住房建设，具体可分为统规自建和统规联建。

3. 建立完善帮扶制度

实行"一名县级领导干部帮扶 5~9 户贫困户、一名乡科级领导干部帮扶 4~8 户贫困户、一名帮扶干部帮扶 3~7 户贫困户"的结对帮扶机制，在每个乡镇由一名县领导联系的基础上，落实 30 名县领导联系指导 2016 年易地扶贫搬迁工作，督促检查项目村建设情况。组织县直机关和乡镇党员干部职工 2 172 人与 9 691 户贫困户结成帮扶对子，发挥党员带头作用，切实解决贫困农户存在的困难和问题。并对工作履职不到位的严肃追究问责，全县上下形成了"一级抓一级、基层抓落实"的脱贫攻坚工作格局。

### 4. 确立问责和奖惩机制

县委县政府加大了对各乡镇和县级部门工作成效的考核力度，推动明察暗访常态化、通报警示提醒常态化、问责追责常态化，对不严格执行项目规划、建设标、工程进度滞后和建设质量差的乡镇给予通报、警示和提醒，并责令限期整改，对整改不到位的从严问责处理。组织部门结合实际探索建立了干部能上能下机制，在脱贫攻坚主战场考验干部、培养锻炼干部，对能力不强、作风不实、工作不力的干部及时进行了调整处理。县纪委监察、财政和审计等部门对资金和项目实施情况进行了全程监督，严查滥用职权、玩忽职守、徇私舞弊和行贿受贿等违纪违规行为，对构成犯罪的依法追究刑事责任。对项目建设优质、效益好的给予奖励，对项目实施差的，验收不合格的，除责令补救外，视情况追究有关部门和实施乡镇领导责任，当年目标考核纳入一票否决。

### 三、工作成效

通过2016年易地扶贫搬迁工程的持续开展深化，金阳县从根本上解决了部分农村贫困人口的脱贫和发展问题，并把扶贫工作和生态恢复建设有机结合起来，从总体上缩小了全县贫困人口规模，促进了地方人口、经济、社会和生态环境的协调发展。总的来说，扶贫搬迁已取得了以下成效：

一是改善了当地农村基础设施条件，较好地解决了当地农村贫困户的行路难、饮水难、用电难和就学难等老问题，改善了农村生产生活条件。

二是加快了当地扶贫开发步伐，通过搬迁工作的持续实施和深化，改变了彝族农村传统的人畜共居和环境脏乱等状况，优化了农村人居环境，提高了农户生产生活水平，促进了当地的经济社会发展，加快了农户脱贫致富奔小康的步伐。

三是增强了当地农村群众移风易俗、自强不息的信心和决心。易地扶贫搬迁工程的实施和深化，在改善贫困农户生产生活条件的同时，也对当地落后的观念和生活习惯形成了巨大冲击，引导农户开始顺势而为，追求健康和文明的生活方式。

四是一定程度上提高了农户自身家庭和当地的经济收入水平。通过扶贫搬迁，安置区的地理和交通环境相对有一定程度的改善，农户生产生活的便利性大大增强，地区生产力得到释放，为农户后期的脱贫致富和区域经济社会发展奠定了必要的保障。

### 四、不足和反思

由于我国涉及气候贫困人口迁移在内的易地扶贫搬迁工作缺乏明确和针对

性的法律保障机制，且相应的系统性的政策指导和规定也是在近期才逐渐出台和统一完善的，因此各地在前期的工作开展中均是摸着石头过河，根据自身的具体情况探索和尝试一条适合地方实际的可行道路，在工作开展中难免会出现一些不足。从金阳县的实践分析，其工作中存在的具体问题主要表现为三大方面。

一是由于少数民族的特殊生活生产习俗和受教育水平的限制，政策宣传和解释工作显得格外困难。在实际的工作开展中，很多贫困农户由于世代生活在旧有区域，依据特殊的环境已形成了固定的生产方式和内容，"靠山吃山、靠水吃水"的观念根深蒂固，即使是充分了解了搬迁政策，也往往会抱有怀疑态度，担心搬迁后的生产生计适应，一些农户因此对搬迁持消极的抵触倾向，还有一些农户甚至由于长期贫困形成了特定的"等靠要"思想，害怕搬迁脱贫以后丧失政府各项政策补助，因此不愿意搬迁。

二是当地特殊的气候条件，雨季延续时间较长，雨水较多，搬迁工程项目施工难度大，进度相对缓慢，又由于山地交通条件的制约，部分通村公路建设和维修受雨雪影响导致道路不畅，搬迁工作以及各种建筑材料运输难度增大，运输成本加剧，极大地影响了工程建设进度。

三是由于易地扶贫搬迁工作仍然处在探索阶段，搬迁人数庞大，要求严格，工作任务艰巨，但同时各项配套措施不能够及时出台和贯彻到位，搬迁工作人手也明显不足，导致在整个搬迁过程中从执行到监督等各个环节跟踪不到位，管理措施也不够健全，影响到搬迁工程的顺利开展。

## 第四节　现行农村气候贫困人口迁移的经验教训

通过文献资料的整理分析和实地调研的总体状况，本书总结认为，目前各地都能够在精准扶贫理念的指导下，根据各项政策规定，将农村气候贫困人口迁移自觉内含于精准扶贫举措之中，并根据各地地情，相应地探索了一些具备可操作性的途径，总结和积累了一些丰富的经验和教训。

### 一、经验总结

在成功经验上，总的来说，各地都能够贯彻实施扶贫搬迁的各项政策规定，基层县级政府都能够首先在国家和省市政策文件框架下确定自己的迁移工作规划，并相应出台一系列保障性地方政策，这就首先从政策上确保了迁移工作顺利实施的制度前提；其次，各地也都充分领会了精准扶贫的"精准"含义，在事前都对贫困做了摸排性调查，对符合条件的农户进行了建档立卡，从对象上进行精准识别，为工作开展的有效性奠定了前期保障；最后，各地都对搬迁责任主体和职能分工做出了较为细致的规划和工作部署，并相应建立了一套监督和问责机制，初步形成了党委领导、政府主导、党政一把手主抓、层层落实、多部门联动的工作格局。

具体而言，根据相关地区的成功经验材料分析，取得较好成效的区域一般都会在四个方面夯实基础，保障了迁移工程的成效。

一是在土地管理和规划层面进行细化落实。由于我国国情，各地一般都会存在人地矛盾突出的情况，土地落不实，项目建设就无从谈起。实施易地扶贫搬迁的最大难点就是落实安置点建设用地。因此，各地也大都把土地规划和落实作为实施好易地扶贫搬迁的前提和先决条件。具体做法上，各地一般会安排发改部门和国土资源部门等职能单位会同几层乡镇政府反复调研，进行安置区选点，进而通过腾退、对调和置换等方式保障安置区建设的土地使用。

二是从资金层面进行资金整合筹措。资金的筹措事关整个移民搬迁工程的成败，在此方面，除了按照国家政策规定的资金筹措渠道，各地一般都会尽力拓宽整合渠道，减少群众自筹资金量，减轻群众负担。

三是重点关注住房建设环节。住房问题是贫困农户最关心、最直接、最现实的利益问题，因此各地在搬迁工程开展过程中，都会重点关注住房建设，在政策规定的范围内，就农户最关注和敏感的住宅建设面积和户型方案确定等方面，征求群众意见，同时为了保证工程施工质量，聘请专业监理公司进行全程监督，有些地方也会选取农户代表参与到工程建设监督和竣工验收工作中。

四是以人为本，积极开展政策引导和工作宣传，激发贫困农户自觉自愿参与到整体搬迁脱贫攻坚战中。扶贫搬迁是一个自上而下的过程，同时为了保障其实效性，又必须自下而上地发动群众自觉自愿地参与到这一过程中，实现自下而上的内涵式开展道路。因此，在以人为本理念下，各地都会大力开展宣传工作加强引导，相关部门会定期召开群众座谈会，宣传政策、介绍项目、研究商讨实施计划和单项工程设计，同时保证在工程实施过程中照顾群众利益、公开透明，并发动困难农户广泛参与到住房建设、基础设施建设和公共服务设施建设等项目中，使工程建设顺利、工程建设进度得到保证。

## 二、存在的问题

目前各地开展的实际工作主要面临以下几点问题：

第一，由于补助标准不同，农户间搬迁补助差距大，容易导致一些社会矛盾。一是出现了一部分在建户停工，完工户要求按新政策补差的问题。二是部分原本没有搬迁意愿的建档立卡贫困户，看到补助高，也要求搬迁。三是按照国定扶贫标准，部分同步搬迁户刚好处于贫困临界边缘，抗风险能力差，极易因病因灾致贫、返贫，这部分农户意见很大。

第二，不同渠道和平台的贷款利息差别大导致相关资金使用不积极，制约工程项目开展。从现实情况看，省级平台贷款资金中央财政贴息90%，而县级平台贷款资金仅仅享受利率下浮20%的优惠，差别非常大。而由于本金量大，导致还本付息压力大，因此从还本付息的角度考虑，各县区都优先使用省级平台贷款资金，而对县级平台贷款资金的使用不积极，进度严重滞后。

第三，土地调整存在一定困难。过去，农民承包的土地要向国家缴纳农业税，农村的各项"提留"也依据耕种土地的多少进行收取。2006年国家全面取消农业税后，对种粮户还实行"直补"，而在搬迁过程中，农户发现土地在被征用中带来的潜在价值，不愿转让土地，客观上增加了易地安置土地的调整难度。

第四，已建户整改难度较大。国家规定，搬迁的建档立卡户，人均住房建设面积不得超过25平方米，标准过低，无法满足农村面临嫁娶的"成长型"家庭的生产生活需要，群众难以接受。特别是现行易地扶贫搬迁政策出台前，启动的搬迁建房没有也不可能按照现行标准进行建设，面积过大，不符合现在的规定，而对于这些已建的超标住房，在整改上存在很大的难度。

第五，搬迁户发展致富难。同时，相关配套不足与易地扶贫搬迁工作量大而人员少形成巨大反差。"十三五"时期，各地易地扶贫搬迁工作量大面宽，资金使用、项目建设监管的工作量巨大，难度极高，仅靠以工代赈系统现有的人员，疲于应付，难以完成任务。

## 第五节　本章小结

本章在简要描述传统社会气候贫困人口迁移以及新中国成立后气候贫困人口迁移演变基础上，梳理了现行气候贫困人口迁移的相关政策和工作机制。并以四川凉山州金阳县气候贫困人口迁移为个案，总结了金阳县气候贫困人口迁移的经验模式，进而从一般意义上提炼了现行气候贫困人口迁移的经验教训。

这里做一补充，凉山彝区属于全国"三区三州"深度贫困地区，是气候灾害频发区域农村脱贫攻坚最难啃的"硬骨头"之一。本书后续研究发现，到2020年年底，包括案例县金阳在内的凉山州最后7个国家级贫困县（普格县、布拖县、金阳县、昭觉县、喜德县、越西县、美姑县）全面完成生态脆弱、气候灾害频发区域农村贫困人口搬迁任务，已达到贫困县退出有关标准，符合贫困县退出条件而全部退出贫困县序列。至此，既标志着四川 88 个贫困县全部清零，也标志着四川与全国同步进入了全面小康社会。凉山州从扶贫到脱贫攻坚到贫困县全部"摘帽"的奋进过程，是中国尤其是中国农村应对气候自然灾害和空间贫困、实现减贫脱贫奔小康的一个生动缩影。在党的坚强领导和全社会的参与下，中国农村气候贫困人口易地扶贫搬迁政策的实施，无疑对打赢脱贫攻坚战起到了关键性作用。

# 第十章  主要结论、政策建议及展望

## 第一节  主要结论

### 一、迁移发生机制结论

本书认为，气候灾害、生态脆弱、农村贫困及人口迁移存在内在逻辑关系，气候贫困、气候移民有其发生机制。随着时间变化我国气候灾害的受灾面积越来越大，气候灾害的影响越来越深，并且具有空间依赖性及其分布特征。时序上的全域空间自相关指数呈"升—降—升"的循环波动趋势；局域空间自相关则表明我国气候灾害（受灾面积、成灾面积、绝收面积）的空间集群特征显著，成灾面积、绝收面积省域分布的集群特征也非常明显，省际或区域损失类型空间分布差异明显（中、西部尤其是西部农村地区受到的气候灾害综合影响总体上比东部更大）。我国气候灾害空间集聚区域即气候灾害频发区域，其贫困效应显著。本书通过微观区域四川省 36 个重点扶贫县的实证发现：气候灾害频发程度与农村贫困程度显著相关，但生态脆弱程度与农村贫困程度并不显著相关，表明生态脆弱程度借助气候灾害的影响加重农村贫困，气候灾害频发区域（集聚区）与生态脆弱区域、贫困地区在空间上的重合叠加使得农村贫困程度受到强化和加深，产生气候贫困效应，形成我国贫困地区尤其是农村贫困地区气候贫困现象和气候贫困人口问题（所谓"空间贫困陷阱"与此相似）。自然灾害频发区域农村贫困地区呈现出气候贫困向气候移民转变的明显趋势，这应是农村气候贫困人口面临气候自然灾害影响作出的一种适应性反应，从盲目自发移民，到政府引导或政府主导的易地扶贫搬迁政策事实和行动事实也得到有力证明。从实质上揭示了微观区域气候灾害、生态脆弱、农村贫困及人口迁移存在内在的逻辑关系，也合理地解释了气候贫困及气候移民的发生机制。在我国，农村贫困地区是气候变化、气候灾害的主要影响地区和气候灾害频发区域，气候灾害的脆弱性主要表现为农业自然灾害和生态环境的脆弱性，这加剧了农村贫困脆弱性——农户生存发展或生活生计所依赖的资源或经济社会条件遭到破坏，同时农户和农村应对能力往往不足而滑入"贫困陷阱"。因此，易地扶贫搬迁应是农户、农村、政府的一种合理选择和理性行为，也是走出"贫困陷阱"、重建生活生计与生存发展环境的一种最为有效的精准移民扶贫模式。

## 二、迁移意愿结论

本书认为，个体的迁移意愿能够制约人口迁移的过程和最终效果，开展农村气候贫困人口对待迁移的态度及其需求等迁移意愿层面的前期调研，以"证据"为基础，才能更好地了解和掌握意其迁移意愿情况，有针对性地提出有效的政策措施，保障未来人口迁移工作的顺利启动和实施。据此，本书以云南、贵州、四川、广东4省多市县气候灾害频发区域农村贫困地区为样本区域，通过以迁移行动意向和迁移方式意向为主要内容"证据"的迁移意愿调查，获得的结论如下：

（1）许多被调查者对国家相关迁移工作及其工作目的认知度不高，但绝大多数被调查者对因灾迁移必要性有所认同，关心未来因可能搬迁而涉及的相关事项。所致的前一个原因可能是宣传不够、了解渠道有限，迁移尚未发生而"漠不关己"，了解主动性不强。因此需要加强宣传、畅通了解渠道、增强其了解主动性。所致的后一个原因可能是他们处于气候灾害频发且贫困的现实处境而具有因灾迁移的愿望，未来一旦搬迁必然涉及自己需要关心的很多有关事项，比如关注搬迁后土地和住房分配、搬迁补助、迁居地地理位置、搬迁后的帮扶支持措施、搬迁政策的公开公平性、搬迁政策严格落实、其他搬迁相关工作、搬迁方式等。这些都是决策者需要认真考虑的问题。

（2）农村气候贫困人口搬迁行动意向较高，"外迁集中安置"是其选择的主要迁移方式。一半以上的被调查者具有搬迁行动意向，只要引导得当、政策措施合理，他们最有可能付诸搬迁行动，成为自愿性移民者或政策性移民者。但还有接近四分之一的人不愿意搬迁，说明他们对于是否搬迁仍然存在不小分歧和存在诸多复杂原因，这给政府倡导或主导的易地扶贫搬迁政策实施带来障碍，需要政府采取应对措施。在迁移和安置方式上，大多愿意"外迁安置"。其中，三分之二以上的被调查者选择"外迁集中安置"，但也有接近三分之一的被调查者选择"外迁分散安置"。不过，无论是哪种迁移方式，都与我国现行的易地扶贫搬迁国家政策所确立的、以集中迁移安置为主同时结合分散迁移安置的原则相吻合。当然，外迁集中安置有利于统筹规划安排和建设，但这种方式也易于带来规模性移民的经济社会压力和经济社会风险。而外迁分散安置虽然不利于统筹规划安排和建设，但它也有利于规避移民可能带来的经济社会压力和经济社会风险。需要政府和决策层辩证看待，因地制宜、因势利导、扬长避短。

（3）在农村气候贫困人口迁移意愿中，农村气候贫困人口针对未来可能进行的迁移而向政府表达的诸多意愿或述求将影响其迁移行动决策，政府必须予以高度重视。绝大多数人期望迁移后能得到基本生活生计发展支持，政府有必要在搬迁资金保障、尊重村民意愿、搬迁政策解释传达、搬迁动员、搬迁具体措施解释说明等方面开展工作，希望政府在搬迁后资金扶持、提供工作机会、保证子女教育、知识技能培训、提供足够土地、搞好基础设施建设、搞好治安环境等方面给予支持。对于这些基本诉求，尤其是资金扶持、就业、子女教育等作为他们所希望的基本生活生计发展支持，政府或决策层需要给予高度重视和认真加以研究，这直接关系到他们搬迁后的切身利益，也关系到未来搬迁政策设计合理性、搬迁措施有效性等问题，最终关系到搬迁工作能否顺利开展和能否实现"搬得出、稳得住、能致富"的国家政策目标。

（4）农村气候贫困人口的地区、性别、年龄、民族、文化程度、婚姻状况、政治面貌、家庭规模、生计方式、收入、生活环境条件、受灾损失、灾害影响度认识、灾害担心度等不同，其迁移行动意向和迁移方式意向总体来说存在显著差异（个别并不显著）。例如，不同年龄者在搬迁行动意向上，中年人的搬迁行动意向相对更高，且年龄越大则越"不愿意"搬迁；在搬迁方式意向上，中青年表现出更为明显的"外迁集中安置"倾向，而年龄越大对"外迁分散安置"的接受度越高。这表明，农村气候贫困人口迁移意愿，受到不同自然、经济社会特征和灾害状况等多重复杂因素影响，我们需要根据不同自然、经济社会特征和灾害状况，来分析研究和认识评估农村气候贫困人口迁移意愿。这种分析研究和认识评估的意义在于，更有利于引导农村气候贫困人口迁移意愿，实施个性化、差别化的人口迁移政策或迁移措施，促进迁移意愿向实际迁移行为的转变，实现迁移意愿与实际迁移行为的有效衔接。

**三、迁移社会适应性、迁移稳定性结论**

本书认为，在生计适应、生活适应、人际交往适应和心理适应 4 个层面中，农村气候贫困人口迁移总体社会适应程度中等偏上，多数人基本能够适应迁移后的生计发展、基本生活和人际交往状况；但非常适应的人数比率很低，心理适应程度中等偏下，说明社会适应度有待于大幅提升；在原住地存在不适于人们生存发展外部环境条件的情况下仍有部分人愿意返迁或持保留态度，说明迁移人口具备一定的返迁意愿。不同个人特征、人际关系网络、生活环境、政府行为影响移民社会适应性的 4 个层面被证实，且进一步分析发现不同因素对移民社会适应性各层面的影响强度存在差异。其中，政府行为因素对移民社会适应性 4 个层面的影响作用均相对最大，生活环境因素对移民社会适应性 4 个层面的影响程度最不明显。政府行为类因素对移民社会适应性 4 个层面均在统计学意义上构成重要影响，其主要通过政府关心度指标变量具体呈现；生活环境因素也是影响移民社会适应性各层面的重要因素，主要通过风俗习惯差别指标变量具体呈现；个人特征则具体通过收入变动指标变量对 4 个层面的社会适应性发挥实际作用，同时移民的搬迁年限也对移民心理适应构成重要影响；人际关系网络对移民社会适应性 4 个层面的影响相对并不明显，仅通过是否有原住民新朋友这一指标变量对人际交往适应发挥一定影响。而从农村气候贫困人口迁移稳定性看，根据影响重要性，迁移的政策透明公开满意度、住房来源、迁移方式认同度、与亲戚关系随时间变化、与当地人际交往适应度、与社区工作人员关系、住房类型、亲戚帮助、搬迁类型、人际交往，它们不同程度地影响搬迁年限或迁移稳定性。

针对本次调查研究客观呈现的农村气候贫困移民社会适应状况、特征，以及通过对农村气候贫困人口迁移社会适应的实证研究，本书还得到几个衍生性结论：

（1）研究通过与国内相关经验研究结论的对比发现，移民社会适应具体状况与三峡库区移民、生态移民及农民工的社会适应状况存在显著的差别。如三峡库区移民、生态移民和农民工，他们一般都会面临一个陌生的文化环境，因此文化适应如语言、风俗习惯等调适心理和行为构成了其重要的社会适应内容，也会衍生出一些具体的问题，而调查所涉及的农村气候贫困移民并没有跨出同一"文化圈"[①]，调查对象也并没有遭遇明显的文化适应问题，生态移民产生的普遍生计适应问题以及农民工中普遍的身份认同问题在本次调查的移民对象中并未普遍呈现。当然，可能由于移民特征、区域环境以及研究视角和研究内容等层面的差异，不同的研究结论暴露出的具体问题可能会有所不同，究竟现阶段移民总体是否面临文化适应困境，也需要开展更为深入详实的多类型群体研究。

（2）由于问题原因的系统性和层次性，虽然具体研究发现的影响因素作用力大小会有区别，但农村气候贫困移民与其他类型移民的社会适应影响因素

---

① 风笑天. 社会学导论［M］. 武汉：华中科技大学出版社，1997.

明显具备共通性，即个体、家庭、组织、社区因素和政府因素，以及宏观社会环境因素都会对移民的社会适应发挥影响作用，因此移民都可能或多或少遭遇到一些社会适应的困境。相关促进农村气候贫困移民社会适应水平的对策措施也应该从微观、中观和宏观入手，综合作用。尤其在以政府为主导的易地扶贫搬迁，应当着重关注政府行为类因素对移民社会适应的影响，并侧重从该层面采取相应措施保障移民社会适应过程和结果的顺利和稳定。

（3）统计分析结果呈现的农村气候贫困移民社会适应水平，总体上除心理适应外均处于"比较适应"至"一般"区间，说明了经过较长时期的生产生计和生活恢复，移民的社会适应情况良好，这既是个体内外部环境共同作用的结果，同时也必须注意到统计分析不能有效反映个体状况的局限，一些典型问题值得我们去关注并深入分析，相关提高移民社会适应能力、保障农村气候贫困移民社会适应基础环境条件的工作还必须持续加强。

### 四、易地扶贫搬迁政策实施效果结论

农村气候贫困人口易地扶贫搬迁政策实施效果总体较好，说明易地扶贫搬迁政策合理、措施得力，整体上能得到搬迁人群的响应、认可和拥护，是一种行之有效的精准扶贫模式，可以继续大力实施推广。同时，深度贫困地区受气候等自然灾害影响较大，因此越是深度贫困地区，其搬迁群众对易地扶贫搬迁实施效果评价就越高，表明他们对迁入地自然及经济社会环境、安置及生计生活更满意，也表明深度贫困地区应是易地扶贫搬迁的重点区域。实施易地扶贫搬迁，其政策实施效果受到多种因素的影响。例如，从对四川省古蔺县的实证发现，经济状况每提高 1 个单位，政策实施效果就增加 0.728 个单位，基础设施每提高 1 个单位，政策实施效果就增加 0.547 个单位；公共服务每提高 1 个单位，政策实施效果就增加 0.594 个单位。从可测指标与经济状况的路径系数看，工资性增收、生产性增收、经营性增收、政策性增收、资产性增收越明显，其易地扶贫搬迁政策实施效果评价就越高（其中工资性增收影响最强）；从公共服务的路径看，孩子就学、医疗卫生、文化体育、商业网点、其他服务等公共服务水平越高，其易地扶贫搬迁政策实施效果评价就越高（其中孩子就学影响最强）；从基础设施的路径看，住房条件、饮水用电、道路交通、垃圾处理、电信网络等各种设施越健全，其易地扶贫搬迁政策实施效果评价就越高（其中住房条件影响最强）。因此，政府要从经济条件、基础设施、公共服务等方面为保障易地扶贫搬迁效果提供配套政策和相关支持。

# 第二节 政策建议

## 一、加强农村气候贫困人口迁移意愿引导，促进迁移意愿向迁移行动转变

易地扶贫搬迁作为国家政策，遵循群众自愿、应搬尽搬的原则，已经被证明是最有效、最成功的扶贫模式，引导农村气候贫困人口迁移具有非常重要的意义。个体的迁移意愿能够制约人口迁移的过程和最终效果，而调查发现尚有25.7%的农村气候贫困人口不愿意搬迁，说明他们的搬迁意愿不够高、对于是否搬迁存在分歧。可能的原因在于他们对农村气候移民政策的认知不足，尚存在诸多顾虑。因此，需要根据尚未迁移农村气候贫困人口迁移认知的情况、迁移感受的情况、期望支持的情况、迁移意向的情况引导其迁移意愿，促进其迁移意愿向迁移行动转变。这既是促进迁移意愿向迁移行动转变、保障人口迁移工作顺利启动和实施的必要步骤，也是政府迁移工作的有机组成部分。

（1）加强迁移政策、迁移具体措施的解释说明和宣传，畅通了解渠道，增强贫困人口了解主动性，提高其对国家实施气候移民的必要性认识和气候移民相关政策、措施的关心度。确保搬迁政策的公开、公平，重视和研究他们期望迁移后能得到基本生活生计发展支持的基本诉求，从搬迁和安置方式、搬迁后资金扶持、工作机会、就业知识技能培训、子女教育、土地和住房、基础设施建设、搬迁后的帮扶支持措施等方面给予重点宣讲，消除其搬迁和安置、生活和生计的顾虑。

（2）根据农村气候贫困人口的地区、性别、年龄、民族、文化程度、婚姻状况、政治面貌、家庭规模、生计方式、收入、生活环境条件、受灾损失、灾害影响度认识、灾害担心度等不同造成的迁移意愿上的差异性，开展迁移意愿差别化引导工作。例如，搬迁行动意向上，云南地区者的搬迁行动意向更高，而广东、四川地区者的意向相对较低；在搬迁方式意向上，贵州、云南地区者更倾向于"外迁集中安置"，四川地区者更倾向于"外迁分散安置"，广东地区者的迁移方式意向虽表现出"外迁集中安置"偏好，但具有较大灵活性。这就需要根据差异性特点，采取更有针对性的迁移意愿引导方式、引导内容和引导重点。

（3）充分发挥农村气候贫困人口已经搬迁人群及其生计生活乃至发展的示范效应，通过组织农村气候贫困人口的现场考察和亲身感受引导其迁移意愿，即通过典型安置区巡礼、典型经验做法，安置房建设、生计生活等后续生

存发展和脱贫措施等方面的典型案例，比较安置区相对迁出区而言的巨大变化，来影响迁移意愿。本书的走访发现，这已经是一条引导农村气候贫困人口迁移意愿的成功经验。易地扶贫搬迁作为国家扶贫攻坚、脱贫致富的主要方式，已经使不少农村气候贫困人口摆脱气候灾害频发、生态环境恶化的恶劣生存环境，实现生计生活的重建和生计生活实质性改善，这对农村气候贫困人口无疑具有吸引力，可以此提升他们的迁移意愿并将其转化为迁移行动。

（4）加强农村气候灾害频发区域农村贫困地区气候贫困风险评估，为引导农村气候贫困人口迁移提供科学依据或证据。在我国，中西部国家级贫困县（尤其是民族 8 省区），以及集中连片特殊困难地区，其自然灾害风险往往更高，贫困程度更深，要优先实施易地搬迁。因此，这也是需要全面加强迁移引导的重点区域。我们需要汇聚各学科领域的专家，对农村气候灾害频发区域农村贫困地区县乡村及农户气候贫困风险评估，并向农户展示评估结果报告，用"事实"说话促进其由迁移意愿向迁移行动转变。

## 二、改善农村气候贫困人口迁移社会适应条件，确保"稳得住""能致富"

确保农村气候贫困人口迁移"搬得出"之后，更重要的在于要确保"稳得住""能致富"，而"稳得住""能致富"的关键在于能够改善农村气候贫困人口迁移社会适应和发展条件。本书的调查发现，虽然农村气候贫困人口迁移后处于中等偏上的总体社会适应水平，多数人在生计发展、基本生活、人际交往、心理等方面基本能够适应，但非常适应的人数比率很低。同时，在原住地存在不适于人类生存发展外部环境条件的情况下仍有部分人愿意返迁或持保留态度，即部分已经迁移人口仍具有返迁意愿。因此，需要采取切实措施改善其社会适应和发展条件，使搬迁群众内生动力得到释放，精准帮扶、自力更生光荣脱贫，使其在迁入地融入并发展。

（1）总体来说，在改善农村气候贫困人口迁移社会适应和发展条件方面，除了迁移人群自身努力创造适应和发展条件之外，政府需要发挥主导作用，坚持搬迁与促进迁移人群社会适应和发展两手抓，以就业和增收为核心，制定好相关产业发展配套政策，着力提高农村气候贫困人口迁移社会适应能力和后续可持续发展能力。全面提升迁入地公共服务水平和统筹迁入地基础设施建设，妥善提升安置点的子女入学、医疗保险、户籍转移、劳动力转移技能培训等公共服务水平。加强疾病防治、提升居民健康水平；保证基础教育、鼓励职业教育；重视技能培训、提升技能水平；推动城乡统筹、促进社会融合。调动搬迁群众主动融入迁入地和充分参与搬迁扶贫过程的积极性，激发其脱贫的内生动力，确保农村气候贫困人口能够与迁入地共融发展，"适应得了""稳得住""能致富"，过上幸福美满的生活。

（2）将农村气候贫困人口迁移纳入乡村振兴、精准扶贫战略，推动农村气候贫困人口迁移与产业融合、农旅融合发展相结合，形成产业融合、农旅融合发展方式，重点是推动迁入地现代农业集成发展、形成有力的产业支撑体系和综合性信息化服务平台，改善迁入地及迁移人口生活生计和发展的经济社会条件，促进农村气候贫困迁移人口有业就、有钱赚、有公共服务共享、生活体面而尊严、前景美好而幸福，提升其经济、社会文化、公共服务、心理等方面的社会适应能力，实现与迁入地经济社会的共融发展，进而从迁入地移民转变为迁入地永久性居民。

①推动迁入地现代农业集成发展。一是推动农业供给侧改革，加快转变农业发展方式。实施"有机+"品牌塑造、"园区+"规划建设、"旅游+"生态文旅、"互联网+"信息惠农等工程，发展多种形式适度规模经营，推动一、二、三产业融合发展，延伸基地、加工、营销产业链，实现高端农业的绿色发展。二是加快培育新型农业主体，构建新型农业经营体系。鼓励发展家庭农场，培育专业大户、龙头企业，建立和完善农民合作社、农业技术协会、农业社会化服务组织，健全新型职业农民、农业职业经理人培训机制，提高其技能素质和经营管理水平，构建以"产前、产中、产后"为一体的农业综合服务体系。三是优化农林产业布局。建设高标准农田，发展特色苗木种植、林下经济，提高农村高端有机产品供给能力。四是提高农业产业化水平。发展农副产品精深加工业、冷藏保鲜、产品营销、物流配送，延伸产业链条。形成以电商平台、集贸市场、社区商店、连锁超市终端销售为一体的农产品营销网络体系。大力建设农产品品牌，以品牌效益解决产销难题，打造电子商务特色农产品品牌、加强电子商务人才队伍建设、创建电子商务示范基地、融合电子商务发展、构建电子商务服务体系。

②推动迁入地形成有力的产业支撑体系。一是生产体系。夯实农旅基础，优化农游资源配置，合理布局农旅产品生产，提升优质农旅产品产能，加快打造具有区域特色的农旅主导产品、支柱产业和知名品牌以及农旅基地。二是产业体系。着力解决产业链条短、产品附加值低的问题，推动一、二、三产业融合发展，加快发展农产品精深加工，提高农业全产业链效益。推进农业产业化经营，引进新技术、新业态和新模式，促进农旅融合开发，发展休闲农业与乡村旅游特色产业。三是经营体系。按照引领、示范、带动的要求，从体制机制上保障生产要素创新与运用。大力发展多种形式的种养示范基地，积极培育新型农业经营主体和构建产前、产中、产后经营服务体系，积极利用国家在用地

用电、项目扶持、财税、信贷保险等方面的相关政策，引导和支持农民合作社、龙头企业、种养大户、家庭农场等发展壮大。以农业产业产品为重点，优化组合各种农旅经营要素，形成农旅相结合的新型经营体系。四是生态体系。推行绿色生产，加强农业环境保护和治理，要通过绿色种植、养殖和加工，实现农作物的绿色生产，确保产品安全。推广循环农业生产模式，切实根据产业园区的农业资源发展种植业、养殖业、水产业等，发展各种类型不同、优势突出的循环农业。要使农业园区、旅游景区实现从生态农业系统扩大到产业链物质能量的大循环，奠定良好的乡村文化旅游的生态环境基础。五是服务体系。努力破除文化旅游产业进一步发展的制约瓶颈，按照乡村文化旅游作为新型产业形态和新型消费业态，以及城市与乡村、传统与时尚、技术与艺术、文化与创意、产业与平台等融合发展的系统工程，建立完善的产业服务体系，一方面加大政策、资金、技术、管理等方面政府扶持与规范力度，另一方面引入科研院校、行业协会和社会力量积极参与，融合政、产、学、研多方力量，构建起具有特色的乡村文化旅游综合配套服务体系。六是运营体系。强化文化旅游园区内部功能，融合生态文化理念规划、组织和运营。积极通过运营链的整合，调整园区内休闲农业功能，建立适应文化旅游和农庄建设的管理体系、营销体系和服务体系，促使园区内的能流、物流、价值流有效运转，达到生态效益、经济效益、社会效益的和谐统一。为此，需要加强产业发展的综合服务平台建设，加速农村创业孵化，创新发展农村产权流转交易市场，稳妥有序开展农村承包土地经营权、住房财产权抵押贷款试点，推动涉农企业对接多层次资本市场，推广金融机构与新型农业经营主体合作下的产业链金融模式，强化农村普惠金融服务等。

（3）利用农村气候贫困人口集中性、集聚性"外迁集中安置"方式，推动农村气候贫困人口外迁集中安置与新型城镇化建设相结合，以迁入地的新型城镇化建设提高农村气候贫困人口迁移社会适应水平。根据本书的调查发现，在迁移和安置方式上，大多被调查者愿意"外迁集中安置"。其中，三分之二以上的被调查者选择"外迁集中安置"。同时，根据《全国"十三五"易地扶贫搬迁规划》，在综合考虑水土资源条件和城镇化进程情况下，采取集中安置与分散安置相结合的方式多渠道解决安置问题。其中，集中安置人口将占到总安置人口的76.4%（分散安置占23.6%）。集中安置方式具体包括行政村内就近安置、建设移民新村安置、小城镇或工业园区安置、乡村旅游区安置和其他安置方式。我们可以根据集中安置方式的集中性、集聚性特点，将外迁集中安置与新型城镇化建设有机结合起来，形成行政村内就近城镇化社区、移民新村安置社区、小城镇或工业园区安置社区和乡村旅游区社区等，加快城镇化发展，并充分发挥城镇化能够更好实现迁移人口社会融入的功能，通过加快城镇化进程来较快实现农村气候贫困人口迁移的社会化适应进程。①制定迁移人口在城镇社会融入的配套政策。②切实采取激励措施，推动迁移人口转变身份，即由农民转变为产业工人或市民。③以"产城一体""宜业宜居"方式拓宽就业渠道，合理规划、布局和建设安置小区，延伸安置小区城市功能，最终推动安置小区就地城镇化或成为城市的有机组成部分，并充分负载居民生产生活的城镇功能。尤其要将行政村内就近城镇化社区、移民新村安置社区打造为小型城市综合体，满足迁移人口日益增长的物质文化生活的需要。④以城乡统筹、城乡一体、产业互动、节约集约、生态宜居、和谐发展为基本特征，打造大中小城市、小城镇、新型农村社区协调发展、互促共进的新型城镇化模式，创造迁移人口融入城市、适应城市生计生活和发展的经济社会、文化娱乐、教育卫生等条件，使迁移人口成为乡村振兴、城镇发展的新市民。

### 三、以易地扶贫搬迁为基本模式，保障农村气候贫困人口迁移效果

《全国"十三五"易地扶贫搬迁规划》明确的易地扶贫搬迁对象，主要是居住在深山、荒漠化、地方病多发等生存环境差、不具备基本发展条件，以及生态环境脆弱、限制或禁止开发的地区的农村建档立卡贫困人口。其中，优先安排位于地震活跃带及受泥石流、滑坡等地质灾害威胁的建档立卡贫困人口。从气候贫困及气候移民的发生机制看，《全国"十三五"易地扶贫搬迁规划》确定的"搬迁对象"，与本书中的农村气候贫困人口概念大致一致，或大多数"搬迁对象"都属于农村气候贫困人口，易地扶贫搬迁所讲的也主要是指农村气候贫困人口易地扶贫搬迁。而多年的试点经验表明，易地扶贫搬迁是目前乃至未来精准扶贫、解决农村贫困人口问题、同步实现全面小康的最有效、最彻底的途径之一。

因此，我们要以易地扶贫搬迁为基本模式，促进农村气候贫困人口迁移和可持续发展。一是在切实加大领导力度、健全易地扶贫搬迁工作机制和责任机制基础上，深入宣传发动群众，营造搬迁氛围，宣讲并推动易地扶贫搬迁政策落地。二是着力加大易地扶贫搬迁统筹力度，形成易地扶贫搬迁合力，确保农村气候贫困人口迁移效果。做到"四大统筹"："易地扶贫搬迁脱贫一批"与其余"四个一批"相统筹；易地扶贫搬迁与地质灾害避险搬迁、农村危旧房改造相统筹；易地扶贫搬迁与涉农项目资金相统筹；易地扶贫搬迁与各部门职能相统筹。以此协调推进农村气候贫困人口易地扶贫搬迁工作。三是按照创新政策、创新工作、创新机制的基本思路推动易地扶贫搬迁创新驱动、因地制宜。四是重视跟踪督查、监测评估，预防农村气候贫困人口搬迁工作"不作为"。

## 四、以集中连片特困地区农村气候贫困人口迁移为重点，推动精准扶贫工作

如前所述，受气候自然灾害影响的贫困地区主要在农村，而农村贫困地区的集中地带又主要在14个集中连片特困地区。虽然自2011年以来全国农村及集中连片特困地区农村贫困人口规模、贫困发生率都有较大幅度下降，但绝对数依然较大。同时，集中连片特困农村地区比全国农村贫困地区的贫困问题更突出，2016年集中连片特困农村地区贫困人口接近全国农村贫困地区贫困人口的一半，贫困发生率比其高出7.9%（见表10-1）。实现集中连片特困地区农村气候贫困人口顺利迁移、妥善安置并实现可持续的生计生活能力提升，对于我国农村贫困人口的脱贫致富奔小康具有关键意义。因此，应以集中连片特困地区农村气候贫困人口迁移为重点，推动精准搬迁扶贫工作。政策设计上，除了迁移、安置及生活生计的常规政策支持以外，要充分考虑这一特定区域、特定人群在迁移、安置与生计生活能力培育、提升方面的特殊性，制定、实施更有针对性的政策措施。例如：①打破单一的政府扶贫模式，建立政府主导下的"政府、市场（企业）、社会、社区、农户""五位一体"扶贫主体模式，在一定时期内对搬迁安置后的贫困人口继续进行扶持直至其脱贫。其中，尤其要制定政策引导企业履行社会责任、参与搬迁安置，并指导搬迁人群创业就业等。政府要对参与企业制定多种务实的激励政策。②建立集中连片特困地区迁移人口生存发展跟踪监测数据库，包括搬迁家庭人口基本信息，搬迁家庭生产生活、就业创业、收入、健康状况等，使扶贫更精准、更到位、更有依据。③建立搬迁人群脱贫后又返贫的防控机制，实施能力提升工程。收入和消费水平低下是贫困的表征，能力贫困才是贫困的实质。重点围绕贫困农户身体健康不佳、知识技能较低、社会网络不宽以及市场风险应对能力缺乏等问题，设计基于破除能力贫困的以人力资本、社会资本、生计资本为核心的农户返贫防控机制。

表10-1　2011—2016年全国农村及集中连片特困地区农村贫困情况

| | 农村贫困人口规模/万人 | | 农村贫困发生率/% | |
|---|---|---|---|---|
| | 全国农村 | 集中连片特困地区 | 全国农村 | 集中连片特困地区 |
| 2011 年 | 12 238 | 6 035 | 12.7 | 29.0 |
| 2012 年 | 9 899 | 5 067 | 10.2 | 24.4 |
| 2013 年 | 8 249 | 4 141 | 8.5 | 20.0 |

表10-1(续)

| | 农村贫困人口规模/万人 | | 农村贫困发生率/% | |
|---|---|---|---|---|
| | 全国农村 | 集中连片特困地区 | 全国农村 | 集中连片特困地区 |
| 2014 年 | 7 017 | 3 518 | 7.2 | 17.1 |
| 2015 年 | 5 575 | 2 875 | 5.7 | 13.9 |
| 2016 年 | 4 335 | 2 182 | 4.5 | 12.4 |

数据来源：国家统计局住户调查办公室. 2017 中国农村贫困监测报告［M］. 北京：中国统计出版社，2017.

### 五、创新投融资平台建设，优化发行农村气候贫困人口搬迁扶贫专项债券

推动农村气候贫困人口迁移，其中需要解决"钱从哪里来"的问题。在我国，以气候（生态环境）贫困人口为主要人群的易地扶贫搬迁的投融资平台模式，其特点是省级投融资主体按照市场化运作模式"统贷统还"承接贷款（不纳入地方政府债务），市（县）项目实施主体则从省级投融资主体承接银行贷款，基本用途是市（县）项目实施主体按照本地实施易地扶贫搬迁规划或计划，将信贷资金专项用于建设易地扶贫搬迁工程项目。我国已有 22 个省（区、市）由省级政府或授权有关部门与省级投融资主体签订易地扶贫搬迁政府购买服务协议，"十三五"期间，各省级易地扶贫搬迁平台将运作资金 5 000 亿元。

发行扶贫债券支持易地扶贫搬迁项目，是扶贫实践中的一种积极探索，是通过市场化运作方式解决扶贫搬迁资金缺口的重要途径。扶贫债大致可以划分为贫困地区企业发行债券和募集资金用途投向贫困区域和扶贫项目的债券这两大类。2016 年证券公司支持贫困地区企业发行债券（含资产支持证券）融资项目 68 个，共融资 536.32 亿元。2016 年年初至 2017 年 8 月末，债券募集资金用途涉及扶贫项目的债券发行规模为 20 245.44 亿元。因扶贫项目本身具有公益性质，扶贫债券往往以地方政府债券及政策性银行债券占绝大多数，而社会机构作为发行人的参与度相对较低（见表 10-2）。事实上，虽然中央和地方财政以及省级投融资平台等给予了易地扶贫搬迁强劲的资金支持，但依然存在较大的资金缺口，例如泸州市农村开发建设投资公司曾分别于 2016 年、2017 年两次发行易地扶贫搬迁项目收益债券就是一个证明。

表 10-2  2016 年年初—2017 年 8 月扶贫债券类别发行数量及发行规模情况①

| 债券类别 | 发行数量/只 | 发行数量占比/% | 发行规模/亿元 | 发行规模占比/% |
|---|---|---|---|---|
| 地方政府债 | 244 | 73.49 | 15 772.44 | 77.91 |
| 政策性银行债 | 83 | 25.00 | 4 446.00 | 21.96 |
| 公司债/企业债 | 3 | 0.90 | 20.00 | 0.10 |
| 私募债 | 1 | 0.30 | 2.00 | 0.01 |
| 超短期融资债券 | 1 | 0.30 | 5.00 | 0.02 |
| 总计 | 332 | — | 20 245.44 | — |

资料来源：Wind 资讯，东方金城整理。

根据上述情况，本书认为，要更好地解决农村气候贫困人口易地扶贫搬迁资金缺口，还应创新投融资平台建设：一是可以探索建立易地扶贫搬迁市级投融资平台；二是优化发行农村气候贫困人口搬迁扶贫专项债券，在坚持以地方政府债券及政策性银行债券为主的搬迁扶贫专项债券发行基础上，充分调动企业参与搬迁扶贫的积极性和增强搬迁扶贫的社会责任，适当扩大公司债/企业债发行数量和发行规模，并围绕农村气候贫困人口易地扶贫搬迁培育扶贫债券创新品种，例如发行企业扶贫项目的社会效应债券（以社会效应对债券进行动态定价）以及将扶贫搬迁与绿色发展、产业发展相结合的绿色扶贫债券、产业扶贫债券等；三是推广扶贫债券模式，政府应当选择信用评级较高的公司作为担保并进一步优化产品设计，降低企业债券发行风险，从而吸引更多的社会资本参与；四是国家应对企业或社会投资扶贫搬迁、绿色发展、产业发展扶贫债券等社会责任债券予以鼓励和政策激励，并将其投资扶贫债券水平纳入社会责任评价体系（信用评级机构需要充分关注社会效应实施效果对债券偿付能力的影响），引导资金进一步向贫困地区的实体经济倾斜，拓展多品种扶贫债的需求空间。

## 六、以法律法规为准绳，推动农村气候贫困人口迁移的制度化、法制化

促进气候灾害频发区域农村气候贫困人口迁移或易地扶贫搬迁，走上脱贫

---

① 募集资金用途：地方政府债中扶贫债用途大部分为包含扶贫在内的公益性项目建设，占比约为 64.16%。除去这部分后，扶贫债主要用途为"易地扶贫搬迁"，占比约为 54.62%，配合的用途有农村危房、棚户区改造、保障性安居工程及基础设施建设等工程；其次还有公路/交通扶贫、光伏扶贫、收购粮食三农项目以及针对性的贫困村、贫困县扶贫。参见俞春江. 扶贫债券知多少［Z］. http://bond.jrj.com.cn/2017/09/19084523134830.shtml.

致富实现全面小康之路，成为党和国家体现战略意志和实现战略目标的重要途径和举措。但农村气候贫困人口迁移或易地扶贫搬迁，是一项庞大的系统工程，投资大，周期长，牵涉面宽，不仅要保障"搬得出"，还要保障"稳得住""能致富"和预防返贫。如果没有相应的制度保障，没有相应法律法规来规范搬迁程序、搬迁行为、搬迁安置、搬迁权益与义务、搬迁责任等，就很难保障扶贫搬迁的真正成功。因此，国家需要以法律法规为准绳，推动农村气候贫困人口迁移的制度化、法制化，进行相应立法。建议：

1. 从广义上立法，例如制定、颁布国家扶贫法或扶贫条例，内容不只涉及扶贫搬迁，即它是包括扶贫搬迁在内的关于扶贫方方面面内容的法律文本。这种法律文本，将对我国经济社会和人口发展产生巨大影响。从国际上看，例如英国的《济贫法》，从 1601 年颁布实施至 1948 年废止，时间长达 300 多年，几乎贯穿了英国从传统农业国转变为现代工业国的全过程[①]，影响全面深刻。

2. 从狭义上立法，例如制定、颁布国家扶贫搬迁法或扶贫搬迁条例。可参照《全国"十三五"易地扶贫规划》、我国扶贫搬迁政策和扶贫搬迁相关国际法律法规等，结合中国扶贫搬迁实践和经济社会发展状况、政策及其规划或中长期战略等，研究制定扶贫搬迁法或扶贫搬迁条例的细则，对扶贫搬迁目的、遵循原则、扶贫搬迁区域与变迁对象、搬迁实施主体、搬迁类型、搬迁方式与安置方式、搬迁任务、资金筹措、资金运作模式、搬迁过程控制、搬迁权益与义务、法规责任等作出具体的法律条文规定。这对保障农村气候贫困人口扶贫迁移及经济社会发展具有重大意义。

## 第三节　后移民时代展望

气候灾害频发区域农村气候贫困人口迁移，既是一种社会现象，也是一种经济现象。开展我国气候灾害频发区域农村气候贫困人口迁移研究，以及实施气候灾害频发区域农村气候贫困的迁移行动，将对我国和区域经济社会产生重要影响。从理论上讲，将推动灾害社会学、灾害人口学、灾害经济学等发展，培育出新的理论增长点；从实践上讲，通过农村气候灾害人口扶贫搬迁减贫脱贫达成建成全面小康社会的目标，塑造人口迁移的经验模式。

2018 年 10 月 8 日，瑞典皇家科学院将诺贝尔经济学奖授予美国经济学家

---

① 縻彬彬. 济贫法变革反映出的英国社会的变化 [J]. 现代经济信息，2010 (15)：97.

威廉·诺德豪斯（William D. Nordhaus）和保罗·罗默（Paul. Romer），以表彰其将气候变化和技术创新纳入宏观经济分析所做的贡献。毫无疑问，气候贫困人口迁移同样也应是重大的经济社会问题和有前途的研究领域。非营利组织 Germanwatch 发布的 2020 年度"全球气候风险指数"报告显示，在过去的 20 年中（2000—2019 年），全球有近 50 万人的死亡与气候灾害有关，这些人大部分来自世界上最贫穷的国家；报告分析中所有国家的经济损失总计高达 2.5 万亿美元，并且气候变化加剧的影响将愈来愈大。例如，2021 年，全球气候恶化、极端天气事件频发，亚洲、欧洲、北美洲等各大洲无一幸免。百年难遇的大暴雨、干旱的沙漠里发生洪灾、热带地区的天空飘起雪花、北美还出现了千年不遇的高温等，不得不让人类警惕。2021 年 3 月 24 日，*Environmental Research Letters* 刊发题为 *Global Warming and Population Change Both Heighten Future Risk of Human Displacement Due to River Floods* 的论文指出，未来几十年，全球变暖和人口变化都将导致洪水引发的流离失所风险大幅增加；假定目前人口数量保持不变，那么全球温度每升高 1℃ 将导致流离失所的风险增加约 50%。2021 年 9 月 14 日，世界银行发布的一份报告进一步显示，如果不采取紧急行动减少全球碳排放以及缩小发展差距，气候变化、气温升高可能会在未来 30 年迫使两亿多人离开家园并形成移民热点，而推动此类迁移的主要因素将是缺水、农作物减产（粮食危机）以及海平面上升等。由此呼吁就气候减缓和适应议程迅速采取行动，以降低脆弱人群、贫困人口未来面临的风险。可见，积极预警和应对气候灾害，解决好受灾脆弱人群特别是贫困人口迁移问题，将是一个全球性的、长时期的、重大的理论与实践问题。

在我国，尽管"十三五"时期大规模"易地扶贫搬迁"任务已经全面完成，气候灾害频发区域农村气候贫困人口避灾迁移似乎已经进入后移民时代，努力巩固农村气候贫困人口迁移的脱贫攻坚成果与乡村振兴的有效衔接，将成为未来很长时期的奋斗目标和工作抓手。但这既不意味着农村气候贫困人口迁移问题已经得到彻底解决，也不意味着对农村气候贫困人口迁移问题的研究走向衰落。中国未来仍将经受气候自然灾害影响或冲击下的国家生态安全、经济安全、人口与生存安全等的严峻考验，人口空间分布和迁移在一定程度上将继续受到气候自然灾害频发的巨大挑战，新发区域性农村气候贫困或贫困人口迁移仍是经济社会发展中必须正视的严肃问题。有理由相信，对气候灾害频发区域农村气候贫困人口迁移问题的研究，将不限于迁移本身，而将扩展为人口与经济社会、资源环境更广阔的视野，相关成果将更加丰富多彩。

# 参考文献

**I：中文部分**

[1] 习近平. 论坚持人与自然和谐共生 [M]. 中央文献出版社出版, 2022.

[2] 习近平扶贫论述摘编 [M]. 北京：中央文献出版社 2018

[3] 习近平的扶贫足迹 [M]. 北京：人民出版社，新华出版社，2022.

[4] 习近平的小康情怀 [M]. 北京：人民出版社，新华出版社，2022.

[5] 国家发改委社会发展司. 脱贫攻坚的伟大实践 [M]. 北京：中国计划出版社，2021.

[6] 国家统计局住户调查办公室. 中国农村贫困监测报告-2020 [M]. 北京：中国统计出版社，2020.

[7] 国家发展改革委. 十三五脱贫攻坚规划辅导读本 [M]. 北京：人民出版社，2017.

[8] 《人间奇迹》编写组. 人间奇迹：中国脱贫攻坚统计监测报告 [M]. 北京：中国统计出版社，2021.

[9] 鄢奋. 新时代乡村振兴战略探析 [M]. 北京：经济管理出版社，2021。

[10] 章彦. 乡村振兴理论与实践 [M]. 北京：中国农业科学技术出版社，2022.

[11] 胡子江，施国庆. 避灾移民风险管理 [M]. 北京：科学出版社，2017

[12] 何志宁. 自然灾害社会学：理论与视角 [M]. 北京：中国言实出版社，2017.

[13] 陈勇. 人类生态学概论 [M]. 北京：科学出版社，2019.

[14] 张玲，付国庆，荣爽，等. 灾害预防与应急救援 [M]. 2版. 武汉：武汉大学出版社，2020.

［15］罗桥，汤皓然. 生态移民与易地扶贫搬迁［M］. 北京：社会科学文献出版社，2021.

［16］陆海发. 文化调适与社会融合的双向治理［M］. 北京：社会科学文献出版社，2020.

［17］仇焕广，冷淦潇，等. 中国千万人的易地扶贫搬迁：理论、政策与实践［M］. 北京：经济科学出版社，2021［M］.

［18］吴晓萍，刘辉武. 西南民族地区易地扶贫搬迁移民的社会适应研究［M］. 北京：人民出版社，2021.

［19］曾庆田等. 大数据支持的灾害社会影响评估［M］. 北京：科学出版社，2022.

［20］尚志海. 自然灾害学［M］. 北京：科学出版社，2021.

［21］徐玖平. 灾害社会风险治理系统工程［M］. 北京：科学出版社，2021.

［22］项勇. 灾害经济学［M］. 北京：机械工业出版社，2022.

［23］雷明，李浩，等. 中国扶贫［M］. 北京：清华大学出版社，2020.

［24］王瑜. 流动何以减贫：劳动力迁移内生发展过程与经验比较［M］. 西安：陕西人民教育出版社，2020.

［25］杨洪涛. 壮阔大迁徙：贵州192万人易地扶贫搬迁［M］. 贵阳：贵州人民出版社，2021.

［26］张军. 以西南喀斯特地区生态修复与农户生计可持续发展研究［M］. 北京：科学出版社，2022.

［27］刘伟，黎洁. 易地扶贫搬迁与贫困农户可持续生计［M］. 北疆：社会科学文献出版社，2020.

［28］雷明，姚昕言，等. 通往富裕之路：中国扶贫的理论思考［M］. 北京：清华大学出版社，2021.

［29］周炎炎，杜鹏. 灾害移民社会适应问题研究［M］. 四川：四川大学出版社，2019.

［30］中国气象局气候变化中心. 中国气候变化蓝皮书.2022［M］. 北京：科学出版社出版，2022.

［31］孔锋. 气候变化视域下综合灾害风险防范的理论与实践［M］. 北京：应急管理出版社，2022.

［32］王学义，周炎炎，等. 区域人口学研究［M］. 成都：西南财经大学出版社，2016.

［33］黄承伟，何晓军，等. 自然灾害与贫困：国际经验及案例［M］. 武

汉：华中师范大学出版社，2013.

[34] 陈勇. 西部山区农村灾害移民研究 [M]. 北京：社会科学文献出版社，2015.

[35] 邹旭凯，赵琳，等. 中国重大干旱事件分析（1961—2020 年）[M]. 北京：气象出版社，2021.

[36] 王晓毅. 生态移民与精准扶贫 [M]. 北京：社会科学文献出版社，2017.

[37] 金莲，王永平，黄海燕. 生态移民可持续发展研究：基于贵州省易地扶贫搬迁农户调研的大数据 [M]. 北京：中国社会科学出版社，2021.

[38] Vinod Thomas. 气候变化与自然灾害 [M]. 陈厦，潘绪斌，刘旭，译. 北京：气象出版，2020.

[39] 露西·琼斯大灾变：自然灾害下我们如何生存 [M]. 高天羽，译. 上海：上海科技教育出版社，2021.

[40] 吉井博明，田中淳. 环境社会学 [M]. 何玮，陈文栋，等译. 北京：商务印书馆，2020.

[41] 法里斯. 大迁移：气候变化与人类的未来 [M]. 傅季强，译. 北京：中信出版社，2010.

[42] 时鹏，王倩，余劲. 易地扶贫搬迁对农户收入的影响机理及效应：基于陕南 3 市 8 县 1712 个农户数据的实证分析 [J]. 经济地理，2022，42（2）：190-202.

[43] 刘波，王修华. 气候变化与农户相对贫困：基于中国健康与营养调查数据的实证研究 [J]. 湖南师范大学社会科学学报，2023，52（4）：96-108.

[44] 沈金龙，许航，李佳芬，等. 气候变化适应性行为对农户水贫困的影响 [J]. 资源科学，2023，45（7）：1410-1423.

[45] 程名望，李礼连，曾永明. 空间异质性视角下革命老区空间贫困特征及致贫因素分析 [J]. 农业技术经济，2022（4）：4-17.

[46] 孙健武，高军波，马志飞，等. 不同地理环境下"空间贫困陷阱"分异机制比较：基于大别山与黄土高原的实证 [J]. 干旱区地理，2022，45（2）：650-659.

[47] 温瑞霞，赵春雨，杨娜，等. 乡镇尺度贫困地图绘制及空间贫困陷阱检验：以皖西地区为例 [J]. 地域研究与开发，2020，39（3）：127-132，137.

[48] 刘明月，冯晓龙，张崇尚，等. 易地扶贫搬迁的减贫效应与机制 [J]. 中国农村观察，2022（5）：61-79.

[49] 况伟.精细化治理：脱贫攻坚与乡村振兴有效衔接的逻辑和路径 [J].东南学术，2023（6）：113-121.

[50] 赵普兵，吴晓燕.包容性共享：农村治贫与乡村振兴有效衔接的机制 [J].社会主义研究，2023（5）：118-124.

[51] 徐亚东，张应良.巩固拓展脱贫攻坚成果同乡村振兴有效衔接的学理阐释：基于资源配置视角 [J].南京农业大学学报（社会科学版），2023，23（4）：1-13.

[52] 白杨，代显华.乡村空间的有效衔接：民族地区脱贫攻坚与乡村振兴有效衔接的路径 [J].民族学刊，2022，13（1）：39-45，135.

[53] 谢治菊.乡村振兴示范创建的内涵、逻辑与路径：以乡村振兴示范带建设为例 [J].农村经济，2023（11）：45.

[54] 王永生，刘彦随.生产业化与乡村振兴作用机制及区域实践：以陕西洋县为例 [J].地理学报，2023，78（10）：2412-2424.

[55] 刘利，吴燕豪.共建共享：易地扶贫搬迁社区社会保障治理路径 [J].中南民族大学学报，2024，44（1）：139-145，186-187.

[56] 张焕柄，张莉琴.易地扶贫搬迁对脱贫农户就业的影响：基于西部9省11县的调研 [J].资源科学，2023，45（12）：2449-2462.

[57] 李少鹏.易地扶贫搬迁小镇经济文化类型的转型发展研究：以贵州省为例 [J].贵州民族研究，2023，44（6）：168-174.

[58] 李博，左停.耦合性治理：高原藏区产业发展、易地扶贫搬迁与生态保护的共融：基于Z县脱贫攻坚经验的总结 [J].云南社会科学，2022（1）：154-161.

[59] 高博发，李聪，李树苗，等.生态脆弱地区易地扶贫搬迁农户福利状况及影响因素研究 [J].干旱区资源与环境，2020，34（8）：88-95.

[60] 卜超群，李晓岑.国外气候变化与人口迁移研究 [J].科技导报，2021，39（19）：32-42.

[61] 程名望，李礼连，曾永明.空间异质性视角下革命老区空间贫困特征及致贫因素分析 [J].农业技术经济，2022（4）：4-17.

[62] 张志强，肖卓慧，雷洁琼，等.气候变化对于贫困社区的影响及对策 [J].世界环境，2021（1）：29-31.

[63] 韦艳，汤宝民.健康冲击、社会资本与农村家庭贫困脆弱性 [J].统计与信息论坛，2022，37（10）：103-116.

[64] 付翠，何军.正式社会支持对我国农村老年家庭脆弱性的影响研究：基于非正式社会支持的中介效应 [J].农林经济管理学报，2022，21（4）：

499-508.

[65 于大川, 李嘉欣, 蒋帆. 农村医疗保险能否巩固脱贫攻坚成果: 基于贫困脆弱性视角的检验 [J]. 金融经济学研究, 2022, 37 (2): 122133.

[66] 钱力, 王花. 农村家庭相对贫困的脆弱性测量及影响因素分析 [J]. 农业经济与管理, 2022 (2): 49-58.

[67] 苏剑峰, 聂荣. 社会网络对农村家庭相对贫困脆弱性的影响 [J]. 华南农业大学学报 (社会科学版), 2022, 21 (2): 41-50.

[68] 邱小鹃. 国家回应自然灾害援助的策略及其行为机理: 以印度自然灾害援助回应为例 [J]. 太平洋学报, 2022, 30 (2): 51-62.

[69] 吴绍洪, 高江波, 韦炳干, 等. 自然灾害韧弹性社会的理论范式 [J]. 地理学报, 2021, 76 (5): 1136-1147.

[70] 陈瑞来. 从全面小康汲取智慧和力量 [J]. 红旗文稿, 2021 (22): 34-36.

[71] 燕连福, 李晓利. 从 "饥寒交迫" 到 "全面小康": 中国共产党百年贫困理的历程与经验 [J]. 南京大学学报, 2021, 58 (3): 16-24.

[72] 贺立龙, 刘丸源. 决战脱贫攻坚、决胜全面小康的政治经济学研究 [J]. 政治经济学评论, 2021, 12 (3): 78-104.

[73] 刘宽斌, 熊雪, 聂凤英. 贫困地区农户对自然灾害风险规避和响应分析 [J]. 中国农业资源与区划, 2020, 41 (1): 289-296.

[74] 张磊. 韧性理论视角下贫困村灾后恢复重建与灾害风险管理刍议 [J]. 灾害学, 2021, 36 (2): 159-165, 175.

[75] 陈慧灵, 徐建斌, 杨文越, 等. 中国传统村落与贫困村的空间相关性及其影响因素 [J]. 自然资源学报, 2021, 36 (12): 3156-3169.

[76] 仝德, 罗圳英, 冯长春. 国家级贫困县政策的减贫效应及其空间异质性 [J]. 经济地理, 2021, 41 (11): 176-184.

[77] 李越. 自发移民问题调查及治理之策研究 [J]. 法制与社会, 2020 (36): 112-113.

[78] 冉启智, 廖和平. 西南地区水贫困测度和空间格局分析: 以重庆市为例 [J]. 中国农业资源与区划, 2021, 42 (11): 109-120.

[79] 孙健武, 高军波, 马志飞, 等. 不同地理环境下 "空间贫困陷阱" 分异机制比较: 基于大别山与黄土高原的实证 [J]. 干旱区地理, 2022, 45 (2): 650-659.

[80] 徐春华, 龚维进. 多维资本外部性与贫困县经济增长: 来自县域贫困区的空间计量分析 [J]. 武汉大学学报 (哲学社会科学版), 2021, 74

（4）：81-95.

［81］汪德根，沙梦雨，赵美风. 国家级贫困县脱贫力空间格局及分异机制 ［J］. 地理科学，2020，40（7）：1072-1081.

［82］张金萍，林丹，周向丽，等. 海南省农村多维贫困及影响因素的空间分异 ［J］. 地理科学进展，2020，39（6）：1013-1023.

［83］吴晓萍，刘辉武. 易地扶贫搬迁移民经济适应的影响因素：基于西南民族地区的调查 ［J］. 贵州社会科学，2020（2）：122-129.

［84］陈勇，李青雪，曹杨，等. 山区农户双重风险感知对搬迁意愿和搬迁行为的影响：基于汶川县原草坡乡避灾移民分析 ［J］. 地理科学，2020，40（12）：2085-2093.

［85］程志高，李丹. 后全面小康时代绿色治理助推乡村共富的逻辑进路 ［J］. 西北农林科技大学学报（社会科学版），2022，22（6）：1-10.

［86］张建华，孙熠譞. 从全面小康到共同富裕 ［J］. 学习与实践，2022（2）：14-23，2.

［87］黄基鑫，赵越，雷聪，等. 从全面小康到共同富裕：对口支援的作用、经验与展望 ［J］. 经济与管理研究，2022，43（2）：15-29.

［88］朱永甜，余劲. 易地扶贫搬迁对农户收入及收入差距的影响：基于陕南三市1680份农户数据 ［J］. 资源科学，2021，43（10）：2013-2025.

［89］王武林，冯浩铭，纪庚. 易地扶贫搬迁安置区老年人养老平及供给框架研究 ［J］. 人口研究，2021，45（5）：79-90.

［90］杜国明，张梦琪，陈璐，等. 易地扶贫搬迁促进贫困村域发展研究：以吉林省通榆县陆家村为例 ［J］. 中国农业资源与区划，2021，42（9）：90-98.

［91］李聪，高梦，李树苗，等. 农户生计恢复力对多维贫困的影响：来自陕西易地扶贫搬迁地区的证据 ［J］. 中国人口·资源与环境，2021，31（7）：150-160.

［92］张会萍，罗媛月. 易地扶贫搬迁的促就业效果研究：基于劳动力非农转移和就业质量的双重视角 ［J］. 中国人口科学，2021（2）：13-25，126.

［93］许伟. 论习近平解决贫困问题的空间治理观 ［J］. 江淮论坛，2021（3）：75-82.

［94］李波，苏晨晨. 深度贫困地区相对贫困的空间差异与影响因素：基于西藏和四省涉藏县域的实证研究 ［J］. 中南民族大学学报（人文社会科学版），2021，41（4）：37-44.

［95］何春，刘荣增，陈灿. 环境规制、空间溢出与城镇贫困 ［J］. 统计

与决策, 2021, 37 (6): 20-23.

[96] 李雨欣, 薛东前, 马蓓蓓, 等. 黄土高原地区农村贫困空间演化及偏远特征 [J]. 干旱区地理, 2021, 44 (2): 534-543.

[97] 赵列. 社会信任为何利于搬迁农户的社会适应?: 基于中介与调节的检验 [J]. 预测, 2021, 40 (5): 90-96.

[98] 张会萍, 石铭婷. 易地扶贫搬迁女性移民的社会适应研究: 基于宁夏 "十三五" 不同安置方式的女性移民调查 [J]. 宁夏社会科学, 2021 (3): 163-178.

[99] 周丽, 黎红梅. 社会适应、政治信任与易地扶贫搬迁政策满意度: 基于湖南集中连片特困区搬迁农户调查 [J]. 财经理论与实践, 2020, 41 (6): 86-93.

[100] 王寓凡, 江立华. 空间再造与易地搬迁贫困户的社会适应: 基于江西省 X 县的调查 [J]. 社会科学研究, 2020 (1): 125-131.

[101] 谢庆哲, 赵翠薇, 王郑宗源. 不同生计农户旱灾社会脆弱性评价: 以乌蒙山区毕节市为例 [J]. 自然灾害学报, 2022, 31 (1): 208-218.

[102] 王寓凡, 江立华. "后扶贫时代" 农村贫困人口的市民化: 易地扶贫搬迁中政企协作的空间再造 [J]. 探索与争鸣, 2020 (12): 160-166, 200-201.

[103] 王国敏, 王小川. 从空间偏向到空间整合: 后小康时代我国贫困治理的空间转向 [J]. 四川大学学报 (哲学社会科学版), 2020 (6): 153-160.

[104] 谭敏, 苏岱, 陈迎春. 卫生资源配置与农村人口贫困发生率关系的空间计量分析 [J]. 中国卫生经济, 2020, 39 (9): 60-64.

[105] 李军, 曹仪, 李敬. 自然灾害冲击、涉农补贴对农村家庭教育投入行为的影响 [J]. 湖南社会科学, 2020 (3): 94-103.

[106] 董永波, 罗艳玫, 张冬梅, 等. 秦巴山区农村贫困化地域分异及其影响因素: 以四川省仪陇县为例 [J]. 中国农业资源与区划, 2020, 41 (5): 194-204.

[107] 曾练平, 宋香, 周云, 等. 脱贫迁移青少年社会适应的潜类别及相关因素 [J]. 中国心理卫生杂志, 2021, 35 (9): 726-732.

[108] 刘倩, 蒋金秀, 杨星, 等. 农户贫困脆弱性测度及其影响因素: 基于秦巴山区的实证分析 [J]. 地理研究, 2022, 41 (2): 307-324.

[109] 盛亦男, 杨旭宇. 自然灾害冲击、政府赈灾重建与农村劳动力流动 [J]. 人口研究, 2021, 45 (6): 29-44.

[110] 王胜, 屈阳, 王琳, 等. 集中连片贫山区电商扶的探索及启示: 以重庆秦巴山区、武陵山区国家级贫困区县为例 [J]. 管理世界, 2021, 37

（2）：95-106，8.

[111] 段塔丽，李玉磊，王蓉，等. 精准扶贫视角下贫困地区农村女性户主家庭能力脱贫实现路径探析：基于陕南秦巴山区农户家庭的调查数据 ［J 陕西师范大学学报（哲学社会科学版），2020，49（6）：40-53.

[112] 胡江霞，文传浩. 生计资本、生计风险管理与贫困农民的可持续生计：基于三峡库区的实证 ［J］. 统计与决策，2021，37（17）：94-98.

[113] 王昶，王三秀. 相对贫困长效治理与政府扶贫能力转型：基于可持续生计理论的拓展应用 ［J］. 改革，2021（5）：134-145.

[114] 胡江霞于永娟. 人力资本、生计风险管理与贫困农民的可持续生计 ［J］. 公共管理与政策评论，2021，10（2）：80-90.

[115] 赵朋飞，王宏健. 示范效应、社会网络与贫困地区农村家庭可持续生计：来自创业视角的实证分析 ［J］. 西南民族大学学报（人文社科版），2020，41（9）：125-133.

[116] 周丽，黎红梅，李培. 易地扶贫搬迁农户生计资本对生计策略选择的影响：基于湖南搬迁农户的调查 ［J］. 经济地理，2020，40（11）：167-175.

[117] 王君涵，李文，冷淦潇，等. 易地扶贫搬迁对贫困户生计资本和生计策略的影响：基于8省16县的3期微观数据分析 ［J］. 中国人口·资源与环境，2020，30（10）：143-153.

[118] 梅淑元. 易地扶贫搬迁农户农地处置：方式选择与制度约束基于理性选择理论 ［J］. 农村经济，2019（8）：34-41.

[119] 刘长松. 我国气候贫困问题的现状、成因与对策 ［J］. 环境经济研究，2019，4（4）：148-162.

[120] 叶青，苏海. 政策实践与资本重置：贵州易地扶贫搬迁的经验表达 ［J］. 中国农业大学学报：社会科学版，2016（5）：64-70.

[121] 黎洁. 陕西安康移民搬迁农户的生计适应策略与适应力感知 ［J］. 中国人口·资源与环境，2016（9）：44-52.

[122] 王宏新，付甜，等. 中国易地扶贫搬迁政策的演进特征：基于政策文本量化分析 ［J］. 国家行政学院学报，2017（3）：48-53.

[123] 祁进玉. 三江源地区生态移民的社会适应与社区文化重建研究 ［J］. 中央民族大学学报（哲学社会科学版），2015，42（3）：47-53.

[124] 黎洁. 陕西安康移民搬迁农户的生计适应策略与适应力感知 ［J］. 中国人口·资源与环境，2016（9）：44-52.

[125] 王宏新，付甜，等. 中国易地扶贫搬迁政策的演进特征：基于政策文本量化分析 ［J］. 国家行政学院学报，2017（3）：48-53.

［127］王晟哲. 中国自然灾害的空间特征［J］. 中国人口科学, 2016 (6).

［128］王学义, 罗小华. 农村气候贫困人口迁移: 一个初步的研究框架［J］. 人口学刊, 2014, 36 (3): 63-70.

［129］王学义, 曾永明. 中国川西地区人口分布与地形因子的空间分析［J］. 中国人口科学, 2013 (3): 85-93, 128.

［130］王学义, 王晟哲. 县区人口发展功能区划研究［J］. 人口学刊, 2015, 37 (3): 26-33.

［131］王学义, 徐宏. 地震致残者生存状态与需求分析［J］. 中国人口科学, 2010 (3): 103-110, 112.

［132］王学义. 区域人口学论释［J］. 人口研究, 2017, 41 (1): 59-69.

［133］孙翊, 徐程瑾, 等. 气候变化下的中国区域间人口迁移及其影响［J］. 中国科学院院刊, 2016, 31 (12): 1403-1412.

［134］史学瀛, 刘晗. 气候移民的国际法保护困境与对策［J］. 南开学报 (哲学社会科学版), 2016 (6): 68-77.

［135］郑艳, 孟慧新, 等. 气候移民动力机制: 基于混合研究范式的宁夏案例［J］. 中国软科学, 2016 (3): 62-72.

［136］黄珂毓, 管宏友, 等. 贫困地区农户气候变化感知及适应性行为研究［J］. 环境科学与技术, 2017, 40 (2): 200-205.

［137］马世铭, 刘绿柳, 马姗姗. 气候变化与生计和贫困研究的认知［J］. 气候变化研究进展, 2014, 10 (4): 251-253.


II: 英文部分

［1］LACZKO F, AGLIAZAM C. (2009). Introduction and Overview: Lnhancing the Knowledge Base［A］. Migration, Environment And Climate Change: Assessing the Lvidence［C］. Geneva: IOM, International Organization for Migration, 7-40.

［2］IPCC. CLIMATE CHANGE. (2014). impacts, adaptation, and vulnerability—working group II contribution to the fifth assessment report of the intergovernmental panel on climate change［R］. Cambridge, United Kingdom and New York: Cambridge University Press.

［3］SCOTT LECKIE. (2011). Climate Change and Displacement Reader［M］. Routledge, 2-8.

［4］JALAN J., RVALLION M. (2002). Ucographic poverty traps? A micro model of consumption growth in rural China［J］. Journal of Applied Econometrics,

17 (1).

[5] BENSON, TODD & MINOT, NICHOLAS & EPPRECHT, MICHAEL. (2007). Mapping where the poor live: 2020 vision briefs BB04 Special Edition, International Food Policy Research Institute (IFPRI).

[6] JALAN, JYOTSNA & RAVALLION, MARTIN. (1997). Spatial poverty traps? Policy Research Working Paper Series 1862, The World Bank.

[7] EDWARD B. BARBIER. (2010). Scarcity and Frontiers: How Economies Have Developed Through Natural Resource Exploitation [M]. Cambridge University Press.

[8] JALAN J., RVALLION M. (2002). Ucographic poverty traps? A micro model of consumption growth in rural China [J]. Journal of Applied Econometrics, 17 (1).

[9] REUVENY, R. (2007). Climate change-induced migration and violent conflict, Political.

[10] MARCHIORI L, SCHUMACHER I. (2011). When nature rebels: international migration, climate change, and inequality [J]. Journal of Population Economics, 24 (2): 569-600.

[11] MCNAMARA, K. E., GIBSON, C. (2009). We do not want to leave our land: Pacific ambassadors at the United Nations resist the category of climate refugees. Geoforum, 40, 475-483.

[12] MORTREUX, C., BARNETT, J. (2009). Climate change, migration and adaptation in Funafuti, Tuvalu. Global Environmental Change, 19, 105-112.

[13] SHEN, S., GEMENNE, F. (2011). Contrasted views on environmental change and migration: The case of Tuvaluan migration to New Zealand. International Migration, 49 (S1), e224-e242.

[14] SHEN, S., BINNS, T. (2012). Pathways, motivations and challenges: Contemporary Tuvaluan migration to New Zealand. GeoJournal, 77, 63-82.

[15] MYERS, N. (2002). Environmental refugees: A growing phenomenon of the 21st century. Philosophical Transactions: Biological Science, 357 (1420), 609-613.

[16] NAUDE, W. (2008). Conflict, Disasters, and No Jobs: Reasons from Sub-Saharan Africa, Working paper RP2008/85, World Economic Research (UNU-WIDER). for International Migration Institute for Development. developed countries in the late 1980s and 1990s', Social Science Quarterlu 90 (3): 61-79.

[17] BAECHLER, GÜNTHER. (1999). Environmental Degradation and Violent Conflict: Hypotheses, Research Agendas and Theory Building, in Mohamed Suliman, ed., Ecology, Politics and Violent Conflict. London: Zed (76-112).

[18] BLACK, R., ADGER, W. N., ARNELL, N. W., et al. (2011). The effect of environmental change on human migration. Global Environmental Change, 21S, S3-S11.

[19] HUNTER, L. M., STRIFE, S., TWINE, W. (2010). Environmental perceptions of rural South African residents: The complex nature of environmental concern. Society & Natural Resources, 23 (6), 525-541.

[20] BARRIOS, S., L. BERTINELLI, E. STROBL. (2006). Climatic change and rural-urban migration: the case of sub-Saharan Africa, Journal of Urban Economics 60 (3): 357-371.

[21] BEINE, M., C. PARSONS. (2012). Climatic factors as determinants of international migration, IRES de l'Universite Catholique de Louvain DiscussionPaper 2012-2, Louvain-la-Neuve.

[22] REUVENY R., W. H. MOORE. (2009). Does environmental degradation influence migration? Emigration to developed countries in the late 1980s and 1990s, Social Science Quarterlu 90 (3): 61-79.

[23] MARCHIORI, L., MAYSTADT, J. -F., SCHUMACHER, I. (2012). The impact of weather anomalies on migration in sub-Saharan Africa. Journal of Environmental Economics and Management, 63, 355-374.

[24] MCLEMAN, R., SMIT, B. (2006). Migration as an adaptation to climate change. Climatic Change, 76 (1-2): 31-53.

[25] BLACK, R., ARNELL, N. W., ADGER, W. N., et al. (2013). Migration, immobility and displacement outcomes following extreme events. Environmental Science & Policy, 27S, S32-S43.

[26] AFIFI, T. (2011). Economic or environmental migration? The push factors in Niger. International Migration, 49 (S1), e95-e124.

[27] ALSCHER, S. (2011). Environmental degradation and migration on Hispaniola Island. International Migration, 49 (S1), e164-e188.

[28] WRATHALL, D. J. (2012). Migration amidst social-ecological regime shift: The search for stability in Garifuna villages of northern Honduras. Human Ecology, 40, 583-596.

[29] HUNTER, L. M., STRIFE, S., TWINE, W. (2010). Environmental

perceptions of rural South African residents: The complex nature of environmental concern. Society & Natural Resources, 23 (6), 525-541.

[30] DUN, O. (2011). Migration and displacement triggered by floods in the Mekong delta. International Migration, 49 (S1), e200-e223.

[31] GIOVANNA, G., et al. (2014). Migration as an Adaptation Strategy and its Gendered Implications: A Case Study From the Upper Indus Basin. Mountain Research and Development 34 (3): 255-265.

[32] BLANQUART, F., et al. (2011). Evolution of Migration in a Periodically Changing Environment. The American Naturalist 177 (2): 188-201.

[33] WOOLSTON, H, B. (2014). Social Adaptation: A Study in the Development of the Doctrine of Adaptation as a Theory of Social Progress, Harvard Economic Studies, 3, P311。

[34] GROSSMAN, H. J (ed). (1983). Classfication in mental retardation, Ameratcan Association on Mental Retardation, P1.

[35] IOM. (2009). Migration, Climate Change and the Environment [R]. IOM Policy Brief, www.iom.int.

[36] BROOKS, N., W. N. ADGER, P. M. KELLY. (2005). The determinants of vulnerability and adaptive capacity at the national level and the implications for adaptation. Global Environmental Change 15: 151-163.

[37] SMIT, B., J. WANDEL. (2006). Adaptation, adaptive capacity, and vulnerability. Global Environmental Change 16: 282-292.

[38] BRADSHAW, B., H. DOLAN, B. SMIT. (2004). Farm-level adaptation to climatic variability and change: Crop diversification in the Canadian Prairies. Climate Change 67: 119-141.

[39] STERN, N. (2006). Stern review on the economics of climate change. London: H. M. Treasury.

[40] BRYAN, E., T. T. DERESSA, G. A. GBETIBOUO, et al. (2009). Adaptation to climate change in Ethiopia and South Africa: Options and constraints. Environmental Science & Policy 12: 413-426.

[41] RASMUSSEN, K., W. MAY, T. BIRK, et al. (2012). Climate change on three Polynesian outliers in the Solomon Islands: Impacts, vulnerability and adaptation. Geografisk Tidsskrift-Danish Journal of Geography 109: 1-13.

[42] MICHACEL CERNEA. (2003). For a New Economics of Resettlement: A Sociological Critique of the Compensation Principle. International Social Sciences Jour-

nal, Vol. 55, No. 175.

[43] ARIS ANANTA. (2003). The Indonesian Crisis: A Human Development Perspective, Singapore: Institute of Southeast Asian Studies, pp. 229-230.

[44] ISRAEL, D. C., BRIONES R. R. (2013). The Impact of Natural Disasters on Income and Poverty: Framework and some Evidence from Philippine Households. CBMS Network Updates, XI (1).

[45] JALAN J., RVALLION M. (2002). Geographic Poverty Traps? A Micro Model of Consumption Growth in Rural China. Journal of Applied Econometrics, 17 (4).

[46] SCOTT LECKIE. (2014). Land solutions for climate displacement. Publisher: London ; New York: Routledge.

[47] CECILIA TACOLI. (1988). The Earthscan Reader in Rural-Urban Linkages. Earthscan Publications.

[48] Mueller V, Sheriff G, et al. (2020). Temporary Migration and Climate Variation in Eastern Africa [J]. World Development, 126: 104704.

[49] CODJOE S, NYAMEDOR F H, SWARD J, et al. (2017). Environmental hazard and migration intentions in a coastal area in Ghana: a case of sea flooding [J]. Population & Environment, 39 (2): 128-146.

[50] CUI K, HAN Z. (2018). Association between disaster experience and quality of life: the mediating role of disaster risk perception [J]. Quality of Life Research.

[51] DHAKAL S, CHIONG R, CHICA M, et al. (2020). Climate change induced migration and the evolution of cooperation [J]. Applied Mathematics and Computation, 377: 125090.

[52] CODJOE S, NYAMEDOR F H, SWARD J, et al. (2017). Environmental hazard and migration intentions in a coastal area in Ghana: a case of sea flooding [J]. Population & Environment, 39 (2): 128-146.

[53] GOODWIN NICHOLAS, LEWIS SUZANNE, DALTON HAZEL, et al. (2020). Which interventions best support the health and wellbeing needs of rural populations experiencing natural disasters? [J]. Medical Journal of Australia, 213.

[54] ANEES M. M., SHUKLA ROOPAM, PUNIA MILAP, et al. (2020). Assessment and visualization of inherent vulnerability of urban population in India to natural disasters [J]. Climate and Development, 12 (6).

［55］Robert McLeman. （2018）. Thresholds in climate migration. Popul Environ, 39: 319-338.

［56］Schwerdtle, Patricia Nayna, et al. （2020）. A Meta-Synthesis of Policy Recommendations Regarding Human Mobility in the Context of Climate Change. International Journal of Environmental Research and Public Health, 17 （24）: 9342.

［57］Beine, Michel; Noy Ilan; Parsons, Christopher. （2021）. Climate change, migration and voice. Climatic Change, 167 （1-2）: 8.

［58］Buzzanca, Luca; Conigliani, Caterina; Costantini, Valeria. （2023） Conflicts and natural disasters as drivers of forced migrations in a gravity-type approach. Entrepreneurship and Sustainability, 10 （3）: 254-273.

［59］Hunter, Lori M; Koning, Stephanie, et al. （2021）. Scales and sensitivities in climate vulnerability, displacement, and health. Population and Environment, 43 （1）: 61-81.

# 附录：调查问卷

I：气候灾害频发区域农村气候贫困人口迁移问题研究调查问卷（未迁移）

说明：

1. 填写问卷时，请不要与他（她）人商量。

2. 在选择的答案旁打"√"；或在"_____"中填写。

3. 无特殊说明，每一个问题只选择一个答案。

4. 请认真阅读填答，以免遗漏问题。

5. 竖线右边请勿填写。

**调查地点：_____省_____市_____县_____乡/镇/村**

**调查员签名_____**

（请调查员务必填写调查地点）

## 一、基本情况

1. 您的性别　　（1）男　　　　（2）女

2. 您的年龄（2015减出生年份）_____岁

3. 您的民族

（1）汉族　　　　　（2）少数民族（请填写）_____

4. 您的文化程度

（1）小学及以下　（2）初中　（3）高中/中专/中技　（4）大专

（5）本科及以上

5. 您的婚姻状况

（1）未婚　　　　（2）已婚　　　　　（3）离异　　　　　（4）丧偶

6. 您的政治面貌

（1）中共党员　　　（2）共青团员　　　（3）群众　　　（4）民主党派

（5）其他

7. 您家有____口人（吃住在一起），其中，主要劳动力（收入主要依靠）____人。

## 二、生计和受灾情况

8. 您家庭现在主要的生计方式（收入来源）是？（可多选）

（1）传统的种植（种地）　　　　　（2）畜牧（家畜和家禽养殖）

（3）渔业（捕鱼，养鱼）　　　　（4）本地打零工

（5）外出打工　　　（6）其他（请注明）_____

9. 您家庭的年收入一般约为_____元。

10. 您觉得你们这个地方的下列生活环境条件？

| | 很好 | 较好 | 一般 | 较差 | 很差 |
|---|---|---|---|---|---|
| 交通 | ☐ | ☐ | ☐ | ☐ | ☐ |
| 教育（子女就学） | ☐ | ☐ | ☐ | ☐ | ☐ |
| 亲朋往来 | ☐ | ☐ | ☐ | ☐ | ☐ |
| 购物 | ☐ | ☐ | ☐ | ☐ | ☐ |
| 看病 | ☐ | ☐ | ☐ | ☐ | ☐ |
| 娱乐（看电影、电视等） | ☐ | ☐ | ☐ | ☐ | ☐ |
| 治安 | ☐ | ☐ | ☐ | ☐ | ☐ |

11. 您居住的地区是否发生过气候灾害或自然灾害？（如果回答没有发生过或不清楚，就直接跳转到回答13题）

（1）发生过　　（2）没发生过　　　（3）不清楚

12. 据您的经历，您居住的地区常见的自然灾害包括？（可多选）

（1）地震　　　　（2）旱灾　　　（3）山体滑坡和泥石流　（4）洪涝

（5）冻灾和雪灾　（6）土地沙化　（7）虫灾　　　　　　（8）海洋灾害

（9）其他灾害（请注明）_____

13. 你认为自然灾害对农业生产或您家庭、村民未来生活的影响程度如何？

（1）影响很大　　（2）影响较大　　（3）一般　　　（4）影响较小

（5）影响很小

14. 总体上，这些发生过的灾害对您家庭收入造成的损失情况？

（1）没造成什么损失　　（2）损失很小　　　（3）损失很大

15. 您对您所居住的地方以后发生自然灾害的担心状况？

（1）非常担心　（2）比较担心　（3）一般　　（4）不太担心

（5）不担心

### 三、迁移意愿

16. 国家会对一些环境和气候恶劣的农村地区进行移民，请问您的认识？

| | 非常了解 | 比较了解 | 一般 | 不太了解 | 很不了解 |
|---|---|---|---|---|---|
| 对这一政策的了解程度 | □ | □ | □ | □ | □ |
| 对这类移民目的的了解程度 | □ | □ | □ | □ | □ |

17. 您觉得这类移民的必要性？

（1）很有必要　　（2）较有必要　　　（3）一般或无所谓

（4）较没必要　　（5）很没必要

18. 如果在您现在住的地方开展移民，您的搬迁意愿如何？

（1）非常愿意　　（2）比较愿意　　　（3）一般或无所谓

（4）不太愿意　　（5）很不愿意

19. 如果非要搬迁，您认为哪种搬迁方式最好？

（1）外迁集中安置　　（2）外迁分散安置　　　（3）自己投靠亲友

（4）其他（请注明）＿＿＿＿＿＿＿＿

20. 如果进行搬迁，您对下列方面的关心程度？

| | 非常关心 | 比较关心 | 一般 | 不太关心 | 很不关心 |
|---|---|---|---|---|---|
| 搬迁政策的公开和公平性 | □ | □ | □ | □ | □ |
| 搬迁政策的严格落实 | □ | □ | □ | □ | □ |
| 搬迁方式 | □ | □ | □ | □ | □ |
| 迁居地地理位置 | □ | □ | □ | □ | □ |
| 搬迁有没有补助 | □ | □ | □ | □ | □ |
| 搬迁后土地和住房分配 | □ | □ | □ | □ | □ |
| 搬迁后的帮扶支持措施 | □ | □ | □ | □ | □ |
| 其他（请注明）＿＿＿ | □ | □ | □ | □ | □ |

21. 如果进行搬迁，您认为政府下列方面工作开展的必要性？

| | 非常必要 | 比较必要 | 一般 | 较没必要 | 很没必要 |
|---|---|---|---|---|---|
| 搬迁政策传达和解释 | ☐ | ☐ | ☐ | ☐ | ☐ |
| 搬迁动员 | ☐ | ☐ | ☐ | ☐ | ☐ |
| 搬迁具体措施的说明和解释 | ☐ | ☐ | ☐ | ☐ | ☐ |
| 尊重村民意愿 | ☐ | ☐ | ☐ | ☐ | ☐ |
| 搬迁后的资金扶持 | ☐ | ☐ | ☐ | ☐ | ☐ |
| 搬迁后的技能培训和就业服务 | ☐ | ☐ | ☐ | ☐ | ☐ |
| 其他(请注明)_____ | ☐ | ☐ | ☐ | ☐ | ☐ |

22. 搬迁以后，您最希望政府给予的帮助是什么？（限选 3 项）

（1）保证子女教育　　（2）提供工作机会　　（3）知识技能培训

（4）提供资金支持　　（5）搞好基础设施建设　　（6）搞好治安环境

（7）提供足够土地　　（8）其他（请注明）_____

Ⅱ：气候灾害频发区域农村气候贫困人口迁移问题研究调查问卷（已迁移）

说明：

1. 填写问卷时，请不要与他（她）人商量。

2. 在选择的答案旁打"√"；或在"_____"中填写。

3. 无特殊说明，每一个问题只选择一个答案。

4. 请认真阅读填答，以免遗漏问题。

5. 竖线右边请勿填写。

调查地点：_____省_____市_____县_____乡/镇/村

调查员签名_____

## 一、基本情况

1. 您的性别　　(1) 男　　　　　　(2) 女

2. 您的年龄（2015 减出生年份）_____岁

3. 您的民族

(1) 汉族　　　(2) 少数民族（请填写）_____

4. 您的文化程度

(1) 小学及以下　(2) 初中　(3) 高中/中专/中技　(4) 大专

(5) 本科及以上

5. 您的婚姻状况

(1) 未婚　　　(2) 已婚　　　　(3) 离异　　　(4) 丧偶

6. 您的政治面貌

(1) 中共党员　　(2) 共青团员　　(3) 群众　　(4) 民主党派

(5) 其他

7. 您家有_____口人（吃住在一起）。

## 二、搬迁情况

8. 你搬到这里来多久了？_____年

9. 您家的迁移方式属于哪一种？

(1) 外迁集中安置　(2) 外迁分散安置　(3) 自己投靠亲友

(4) 其他_____（请注明）

10. 在搬迁前，相关部门是否征求了您的意见？

（1）是　　　（2）否

11. 在搬迁前是否有人向您介绍和说明了搬迁的具体政策？

（1）是　　　（2）否

12. 您对政府搬迁政策的了解程度如何？

（1）非常了解　　（2）比较了解　　（3）一般　　（4）不太了解

（5）很不了解

13. 您现在房子的来源？

（1）自建　　（2）全款购买　　（3）政府补助购买　　（4）政府统一分配

（5）其他＿＿＿＿＿＿＿（请注明）

14. 您家搬迁前后的住房类型如何？

搬迁前：＿＿＿＿＿　　搬迁后：＿＿＿＿＿（可由调查员根据调查地点填写）

（1）平房，单门独户，有院子　　（2）平房，单门独户，无院子

（3）楼房，单门独户，有院子　　（4）楼房，单门独户，无院子

（5）居民区单元房　　　　　　（6）其他＿＿＿＿＿＿＿（请注明）

15. 您觉得您家现在住房条件与以前相比如何？

（1）好很多　　（2）好一些　　（3）差不多　　（4）差一些

（5）差很多

16. 您对现在住房情况的满意度如何？

（1）非常满意　　（2）比较满意　　（3）一般　　（4）不太满意

（5）很不满意

## 三、生活环境

17. 您家搬迁前后的地点在哪里？

搬迁前：＿＿＿＿＿　　搬迁后：＿＿＿＿＿（可由调查员根据调查地点填写）

（1）县城　　　（2）镇　　　（3）村　　　（4）城市近郊　　　（5）城市

18. 您觉得你们这个地方的下列方面的便利性如何？

|  | 很好 | 较好 | 一般 | 较差 | 很差 |
|---|---|---|---|---|---|
| 交通 | □ | □ | □ | □ | □ |
| 孩子上学 | □ | □ | □ | □ | □ |
| 亲朋往来 | □ | □ | □ | □ | □ |
| 购物 | □ | □ | □ | □ | □ |
| 看病 | □ | □ | □ | □ | □ |

| 娱乐（看电影等） | □ | □ | □ | □ | □ |
| 社区治安 | □ | □ | □ | □ | □ |

19. 您觉得这个地方的生活环境与以前相比如何？

（1）好很多　　（2）好一些　　（3）差不多　　（4）差一些

（5）差很多

20. 您对目前这个地方生活环境的满意度如何？

（1）非常满意　　（2）比较满意　　（3）一般　　（4）不太满意

（5）很不满意

21. 总的来说，您感觉自己对目前的生活环境适应如何？

（1）非常适应　　（2）比较适应　　（3）一般　　（4）不太适应

（5）不适应

22. 您现居地与原居地的风俗习惯差别如何？

（1）差别很大　　（2）差别较大　　（3）一般　　（4）差别较小

（5）差别很小

23. 您感觉自己对现居地的风俗习惯适应情况怎么样？

（1）非常适应　　（2）比较适应　　（3）一般　　（4）不太适应

（5）很不适应

## 四、生计状况

24. 您搬迁前后的生产劳动（工作）方面的差别如何？

（1）差别很大　　（2）差别较大　　（3）一般　　（4）差别较小

（5）差别很小

25. 您是否接受过就业技能培训？

（1）是　　　（2）否

26. 您是否掌握了新的谋生技能？

（1）是　　　（2）否

27. 您家的平均年收入大约是多少？

搬迁前：_____元　　　　搬迁后：_____元

28. 您现在维持生活的主要经济来源是？（可多选）

（1）务农　　（2）务农并打工　　（3）工资收入

（4）子女和亲戚贴补　　（5）政府的低保　　（6）做生意

（7）土地补偿金　　（8）其他_____（请注明）

29. 据您所知，与当地居民相比较您家年收入如何？

（1）高很多　　　（2）高一些　　　（3）差不多　　　（4）低一些

（5）低很多

30. 您对目前您家经济收入状况的满意度如何？

（1）非常满意　　（2）比较满意　　（3）一般　　（4）不太满意

（5）很不满意

31. 与搬迁前相比，您认为您家的生活水平？

（1）提高很多　　（2）提高一点　　（3）一般　　（4）降低一点

（5）降低很多

32. 您对您家今后经济收入提高的信心如何？

（1）很有信心　　（2）较有信心　　（3）一般　　（4）较没信心

（5）很没信心

33. 总的来说，您感觉自己对现在的生产劳动（工作）等生计情况适应如何？

（1）非常适应　　（2）比较适应　　（3）一般　　（4）不太适应

（5）不适应

## 五、人际关系与社会支持

34. 您对现在的邻里关系满意度如何？

（1）非常满意　　（2）比较满意　　（3）一般　　（4）不太满意

（5）很不满意

35. 搬迁后您是否结交了新朋友？

（1）是　　（2）否（选否跳过下一题）

36. 在您的新朋友中，有没有当地原住民？

（1）有　　（2）没有

37. 据你所知，您现在居住的地方歧视、欺负移民的现象？

（1）很多　　（2）较多　　（3）一般　　（4）较少　　（5）没有

38. 与刚搬来时相比，您觉得你们与其他人的关系变化如何？

|  | 更好了 | 差不多 | 更差了 |
|---|---|---|---|
| 与当地原住民的关系 | □ | □ | □ |
| 与社区工作人员的关系 | □ | □ | □ |
| 与邻居的关系 | □ | □ | □ |
| 与朋友的关系 | □ | □ | □ |
| 与亲戚的关系 | □ | □ | □ |

39. 总的来说，您现在的关系圈子与搬迁前相比？

（1）变动很大　　（2）变动较大　　（3）一般　　（4）变动较少

（5）没有变动

40. 您觉得自己对现在与人交往情况的适应如何？

（1）非常适应　　（2）比较适应　　（3）一般　　（4）不太适应

（5）不适应

41. 在您和家庭遇到困难时，会主动向哪些人寻求帮助？（可多选）

（1）亲戚　　　（2）朋友　　（3）社区　　　（4）政府相关部门

（5）其他＿＿＿＿＿＿＿　（请注明）

42. 在您和家庭遇到困难时，下列各方面对您的实际帮助状况是？

| | 帮助很多 | 帮助较多 | 一般 | 帮助较少 | 很少或没有 |
|---|---|---|---|---|---|
| 亲戚 | □ | □ | □ | □ | □ |
| 朋友 | □ | □ | □ | □ | □ |
| 社区 | □ | □ | □ | □ | □ |
| 政府 | □ | □ | □ | □ | □ |
| 其他＿＿＿＿＿（请注明） | □ | □ | □ | □ | □ |

## 六、政策评价

43. 你对社区干部的总体评价如何？

（1）很好　　　（2）较好　　　（3）一般　　　（4）较差　　　（5）很差

44. 你对目前居住地的干群关系满意度如何？

（1）非常满意　　（2）比较满意　　（3）一般　　（4）不太满意

（5）很不满意

45. 你觉得政府对移民是否关心？

（1）非常关心　　（2）比较关心　　（3）一般　　（4）不太关心

（5）很不关心

46. 您认为国家相关移民政策在你家的落实情况如何？

（1）完全落实　　（2）基本落实　　（3）一般　　（4）不太落实

（5）完全没落实

47. 总体上，您认为国家的移民政策好不好？

（1）很好　　（2）较好　　（3）一般　　（4）不太好　　（5）很不好

48. 你对社区移民政策落实情况的满意度如何？

（1）非常满意　　（2）比较满意　　（3）一般　　（4）不太满意

（5）很不满意

49. 您对政府下列一些工作的满意度如何？

| | 非常满意 | 比较满意 | 一般 | 不太满意 | 不满意 |
|---|---|---|---|---|---|
| 移民搬迁政策的传达 | ☐ | ☐ | ☐ | ☐ | ☐ |
| 政策透明和公平性 | ☐ | ☐ | ☐ | ☐ | ☐ |
| 政策的具体落实 | ☐ | ☐ | ☐ | ☐ | ☐ |
| 迁入地选址 | ☐ | ☐ | ☐ | ☐ | ☐ |
| 资金补助 | ☐ | ☐ | ☐ | ☐ | ☐ |
| 生产技能培训 | ☐ | ☐ | ☐ | ☐ | ☐ |
| 就业服务 | ☐ | ☐ | ☐ | ☐ | ☐ |

## 七、发展意愿

50. 目前，您最关心的问题是什么？（最多选 3 项）

（1）住房　　（2）自己和家人的工作　　（3）家庭收入　　（4）子女问题

（5）生活环境　　（6）人际关系　　（7）政府相关政策的落实

（8）其他_____（请注明）

51. 目前你们家在生活中的主要困难是什么？（可多选）

（1）没有稳定的经济来源　　（2）生活成本增加

（3）不习惯这里生活环境　　（4）和亲戚朋友离得远

（5）和这里的人不好相处　　（6）找不到合适的工作

（7）其他_____（请注明）

52. 总的来说，你目前对这里各个方面的适应情况如何？

（1）很适应　　（2）比较适应　　（3）一般　　（4）不太适应

（5）很不适应

53. 你目前对搬迁到这里后总的生活状况的满意度如何？

（1）非常满意　　（2）比较满意　　（3）一般　　（4）不太满意

（5）很不满意

54. 您是否怀念搬迁前居住的地方？

（1）很怀念　　（2）较怀念　　（3）一般　　（4）不太怀念

（5）不怀念

55. 如果条件允许，您将来会搬回原来居住的地方附近吗？

（1）肯定会　　（2）可能会也可能不会　　（3）肯定不会　　（4）其他

56. 根据您的体会，您觉得哪种迁移方式最好？

（1）不迁移　　（2）外迁集中安置　　（3）外迁分散安置

（4）自己投靠亲友　　（5）其他＿＿＿＿＿＿＿（请注明）

57. 目前，您最希望政府给予的帮助是什么？（限选 2 项）

（1）保证子女教育　　（2）提供工作机会　　　（3）知识技能培训

（4）提供资金支持　　（5）搞好基础设施建设　　（6）搞好治安环境

（7）提供足够的土地　　（8）其他＿＿＿＿＿＿＿（请注明）